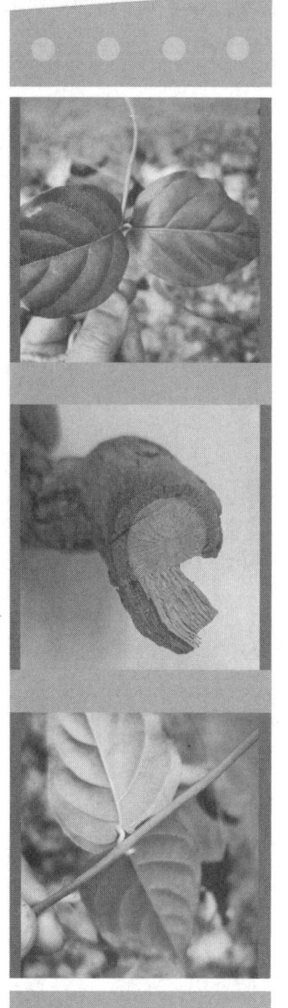

常见食源性疾病暴发事件应对技术案例

Changjian Shiyuanxing Jibing Baofa Shijian Yingdui Jishu Anli

秦鹏哲　陈建东　主编

·广州·

图书在版编目（CIP）数据

常见食源性疾病暴发事件应对技术案例/秦鹏哲，陈建东主编．--广州：中山大学出版社，2025.3.
ISBN 978-7-306-08357-9

Ⅰ．TS201.6；R512.99

中国国家版本馆 CIP 数据核字第 2025ZG9592 号

出 版 人：王天琪
策划编辑：熊锡源
责任编辑：陈　芳
封面设计：曾　斌
责任校对：周擎晴
责任技编：靳晓虹
出版发行：中山大学出版社
电　　话：编辑部 020-84110283，84113349，84111997，84110779，84110776
　　　　　发行部 020-84111998，84111981，84111160
地　　址：广州市新港西路 135 号
邮　　编：510275　　　　传　真：020-84036565
网　　址：http://www.zsup.com.cn　　E-mail:zdcbs@mail.sysu.edu.cn
印 刷 者：佛山市浩文彩色印刷有限公司
规　　格：787mm×1092mm　1/16　26.5 印张　723 千字
版次印次：2025 年 3 月第 1 版　2025 年 3 月第 1 次印刷
定　　价：88.00 元

编　委　会

主　编： 秦鹏哲　陈建东

副主编： 许建雄　马会来

编　委：（按姓氏拼音排序）

陈建东　陈建千　邓旺秋　董　欣　冯秀琼

黄喜明　邝浩成　李　标　李晗文　李泳光

李　智　梁东兴　林　虹　刘于飞　龙佳丽

马文革　潘淑贤　彭明益　丘志坚　苏婉华

王敏桥　谢晰文　许　丹　许建雄　许宇翔

钟文彬　朱才盛

序

食品安全问题是当今世界共同关注的公共安全问题。频发的食品安全事故不仅严重影响经济的发展，也给消费者身体健康带来威胁，增加了家庭、社会的医疗负担。食品安全已经关系到国家安定，加强食品安全管理、保障人民身体健康是各国政府努力实现的目标。

《常见食源性疾病暴发事件应对技术案例》结合编者在食源性疾病病例监测、核查、调查、处置、报告、预警和健康教育等方面的工作经验，针对常见的不同致病因子所致的食品安全事故，提供了一系列解决方案。本书列举了发生在工厂、企业、工地、学校和幼儿园的饭堂或餐厅，以及家庭等不同场合的食品安全事故应对案例，涉及食源性疾病病例聚集性事件核查案例、食品安全事故风险评估与预警案例、健康教育与干预案例等。本书介绍了食品安全事故流行病学调查过程质量控制和调查问卷设计技术，为市场监督管理部门从事食品安全管理和疾控中心从事事件调查工作的专业技术人员提供理论参考。同时，本书还收集汇总了国家目前制定的食源性疾病暴发调查处置过程中常用的标准，为读者在日常工作中应对相关问题提供了实用的参考资料，内容丰富。本书附录还收录了一些有关食品安全的规范、指南、规定以及专家共识。

总之，本书汇集了编者在实际工作中亲身调查处置的实际案例，能够为从事食品安全管理工作的专业人士提供科学、准确、有效的应急处理措施和技术方案；也为广大食品生产从业者、学生以及普通读者提供了非常有价值的指导和建议，让人们更加了解食品安全的关键问题，提高食品安全防范和应对能力。

因此，本书对于提升食品安全管理和应急处理的能力和水平，有着积极的推动和促进作用。相信这本书将成为广大专业技术人员的重要参考书籍，为我们的食品安全事业做出更积极的贡献。

张永慧

2024 年 11 月 3 日

前　言

食品安全事故是指因食源性疾病、食品污染等源于食品、对人体健康有危害或者可能有危害的事故。食品安全事故属于突发公共卫生事件范畴，是一项重大的社会问题，既关系到人民群众的健康水平和生活质量，也关系到经济的发展和社会的安定，并且日益成为社会普遍关注的焦点、热点问题。

食源性疾病是指食品中致病因素进入人体引起的感染性、中毒性等疾病。凡与摄食有关的一切疾病（包括传染性和非传染性疾病）均属于食源性疾病。随着人们对疾病认识的逐步深入，食源性疾病的范畴也在不断扩大，它既包括传统的食物中毒，也包括经食物而感染的肠道传染病、食源性寄生虫病、人畜共患传染病、食物过敏以及由食物中有毒、有害污染物所引起的慢性中毒性疾病。食源性疾病暴发事件危险场所有餐馆、集体用餐配送单位、社会用餐配送单位、中央厨房、街头摊点、农村宴席、门店、家庭和校园；危险环节有种植饲养、生产加工、运输、储存、销售等环节。对食源性疾病暴发事件调查就是要搞清楚事件发生的致病因子、危险就餐地点、危险食物和污染危险环节，并依据调查结论提出精准预防、控制措施。调查处置过程就如“破案”一般，需要抽丝剥茧，并结合患者的临床表现、现场流行病学、卫生学调查和实验室结果予以综合判断，对专业技术人员的调查技能要求很高。调查需要具有多学科背景的专业技术人员的参与和支持，需要传统流行病学理论，并结合临床医学、统计学、动植物学、食品卫生学、计算机等技术领域的理论和方法共同查找原因。

食源性疾病病例聚集性事件的应对是目前公共卫生技术人员的短板。本书以食源性疾病风险监测、评估与预警，聚集性事件的核查、调查与报告，预防食源性疾病的科普教育和行为干预等实际案例的形式，让读者犹如亲临其境，能够感同身受，启发其在遇到类似事件时如何思考分析，将专业理论知识运用到食源性疾病病例暴发事件的应对工作中，不断提高对食源性疾病病例暴发事件的应对能力与水平。

本书主要用作预防医学本科和研究生、公卫医师、现场流行病学培训项目（FETP）的案例培训教材，也用作疾控中心、卫生行政和市场监督管理部门的工作参考书籍。

受学识所限，书中疏漏、错误和表述不妥之处难以避免，恳请读者批评指正。

陈建东

2024 年 11 月 3 日

目 录

第一章 常见食源性疾病病例暴发事件调查处置案例

案例一　某公司年会聚餐扬州炒饭污染沙门氏菌致食源性疾病暴发事件调查案例*

本案例学习目的

（1）了解如何开展卫生学调查；

（2）了解制定“病例定义”的方法；

（3）熟悉针对不同场景，选择合适的方式开展病例搜索；

（4）掌握食源性疾病暴发事件“个案调查表”和“现场搜索一览表”的设计方法和不同的适用范围；

（5）了解描述性研究的意义；

（6）了解使用多分类 Logistic 回归模型分析疾病危险因素的基本思路，掌握通过 SPSS 中二分类 Logistic 回归模型分析调查数据的技术；

（7）了解食源性疾病暴发事件报告工作规范；

（8）了解食源性疾病暴发事件调查报告的撰写要求及注意事项。

一、背景

2016 年 12 月 23 日 15 时，G 市疾病预防控制中心（以下简称“市疾控中心”）接到 B 区疾病预防控制中心（以下简称 B 区疾控中心）电话报告，称辖区内 MH 医院至当天 12 时许陆续收治了 18 名出现发热、腹痛、腹泻等症状的患者，患者均为 UR 公司员工，怀疑食物中毒。B 区疾控中心介入调查。当天 23 时许，市疾控中心值班室接到 UR 公司相关负责人电话报告，称其公司参加了 22 日年会晚宴的人员中约 100 人出现腹痛、腹泻、呕吐和发热等不适症状，且大部分患者已到市内 T 区、Y 区医疗机构就医。为核实疫情，调查事故原因，市疾控中心会同 B 区疾控中心于 24 日 9 时到达 UR 公司开展现场调查。12 月 23—24 日，H 区疾控中心对年会晚宴餐饮服务提供方 W 酒店进行了卫生学调查。T 区、Y 区疾控中心分别对在辖区内医疗机构就诊的病例进行了流行病学调查。

编者按

《国家突发公共卫生事件相关信息报告管理工作规范（试行）》（以下简称《规范》）明确了应对突发公共卫生事件的基本原则：突发公共卫生事件相关信息报告管理

* 本案例编者为陈建东、林虹、李标和董欣。

遵循依法报告、统一规范、属地管理、准确及时、分级分类的原则。

一、食物中毒事件的报告标准

（1）一次食物中毒人数30人及以上或死亡1人及以上；

（2）学校、幼儿园、建筑工地等集体单位发生食物中毒，一次中毒人数5人及以上或死亡1人及以上；

（3）地区性或全国性重要活动期间发生食物中毒，一次中毒人数5人及以上或死亡1人及以上。

二、食物中毒事件的分级标准

根据突发公共卫生事件性质、危害程度、涉及范围，突发公共卫生事件划分为特别重大（Ⅰ级）、重大（Ⅱ级）、较大（Ⅲ级）和一般（Ⅳ级）四级。根据对突发公共卫生事件分级内涵的释义（试行）的内容：一次食物中毒人数超过100人并出现死亡病例，或出现10例以上死亡病例，定为重大（Ⅱ级）事件；一次食物中毒人数超过100人，或出现死亡病例，定为较大（Ⅲ级）事件；一次食物中毒人数30～99人，未出现死亡病例，定为一般（Ⅳ级）事件。

三、食物中毒事件报告内容

1. 事件信息

信息报告主要内容包括：事件名称，发生的时间、地点，涉及的地域范围，以及人数、主要症状与体征、可能的原因、已经采取的措施、事件的发展趋势、下一步工作计划等。

2. 事件发生、发展、控制过程信息

事件发生、发展、控制过程信息分为初次报告、进程报告、结案报告。

（1）初次报告。报告内容包括事件名称、初步判定的事件类别和性质、发生地点、发生时间、发病人数、死亡人数、主要的临床症状、可能原因、已采取的措施、报告单位、报告人员及通讯方式等。

（2）进程报告。报告事件的发展与变化、处置进程、事件的诊断和原因或可能因素、态势评估、控制措施等内容。同时，对初次报告的《突发公共卫生事件相关信息报告卡》（以下简称《报告卡》）进行补充和修正。重大及特别重大突发公共卫生事件至少按日进行进程报告。

（3）结案报告。事件结束后，应进行结案信息报告。达到《国家突发公共卫生事件应急预案》（以下简称《预案》）分级标准的突发公共卫生事件结束后，由相应级别卫生行政部门组织评估，在确认事件终止后2周内，对事件的发生和处理情况进行总结，分析其原因和影响因素，并提出今后对类似事件的防范和处置建议。

四、食物中毒事件报告方式、时限和程序

获得突发公共卫生事件相关信息的责任报告单位和责任报告人，应当在2小时内以电话或传真等方式向属地卫生行政部门指定的专业机构报告，具备网络直报条件的同时进行网络直报，直报的信息由指定的专业机构审核后进入国家数据库。不具备网络直报条件的责任报告单位和责任报告人，应采用最快的通讯方式将《报告卡》报送属地卫生行政部门指定的专业机构，接到《报告卡》的专业机构，应对信息进行审核，确定真实性，2 小时内进行网络直报，同时以电话或传真等方式报告同级卫生行政部门。

接到突发公共卫生事件相关信息报告的卫生行政部门应当尽快组织有关专家进行现场调查，如确认为实际发生突发公共卫生事件，应根据不同的级别，及时组织采取相应的措施，并在2 小时内向本级人民政府报告，同时向上一级人民政府卫生行政部门报告。如尚未达到突发公共卫生事件标准的，由专业防治机构密切跟踪事态发展，随时报告事态变化情况。

B 区疾控中心报告称，到 B 区 MH 医院就诊者有 18 名，并未达到《规范》中规定的突发公共卫生事件报告标准。结合宴会举办的规模，18 个病例可能仅仅是“冰山一角”，B 区疾控中心应主动组织搜索病例，进一步了解事件的实情。UR 公司负责人反映，“参加其公司 22 日年会晚宴人员中，约有 100 人出现腹痛、腹泻、呕吐和发热等不适，且大部分患者需要到市内 T、Y 区各医疗机构就医”，达到《预案》中规定的较大（Ⅲ级）事件分级标准，且事件波及范围已经跨越至少 B、T、Y 3 区，因此市疾控中心有必要启动应急处置预案，组织对事件进行现场核实、处置。

通过医院报告发现的病例，有时会是一起较大规模中毒事件的一部分，提示现场调查前，既要核实接报事件是否真实存在，也应注意核实事件波及范围，通过“食源性疾病病例监测系统”搜索是否还有流行病学关联病例报告，通过“食源性疾病事件监测报告系统”搜索是否有流行病学关联事件报告。

本次事件，仅部分医院能发现并报告食源性疾病病例聚集性事件；部分患者就医后，医疗机构未通过“食源性疾病病例监测系统”报告病例，存在“漏报病例”“漏报事件”情况。提示通过患者就诊时发现食源性疾病病例聚集性事件，仍存在一定难度，有必要进一步提升“食源性疾病病例监测系统”的灵敏度。

二、基本情况

UR 公司位于 G 市 B 区 YX 路 91 号，是生产销售某日用品的全国连锁机构，分为生产部、销售中心、人力资源部、制版部和设计部等 39 个部门，总部有员工 1099 人。无内部供餐饭堂，员工就餐以外卖为主。用“HZ 牌”过滤器过滤市政饮用水后直接饮用，已使用多年。

2016 年 12 月 22 日，UR 公司在 G 市体育馆举行公司成立 10 周年庆典暨晚宴活动，UR 公司租用市体育馆，设置了表演舞台和晚宴餐桌，在场馆外搭建了临时加工制作、分发食品的棚屋，设席 146 席，参与晚宴聚餐共约 1750 人。其中除总部员工外，还有来自全国各地的加盟商、媒体记者、地产业主，以及金融机构和政府机构相关人员，计 600 人。

年会晚宴在 22 日 20 时 45 分开始，持续至 23 时结束。23 日 0 时许陆续有参与聚餐者出现腹泻、腹痛、呕吐、发热等情况，并于当天上午开始前往 MH 医院（在 B 区）、ZD 医院（在 T 区）和 ESD 医院（在 Y 区）就诊。至 23 日 12 时，MH 医院陆续收治 18 名出现腹痛、腹泻、发热等症状患者，B 区疾控中心 15 时介入调查后向市疾控中心电话报告称怀疑辖内UR公司发生食物中毒事件。24日9时，市疾控中心、B区疾控中心联合介入现场调查；14时，H区疾控中心对W酒店进行卫生学调查；15时，T区、Y区疾控中心对就诊的患者进行流行病学调查、采样。

G市体育馆是为某届全运会建设的一座现代化综合性多功能体育设施，是体操、篮球等项目的比赛场馆，体育馆内部情况见图1。UR公司距离G市体育馆约4千米（10分钟车程）。

图1 G市体育馆内部情况

晚宴餐饮服务由W酒店提供。W酒店位于H区FP中路681号，为五星级酒店。酒店餐饮部有四间厨房，负责UR供餐任务的是位于酒店三楼的宴会厨房，该厨房有厨工约60人。W酒店到G市体育馆距离20多千米，交通顺畅时，车程约需30分钟，交通拥堵时，车程达到45分钟。

编者按

结案报告的基本情况需要交代主办年会晚宴的UR公司、参与人员构成，以及举办地点G市体育馆、承办方W酒店“宴会厨房”的基本情况。交代清楚事故发生背景情况，厘清彼此关系。同时，需交代患者到B区MH医院、T区ZD医院和Y区ESD医院就诊经过，交代患者临床表现和临床检查、诊断、治疗等信息。按突发公共卫生事件管理原则，事件发生地G市体育馆所处位置为B区，在事件报告病例总数未达分级标准时，可由B区疾控中心牵头负责事件调查，事发单位所在H区、患者就诊医疗机构所在区分别负责酒店备餐场所的卫生学调查和个案调查、采样、送检和检测工作。市疾控中心做好现场调查协调和技术指导工作，支持、落实实验室检测，及时评估事件规模，适时提高处置事件级别。

三、调查目的与方法

（一）调查目的

（1）核实本次事件；

（2）探索本次事件的危害因素和致病因子；

（3）为防止类似事件再次发生提出防控建议。

（二）调查方法

1. 核实诊断和制定病例定义

核实发病情况，开展对患者、UR公司宴会主办工作人员、供餐单位W酒店宴会厨房卫生主管、厨工、服务员访谈；采集病例肛拭子、粪便、呕吐物，未发病就餐者、厨工、服务员肛拭子，留样食品和厨房物体表面拭子。

疑似病例定义：2016年12月22日20时起，出席UR公司22日年会晚宴的人员中，出现腹泻（24小时内排便≥3次，且伴粪便性状改变）或呕吐，伴有腹痛、发热、头痛、寒战任两种症状者。

确诊病例定义：疑似病例的肛拭子、粪便或呕吐物培养结果为肠炎沙门氏菌阳性者。

编者按

对医疗机构报告的疑似食源性疾病病例聚集性事件（疑似食品安全事故/食物中毒事件）进行核实诊断，首先要明确就诊患者来自同一事件，另外须明确事件是食源性疾病病例聚集性事件，而非传染性疾病，也非介水疾病暴发事件。食源性疾病病例聚集性事件的特征是患者均有共同的食物暴露史，在进食某餐（种）食物后出现同一类症状，病例三间分布提示与某餐次（食物）相关。暴露于某种食物越多，潜伏期越短，症状越严重，病程越长。事件若为一次暴露于某种危险食物所致，病例发病时间曲线通常呈点源暴发模式；若危险食物持续存在，病例发病时间曲线常呈持续同源暴发模式。由于个案发病时间受危险食物的进食时间点、进食量、食物中致病因子含量等因素影响，因此持续时间较长的聚餐，疾病流行曲线常呈不典型情况。可能会表现为点源暴发和持续同源暴发两种模式的混合模式，这需要专业技术人员通过细致的流行病学调查才能予以甄别。

本次事件经调查，核实为食源性疾病病例聚集性事件。患者均是聚餐后短时间内出现相同临床症状，除年会晚宴外，患者间无其他共餐史，可以判定事件与年会晚宴相关，年会晚宴可能是危险餐次，该事件是食源性疾病病例聚集性事件可能性大。因此，在制定事件病例定义时，应将出席UR公司22日年会晚宴的人员作为研究人群。但建议调查组在制定病例定义之前，应交代将该事件判断为食源性疾病病例聚集性事件的依据。若未明确核实事件的发生与年会晚宴有关，年会晚宴暴露是否是危险因素，尚需调查研究予以甄别确定时，则制定的疑似病例定义应为：2016年12月19日起（或更早时间点)，出席UR公司22日年会晚宴或进入过UR公司的人员中（或更广的人群范围)，出现腹泻（24小时内排便≥3次，且伴粪便性状改变）或呕吐，伴有腹痛、发热、头痛、寒战任两种症状者（或灵敏度更高的临床症状定义)。在未明确事件性质和事件可能的危险因素（餐次/食物）之前，在接到有消化道不适症状（腹痛、腹泻、呕吐）患者时，将某餐次/食物视作危险因素，按食源性疾病病例聚集性事件组织开展调查，欠妥当。

2. 病例搜索

通过医疗机构对就诊患者开展流行病学调查；UR公司提供出席宴会者名单，市疾控中心、B区疾控中心采用现场面访和电话调查方法，对与会者健康状况进行了解；全市各医疗机构通过食源性疾病监测网络报告情况；UR公司报告，并提供患者就诊记录等几种方式收集参与年会晚宴者发病信息，并收集每餐进餐信息。

编者按

病例搜索途径很多，工作思路是用相关工具收集、登记研究目标人群各个对象的健康情况和食物暴露史，并按制定的病例定义，将其分成非患者、疑似患者、可能患者和确诊患者等。

在医疗机构中对就诊患者开展调查，收集在MH医院就诊的患者信息。现场设计“UR公司食品安全事故个案调查表”（见表1)，计划采用面对面访谈的方式，了解患者一般情况、食物暴露史和临床表现等信息；计划向接诊医生了解患者的一般情况、临床表现、临床常规检查或致病因子检测培养情况、临床诊断、治疗方案、治疗效果或临床转归情况；通过医院检验实验室收集各位患者的临床常规检查结果。

表1　UR公司食品安全事故个案调查表

个案编号：____________

调查知情同意书

先生/小姐：您好！

我们是疾控中心现场调查员。为核实11月20日出席UR公司年会晚宴后出现的腹痛、腹泻、发热的真实情况，研究出现类似情况的危险因素，现拟对全部出席者在11月20日之后的健康状况开展调查登记。调查内容包括出席者的一般情况、近期的进食情况、健康情况、就诊情况等。请各位被调查者支持、配合调查，如实回答调查人员的问题即可。调查所得数据，只用于分析、研究事故危险因素，不对外公布个案信息。您的真实回答，是我们获取事故真实答案的重要依据。

谢谢您的配合！

B区疾病预防控制中心

一、一般情况

1. 姓名：________________

2. 性别：①男/②女

3. 年龄：________岁

4. 手机号码：__________________________

5. 部门：①采购支持部/②设计中心/③生产中心/物流中心/④研发部/⑤质量管理中心/⑥宾客/⑦其他：________________

二、临床表现

6. 12 月 21 日以来，您是否出现身体不适情况：①是/②否，跳至 19 题。

7. 身体出现不适时间：____月____日____时____分

8. 首先出现不适症状（单选）：①发热（____ ℃）/②呕吐次数______次（无填 0）/③腹痛/④腹泻次数______次/24 小时内（无填 0）/⑤寒战/⑥头晕/⑦其他：____

9. 临床表现（多选）：①发热（____ ℃）/②呕吐次数______次（无填 0）/③腹痛/④腹泻次数______次/24 小时内（无填 0）/⑤寒战/⑥头晕/⑦其他：__________

三、临床治疗情况

10. 是否就诊：①是/②否，跳至 18 题。

11. 就诊医疗机构名称：____________________

12. 就诊科室：①发热门诊/②腹泻门诊/③门诊内科/④急诊/⑤其他：__________

13. 检验主要结果：____

14. 临床诊断：____

15. 治疗方案：____

16. 住院治疗：①是，科室名称：__________，住院天数：____天/②否

17. 临床转归：①痊愈出院/②死亡

18. 自行服药，药物名称：__________________

四、食物暴露史

19. 12 月 21 日早餐进餐地点：①家/②单位饭堂/③外卖送餐/④在外就餐/⑤无进食/⑥其他：____

20. 12 月 21 日早餐进餐食物名称和进食量：________________________________

21. 12 月 21 日午餐进餐地点：①家/②单位饭堂/③外卖送餐/④在外就餐/⑤无进食/⑥其他：____

22. 12 月 21 日午餐进餐食物名称和进食量：________________________________

23. 12 月 21 日晚餐进餐地点：①家/②单位饭堂/③外卖送餐/④在外就餐/⑤无进食/⑥其他：____

24. 12 月 21 日晚餐进餐食物名称和进食量：________________________________

25. 12 月 22 日早餐进餐地点：①家/②单位饭堂/③外卖送餐/④在外就餐/⑤无进食/⑥其他：____

26. 12 月 22 日早餐进餐食物名称和进食量：________________________________

27. 12月22日午餐进餐地点：①家/②单位饭堂/③外卖送餐/④在外就餐/⑤无进食/⑥其他：______

28. 12月22日午餐进餐食物名称和进食量：______

29. 12月22日晚餐进餐地点：①年会晚宴/②其他：______

30. 在年会晚宴开始进食时间：____时____分

31. 年会晚宴进餐食物名称及其进食量（最好调查收集具体进食量，未食用填0）：

①番薯____块；

②芒果汁捞山药____块；

③酱萝卜____片；

④五香卤牛肉____片；

⑤四喜烧卤荟____筷；

⑥白灼九节虾____只；

⑦西芹百合炒鱼松____筷；

⑧脆皮牛奶____块；

⑨拼海鲜卷____块；

⑩鲜松茸炖肉汁____筷；

⑪锅烧酱皇鸡____块；

⑫黑椒牛仔骨____块；

⑬油浸笋壳鱼____块；

⑭上汤扒绍菜____筷；

⑮扬州炒饭____勺；

⑯葡萄____颗。

32. 离开年会晚宴时间：____时____分

调查结束，谢谢！

通过这份问卷收集调查对象一般情况、健康信息和食物暴露史，探索出现病例聚集性事件的危险因素，主要解决问题的步骤是：

第一步，利用调查时制定的病例定义，搜索病例。

第二步，若为食源性疾病病例聚集性事件，则不同性别、年龄组、部门的罹患率应相同（罹患率差异无统计学意义，$P>0.05$），或者说，以上各种因素与疾病的发生不相关。

第三步，12月21日三餐、12月22日早餐、午餐不同地点就餐人群的罹患率相同（罹患率差异无统计学意义，$P>0.05$），从调查组到达现场后，初步核实的信息是患者均出席12月22日年会晚宴（患者均分布在出席年会晚宴人群中），不出席12月22日年会晚宴者未发现出现类似发病患者，已提示年会晚宴可能是危险餐次；发病患者除年会晚宴外，之前无共同进餐史。除以上两点信息外，调查组最好能收集发病前72小时内食物的暴露史情况，排除其他餐次是危险餐次。现场调查留给调查组设计调查问卷时间短，也受调查问卷篇幅限制，调查组计划调查12月21日、22日的食物暴露史，验证除年会晚宴外，其他餐次均非危险餐次的假设。

第四步，12 月 22 日晚餐不同地点就餐人群的罹患率应不同，年会晚宴人群罹患率高于非年会晚宴人群罹患率（两组人群罹患率差异有统计学意义，$P<0.05$），则提示 12 月 22 日年会晚宴是危险餐次。

第五步，是否进食年会晚宴某种食物的人群罹患率有差别，则提示该食物可能是危险因素。

第六步，提出病因假设：12 月 22 日年会晚宴是危险餐次，进食某种或某几种食物是危险因素。

第七步，验证假设：采用病例－对照的方法验证假设。出席年会晚宴人员结构多样，有员工及家属，也有与公司有业务往来的人员和嘉宾；调查清楚出席年会晚宴所有人员一般情况、临床表现和食物暴露史有困难，因此选择调查信息较全面的人员组成病例组和对照组开展研究。

第八步，结合事件情况，确定采用病例－对照的研究方法验证假设。可选择直接计算每一种食物的 OR 值（Odds Ratio，比值比），若出现多个危险因素，可用分层分析（叉生分析）进一步讨论危险因素间的关系。

第九步，得出流行病学调查结论：危险餐次、危险食物。

通过调查问卷能较全面按设计获取调查所需信息，虽然有其优势，但调查问卷需再次录入数据库，进行数据清洗和汇总后，数据才能进行分析，这样获得调查结果周期长，适用于有组织的、规模化的、时间充裕的调查研究工作。而一览表能马上获得所需数据库，有时通过简单筛选，就有信息可供使用，适用于需要马上获取初步结果的突发事件的现场调查处置工作。但是一览表调查常受篇幅限制，往往需要在现场调查结束后，再通过电话调查予以补充信息，因此调查项目、变量不能太多。在现场调查中，为快速获取病例信息，尽快获得初步调查结果，B 区疾控中心专业技术人员采用一览表（表 2）的形式，快速收集 MH 医院就诊患者一般情况、临床表现、食物暴露史信息。

在 MH 医院调查得到的病例只是出席 12 月 22 日年会晚宴发病患者的一部分，应适当增加搜索病例渠道和方式。患者有在其他医疗机构就诊的，有发病未就诊的，有在调查组调查时仍未发病的情况等。调查组再通过以下方式，进一步收集出席年会晚宴者的健康信息。①通过 UR 公司提供出席宴会者名单（表 3、表 4），市疾控中心、B 区疾控中心采用现场面访和电话调查方法，对与会者健康状况进行了解，并将调查结果汇总在表 2 中；②通过 UR 公司报告、提供患者就诊记录等几种方式收集参与年会晚宴者发病信息（表 3、表 4）；③全市各医疗机构通过食源性疾病监测网络报告情况。由于篇幅的限制，编者只提供一览表数据库结构形式，供同行在同类事件处置过程中参考。

表 2　UR 公司食物中毒事件现场搜索调查结果（部分）

序号	性别	年龄	部门	发病	发病日期	发病时间	潜伏期	发热	呕吐	腹泻次数	腹痛	寒战	头晕	番薯：块	芒果汁捞山药：块	酱萝卜：块	五香卤牛肉：片	四喜烧卤荟：筷	白灼九节虾：只	西芹百合炒鱼松：筷	脆皮牛奶：块	拼海鲜卷：块	鲜松茸炖肉汁：筷	锅烧酱皇鸡：块	黑椒牛仔骨：块	油浸笋壳鱼：块	上汤扒绍菜：筷	扬州炒饭：勺	葡萄：颗
1	2	35		1	12月24日	10:00	37.3	0	0	2	1	0	0	3-4	2	2-3	2	4	2	2-3	1	1	1	2-3	1-2	1-2	2	1	2-3
2	2	29	设计中心	0	12月23日	17:30		0	0	0	0	0	0	3	0	1	0	4-5	1	1	2	0	1	2	0	1	1	0.5	3-4
3	1	40		0	12月23日	18:00		0	0	0	1	0	0	0	0	2	1	3-4	2	5	1	0	1	1	1	1	2	3	4-5
4	1	34	设计中心	0	12月23日	0:00		0	0	0	1	0	1	1	0	0	0	2	0	0	1	1	1	0	0	1	0	6	0
5	2	29	设计中心	0	12月22日	22:30		0	0	0	1	0	0	1	2	1	4-5	0	2	0	1	0	0.5	2	1	0	0	0.5	6-7
6	1	26		0										0	0	5	0	3	4	1	2	2	1	4	2	1	0	0	0
7	2	28	设计中心	0	12月23日	15:00		0	0	0	0	0	1	1	1	2	2	0	4	3	2	3	1	3	3	0	0	0	0
8	1	40		0										1	2	5	1	3	2	1	1	1	1	2	0	5	1	2	5
9	1		研发部	0										3	1	5	2	1	2	1	0	2	1	0	1	0	1	3	8
10	1	44		0										0	2	0	0	3	4	1	0	0	3	5	3	2	0	0	0
11	2	39	设计中心	0	12月24日	8:00		0	0	0	0	0	1	1	4	5	1	2	2	4	1	1	1	2	1	1	2	3	0
12	1	31	设计中心	0										0	0	0	3	3	2	1	0	0	1	2	1	0	0	3	2
13	1	31	设计中心	0										0	0	0	0	0	2	0	0	0	0	2	0	1	3	0	0
14	1	36		1	12月23日	15:00	18.3	0	0	4	0	0	0	0	0	0	0	0	1	2	2	0	1	2	0	0	1	2	2
15	1	30	研发部	1	12月23日	12:30	15.8	0	0	4	1	1	1	2	2	5	2	3	0	2	3	3	5	3	2	3	0	5	0
16	1	35	工程中心	0										0	2	4	1	3	1	3	1	1	1	0	3	22	3	4	5

注：受篇幅限制，将调查结果汇总表截图，形成数据库结构示意图。性别：1 = 男，2 = 女；发病：1 = 疑似病例，0 = 未发病者；潜伏期 = 发病时间 − 聚餐结束时间；发热、呕吐、腹痛、寒战、头晕：0 = 无，1 = 有；腹泻登记次数（24 小时内）：0 = 无；各类食物暴露量单位有块、筷、片、只、勺、颗等，记录进食量。本表隐藏患者姓名信息。

表 3　UR 公司 12 月 22 日年会晚宴出席者健康情况登记（部分）

A	B	C	D	E	F	G	H	I	P	Q	R	S	T
										目前情况			
序号	就医医院	中心	部门	二级部门	员工姓名	联系电话	性别	年龄	备注	回家休养	门诊中	住院中	已康复
1	民航	设计中心	/	/	[illegible]	18[illegible]323	女	41		√			
2	民航	设计中心	MEN事业部	生产计划-大货跟单组	[illegible]	1[illegible]53	女		发烧不退，肚子痛			√	
3	民航	设计中心	MEN事业部	生产计划-大货跟单组	[illegible]	[illegible]78	女	25	留院观察			√	
4	民航	设计中心	MEN事业部	生产计划-大货跟单组	[illegible]	[illegible]782	女	27	发烧不退，肚子痛			√	
5	民航	设计中心	MEN事业部	生产计划-大货跟单组	[illegible]	[illegible]821	女	35	烧退，肚子痛			√	
6	民航	设计中心	MEN事业部	生产计划-大货跟单组	[illegible]	[illegible]8	男	28	发烧不退			√	
7	民航	设计中心	MEN事业部	生产计划-大货跟单组	[illegible]	[illegible]0	男	34	烧已退，拉肚子			√	
8	民航	设计中心	MEN事业部	生产计划-大货跟单组	[illegible]	1[illegible]6	女	25	轻微发烧，拉肚子			√	
9	民航	设计中心	MEN事业部	生产计划-大货跟单组	[illegible]	1[illegible]31	女	33	留院观察			√	
10	民航	设计中心	MEN事业部	生产计划-设计跟单组	[illegible]	18[illegible]74	女	23		√			
11	民航	设计中心	MEN事业部	MEN系列办公室	[illegible]	15[illegible]82	男	26	烧已退，拉肚子			√	
12	民航	设计中心	MEN事业部	设计开发-T恤&衬衫组	[illegible]	[illegible]229	男		发烧		√		
13	民航	设计中心	WOMEN事业部	生产计划-大货跟单组	[illegible]	1[illegible]60	男	44	发烧		√		
14	民航	设计中心	WOMEN事业部	生产计划-大货跟单组	[illegible]	13[illegible]0	女	28	烧已退，拉肚子			√	
15	民航	设计中心	WOMEN事业部	生产计划-大货跟单组	[illegible]	13[illegible]	女	34	烧已退，拉肚子，头晕恶心			√	
16	民航	设计中心	WOMEN事业部	生产计划-大货跟单组	[illegible]	13[illegible]3	女		感觉肚子痛。	√			
17	民航	设计中心	WOMEN事业部	生产计划-大货跟单组	[illegible]	13[illegible]9	女	40	在家附近医院	√			
18	民航	设计中心	WOMEN事业部	生产计划-大货跟单组	[illegible]	15[illegible]5	女	30		√			
19	民航	设计中心	WOMEN事业部	生产计划-设计跟单组	[illegible]	13[illegible]5	女			√			
20	民航	设计中心	KIDS事业部		[illegible]	13[illegible]0	女		已退烧，仍拉肚子	√			
21	民航	设计中心	WOMEN事业部	设计开发-裤子/半裙组	[illegible]	13[illegible]2	女	23	肚子痛			√	
22	民航	设计中心	WOMEN事业部	设计开发-连衣裙组	[illegible]	18[illegible]5	女	24	反复发烧，不拉肚子			√	
23	民航	设计中心	WOMEN事业部	买手组	[illegible]	18[illegible]9	女	33	低烧，精神恢复较好	√			
24	民航	设计中心	WOMEN事业部	买手组	[illegible]	13[illegible]5	女	23		√			
25	民航	设计中心	WOMEN事业部	常销基本组	[illegible]	18[illegible]6	女	30	无发烧拉肚子症状	√			
26	民航	设计中心	WOMEN事业部	品类组—外套&TEE	[illegible]	13[illegible]8	男			√			
27	民航	设计中心	WOMEN事业部	品类商品	[illegible]	15[illegible]4	女		打点滴休息	√			
28	民航	设计中心	WOMEN事业部	纸样组	[illegible]	185[illegible]	男		发烧		√		
29	民航	设计中心	KIDS事业部	系列办公室	[illegible]	13[illegible]	女			√			
30	民航	设计中心	KIDS事业部	生产计划-大货跟单组	[illegible]	[illegible]0	女			√			

表 4　UR 公司 12 月 22 日年会晚宴出席者健康情况（部分）

A	B	C	D	F	G	H	I	J	K	L	M	N	O	P	Q	R	S	T	X	Y	Z	AA	AC	AD	AE	AF	AG	AH	AI	AJ
序号	对象	中心	部门	性别	年龄	发病日期	发病时间	T1	病例	腹痛	腹泻次数	呕吐次数	头晕	发热	是否就诊	自行吃药	住院	就诊医院/门诊	已康复	医疗金额	公司卡支出	同事支付	自付	交通费	住宿费	餐费	卫生用品	其他	备注	医药费合计
1	员工	设计中心	中心办公	女	41	2016/12/23	7:00	7:00	1	√	10	3	×	√低烧	√			院	√	436.78			436.78							436.78
2	员工	零售中心	东区营运	男	33	2016/12/23	18:00	18:00	1	√	20	×	√	38.7	√			外院	√	0										0
3	员工	特许经营中	开发组	女	28	2016/12/23	9:30	9:30	1	√	3	√次数不详	√	√低烧	√			院	√	1065.55			1065.55							1065.55
4	员工	工程中心	工程部	男	30	2016/12/23	21:00	21:00		√	×	×	×	√低烧		√		无就医	√	0										0
5	员工	工程中心	中心办公	男	45	2016/12/23	10:00	10:00	1	√	√多次	×	√	×	√			医院	√	1691.7			1691.7							1691.7
6	员工	渠道发展中	区域开发	女	32	2016/12/24	不详	不详		不详	√次数不详	不详	不详	不详	√			不详	√	0										0
7	员工	渠道发展中	网络规划	男	34	2016/12/23	5:00	5:00	1	√	8	×	√	√度数不详	√			门诊	√	0										0
8	员工	审计监察中	中心办公	男	44	2016/12/23	17:00	17:00		√	2	×	×	×	√			医院	√	177.4			177.4							177.4
9	员工	采购中心	中心办公	女	38	2016/12/23	9:00	9:00	1	√	23	×	×	×	√			医院	√	928.06			928.06					25		953.06
10	员工	行政中心	行政	女	29	2016/12/24	上午	上午		×	√次数不详	√次数不详	×	×	√			外院	√	754.06			754.06							754.06
11	员工	行政中心	行政	女	21	2016/12/24	上午	上午		×	√次数不详	√次数不详	×	√度数不详	√			医院	√	0										0
12	员工	行政中心	行政	女	28	2016/12/23	下午	下午		×	√次数不详	√次数不详	×	√度数不详		√		无就医	√	0										0
13	员工	设计中心	WOMEN	女	26	2016/12/23	5:00	5:00	1	√	10	1	√	×	√			医院	√	453.32	65.34		387.98							453.32
14	员工	生产中心	产能管理	女	26	2016/12/23	13:30	13:30	1	√	25	1	√	√度数不详	√			医院	√	1038.83			1038.83	55.4						1094.23
15	员工	生产中心	产能管理	女	30	2016/12/23	18:00	18:00	1	√	√多次	×	√	√度数不详	√			院	√	400.35			400.35							400.35
16	员工	质量管理中	质量检查	女	29	2016/12/23	10:00	10:00	1	√	√多次	×	×	√低烧	√			医院	√	373.22	92.39		280.83							373.22
17	员工	质量管理中	质量检查	男	29	2016/12/23	10:00	10:00	1	×	20	×	×	38	√		√	院	√	0										0
18	员工	质量管理中	质量检查	女	26	2016/12/23	22:00	22:00	1	√	4	×	√	√低烧	√			院	√	256			256							256
19	员工	质量管理中	质量检查	女	40	2016/12/23	12:00	12:00	1	√	√多次	×	×	×	√			院	√	385.42	100		285.42							385.42
20	员工	设计中心	WOMEN	女	32	2016/12/22	晚上	晚上	1	×	4	×	×	×		√		无就医	√	0										0
21	员工	设计中心	WOMEN	女	28	2016/12/23	凌晨	凌晨	1	√	12	×	×	×	√			医院	√	0										0
22	员工	设计中心	WOMEN	男	23	2016/12/23	8:00	8:00	1	√	√多次	×	√	√度数不详	√			院	√	1067.66			1067.66	81			10			1158.66
23	员工	设计中心	WOMEN	女	27	2016/12/24	12:00	12:00	1	√	√多次	×	√	38	√			院	√	139.04			139.04							139.04
24	员工	设计中心	WOMEN	女	24	2016/12/22	23:00	23:00	1	×	20	10	√	37.5	√		√	医院	√	3000		3000				143.6				3143.6
25	员工	设计中心	WOMEN	女	28	2016/12/23	不详	不详		不详	√次数不详	不详	不详	不详	√			不详	√	0										0
26	员工	设计中心	WOMEN	男	27	2016/12/23	晚上	晚上	1	√	13	×	√	38.5	√			医院	√	291.63			291.63	25						316.63
27	员工	设计中心	WOMEN	女	24	2016/12/23	早上	早上	1	√	12	1	√	38	√			医院	√	316.59			316.59	132						448.59
28	员工	设计中心	WOMEN	男	23	2016/12/24	不详	不详		不详	√次数不详	不详	不详	不详	√			医院	√	436.8			436.8							436.8

B区疾控利用初步的调查信息，马上形成初步调查报告如下：

关于UR公司员工疑似食物中毒事件初步调查报告

2016年12月23日约14时30分，我中心接MH医院电话报告，称该院至当天12时陆续收治了18名出现发热、腹痛、腹泻等症状的UR公司员工，怀疑食物中毒。接报后我中心立即派出调查小组前往调查处理。2016年12月24日我中心会同G市疾控中心前往UR公司开展进一步调查。现将初步调查情况汇报如下：

一、基本情况

UR公司位于G市B区YX路91号。2016年12月22日，该公司在G市体育馆举行公司成立10周年庆典暨晚宴活动。晚宴由位于G市H区W酒店负责承办，设席146桌，共约1750人参加。23日0时陆续有员工出现腹泻、腹痛、呕吐、发热等症状，并于12月23日上午开始前往MH医院就诊。截至23日20时，共有18名患者到该院就诊。病例经对症治疗后好转出院，但仍有3名患者住院治疗，无危重及死亡病例。

二、现场流行病学调查

（一）病例定义

12月23日16时，我中心对MH医院进行病例搜索，制定病例定义如下：从2016年12月22日20时以来，参加UR公司晚宴后，出现腹泻（≥2次）伴有呕吐、腹痛、发热、头痛、寒战症状之一者。

24日上午11时接到该公司负责人电话，称昨晚陆续有员工出现腹泻、呕吐等症状，接报后我中心会同G市疾控中心前往该公司进行调查。由于部分患者已经出院回家，只能通过电话形式进行个案调查。最终核实病例56人。

（二）流行病学特征

共搜索到病例56例，其中男性9名，女性47名，发病人群中年龄最大的49岁，最小的22岁。

12月23日0时开始出现首例病例，发病高峰在23日凌晨2时到16时。发病潜伏期为4～26小时，中位数为13小时，见图2。

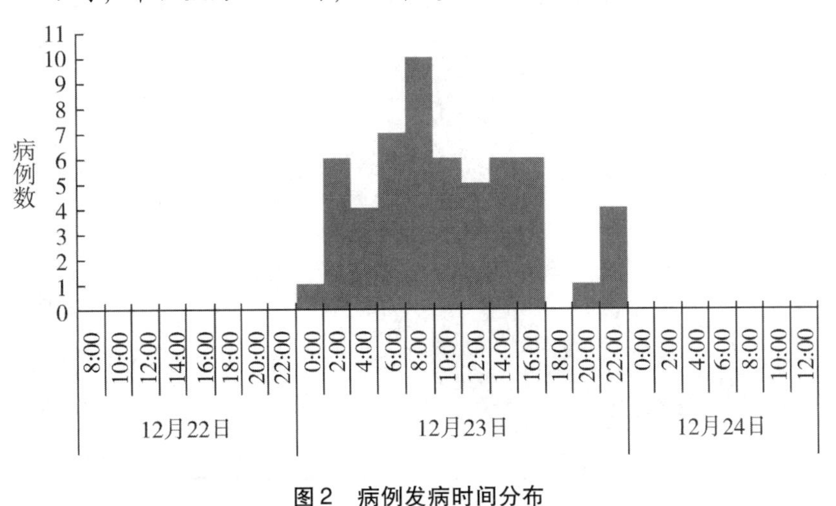

图2　病例发病时间分布

三、临床表现

初步调查的18个病例临床表现以腹泻（占100%）、发热（占85.71%）、腹痛（占80.35%）、头痛（占50%）、呕吐（占41.07%）为主。腹泻以水样便为主，腹泻次数2～15次/24小时内不等，发热最高为40 ℃，详见表5。

血常规检查结果显示，15个病例的白细胞计数和中性粒细胞计数升高，提示有细菌感染的可能，四位患者的血常规结果见图3。

表5　18个病例临床特征

症　状	病例数	比例（%）
腹泻	56	100.00
发热	48	85.71
腹痛	45	80.35
头痛	28	50.00
呕吐	23	41.07
寒战	19	33.92

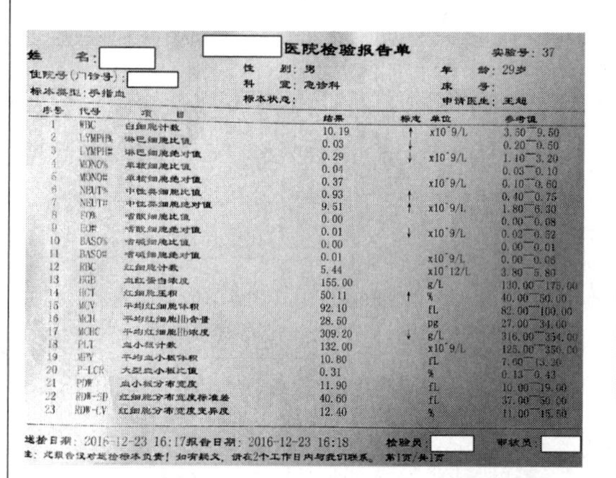

医院检验报告单　实验号：37

姓　名：　住院号（门诊号）：　标本类型：手指血
性　别：男　科　室：急诊科　标本状态：
年　龄：29岁　床　号：　申请医生：王超

序号	代号	项　目	结果	标志	单位	参考值
1	WBC	白细胞计数	10.19	↑	x10^9/L	3.50—9.50
2	LYMPH%	淋巴细胞比值	0.03	↓		0.20—0.50
3	LYMPH#	淋巴细胞绝对值	0.29	↓	x10^9/L	1.10—3.20
4	MONO%	单核细胞比值	0.04			0.03—0.10
5	MONO#	单核细胞绝对值	0.37		x10^9/L	0.10—0.60
6	NEUT%	中性粒细胞比值	0.93	↑		0.40—0.75
7	NEUT#	中性粒细胞绝对值	9.51	↑	x10^9/L	1.80—6.30
8	EO%	嗜酸细胞比值	0.00			0.00—0.08
9	EO#	嗜酸细胞绝对值	0.01	↓	x10^9/L	0.02—0.52
10	BASO%	嗜碱细胞比值	0.00			0.00—0.01
11	BASO#	嗜碱细胞绝对值	0.01		x10^9/L	0.00—0.06
12	RBC	红细胞计数	5.44		x10^12/L	3.80—5.80
13	HGB	血红蛋白浓度	155.00		g/L	130.00—175.00
14	HCT	红细胞压积	50.11	↑	%	40.00—50.00
15	MCV	平均红细胞体积	92.10		fL	82.00—100.00
16	MCH	平均红细胞Hb含量	28.50		pg	27.00—34.00
17	MCHC	平均红细胞Hb浓度	309.20	↓	g/L	316.00—354.00
18	PLT	血小板计数	132.00		x10^9/L	125.00—350.00
19	MPV	平均血小板体积	10.80		fL	7.60—13.20
20	P-LCR	大型血小板比值	0.31		%	0.13—0.43
21	PDW	血小板分布宽度	11.90		fL	10.00—19.00
22	RDW-SD	红细胞分布宽度标准差	40.60		fL	37.00—50.00
23	RDW-CV	红细胞分布宽度变异度	12.40		%	11.00—15.50

送检日期：2016-12-23 16:17　报告日期：2016-12-23 16:18　检验员：　审核员：
注：此报告仅对送检标本负责！如有疑义，请在2个工作日内与我们联系。第1页/共1页

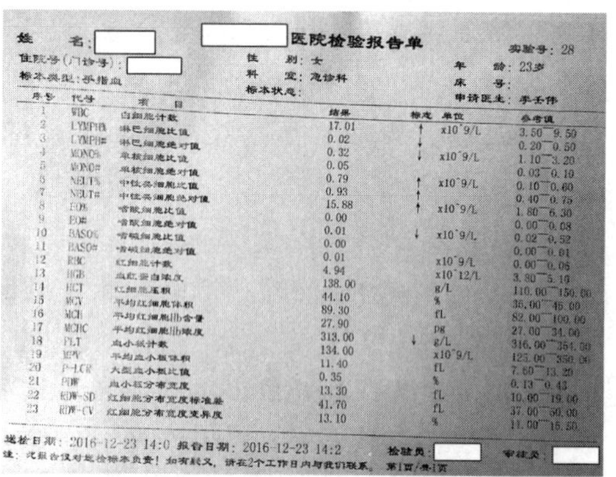

医院检验报告单　实验号：28

姓　名：　住院号（门诊号）：　标本类型：手指血
性　别：女　科　室：急诊科　标本状态：
年　龄：23岁　床　号：　申请医生：李壬伟

序号	代号	项　目	结果	标志	单位	参考值
1	WBC	白细胞计数	17.01	↑	x10^9/L	3.50—9.50
2	LYMPH%	淋巴细胞比值	0.02	↓		0.20—0.50
3	LYMPH#	淋巴细胞绝对值	0.32	↓	x10^9/L	1.10—3.20
4	MONO%	单核细胞比值	0.05			0.03—0.10
5	MONO#	单核细胞绝对值	0.79	↑	x10^9/L	0.10—0.60
6	NEUT%	中性粒细胞比值	0.93	↑		0.40—0.75
7	NEUT#	中性粒细胞绝对值	15.88	↑	x10^9/L	1.80—6.30
8	EO%	嗜酸细胞比值	0.00			0.00—0.08
9	EO#	嗜酸细胞绝对值	0.01	↓	x10^9/L	0.02—0.52
10	BASO%	嗜碱细胞比值	0.00			0.00—0.01
11	BASO#	嗜碱细胞绝对值	0.01		x10^9/L	0.00—0.06
12	RBC	红细胞计数	4.94		x10^12/L	3.80—5.10
13	HGB	血红蛋白浓度	138.00		g/L	110.00—150.00
14	HCT	红细胞压积	44.10		%	35.00—45.00
15	MCV	平均红细胞体积	89.30		fL	82.00—100.00
16	MCH	平均红细胞Hb含量	27.90		pg	27.00—34.00
17	MCHC	平均红细胞Hb浓度	313.00	↓	g/L	316.00—354.00
18	PLT	血小板计数	134.00		x10^9/L	125.00—350.00
19	MPV	平均血小板体积	11.40		fL	7.60—13.20
20	P-LCR	大型血小板比值	0.35		%	0.13—0.43
21	PDW	血小板分布宽度	13.30		fL	10.00—19.00
22	RDW-SD	红细胞分布宽度标准差	41.70		fL	37.00—50.00
23	RDW-CV	红细胞分布宽度变异度	13.10		%	11.00—15.50

送检日期：2016-12-23 14:0　报告日期：2016-12-23 14:2　检验员：　审核员：
注：此报告仅对送检标本负责！如有疑义，请在2个工作日内与我们联系。第1页/共1页

医院检验报告单　实验号：32

姓　名：　住院号（门诊号）：　标本类型：手指血
性　别：男　科　室：急诊科　标本状态：
年　龄：34岁　床　号：　申请医生：李壬伟

序号	代号	项　目	结果	标志	单位	参考值
1	WBC	白细胞计数	19.69	↑	x10^9/L	3.50—9.50
2	LYMPH%	淋巴细胞比值	0.04	↓		0.20—0.50
3	LYMPH#	淋巴细胞绝对值	0.79	↓	x10^9/L	1.10—3.20
4	MONO%	单核细胞比值	0.04			0.03—0.10
5	MONO#	单核细胞绝对值	0.77	↑	x10^9/L	0.10—0.60
6	NEUT%	中性粒细胞比值	0.92	↑		0.40—0.75
7	NEUT#	中性粒细胞绝对值	18.09	↑	x10^9/L	1.80—6.30
8	EO%	嗜酸细胞比值	0.00			0.00—0.08
9	EO#	嗜酸细胞绝对值	0.02		x10^9/L	0.02—0.52
10	BASO%	嗜碱细胞比值	0.00			0.00—0.01
11	BASO#	嗜碱细胞绝对值	0.02		x10^9/L	0.00—0.06
12	RBC	红细胞计数	5.62		x10^12/L	3.80—5.80
13	HGB	血红蛋白浓度	158.00		g/L	130.00—175.00
14	HCT	红细胞压积	53.01	↑	%	40.00—50.00
15	MCV	平均红细胞体积	94.30		fL	82.00—100.00
16	MCH	平均红细胞Hb含量	28.10		pg	27.00—34.00
17	MCHC	平均红细胞Hb浓度	298.20	↓	g/L	316.00—354.00
18	PLT	血小板计数	132.00		x10^9/L	125.00—350.00
19	MPV	平均血小板体积	11.70		fL	7.60—13.20
20	P-LCR	大型血小板比值	0.38		%	0.13—0.43
21	PDW	血小板分布宽度	13.80		fL	10.00—19.00
22	RDW-SD	红细胞分布宽度标准差	44.60		fL	37.00—50.00
23	RDW-CV	红细胞分布宽度变异度	13.40		%	11.00—15.50

送检日期：2016-12-23 15:32　报告日期：2016-12-23 15:33　检验员：　审核员：
注：此报告仅对送检标本负责！如有疑义，请在2个工作日内与我们联系。第1页/共1页

医院检验报告单　实验号：27

姓　名：　住院号（门诊号）：　标本类型：手指血
性　别：女　科　室：急诊科　标本状态：
年　龄：27岁　床　号：　申请医生：李壬伟

序号	代号	项　目	结果	标志	单位	参考值
1	WBC	白细胞计数	25.06	↑	x10^9/L	3.50—9.50
2	LYMPH%	淋巴细胞比值	0.05	↓		0.20—0.50
3	LYMPH#	淋巴细胞绝对值	1.12		x10^9/L	1.10—3.20
4	MONO%	单核细胞比值	0.06			0.03—0.10
5	MONO#	单核细胞绝对值	1.55	↑	x10^9/L	0.10—0.60
6	NEUT%	中性粒细胞比值	0.89	↑		0.40—0.75
7	NEUT#	中性粒细胞绝对值	22.34	↑	x10^9/L	1.80—6.30
8	EO%	嗜酸细胞比值	0.00			0.00—0.08
9	EO#	嗜酸细胞绝对值	0.04		x10^9/L	0.02—0.52
10	BASO%	嗜碱细胞比值	0.00			0.00—0.01
11	BASO#	嗜碱细胞绝对值	0.01		x10^9/L	0.00—0.06
12	RBC	红细胞计数	4.65		x10^12/L	3.80—5.10
13	HGB	血红蛋白浓度	140.00		g/L	110.00—150.00
14	HCT	红细胞压积	47.90	↑	%	35.00—45.00
15	MCV	平均红细胞体积	103.00	↑	fL	82.00—100.00
16	MCH	平均红细胞Hb含量	30.10		pg	27.00—34.00
17	MCHC	平均红细胞Hb浓度	292.20	↓	g/L	316.00—354.00
18	PLT	血小板计数	242.00		x10^9/L	125.00—350.00
19	MPV	平均血小板体积	9.50		fL	7.60—13.20
20	P-LCR	大型血小板比值	0.21		%	0.13—0.43
21	PDW	血小板分布宽度	9.90	↓	fL	10.00—19.00
22	RDW-SD	红细胞分布宽度标准差	46.10		fL	37.00—50.00
23	RDW-CV	红细胞分布宽度变异度	12.40		%	11.00—15.50

送检日期：2016-12-23 14:0　报告日期：2016-12-23 14:2　检验员：　审核员：
注：此报告仅对送检标本负责！如有疑义，请在2个工作日内与我们联系。第1页/共1页

图3　MH医院部分患者临床血常规检验报告单

四、当餐次食谱调查

当天晚宴菜谱：江南四小碟（番薯、芒果汁捞山药、酱萝卜、五香卤牛肉）、四喜烧卤荟、白灼九节虾、西芹百合炒鱼松、脆皮牛奶拼海鲜卷、鲜松茸炖肉汁、锅烧酱皇鸡、黑椒牛仔骨、油浸笋壳鱼、上汤扒绍菜、扬州炒饭、葡萄。

晚宴由W酒店承办，所有食品及原材料均由该酒店提供。脆皮牛奶拼海鲜卷、油浸笋壳鱼、西芹百合炒鱼松是半成品，冷藏运送到体育馆后在现场加工制作，其余热食品在酒店制作加工完成，用热柜（温度保持70 ℃）于当天下午17时运送至体育馆。

五、实验室调查

2016年12月23日，我中心采集患者肛拭子16宗，送本中心实验室进行食物中毒九大常规检测。当天H区疾控中心在W酒店采集晚宴留样食品12宗，厨房工用具10宗，厨工、服务员肛拭子18宗，共40宗送实验室检测。

2016年12月24日，G市疾控中心采集患者肛拭子3宗，对照组（非病例）肛拭子9宗。

六、初步结论

根据流行病学调查情况和患者临床特征，怀疑是一起致病菌污染食物引起的食物中毒事件，待实验结果出来再做进一步讨论分析。

七、控制措施

要求公司密切关注参加晚宴员工身体状况，随时向我中心报告，积极组织发病人员治疗。

G市B区疾病预防控制中心
2016年12月24日

应对突发公共卫生事件的基本要求就是“早报告、早调查、早控制”，快速反应是控制事件波及范围的需要。

在获得事件的初步信息后，已经对事件的性质（是否食源性疾病病例聚集性事件、传染性疾病暴发、介水传播疾病、职业中毒、环境因素事件等）有了初步判断后，应初步交代事件流行模式（三间分布特点）和临床严重程度（轻、中、重症患者构成，住院患者人数，死亡人数等）、实验室结果（采样种类和数量，检验项目和初步结果）、调查初步结论（对事件性质初步判断，交代可能的危险因素）、已采取的控制措施及效果（针对可能的危险因素提出控制措施）、对事件可能造成的影响进行风险评估（是否还有可能进一步蔓延）、下一步的工作计划（事件可能并未结束，需要进一步完善调查，建立监测系统收集发病患者个案信息，提供临床救治指导，并组织开展宣传教育和健康干预措施）等信息。

初次调查报告存在的主要问题：未交代B区疾控接到报告后派出专业技术人员（调查组）出发或到达现场的时间；未交代晚宴开始时间（该时间与制定病例定义及计算潜伏期有关）；未交代调查组前往何处开展现场调查（未到宴会组织单位U公司现场开展调查）；未全面搜索病例，仅对就诊于MH医院的病例开展调查；未考虑收集未就诊者信息，是常见的现场调查不足之处；未交代病例搜索的途径和方法，缺少收集事件整体信息的思路，缺乏对事件可能波及的范围的客观描述信息。在实验室方面，未交代计划检测的项目情况。据目前掌握的初步信息，调查结论除交代了细菌性生物性食源性聚集性事件外，还应初步判断该事件是年会晚宴提供的食物所致，与饮料、红酒无关，危险加工环节需结合流行病学调查分析和卫生学调查结果，再做分析。建议利用流行病学工具甄别危险食物，再结合对危险食物烹饪过程的关键环节开展卫生学调查，推断导致食物中毒的危险因素，为提出食物中毒事故控制措施提供依据。建议针对该事件开展食物中毒事件风险评估，对事件可能波及的范围和影响提出风险控制建议。下一步工作计划是初步调查报告必须要交代的内容，主要包括：做好患者的临床救治工作，积极救治患者；进一步完善现场流行病学调查和分析，结合病例三间分布特点，提出病因假设，再结合实际情况开展分析性研究；组织做好可疑危险食物的卫生学调查；完善实验室检测结果；对危险食物进行控制、销毁；及时组织做好宣传教育和健康干预。

初次报告的主送单位没有明确。疾控中心报告的主送单位是卫生行政主管部门，作为区级卫生行政主管部门应该是“B 区卫健局”。报告也应抄送市疾病预防控制中心。

编者按

2016 年 12 月 24 日，接到市疾控中心协助调查的要求后，H 区疾控中心派出专业技术人员到 W 酒店厨房开展现场踏勘，并采集样本进行检测。有了实验室结果之后，立即撰写如下进程报告，呈报给相关部门，并在突发公共卫生事件报告管理系统进行报告。

关于 UR 公司员工疑似食物中毒进程报告

2016 年 12 月 24 日，G 市 B 区疾控中心报告了 UR 公司员工疑似食物中毒事件。由于供餐单位 W 酒店位于 G 市 H 区，G 市 H 区疾控中心进行了调查和采样，现将调查进程情况汇报如下：

一、新增病例情况

12 月 23 日，G 市 T 区疾控中心到 ZD 医院对 10 名就诊患者（UR 公司年会晚宴宾客）进行个案调查和采样，其中符合病例定义 9 人。

截至 12 月 24 日 20 时，G 市 B 区、T 区、Y 区共调查核实病例 65 人，无死亡病例。大部分患者经对症治疗后好转陆续出院，截至 12 月 29 日 12 时，还有 2 名 UR 公司员工在 MH 医院住院治疗。

二、可疑中毒食品制作调查

12 月 22 日 UR 公司 10 周年庆典暨晚宴由 W 酒店承办，所有食品及原材料均由该酒店提供，12 月 22 日当天晚宴菜谱：江南四小碟（番薯、芒果汁捞山药、酱萝卜、五香卤牛肉）、四喜烧卤荟（素鲍鱼、贡菜）、白灼九节虾、西芹百合炒鱼松、脆皮牛奶拼海鲜卷、鲜松茸炖肉汁、锅烧酱皇鸡、黑椒牛仔骨、油浸笋壳鱼、上汤扒绍菜、扬州炒饭、时令鲜水果（葡萄）。晚宴饮料可乐、雪碧、橙汁（1.25 升）由 W 酒店提供，红酒由 UR 公司提供。12 月 22 日 UR 公司 10 周年庆典暨晚宴活动共设 146 席，12 人/席，4827 元/席。

12 月 22 日晚宴食品全部在 W 酒店进行粗加工，大部分热食品、熟食品在酒店三楼的宴会厨房制作好。脆皮牛奶拼海鲜卷、西芹百合炒鱼松是半成品，笋壳鱼冷藏运送到体育馆后再进行现场加工制作，17 时运送到体育馆。食品在 22 日下午 15 时前制作好，共用热车 16 台，冷藏车 4 台存放，由 3 辆大货车运送，15 时 30 分从 W 酒店出发；厨工（约 30 人）和服务员（约 60 人）集中乘坐大巴，约 16 时 15 分到达 G 市体育馆。

W 酒店人员在 G 市体育馆外搭建了一个临时加工棚，对脆皮牛奶拼海鲜卷、笋壳鱼进行煎炸，对西芹百合炒鱼松进行炒制，共用 2 台炸炉、3 台炒锅加工加热食品，其他热食品、熟食品从热柜取出直接分餐，没有再加热。12 月 22 日晚主办方 19 时 15 分通知 W 酒店人员准备起菜，19 时 50 分所有食品准备就绪，由于主办方有领导讲话等环节，20 时 45 分 UR 公司宾客开始进食，晚宴约于 23 时结束。

三、实验室检验情况

1. 2016 年 12 月 23 日，G 市 B 区疾控中心对在 MH 医院采集患者肛拭子 16 宗进行检测，结果 14 宗检出肠炎沙门氏菌。

2. 2016 年 12 月 23 日，G 市 T 区疾控中心在 ZD 医院采集患者肛拭子 10 宗进行检测，结果 7 宗检出肠炎沙门氏菌。

3. 2016 年 12 月 23 日，G 市 H 区疾控中心在 W 酒店采集晚宴留样食品 12 宗，厨房工用具物表拭子 10 宗，厨工、服务员肛拭子 18 宗，共 40 宗，进行食物中毒常见 8 种致病菌（包括副溶血性弧菌、变形杆菌、蜡样芽孢杆菌、沙门氏菌、志贺氏菌、霍乱弧菌、致泻性大肠埃希氏菌、金黄色葡萄球菌）检验，结果在 1 名厨工肛拭子检出金黄色葡萄球菌（产 E 型肠毒素）、1 名服务员肛拭子检出金黄色葡萄球菌（产 C、D、E 型肠毒素），6 人肛拭子检出金黄色葡萄球菌（肠毒素阴性）。晚宴留样食品 12 宗，厨房工用具 10 宗均未检出上述 8 种致病菌。

4. 2016 年 12 月 24 日，G 市疾控中心采集患者肛拭子 3 宗，对照组肛拭子 9 宗检测，样品正在检测中。

四、初步结论

根据流行病学调查情况、患者临床特征和现有的实验室结果，怀疑是一起致病菌污染食物引起的食物中毒事件，待全部实验室结果出来后，再进一步讨论分析诊断。

五、控制措施

要求 UR 公司密切关注参加晚宴员工身体状况，随时向疾控中心报告，积极组织发病人员治疗。

六、下一步工作

进行病例对照分析，找出可疑中毒食品。

G 市 H 区疾病预防控制中心

2016 年 12 月 29 日

编者对进程调查报告的指导意见：进程报告主要交代调查新进展或新发现、新发病例信息和实验室结果的情况，与初次调查报告相同的部分，可不交代，显得简明扼要、突出重点。

本进程报告的主送单位也存在没有明确的情况。

3. **可疑食物推断**

在出席 UR 公司 12 月 22 日年会晚宴的人员中开展病例对照研究。病例组：将符合病例定义的 65 名患者纳入病例组，剔除调查信息中暴露史不详者，实际纳入病例组的患者共计 56 人（44 名员工，12 名来宾）；对照组：在出席晚宴无任何不适者中，按年龄（相差不大于 5 岁）、性别（相同）和部门（相同）的 1∶1 匹配要求，每一病例匹配一名对照，剔除调查信息中一般情况或暴露史不详者，实际纳入对照组的被调查人共计 59 人（47 名员工，12 名来宾）。采用非条件 Logistic 回归分析法计算病例组和对照组进食各种食物的风险比（OR）和 95% *CI*。采用世界卫生组织（WHO）推荐的方法对可疑食物做出判断。在数据清洗过程，病例组剔除了 9 例暴露史不详患者信息，对照组剔除 6 例暴露史不详者信息。

编者按

传统的病例对照研究技术，分层分析（叉生分析）多个（多于 2 个）可疑危险食物，在病例组和对照组人数较少时（$n \leqslant 50$），分层计算会比较烦琐，Logistic 回归分析为解决类似问题提供了新的选择。Logistic 回归分析是当结果变量（因变量）为两分类变量，而需要分析该因变量与多个自变量（包括分类变量和数值变量）的关系时，常用的多因素回归模型。

1. Logistic 回归模型的基本结构

在流行病学研究中主要关心的是疾病发生的频率 P，如果将暴露因素与疾病发生频率 P 直接描述为线性关系，即 $P = \beta_0 + \beta X$，则可能出现 P 值大于 1 或小于 0，无法从医学意义上进行解释。为此设暴露因素与 P 与（$1 - P$）比值的对数呈线性关系，即：

$$\ln(p) = Y = \beta_0 + \beta X$$

解出 P，得到 P 直接与 X 的关系式为：

$$P = e^{\beta_0 + \beta X} / (1 + e^{\beta_0 + \beta X}) \text{ 或 } P = 1 / (1 + e^{-(\beta_0 + \beta X)})$$

上式称 Logistic 回归模型。如果有多个自变量，将 βX 看作多个自变量的线性组合，多变量的 Logistic 回归模型便是：

$$P = e^{\beta_0 X + \beta_1 X_1 + \cdots + \beta_n X_n} / (1 + e^{\beta_0 X + \beta_1 X_1 + \cdots + \beta_n X_n}) \text{ 或 } P = 1 / (1 + e^{-(\beta_0 X + \beta_1 X_1 + \cdots + \beta_n X_n)})$$

2. Logistic 回归的参数估计及假设检验

(1) Logistic 回归的参数估计及意义

Logistic 回归的参数估计常用最大似然法（maximum likelihood，ML）。最大似然法的基本思想是先建立似然函数和对数似然函数，求似然函数或对数似然函数达到极大时参数的取值，为参数的最大似然估计值。

当 Logistic 回归系数为正值时，$\exp(\beta)$ 大于 1，说明该因素是危险因素；Logistic 回归系数为负值时，$\exp(\beta)$ 小于 1，说明该因素是保护因素。

（2）Logistic 回归模型的假设检验和回归系数的区间估计

建立回归模型和得到回归系数估计值后，需要对其做假设检验，目的是检验模型意义和总体回归系数是否为零。常用的假设检验统计量有 3 种。

第一，似然比检验。

似然比统计量是两个模型负二倍对数似然函数（$-2\ln L$）值之差，设模型 1（引入变量较少）的负二倍对数似然函数为 $-2\ln L$，模型 2（引入变量较多）的负二倍对数似然函数为 $-2\ln L'$，模型 2 较模型 1 拟合优度提高的似然比统计量为：

$$G = -2\ln L - (-2\ln L')$$

大样本时，在 H_0 成立的条件下，G 服从相应自由度的 χ^2 分布。举例：模型 1 仅有参数 β_0，负二倍对数似然函数为 244.346。模型 2 引入自变量 χ_1、χ_2、χ_3 后，负二倍对数似然函数减少到 222.216。G 等于 22.13，自由度为增加变量个数，即等于 3，查 χ 值表，$P=0.00006$，拒绝 H_0，接受 H_1。说明引入三个自变量后模型拟合优度的改善有统计学意义，模型 2 比模型 1 预测效果较好。

似然比检验也可以用于对模型中回归系数的假设检验，回归系数的检验假设为：H_0：$\beta=0$，H_1：$\beta\neq0$，分别在 H_0 和 H_1 成立的条件下估计参数，相应的最大对数似然函数值记 $\ln L$ 和 $\ln L'$，代入 $G=-2\ln L-(-2\ln L')$ 求 G 值。如上例中，变量 χ 的回归系数检验 $G=244.346-236.736=7.610$，自由度等于 1，$P=0.0058$，说明该回归系数有统计学意义。

第二，Wald 检验。

Wald 检验常用于回归系数的假设检验，计算简便，但结果偏于保守。Wald 检验的检验假设为：

H_0：$\beta=0$，H_1：$\beta\neq0$，

在 H_0 成立的条件下估计参数，将估计值代入下式，得统计量为：

$$\chi_i^2 = (\beta_i/S_{\beta i})^2$$

其中，β_i 为第 i 个回归系数估计值，SE 为回归系数估计值的标准误。大样本时，在 H_0 成立的条件下，χ_i^2 服从自由度为 1 的 χ^2 分布。

第三，优势比的区间估计。

Logistic 回归模型回归系数的区间估计与线性回归系数的区间估计相似，可以根据正态分布理论做估计。

总体回归系数 β 的（$1-\alpha$）置信区间为：

$$\beta \pm Z_\alpha SE(\beta)$$

3．条件 Logistic 回归模型

在配比设计的病例对照研究中，每一配比组内的病例与对照是可比的，组间病例与

对照无可比性，因此需要按组内对象的暴露状况和发病情况建立 Logistic 回归模型。为描述方便，我们用最简单的 1∶1 配对设计介绍 Logistic 回归模型的结构。记第 i 对中的病例为 A，对照为 B。Y =1 表示得病，Y =0 表示未得病。一对病例和对照中只有 1 人得病的概率为：

$$P(A = 1 | \text{一对中只有一人得病}) = 1/1 + \exp[-\beta(X_A - X_B)]$$

上式左端是病例和对照两者之一都可能得病的条件下病例得病的条件概率，因此该模型称条件 Logistic 回归模型。为示区别，又称一般的 Logistic 回归模型为非条件 Logistic 回归模型。等式右端分母的指数中，回归的常数项因同一层病例和对照的基线患病（发病）概率相同被抵消掉了，因此不能做预测，只能做因素分析。回归系数表示病例与对照变量值之差与患病优势的关系，即 $\exp(\beta)$ 表示病例与对照暴露水平相差一个单位时患病的优势比（OR）。

该次食品安全事故资料用经典的统计方法估计优势比（OR）和进行假设检验较复杂，应用 Logistic 回归来分析则非常方便。

SPSS 软件包提供一个方便、快捷的 Logistic 回归运算工具。

4. **危险因素调查方法**

采用访谈相关人员、查阅相关记录和现场勘察等方式进行。访谈对象包括 W 酒店卫生负责人（食品安全监督员）、厨房行政主厨、现场加工制作厨工、服务员和 UR 公司宴会主办负责人、工作人员。查阅可疑食物进货记录、购销凭证等资料；查看设备维修、清洁消毒记录，厨工、服务员的健康证和出勤记录。重点勘察酒店厨房和临时加工点的操作环境、加工过程以及食品原材料、成品的保存和运送，了解食品的制作、运输过程和食用的时间与温度等。在访谈和查阅资料的基础上，绘制加工工艺流程图，找出可能存在危险的关键环节和危害因素。

编者按

危险因素调查也称为卫生学调查。卫生学调查可与流行病学调查一起执行，在开展病例搜索和个案调查时，组织卫生学调查队伍对可能造成食品安全的事故的危险环节开展调查，可全面了解食品本身的原材料生产、种植、养殖情况，以及储存、运输、加工、销售、烹饪的各环节情况；了解加工生产环境（厨房、生产车间、饭堂）的分区布局情况，包括粗加工区、分切区、烹饪区、分装区、清洁消毒区、储存区（仓库）、缓冲区（间）和垃圾暂存间设计布局是否合理，人、食物和垃圾的出入流线是否存在交叉；工用具是否分区分类固定、专用，生熟标识明显，加工制作过程工用具是否存在交叉、混用情况；“三防”（防鼠、防苍蝇、防蟑螂）设施是否完善、合理、科学，现场“四害”（老鼠、蚊子、苍蝇、蟑螂）密度评估。未有现场卫生学踏勘经验者，按食物、环境、工用具和“四害”等项目的常见影响食品安全的因素开展调查并记录获取信息。结合自身所掌握食品卫生知识和工作经验，对可疑食物的生产流程开展调查，提早对重点危险环节、食品原材料、半成品、剩余食物、留样食物和工用具物表和厨工手

（拭子）、大便（肛拭子）组织采样，采样送检过程注意无菌（无污染）操作，注意采集最有可能发现危险因素的位置/样本。随着流行病学调查分析的深入，则可对已发现的可疑危险食物开展有针对性的调查，或补充调查。重点了解可疑危险食品开始供应的时间，参与加工烹饪食品人员的工作经验、身体健康情况，食品原材料的构成和来源，包装方式、启用日期等存在污染的可能性；复盘食品生产过程，寻找可能存在的污染环节，存放工用具是否有发生交叉污染的可能性，存放的时间、温度等可能导致微生物污染、增殖的危险环节等。这个过程常需再深入现场了解，通过观察、交流才更能发现问题，对不清楚部分，再通过电话向相关人员了解，做好补充调查。

5．标本的采集和检测

采集病例肛拭子、粪便、呕吐物，非病例就餐者、厨工、服务员肛拭子，留样食品和厨房物体表面拭子等样品，依据国家卫生检验标准①对样品进行沙门菌（GB 4789. 4—2010）、蜡样芽孢杆菌（GB 4789. 14—2014）、空肠弯曲菌（GB/T 4789. 9—2008）、金黄色葡萄球菌（GB 4789. 10—2010）、志贺氏菌（GB/T 4789. 5—2023）、致泻性大肠埃希氏菌（GB/T 4789. 36—2016）、副溶血性弧菌（GB/T 4789. 7—2013）的分离培养和鉴定。

（三）质量控制

对参与现场调查的调查员统一培训，采用统一调查表进行调查，以面对面调查为主，电话调查为辅。既采集发病者的生物标本（肛拭子、粪便、呕吐物），也采集未发病者的生物标本（肛拭子、粪便）。采集的标本及时送检。数据录入系统设置自动查错功能。

（四）统计学分析

数据录入 Epidata 3. 2 软件建立数据库，采用 SPSS 18. 0 软件进行统计分析。

四、调查结果

（一）流行病学结果

截至 12 月 29 日，市、区疾控部门共搜索核实符合病例定义的患者 65 名，罹患率为 5. 1%（65/1271），无重症和死亡病例。

1．临床特征

65 例患者表现为腹泻 100. 0%（65/65）、发热 86. 2%（56/65）、腹痛 78. 5%（51/65）、头痛 50. 8%（33/65）、寒战 44. 6%（29/65）、呕吐 40. 0%（26/65）。首发症状多为黄色水样便腹泻，频率平均 6 次/天（范围为 2 ～ 20 次/天）；腹痛主要表现为痉挛性痛或绞痛；发热体温 37. 5 ～ 40. 0 ℃，中高热为主；白细胞计数、中性粒细胞比例超出正常

① 中华人民共和国卫生部：《食品安全国家标准食品微生物学检验标准汇编》，中国标准出版社 2010 年版。

范围者占 100%（19/19）。临床经抗炎、支持治疗后均痊愈，患者平均病程 2 天（范围为 1 ～ 6 天）。

编者按

不同危险因子所致的食品安全事故人群临床表现各有不同，通过临床表现的描述，可以初步推测可能的危险因子的大体类别，大部分细菌性生物性致病因子所致食品安全事故患者主要表现是消化道不适症状，部分患者伴有发热；临床常规检查常有白细胞计数、中性粒细胞比例超出正常范围，临床抗感染治疗有效，合适的抗生素治疗可令病程缩短，一般 3 天内可痊愈。在医疗机构调查时应注意收集常规检查结果，临床医生的诊断等信息对快速甄别、缩小致病因子范围有帮助。

2. 时间分布特征

首发病例于 12 月 23 日 0 时发病，随后病例快速增多，23 日 8 时至 10 时出现发病高峰期，之后发病数开始下降，12 月 24 日 17 时以后无新发病例出现，见图 4。平均潜伏期 12 小时（范围为 3 ～ 44 小时）。

编者按

一次就餐导致的食品安全事故病例发病时间分布的流行曲线呈单峰正态分布，符合进餐者在短时间内均进食同一危险食物的假设。而宴会持续时间较长，不同的进食时间，可能会让时间分布曲线在高峰期持续一段时间，形成一个平台而与持续同源暴露病例分布曲线相近。

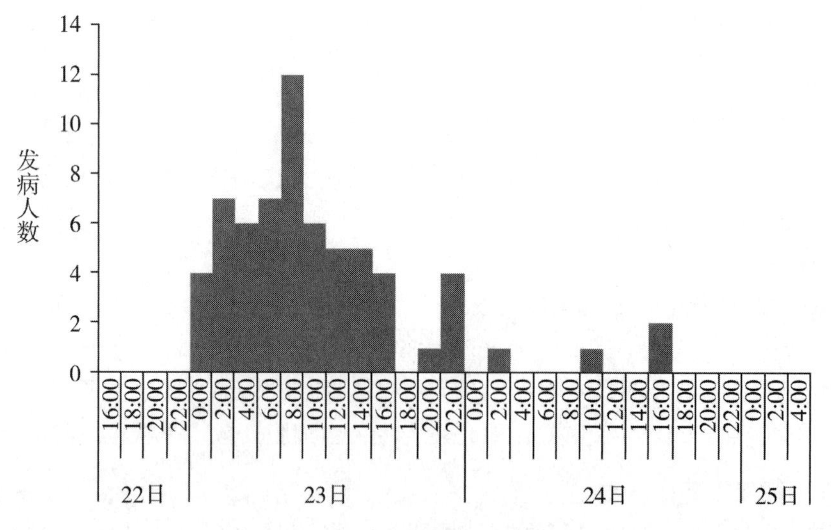

图 4 UR 公司食品安全事故发病时间分布

3. 人群分布特征

男性罹患率4.5%（27/606），女性罹患率5.7%（38/665），差异无统计学意义（$\chi^2=1.03$，$P=0.309$）；病例分布在22～49岁间，22～29岁组罹患率36.9%（24/65），30～39岁组罹患率35.4%（23/65），40～49岁组罹患率27.7%（18/65），各年龄组罹患率差异无统计学意义（$\chi^2=1.72$，$P=0.271$）；本公司员工罹患率5.6%（53/945），来宾罹患率3.7%（12/326），差异无统计学意义（$\chi^2=1.85$，$P=0.173$）。

编者按

现场调查应尽量用“率”描述疾病暴发或流行强度，一是“率”能更准确地描述疾病发生的强度，二是可以用统计学方法对各样本（人群）的“率”进行比较。通过比较病例在不同人群的分布情况，发现潜在的危险因素，为进一步验证假设提供依据。本案例从分布情况看，病例的分布与性别、年龄组、身份无关，病例集中在出席年会晚宴人群中，提示暴发事件的发生与年会晚宴的暴露有关，符合食品安全事故病例分布特点。

4. 首发病例调查

陈W，男，37岁，晚宴外来宾客。12月23日0时，开始出现腹泻，共腹泻3次，9时开始发热、恶心、乏力，于当天19时20分前往ZD医院就诊，体温39.9℃，急诊留观，予抗感染、支持治疗后好转，次日出院。该患者粪便中检出肠炎沙门氏菌。陈W、陈太太与朋友赵Y一起出席UR公司22日年会晚宴，当晚陈W吃了半碗扬州炒饭，赵Y吃了一碗扬州炒饭，陈太太未吃扬州炒饭，12月23日0时陈W、赵Y先后出现腹泻、发热情况，而陈W太太未发病。

编者按

现场调查时常需对首发病例、特殊病例、死亡病例等典型病例组织开展细致、深入调查，常可从这些典型病例的调查中，找到可疑危险因素突破口。本案例列举首发病例及其太太和受邀出席的朋友等典型个案的调查结果，从首发病例发病情况、就诊情况、临床表现和治疗效果可以获得陈W临床表现为消化道不适症状和发热表现，与年会晚宴有时间上的相关性，可判断为年会晚宴所致的食源性疾病病例；患者有消化道不适、发烧，经抗菌消炎、支持治疗后症状好转，符合细菌性生物性食源性疾病病例特点；粪便中检出肠炎沙门氏菌，提示可能是沙门氏菌食源性疾病病例。从进食史调查结果看，提示发病可能与扬州炒饭相关：进食扬州炒饭者发病，未进食扬州炒饭者不发病。

通过典型个案的调查，快速刻画事件可能波及范围、发病情况（典型症状）、严重程度（病程、转归、病死率）、暴露信息等粗略信息，为设计“病例搜索一览表”或“个案调查表”提供参考依据；也可推测暴发的可能危险因素和致病因子，为下一步调查指明方向。

5. 分析性流行病学调查

（1）单因素分析。

12 月 22 日，W 酒店配送的晚餐有扬州炒饭、上汤扒绍菜、黑椒牛仔骨等 16 种食物供应，病例及对照组单因素分析结果提示，食用扬州炒饭（$OR=15.1$，$P<0.05$）、上汤扒绍菜（$OR=4.3$，$P<0.05$）、五香卤牛肉（$OR=2.9$，$P<0.05$）、油浸笋壳鱼（$OR=2.5$，$P<0.05$）、黑椒牛仔骨（$OR=2.5$，$P<0.05$）是危险因素，详见表 6。

表 6 UR 公司食品安全事故病例－对照研究分析结果

食物名称	病例组人数（$n=56$）		对照组人数（$n=59$）		*OR* 值	95% *CI*
	食用	未食用	食用	未食用		
扬州炒饭	51	4	27	32	15.1	4.9～47.2
上汤扒绍菜	47	8	34	25	4.3	1.7～10.7
五香卤牛肉	41	13	31	28	2.9	1.3～6.4
黑椒牛仔骨	43	12	35	24	2.5	1.1～2.6
油浸笋壳鱼	38	17	28	31	2.5	1.2～5.3
番薯	36	19	31	28	1.7	0.8～3.6
芒果汁捞山药	37	18	29	30	2.1	0.9～4.6
酱萝卜	38	16	34	25	1.8	0.8～3.8
四喜烧卤荟	42	5	48	11	1.9	0.6～6.1
白灼九节虾	45	10	53	6	0.5	0.2～1.5
西芹百合炒鱼松	43	12	41	18	1.6	0.7～3.7
脆皮牛奶	43	13	39	20	1.7	0.7～3.8
拼海鲜卷	35	20	39	20	0.9	0.4～1.9
鲜松茸炖肉汁	52	3	54	5	1.6	0.4～7.1
锅烧酱皇鸡	39	16	41	18	1.1	0.5～2.4
葡萄	35	20	29	30	1.8	0.9～8.3

编者按

在日常工作中，单因素分析常使用 EPI INFO 软件包 *OR* 计算模块，输入各项指标，即可得出 *OR* 值及其 95% *CI*。或在非条件 Logistic 回归分析多因素分析过程，分次导入病例（因变量）和各可疑危险食物（自变量），计算各种食物的 *OR* 值及其 95% *CI*，过程参考多因素分析，见图 5～图 7。

（2）多因素分析。

为进一步判断可疑中毒食物，选择单因素分析中差异有统计学意义的变量为自变量进行非条件 Logistic 回归分析，采用似然比检验（后退法）进行变量筛选（a＝0.05）。计算过程见图5～图7，结果显示进食扬州炒饭的人员发病的风险是未进食扬州炒饭者的14.8倍，表明进食扬州炒饭是本次疫情的致病因素，详见表7。

> **编者按**
>
> 调查团队将调查结果一览表导入SPSS软件包，用非条件多因素 Logistic 回归分析程序对数据进行分析，进入过程见图5。

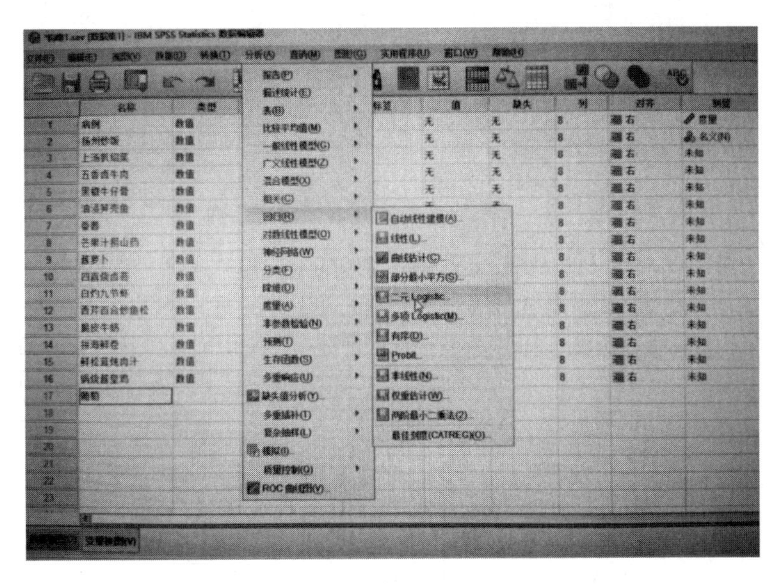

图5　SPSS 非条件多因素 Logistic 回归分析进入界面

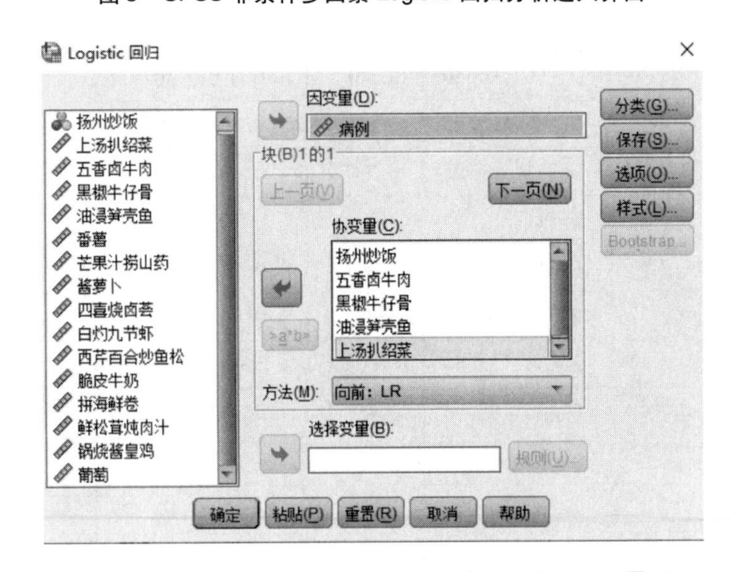

图6　SPSS 非条件多因素 Logistic 回归分析数据导入界面

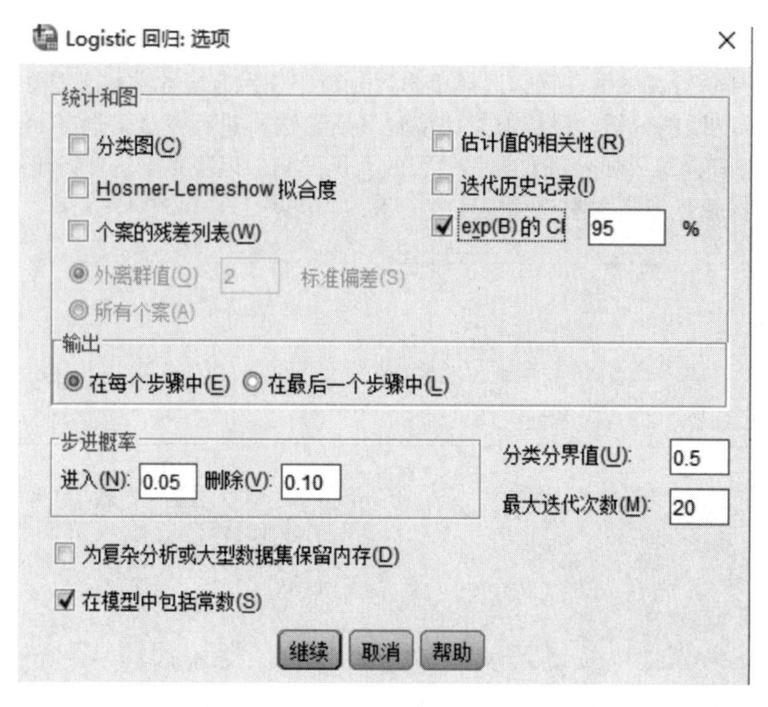

图 7　SPSS 非条件多因素 Logistic 回归分析数据“选项”设置界面

表 7　SPSS 非条件多因素 Logistic 回归分析数据输出结果：方程中的变量

		β	S. E.	Wald	df	Sig.	Exp(β)	EXP(β) 的 95% *CI*	
								下限	上限
步骤 1*	A4 五香卤牛肉	0. 374	0. 512	0. 533	1	0. 465	1. 453	0. 532	3. 967
	A12 黑椒牛仔骨	−0. 208	0. 568	0. 134	1	0. 714	0. 812	0. 267	2. 471
	A13 油浸笋壳鱼	−0. 019	0. 506	0. 001	1	0. 969	0. 981	0. 364	2. 644
	A14 上汤扒绍菜	0. 722	0. 584	1. 529	1	0. 216	2. 059	0. 655	6. 470
	A15 扬州炒饭	2. 396	0. 650	13. 586	1	0. 000	10. 977	3. 071	39. 242
	常量	−2. 485	0. 665	13. 966	1	0. 000	0. 083		
步骤 2	A4 五香卤牛肉	0. 371	0. 506	0. 537	1	0. 464	1. 449	0. 537	3. 907
	A12 黑椒牛仔骨	−0. 211	0. 560	0. 142	1	0. 706	0. 809	0. 270	2. 428
	A14 上汤扒绍菜	0. 717	0. 569	1. 591	1	0. 207	2. 049	0. 672	6. 243
	A15 扬州炒饭	2. 393	0. 645	13. 744	1	0. 000	10. 945	3. 089	38. 783
	常量	−2. 486	0. 664	14. 009	1	0. 000	0. 083		
步骤 3	A4 五香卤牛肉	0. 333	0. 496	0. 451	1	0. 502	1. 396	0. 528	3. 690
	A14 上汤扒绍菜	0. 662	0. 548	1. 456	1	0. 228	1. 938	0. 662	5. 678
	A15 扬州炒饭	2. 342	0. 629	13. 879	1	0. 000	10. 397	3. 033	35. 637
	常量	−2. 530	0. 654	14. 973	1	0. 000	0. 080		

续上表

		β	S. E.	Wald	df	Sig.	Exp(β)	EXP(β) 的 95% *CI*	
								下限	上限
步骤 4	A14 上汤扒绍菜	0. 645	0. 546	1. 395	1	0. 238	1. 906	0. 653	5. 562
	A15 扬州炒饭	2. 466	0. 605	16. 594	1	0. 000	11. 777	3. 595	38. 579
	常量	-2. 388	0. 609	15. 357	1	0. 000	0. 092		
步骤 5	A15 扬州炒饭	2. 696	0. 582	21. 480	1	0. 000	14. 815	4. 738	46. 321
	常量	-2. 079	0. 530	15. 374	1	0. 000	0. 125		

* 在步骤 1 中输入的变量：A4，A12，A13，A14，A15。

编者按

SPSS 的 Logistic 回归分析输出结果解释：Logistic 回归分析结果主要是最后的模型参数估计值表（Variables in Equation or Parameter Estimates），本次食品安全事故数据的结果输出主要的模型参数估计值表见表 7。β 表示回归系数，S. E. 表示回归系数的标准误，Wald 是回归系数的 Wald 检验值，近似服从χ^2分布。Sig. 表示与 Wald 检验对应的 *P* 值，Exp（β）表示回归系数以 e 为底的指数值，等于相应的 *OR* 值。如果利用 SPSS 软件包对数据进行分析，输出结果非常便捷。本案例为分层分析提供了一个新的思路。

（3）剂量—反应关系分析。

对扬州炒饭进食量与发病的关系进行剂量—反应关系分析，扬州炒饭的进食量与发病呈剂量—反应关系，$\chi^2_{\text{趋势}}=21.87$，$P<0.0001$，见表 8。

表 8　扬州炒饭进食量与发病的剂量—反应关系分析结果

进食量（勺）	病例（*n*=56）		对照（*n*=59）		*OR* 值（95% *CI*）	$\chi^2_{\text{趋势}}$	*P*
	数量	百分比%	数量	百分比%			
0. 5 以下	4	7. 1	36	61. 0	1. 0（参考值）		
0. 5 ～	27	48. 2	8	13. 6	30. 4（8. 3，111. 5）	21. 87	<0. 0001
3 ～	25	44. 6	15	25. 4	15. 0（3. 1，41. 7）		

编者按

剂量—反应关系是病因推断中比较好用的一条依据，但需要有细致的流行病学调查作为支撑。在调查设计、现场调查实施过程中，需要将暴露的不同程度用定量或半定量格式进行收集，结果录入 EPI INFO 中列联表，系统自动给出趋势卡方$\chi^2_{\text{趋势}}$结果。

（二）卫生学结果

1. W 酒店餐饮服务部

位于酒店三楼，面积约 60 m^2，由加工区、烧味区和熟食档构成，粗处理间设在酒店负一楼和二楼。2016 年该厨房已顺利承担外出送餐服务约 6 次，为 UR 公司服务是今年最后一次。餐饮服务部有厨工、服务员共计 120 人，均持有有效健康证，每周休息 2 天，最近考勤无异常情况。如厨工、服务员身体不适，经核准均会准假予以休息。所用食品原材料有固定供应商送货上门，有索证存档手续，并按集团的标准要求操作。

2. 现场供餐过程

UR 公司 146 席晚宴的餐桌、椅子、餐具均由 W 酒店布置。12 月 21 日，W 酒店人员把晚宴用的餐台、座椅等运到 G 市体育馆，12 月 22 日上午把餐具等运到体育馆。当天食品制作后均存放在热柜车（或冷藏车）中，于 15 时 30 分热柜车装车出发，共用热柜车 16 台，冷柜车 4 台，分别用 3 辆大货车运送，于 16 时 15 分到达体育馆，路上热柜车、冷藏车没有通电运转。抵达体育馆后重新供电运转。热柜车（或冷藏车）系德国 Williams 公司生产的 CK 牌餐饮服务业的专用食物移动存储柜（见图 8），通电后能保持 89 ℃高温或 2.5 ℃低温。在 G 市体育馆外临时搭建的场所没有自来水供应，由 W 酒店运送了 20 桶 YB 纯净水（18.9 升/桶）到现场使用。18 时开始加工制作油炸、煎炒食品。热柜车中熟食品不再加热，直接分装上桌。19 时 50 分所有食品准备就绪，20 时 45 分晚宴开始，分装好食物依次上桌。现场服务员分为三组，分别固定服务约 50 席。

3. 扬州炒饭制作过程

（1）原料：泰国香米 85kg、三明治火腿 8kg、虾仁 12kg、芥蓝粒 8kg、鲜鸡蛋 30 个。经调查，W 酒店表示扬州炒饭所使用鸡蛋是当天送到的已清洗干净的新鲜鸡蛋，可直接使用。

图 8 热柜车

（2）备料：12 月 20 日上午开始解冻虾仁，待虾仁解冻后，把虾仁、三明治火腿切粒，然后放入雪库（－15 ℃）保存。12 月 21 日下午，切芥蓝粒后，放入 5 ℃冰箱保存。12 月 22 日 6：00—8：00 蒸饭，每盆饭蒸 2 小时，共蒸 14 盆饭，饭蒸熟后凉至室温，耗时一个多小时。

（3）制作过程：扬州炒饭于当日 10 时开始烧锅制作，当天进货的未再清洗的鲜鸡蛋打入盆里搅匀备用，虾仁粒、三明治火腿粒、芥蓝粒用油爆炒后盛起，再倒入鸡蛋炒熟后，倒入冷饭、油爆过的虾仁粒、三明治火腿粒、芥蓝粒，一起翻炒后加入酱油、盐、鸡精等调味料。扬州炒饭由 2 个厨师负责，共分为 7 锅制作后装入

3个大盆，用保鲜纸封好，12时放入通电的热柜车存放，扬州炒饭的制作流程见图9。17时起运到G市体育馆，运输过程热柜车无供电，抵达体育馆再恢复供电（未能通过监控核实，由调查对象提供信息），食用前未再进行复热加工。扬州炒饭上桌时间为21时30分，即扬州炒饭在制作后9.5小时才供宾客食用。扬州炒饭的备料、制备、存放（运输）、分装和食用过程见图10。

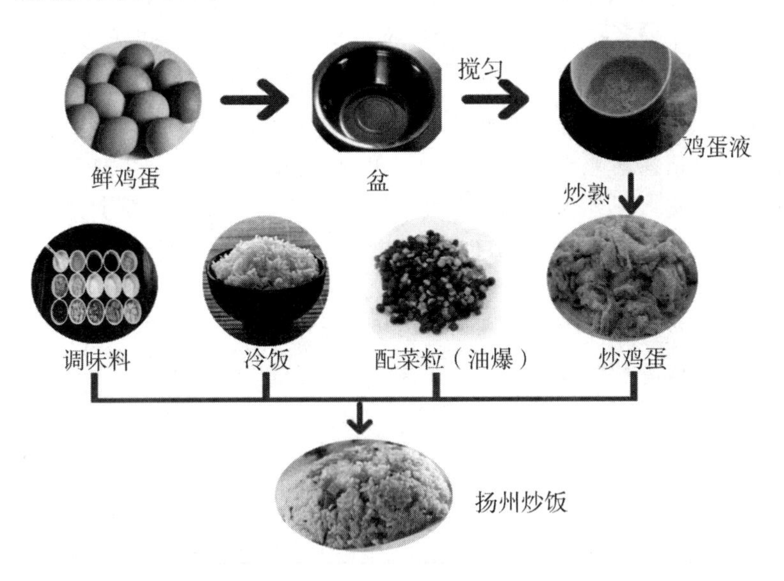

图9　扬州炒饭制作流程

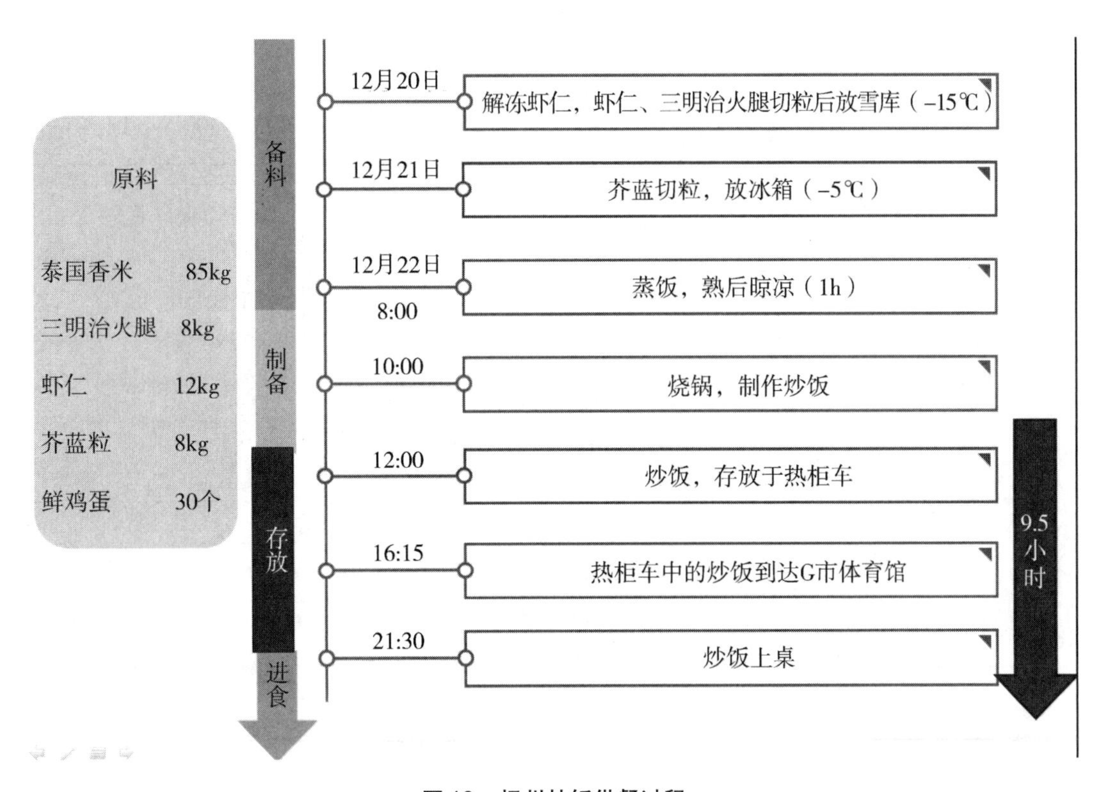

图10　扬州炒饭供餐过程

编者按

通过细致分析危险食物的制作过程，分析进食扬州炒饭致沙门氏菌细菌性食物中毒事件可能的危险环节。从制作扬州炒饭的原材料构成表中，发现存在导致沙门氏菌污染的常见食物原材料——鲜鸡蛋；从扬州炒饭制作过程记录看，扬州炒饭从开始烹饪到进食，约需耗时9.5小时，运输过程45分钟热柜车断电，存在沙门氏菌增殖的足够时间；无法证实鸡蛋未清洗或清洗不彻底致鸡蛋携带的沙门氏菌污染扬州炒饭，打蛋液盛放容器前后混用致扬州炒饭污染未能排除。留样食物未能检测出沙门氏菌可能是因为经低温保存后致污染的沙门氏菌死亡，而且与供食用的扬州炒饭相比，在酒店烹饪后留样的扬州炒饭缺少细菌增殖时间，因而无代表性；重新烹饪扬州炒饭，复盘扬州炒饭可能的污染环节会因为扬州炒饭烹饪数量的不同，而发现不了实际烹饪过程存在的危险污染环节。因此，如何建立食品安全的过程评估体系，杜绝可能污染事件的发生，显得更重要。除了有关部门要建立大型聚餐活动的监督机制外，供餐企业内部对每一个食品的生产、供应过程建立监管机制和隐患排查机制显得更加重要。

（三）实验室结果

G市疾控中心、B区疾控中心、T区疾控中心分别采集病例和无症状对照人员的粪便、呕吐物、肛拭子等生物标本38份；H区疾控中心采集W酒店留样食物12份，厨工和服务员肛拭子18份，加工环境物体表面涂抹拭子10份，分别送市、区疾控中心检测，结果见表9。

表9　UR公司食品安全事故实验室检测结果

采样日期	采样单位	采样对象	采样数量	检测项目	检测结果
12月23日	T区疾控中心	病例肛拭子	1	副溶血性弧菌、变形杆菌、蜡样芽孢杆菌、沙门氏菌、志贺氏菌、霍乱弧菌、致泻性大肠埃希氏菌、金黄色葡萄球菌、溶藻弧菌、β型溶血性链球菌	未检出
		粪便	8		7宗检出肠炎沙门氏菌
		呕吐物	1		未检出

续上表

<table>
<tr><th>采样日期</th><th>采样单位</th><th>采样对象</th><th>采样数量</th><th>检测项目</th><th>检测结果</th></tr>
<tr><td>12 月 23 日</td><td>B 区疾控中心</td><td>病例肛拭子</td><td>16</td><td rowspan="7">副溶血性弧菌、变形杆菌、蜡样芽孢杆菌、沙门氏菌、志贺氏菌、霍乱弧菌、致泻性大肠埃希氏菌、金黄色葡萄球菌、β 型溶血性链球菌</td><td>14 宗检出肠炎沙门氏菌</td></tr>
<tr><td rowspan="4">12 月 23 日</td><td rowspan="4">H 区疾控中心</td><td>留样食物</td><td>12</td><td>未检出</td></tr>
<tr><td>物体表面</td><td>10</td><td>未检出</td></tr>
<tr><td>厨工肛拭子</td><td>13</td><td>1 宗检出产 E 型肠毒素金黄色葡萄球菌</td></tr>
<tr><td>服务员肛拭子</td><td>5</td><td>1 宗检出产 C、D、E 型肠毒素金黄色葡萄球菌</td></tr>
<tr><td rowspan="2">12 月 24 日</td><td rowspan="2">G 市疾控中心</td><td>病例肛拭子</td><td>9</td><td>2 宗检出肠炎沙门氏菌的血清型 O_9H_9HM 型</td></tr>
<tr><td>对照肛拭子</td><td>3</td><td>未检出</td></tr>
</table>

五、调查结论

根据患者的临床表现、实验室检测和卫生学调查结果，结合流行病学调查分析，依据《沙门氏菌食物中毒诊断标准及处理原则》（WS/T 13—1996），认为本起事件是一起因宴会聚餐导致的食品安全事故，中毒餐次为 22 日晚宴，致病因子是肠炎沙门氏菌 O_9H_9HM 型，危险食物为 W 酒店提供的扬州炒饭。

主要依据有以下 5 点。

（1）临床特征：病例以腹泻、发热、腹痛、呕吐为主，部分伴有头痛、寒战等症状；有血常规检测的 19 名病例白细胞计数均升高，中性粒细胞比例超出正常范围；临床抗生素治疗有效。临床表现符合细菌性感染特征①。

（2）流行病学：流行曲线符合点源暴发特点，急起发病，平均潜伏期 12 小时（范围在 3 ～ 44 小时），平均病程 2 天。符合肠炎沙门氏菌感染潜伏期和病程特征。分析性研究结果：病例 72 小时内无其他共同就餐史，病例对照研究结果证明进食晚宴的扬州炒饭是危险因素（$OR = 14.82$，95% CI：4.74 ～46.32），且进食扬州炒饭与发病存在剂量—反应关系（$X^2_{趋势} = 21.87$，$p < 0.0001$）。

（3）实验室：21 名患者粪便或肛拭子标本中检出肠炎沙门氏菌，2 例患者肛拭子肠炎沙门氏菌血清型相同，都是 O_9H_9HM 型。

（4）卫生学调查：扬州炒饭存在细菌增殖环节。扬州炒饭从制作到食用间隔时间 9.5

① 房海、陈翠珍：《中国食物中毒细菌》，科学出版社 2014 年版。

小时，在运输扬州炒饭的过程中，有45分钟热柜车停止供电；扬州炒饭从分装到开始进食，接近1小时。沙门氏菌引起的食物中毒主要通过食物传播，因食物保存温度不当、放置时间过长易导致肠炎沙门氏菌生长繁殖，进食前未再次加热，进食后导致食物中毒的发生。此外，也可以通过使用被此菌污染的厨具或容器等引起食物中毒。此次事件，扬州炒饭污染沙门氏菌环节不得而知，现场调查发现制作扬州炒饭的鸡蛋使用前未清洗，扬州炒饭从制作到进食的过程中，存在沙门氏菌增殖的环节。本次事件扬州炒饭远距离转运势必造成污染环节增多，长时间存放有利于细菌增殖。此外，在临时搭建的厨房对食物进行加工、分装等操作，工用具、容器清洗，厨工和服务员手卫生，装盘（分装）等过程可能达不到卫生要求，是食物受肠炎沙门氏菌污染、增殖而导致食物中毒暴发事件发生的危险因素。

（5）现场调查虽然未采集鸡蛋表面涂抹样本进行检测，但W酒店宴会厨房此后改变扬州炒饭生产工艺，不再采用新鲜鸡蛋，而是采用商品化的巴氏杀菌蛋黄液（M蛋业有限公司生产）制作扬州炒饭，再未发生类似疫情，提示事件的致病因子肠炎沙门氏菌极可能来自扬州炒饭的材料——鸡蛋，见图11。结合实验室结果，排除食品操作人员或服务人员带菌引起食品污染。鸡蛋携带肠炎沙门氏菌而造成的食物中毒事件，已不是孤例，是常见的肠炎沙门氏菌感染的致病危险因素。1949—2013年国内文献报道的83起沙门氏菌感染暴发事件中，明确造成中毒食物的有61起，其中与鸡蛋相关的占8.2%（5起）。①

图11 采用巴氏杀菌蛋黄液替代鲜鸡蛋烹制扬州炒饭

① 房海、陈翠珍：《中国食物中毒细菌》，科学出版社2014年版。

六、工作建议

（1）落实大型宴会政府报备和卫生保障制度。食品药品监督管理部门要加强监管力度，对大型宴会所使用的食品原材料、保温设备、操作流程所存在的污染危险环节须及早予以干预，提供必要的卫生保障措施。

（2）餐饮部门要加强对食品安全知识的培训，进一步完善集体用餐配送的食品安全管理。加装车载电源，为热（冷）柜车提供运输过程中的电力供应；增加异地供餐厨工服务员人数，与宴会组织方协调好上菜时间，缩短食物从分餐到食用的时间。

（3）建议食品监管部门加大对集体供餐单位食品留样制度执行情况的监督，规范食品留样流程。

七、小结

本次事件感染患者分布范围广，患者就诊医疗机构多，调查核实的有位于B区的MH医院、位于T区ZD医院、位于Y区ESD医院，以及外地医疗机构，病例调查和搜索困难。食物制作地（W酒店位于H区）与进餐地（G市体育馆位于B区）相距24千米，使事件的调查、报告等变得复杂，先后有G市和H区、B区、T区及Y区疾控中心参与现场调查与处置，造成极大的人力资源浪费。

在食物中毒现场调查过程中，影响食物样本污染的致病菌检出率的因素很多。疾控中心未能在本次事件的留样食物扬州炒饭中检出肠炎沙门氏菌，具体原因有待进一步研究。但是，在W酒店冰箱冻存的留样扬州炒饭与在G市体育馆食用的扬州炒饭相比较，差别在于留样食物没经长时间的细菌增殖过程，而样本冻结将会影响细菌检出率。因此，有必要制定异地供餐留样食物操作规范，对食物中毒原因调查有重大的公共卫生意义。

该起事件调查存在一定的缺陷，比如，发病时间分布曲线虽符合点源暴发特征，但与典型的点源暴发曲线又略有区别，这或与病例定义或与病例搜索不充分有关，具体原因还需要进一步探讨。另外，A、B、C三组服务员的服务对象和不同餐台的罹患率是否有差别，扬州炒饭的污染环节不详，都需要补充流行病学信息。

本事件是一起典型的因聚餐而造成的细菌性食物中毒暴发事件。根据病例特征建立病例定义，搜索病例并分析其时间分布、人群分布、诊疗过程和共同暴露因素，建立假设进行病例－对照研究，筛选出存在风险和剂量—反应关系的暴发危险因素，进而有针对性地开展卫生学调查，对患者、食物、环境等进行采样检测，最终查明事件的危险因素和流行环节，对以后食物中毒的规范调查，有一定的参考价值。

对参与本次食物中毒暴发事件进行调查的市、区疾控中心相关专业技术人员表示感谢。

案例二　某快餐店一起疑似供餐食物污染金黄色葡萄球菌致就餐学生急性胃肠炎事件调查案例*

本案例学习目的

（1）掌握食源性疾病病例聚集性事件肇事单位基本情况调查方法；
（2）掌握病例定义制定方法与病例搜索范围划定方法；
（3）掌握金黄色葡萄球菌食物中毒事件的判断标准；
（4）熟悉标本采集、送样技术；
（5）熟悉“暴发事件”三间分布描绘技术和规范开展现场流行病学调查的法律依据；
（6）了解“食源性聚集性病例”与“食源性疾病暴发”定义的差别；
（7）了解食源性疾病聚集性事件卫生学调查目的与方法。

一、背景

2020 年 9 月 25 日 23 时 15 分，C 区疾控中心接到 W 医院报告，G 市某职业艺术学校与 G 省某技工学校有 7 名学生出现呕吐、腹痛症状到该院急诊科就诊，自述均有进食同一快餐店内食物。接报后 C 区疾控中心立即组织专业技术人员前往医院、学校、相关餐饮单位开展调查核实工作。

患者自述有可疑共同食品暴露史，初步判断为一起疑似食源性疾病事件。

编者按

《食源性疾病监测报告工作规范（试行）》第五章附则第二十条名词解释

食源性聚集性病例：具有类似临床表现，在时间或地点分布上具有关联，且有可疑共同食品暴露史，发病可能与食品有关的食源性疾病病例。

食源性疾病暴发：2 例及以上具有类似临床表现，经流行病学调查确认有共同食品暴露史，且发病与食品有关的食源性疾病病例。

以上两个概念在应用环境上有些不同：食源性聚集性病例描述食源性病例分布状态，各病例间有流行病学相关的情况，是基于监测需要而衍生出来的一个概念，通过食源性疾病病例监测系统收集病例，分析病例间在发病时间、空间的相关性，且有共同可疑食物暴露史，则认为这些病例为疑似食源性聚集性病例，并通过调查、核实，证实为

* 本案例编者为陈建东、李智。

食源性聚集性病例。而食源性疾病暴发与“流行”“大流行”等概念一样均是流行病学概念，表达食源性疾病波及的范围大小和持续的时间长短。食源性疾病暴发表示在一个小范围内（比如社区、学校、企事业单位、家庭等）、短时间内发生2例以上有流行病学相关的食源性病例。食源性聚集性病例从分布上看，发病者在发病时间、地点、人群分布上有相关性，并未经流行病学调查核实彼此具有流行病学相关性，是否属于同一事件，仍未知，仍有待核实；而食源性疾病暴发的病例之间的相关性已经调查证实，发病者在发病时间、地点和人群分布上，具有流行病学相关性。

本案从文字描述上应强调医疗机构接诊7名有“呕吐、腹痛”症状的学生，医院怀疑为食源性聚集性病例，将情况报告疾控中心，疾控中心接报后派出专业技术人员于某月某日某时先后到达医院、学校和相关餐饮单位开展现场处置。判断为食源性聚集性事件要结合临床表现相似，三间分布上有流行病学关联，且有共同可疑食物暴露史综合判断，而非仅仅依靠“共同食物暴露史”。

疾控中心对事件开展调查后所撰写的调查报告，是论述聚集性事件发生原因的法律文书。因此，报告要交代专业技术人员在何时接到谁的指令，到达现场的具体时间，开展哪些方面的工作（调查、采样、消杀等），简单陈述事件波及的范围和规模（暴露人群罹患率）、致病因子（生物性、化学性、动植物毒素或毒蕈）、危险因素（某单位提供的某餐次某食物）及患者临床救治情况（发病人数，轻、中、重症构成比，就医人数，死亡人数，病程天数等信息）。

二、基本情况

G市某职业艺术学校与G省某技工学校在同一地址办学，占地面积约280亩，在校学生约3200人（其中G省某技工学校1325人），两所学校在校教职工约150人。

校园内设一间学生食堂，为一独立建筑，为师生供应早、中、晚餐。学生与教师日常均在食堂用餐，周末学生可外出活动。学生住在校园宿舍内，校园内有生活超市一间，可为学生提供日常生活用品。校园内有校医室1间，配有专职卫生人员，经调查，未发现近期有因呕吐、腹泻等胃肠道症状就诊人数增加情况，未发现有因出现不适就诊的教职工。学生饮用煮沸后的自来水，附近供水区域未发现类似病患。近期学校未组织聚餐、郊游等集体活动。

编者按

基本情况应围绕以下思路展开调查：

（1）病例涉及G市某职业艺术学校与G省某技工学校7名学生，初步掌握的情况均是食用某快餐店快餐后发生“呕吐、腹泻”后到某医院就诊，这是现场掌握的信息。

（2）造成7名在校学生聚集性发病的可能传播方式有食源性疾病传播、水源性疾病传播或密切接触性传播（传染病）。本案例中专业技术人员未经调查即判定事件为与食物相关的食源性聚集性病例，是不妥的。确定疾病的传播方式不能简单地依据患者有“呕吐、腹泻”等消化道症状即断定是食源性集聚性病例，而是应该通过调查，依据病例流行病学分布特点，综合加以判断，认为事件的发生与进食某食物有关，是食源性聚集性病例。因此，需要寻找符合食源性传播主要特点的流行病学分布规律进行论述。一次暴露后出现的食源性聚集性病例的流行病学分布特点是：在时间分布上常呈点源暴发曲线分布，急起发病，曲线快速上升，快速下降，曲线无平台期；人间、空间分布上，疑似与某就餐点、某餐次的某食物有关；分析性研究结果也支持前面某食物暴露的假设；卫生学调查发现某食物的种植、生产、运输、加工、烹饪等环节存在污染、增殖或清洗灭菌不彻底等危险；实验室在危险食物、环境、工用具物表样本或/和患者生物标本检出相同/同型致病因子。

（3）G市某职业艺术学校与G省某技工学校饭堂饭菜或某快餐店所提供的食物均有可能导致发生该事件。就目前掌握情况，确定危险食物是某快餐店所提供的证据不充分，不排除其他就餐地点所致。

（4）基本情况需介绍学校一般情况、在校师生人数、住宿情况、供餐条件、饮用水供应情况、就医条件（校医室设置、医务人员数量和症状监测开展情况、传染病登记情况等）以及近期学校集体活动情况、学生近期发病情况等。此外还需要交代某快餐店所在位置、周边环境情况、与学校的关系、经营资质、所提供的餐次种类、供应食物的方式、每天每餐大约就餐人数、建筑布局、经营资质、布局流程、保鲜与消毒设备条件、从业人员数量、从业时间、从业资质（健康证）等。

本例缺少对某快餐店的基本情况的介绍，这也是部分专业技术人员在报告撰写时由于基本情况需要说明的情况较多而经常会出现的遗漏，需要在日常处置过程中加以注意。

（5）患者发病与就诊情况。

三、发病及就诊经过

部分病例自述于9月25日下午放学后结伴离校，到T镇SG村某快餐店购买快餐食用。当晚约20时后，陆续有多名学生出现呕吐、腹痛等不适，遂自行乘车前往或由学校统一派车运送至NF医院急诊就诊。医院初步诊断为食物中毒，原因待查，予补液等对症处理措施。

编者按

发病与就诊情况可合并在“基本情况”部分陈述。

四、调查目的及方法

（一）调查目的

（1）核实本次事件；
（2）探索此次事件的危害因素和致病因子；
（3）为防止类似事件再次发生提出合理性建议和控制措施。

（二）调查方法

1. 人群流行病学调查方法与内容

（1）制定病例定义：于9月25日在T镇SG村某快餐店就餐后出现呕吐（1次以上）或腹泻（24小时腹泻3次及3次以上并有大便性状改变），可以伴有腹痛症状者，而排除其他病因所致者。

编者按

（1）为尽可能地搜集病例，病例定义可包括以下内容：时间、地区、人群、症状和体征、致病因子检验阳性结果、特异性药物治疗有效性、临床辅助检查阳性结果等。

（2）病例定义可分为疑似病例、可能病例、确诊病例。调查初期可采用灵敏度高的疑似病例定义开展病例搜索；为探讨危险因素，则采用特异性较高的可能病例和确诊病例定义。

本案例将病例定义的时间定在患者发病当天，可能导致遗漏与事件相关的早期发病病例。建议调整病例定义的时间范围，将病例定义的开始时间定于首发病例发病前一段时间（事件致病因素最长潜伏期，一般最长为3天），结束时间定为标志着事件结束的末例病例后一段时间（事件致病因子的最长潜伏期）。在调查过程中，病例定义实际上是动态变化的，有时，随着调查的深入，划定的人群范围、时间跨度等都应按需要改变。

（3）在未经现场证实的情况下，两所学校饭堂和T镇SG村某快餐店均有可能是导致学生出现“呕吐、腹泻”的危险场所。在病例定义中提出要在“T镇SG村某快餐店”就餐后出现呕吐或腹泻者，这将可能导致其他地方就餐（如学校饭堂）后出现症状者被剔除在病例之外。

建议病例定义修订为：9月22日至9月28日，在G市某职业艺术学校与G省某技工学校师生和在T镇SG村某快餐店就餐人群中，出现呕吐和/或腹泻，可以合并有腹痛症状者。

若事件并未明确是不是食源性疾病聚集性事件，也不能排除传染性疾病、介水传播疾病者，为探讨影响两所学校师生健康的危险因素，建立稳妥的病例定义应是：9月22日至9月28日，在G市某职业艺术学校与G省某技工学校师生人群中，出现呕吐和/或腹泻，可以合并有腹痛症状者。

病例定义的症状/体征选择的表现，常挑选客观的症状（如呕吐、腹泻、发烧等）作为主要的筛选条件，而主观的症状（乏力、头痛、头晕）作为筛选参考指标。

（2）病例搜索：

第一，查阅发病师生就诊医疗机构的门诊日志，记录G市某职业艺术学校与G省某技工学校师生有呕吐腹泻不适的就诊者；

第二，查阅学校附近其他医疗机构的门诊日志，记录G市某职业艺术学校与G省某技工学校师生有呕吐腹泻不适的就诊者；

第三，查阅全区食源性疾病监测系统，重点关注G市某职业艺术学校与G省某技工学校两所学校师生因胃肠炎就诊者。

经排查并核实符合定义的病例共23例，均为学生，无危重病例。其中G市某职业艺术学校学生21人（15名男生、6名女生），G省某技工学校2名男生。

编者按

本案例病例搜索对象存在以下缺点：

（1）未在两所学校师生中开展主动病例搜索，可能遗失发病未就医者；

（2）未在两所学校建立新发疾病监测报告系统，可能遗失调查后才发病者；

（3）未对T镇SG村某快餐店就餐发病的非师生病例开展搜索，遗失部分病例。

病例搜索过程开展不充分，所获得病例可能是事件整体的一部分，这将会造成“盲人摸象”的结局，对事件的描述不真实，难以得出准确的结论，最终的调查结论不可信。全面的病例搜索措施很重要，是现场流行病学调查的基础。

（3）调查方法与内容：调查方法为使用统一设计的个案调查表，对病例进行面访及电话调查。收集病例的人口统计学信息、发病和诊疗情况、发病前72小时饮食史等，描述病例的三间分布特征，推断可疑的危险因素。

2. 食品卫生学调查方法与内容

对食品制作的环境卫生状况和食品的制作流程、储存条件等进行调查，详细调查高危食品制作流程。

3. 实验室检测方法与内容

结合现场流行病学调查结果，采集病例肛拭子、食品原料和外环境等样本进行实验室检测，检测项目需根据流行病学调查结果决定。

编者按

（1）现场采集样本/标本进行实验室检测的目的主要有三个：①检测事件的致病因子，对病因进行诊断。事件调查过程中，应尽可能得到实验室诊断依据，如缺乏实验室检测结果，可将事件判定为原因不明；如果事件处置过程中，在食品、环境和病人样本中检出相同致病因子，是将事件定性为该致病因子所致食物中毒的金标准。②提供致病的危险食物中污染来源和途径的重要证据。③为临床救治病人提供参考。

（2）现场样本采集主要包括如下四个原则：①及时性原则。应尽早到现场采样，尽量采集未用药的病例样本，才能提高实验室检出致病因子的机会。②针对性原则。结合病例潜伏期长短、特有的临床症状和体征等表现、现场流调初步结果指向的危险因素、采集最可能检出致病因子和已完成了流调个案的病例样本，也可考虑采集一部分暴露但未发病者的样本作为对照。③采样适量性原则。根据事故调查的需要确定现场需要采集的样本份数，根据实验室检验和留样需要确定每份样本采样数量；但当可疑食品及致病因子范围无法判断时，应尽可能多地采集样本。④不污染（法律证据）原则。在采集和保存样本过程，应避免微生物、化学毒物或其他干扰检验物质（比如采集全血样本时使用抗凝剂管）的污染，既应防止样本之间的交叉污染，也应防止样本污染环境。

（3）现场采集样本的种类包括五个方面。①患者：粪便（肛拭子）、呕吐物、洗胃液、咽拭子、尿液、血液、脑脊液标本；②从业人员：粪便（肛拭子）、咽拭子、皮肤化脓性病灶标本；③可疑食品：剩余食品及同批次产品、半成品、原料，使用相同加工工具、同期制作的其他食品，使用相同原料制作的其他食品；④食品制作环境：设备、工用具、容器、餐饮具上的残留物，物体表面涂抹样本或冲洗液样本，食品加工用水；⑤其他：由毒蘑菇、河鲀等有毒动植物造成的中毒，要搜索废弃食品进行形态鉴别。

（4）样本采集注意事项。①患者生物样本采集。从患者生物样本中检出致病因子，是对事件定性的最为直接证据。应注意及时采集临床样本，特别是临床用药前进行采集，检出率更高；现场发病人数较少时，则采集全体发病患者的生物样本，病例人数较多时，至少采集10例或采集全部病例的15%～20%样本。患者生物标本类型包括：a. 粪便；b. 呕吐物；c. 肛拭子，对某些病原体检测具有局限性（检测毒素困难），如何采集到合格的肛拭子对专业技术人员也是一项挑战，应注意采样技巧，包括拭子插入3～4cm深度，在旋转棉拭子退出过程应贴着肠壁；d. 全血样本：通常用于病原体的培养及基因、毒物检测；e. 血清：用于特异抗体、抗原或毒物检测（双份）；f. 尿液：是化学中毒毒物检测的重要样本。②食品样本的采集。a. 未明确可疑餐次或可疑食品：采集各种剩余食品样本；b. 明确可疑餐次：可疑餐次所有剩余食品；c. 已明确可疑食品：与流行病有联系、与病原体相关、易于微生物存活繁殖的其他食品和原料；d. 可疑食品为定型包装食品：采集开封的剩余食品、未开封且与开封食品同批号的食品；e. 可疑餐次无剩余食品：以类似方式制备的食品样本、存储的原料或半成品、垃圾箱丢弃的食品。③食品从业人员样本采集，与环境样本采集的目的一样，都是追溯污染来源、评价污染程度，类型包括：a. 粪便或肛拭子；b. 鼻、咽、皮肤化脓性病灶拭子。④环境样本采集。a. 加工可疑食品所使用的工器具表面，如桌子、冰箱隔板、砧板、绞肉机、切片机、研磨机等涂抹拭子；b. 食品加工用水，如水源水、二次供水、末梢水等水样。

（5）样本的保存与运送：①考虑开展微生物检验项目时需严格无菌采样，样本应4℃冷藏。其他情况：霍乱弧菌、副溶血弧菌检测的样本应常温保存；病毒检测样本尽快送至有冷冻条件的实验室。②寄生虫检测需采集新鲜大便在室温条件下储存和运送。如果暂无防腐剂，可将未处理粪便样本置4 ℃冷藏（但不能冷冻）48小时。③用于理化检验的食品样本置4 ℃冷藏保存运送，如长时间运输，需冷冻。④按规定留存样本。

⑤必须符合生物安全管理的相关规定。⑥相关技术内容详见附录3《食品安全事故流行病学调查技术指南（2012年版）》。

五、调查结果

（一）人群流行病学调查

1. 临床表现

23名病例以呕吐、腹痛、恶心症状为主，伴乏力、头晕、腹泻症状。其中，呕吐23人、腹痛22人、恶心15人、乏力5人、头晕3人、腹泻1人（见表1）。

表1　23名病例主要症状分布

症状	人数	构成比（%）
呕吐	23	100.00
腹痛	22	95.65
恶心	15	65.22
乏力	5	21.74
头晕	3	13.04
腹泻	1	4.35

编者按

将收集到的个案信息整理汇总，及时建立个案信息数据库，核对及录入信息，可获得描述流行病学调查结果，包括绘制流行病学曲线、整合各类图表等。病例临床表现建议多用表格形式展现出来，按构成比从高到低排序，以便于发现病例的主要临床表现。

本案例不足之处：未获取到就诊病例的血常规检验结果。病例的血常规检验结果对实验室筛选可疑致病因子、事件定性等方面有一定参考价值。

呕吐次数、腹痛部位及性质、腹泻次数及大便性状的描述对事件的可疑致病因素、事件定性也有一定参考价值。

2. 病例三间分布

（1）发病时间分布。首发病例叶某：9月25日20时开始出现恶心、呕吐和脐周疼痛等不适，至9月26日0时30分累计呕吐10余次。遂于9月25日22时到W医院急诊部就诊，经输液、解痉、抗炎等对症治疗，症状缓解。

23例病例均在9月25日晚餐进食T镇SG村某快餐店食物，病例发病平均潜伏期为

3.5 小时，发病时间分布在 25 日 20 时至 26 日 0 时 30 分之间，发病高峰在 25 日 20 时至 21 时之间，该时段共有 17 人发病，占总发病人数 73.91%。

该事件流行曲线呈单峰状分布（见图 1）。

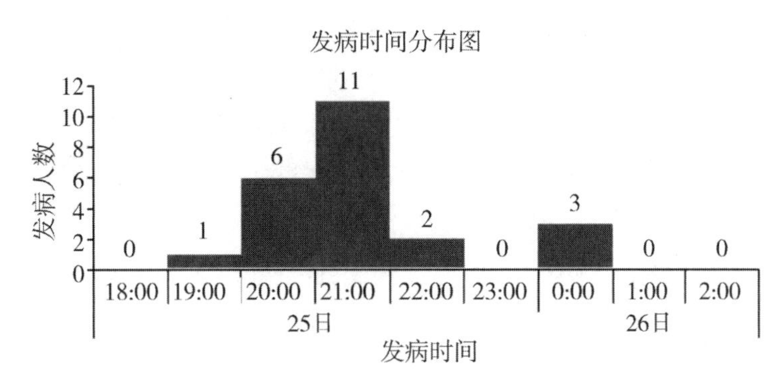

图 1　一起疑似由金黄色葡萄球菌引起的急性胃肠炎事件的流行曲线

编者按

描述病例的时间分布，是基层疾控专业技术人员常忽略的重要环节。对时间分布曲线描述可以包括如下五个方面：①分布曲线的形态：单峰、高峰平台、多峰；②上升、下降速度：快速（缓慢）上升、快速（缓慢）下降；③时段长度：高峰持续时间长度、峰间时间间隔长度、流行时间长度；④潜伏期：点源单峰曲线分布模式，病例分布的时间长度约为致病因子的平均潜伏期，首例病例发病时间与暴露时间差长度为最短潜伏期，末例病例发病时间与暴露时间差长度为最长潜伏期；⑤一般常用横轴间隔为平均潜伏期的 1/4 ～ 1/8。

本例病例分布时间曲线呈双峰间歇同源分布。第一峰时间从 25 日 19：00—22：00，发病高峰在 20：00—22：00，发病人数占总人数 73.91%（17/23），首例出现后，病例数快速上升，21 时达到发病高峰后快速下降。第二峰有 3 个病例，均在 0 时发病。间歇同源分布的特点，符合学生餐饮店就餐时间规律，餐饮店营业时间约 5 个小时，学生会在不同的时间点到餐饮店就餐。两峰的时间间隔约 3 小时，是不同学生暴露时间间隔所致。从时间分布曲线的第一个峰分析，首末病例的发病时间差的长度是 4 小时，则大致可以认为病例的平均潜伏期为 4 小时（忽视病例间开始就餐时间不同）。潜伏期是指暴露时间与发病时间之间的时间长度，本案例患者到快餐店就餐时间可能不集中，而病例发病潜伏期短，导致病例发病时间分布曲线不典型，影响对事件流行模式的判断。

（2）空间分布。据调查，23 名学生分布在不同班级，均为寄宿生，学校按班级分配宿舍，23 名病例分布在不同宿舍（见表 2）。

表2 病例班级分布

学校	班级	人数
G市某职业艺术学校	19电商1班	1
	19电商2班	1
G省某技工学校	19电商3班	7
	19市场营销班	4
	19空乘5班	2
	19空乘3班	1
	19城轨1	2
	19会计	1
	19计算机	1
	19商英	1
	20物流大专	2
合计	11个班级	23

编者按

在校学生病例空间分布包括籍贯、班级、宿舍和饭堂就餐等不同空间的分布情况。可分类描述，最好能用不同人群的罹患率表示，为对不同空间的发病频率（罹患率）进行比较创造条件，以分析病例分布的聚集性与不同空间环境的关系。

空间分布可通过绘制标点地图或面积地图描述事故发病的地区分布。标点地图的使用往往需要得到调查单位的支持，需要非常清楚事故发生地不同建筑的相对位置及其名称，能够将病例所在家庭、班级、学校准确地在手绘草图、平面地图或电子地图上标识出来，直观显示病例分布的聚集性与环境危险因素之间的相关关系。标点地图法适用于病例数较少的事故。面积地图适用于规模较大、跨区域发生的事故。利用不同区域（省、市、区/县、街道/乡镇、居委会/村）的罹患率，采用地图软件进行绘制，分析罹患率高低不同的地区与人群行为习惯、环境危险因素的相关性。

（3）人群分布。男生17名，女生6名，男女比例为2.83∶1，年龄在15～18岁。

编者按

按病例的性别、年龄（学校或托幼机构常用年级代替年龄）、职业、寄宿情况等人群特征进行分组，分析各组人群的罹患率是否存在统计学差异，以推断高危人群，并比较有统计学差异的各组人群在饮食暴露方面的异同，以寻找病因线索。

本案例由于现场调查时的主、客观原因，各组人群总暴露人数未知，因此，不能描述各组人群罹患率差异，也就是调查描述病例分布达不到提出病因假设目的。

2018版《中华人民共和国食品安全法》第一百零六条规定："发生食品安全事故，设区的市级以上人民政府食品安全监督管理部门应当立即会同有关部门进行事故责任调查，督促有关部门履行职责，向本级人民政府和上一级人民政府食品安全监督管理部门提出事故责任调查处理报告。"也就是说，事故原因的调查主体是食品安全监督管理部门，市场监督管理局应当在调查中起主导地位，要求有关单位配合疾控部门开展现场调查、处置。另外，第一百零七条也规定："调查食品安全事故，除了查明事故单位的责任，还应当查明有关监督管理部门、食品检验机构、认证机构及其工作人员的责任。"对拒不配合调查的相关单位，应报政府有关部门，由相关部门对有关单位、个人进行处罚。疾控中心在调查过程中，应严格按《食品安全事故流行病学调查技术指南（2012年版）》要求开展现场流行病学调查和采样。对因调查对象不配合或有关单位不支持，致调查不能正常开展、不能得出调查结果的，应在报告中予以说明。

（二）可疑暴露史

病例均有在9月25日晚在T镇SG村某快餐店购买快餐食用的经历，校内食堂为寄宿生及教职工提供三餐饮食，仅在食堂就餐的师生未出现病例。

编者按

危险食物的暴露情况是事件调查的重点环节，是现场调查研究要回答的主要问题，在报告中不单独列出。可疑暴露史应在描述性研究之后，提出危险暴露史假设，再用病例对照或回顾性队列研究等分析性研究手段，对可疑暴露史进行验证。本事故调查时应注意收集资料，证明本次事件是食源性聚集性疾病事件，而非密切接触的传染病传播或水源性传播；危险餐次是9月25日C区T镇SG村某快餐店提供的晚餐，而非学校饭堂饭菜；危险食物是C区T镇SG村某快餐店盒饭中的某种食物，而非其他食物。

（三）现场卫生学调查

1. 餐馆基本情况

某快餐店位于C区T镇SG村124号，为一层简易板房结构，未见有效食品经营许可证。由于快餐店经营者拒绝出面接受调查，在C区市场监督管理局有关人员陪同下，C区疾控中心对该涉事场所的生产经营条件进行现场评估，采集生产食物原材料（半成品）和环境样品，送检。

2. 食物制作卫生情况

厨房面积约20平方米，食品加工环境较差，餐具混放于操作台下，无防尘、防蝇措施，未见消毒设备。加工食品用具使用完毕后未及时清洗消毒，放置于操作台面。无专用的清洁盥洗水槽。厨房内放置四个冰柜，冰柜内食物原材料与烤肉半成品、奶茶成品等混放，且未做加盖密封处理。厨房可见大量常温放置的剩余米饭。

3. 食谱调查

据学生反馈，该快餐店提供堂食及打包服务，可提供的食物包括：牛丼饭、烤肉拌饭、咖喱鸡饭、鸡扒饭、肥牛饭、肉丸海虹烧、蛋烧豆腐、肥牛金针菇、花甲粉、凉皮凉面、烤全鸡、烤鸡腿和鸡翅。食物制作过程不详。

编者按

食物中毒事件的食品卫生学调查不同于日常监督检查，应针对可疑食品污染来源、途径及其影响因素，对相关食品种植、养殖、生产、加工、储存、运输、销售各环节开展卫生学调查，以验证现场流行病学调查结果，为查明事故原因、采取预防控制措施提供依据。食品卫生学调查应在发现可疑食品线索后尽早开展。可疑食品线索是现场流行病学调查后，通过描述疾病的分布情况，提出可能的危险因素假设后用分析性流行病学手段获得的。

食品卫生学调查包括访谈相关人员、查阅相关记录、现场勘查和样本采集等。

为从食品卫生学角度寻找支持食源性疾病结论依据，食品卫生学调查的重要内容包括食物制作人员近期身体状况、食品加工制作过程可能污染环节。

本案例由于未找到经营者，不能完成上述多个环节的信息搜集，仅对现场调查时的食品制作加工、储存现场环境卫生予以描述，尽可能反馈现场环境卫生情况。

本案例的不足：未对学生食堂进行进一步排除调查。发病学生除快餐店食品暴露史以外，在未明确致病因子的调查初期，有共同暴露可能的学校食堂应当纳入调查范围。对学生食堂的供餐条件、烹饪过程中可能的危险环节进行调查，排除学校食堂是危险就餐点，则有助于进一步辅助证实某快餐店是危险就餐点的调查论断。实际调查过程通过分析病例的分布，明确危险暴露时间、危险就餐点以及危险食物，确定可能的危险环节，开展卫生学调查。这样，收集到的“可疑”食品制作过程“证据”与流行病学被调查结果才能相呼应。未能通过流行病学分析结果找到可能的危险食物，而试图通过观看现场烹饪“录像”找到危险食物，困难重重，机会渺茫。总之，食品卫生学调查和现场采样对象一样，需要有流行病学调查结果指引。

（四）实验室结果

1. 采样及送检项目

26 日凌晨 1 时采集学生肛拭子 13 份、学生呕吐物 1 份，送 C 区疾控中心实验室检验诺如病毒核酸及常规致病菌（包括沙门氏菌、金黄色葡萄球菌、溶血性链球菌、副溶血性弧菌、变形杆菌、志贺氏菌、蜡样芽孢杆菌）。26 日 11 时继续采集快餐店环境样品 17 宗，半成品及成品食物 4 份，送 C 区疾控中心实验室进行常规致病菌检测。

2. 检测结果

10 份就诊学生的生物样品、3 份环境样品（调料盆、操作台和饭勺外表面）及 1 份食物半成品（烤肉）分离出金黄色葡萄球菌菌株。诺如病毒核酸检测结果阴性，其余致病菌未检出。

编者按

造成本次暴发事件的致病因子是否为金黄色葡萄球菌毒素，需结合人群流行病学调查、实验室和食品卫生学调查结果来综合分析。

金黄色葡萄球菌是引起食物中毒的常见菌种，在环境中普遍存在。其之所以造成食源性疾病暴发，是因为它能产生肠毒素。因此检出金黄色葡萄球菌并不意味着它就是致病因子，还要看检出的菌株是否能够生产致病性相同的同型别的毒素。

金黄色葡萄球菌肠毒素引起的暴发事件，一般有金黄色葡萄球菌毒素中毒的高危食物（首先是乳及乳制品、蛋及蛋制品、各类熟食制品，其次为含有乳制品的冷冻食品，个别也有含淀粉类食品）暴露史，起病急，潜伏期1～6小时（平均2～4小时），主要症状为恶心，剧烈地反复呕吐，以及腹痛、腹泻等胃肠道症状。实验室结果若能符合以下任何一条，则可判断该事件为某场所在某时间提供的某种食物所致的金黄色葡萄球菌某型别肠毒素中毒：①从中毒食品中直接检出某一型号肠毒素。②从中毒食品、患者呕吐物、粪便中经培养分离出金黄色葡萄球菌，再对菌株检测肠毒素型别，证实为同一型别毒素。③从不同患者呕吐物或粪便样本中检出金黄色葡萄球菌，其肠毒素为同一型别。

六、调查结论及分析

根据《食品安全事故流行病学调查技术指南（2012年版）》《葡萄球菌食物中毒诊断标准及处理原则》（WS/T 80—1996），结合现场流行病学调查、病例临床表现及实验室检测结果，判断该事件为一起疑似金黄色葡萄球菌引起的急性胃肠炎事件。判断依据如下：

（1）病例起病急，病程短，表现为反复呕吐、恶心、腹痛等急性胃肠炎症状。

（2）样品的诺如病毒核酸检测结果为阴性，病例发病无班级聚集性特征，排除诺如病毒感染导致急性胃肠炎暴发的可能。

（3）经采取饮用水供水区域主动搜索病例、停止食用该快餐店食物等预防控制措施后，无新发病例，排除饮水传播疾病的可能。

（4）病例有共同进食史，且从就诊学生、环境样品及食物中均分离出金黄色葡萄球菌菌株，不排除金黄色葡萄球菌引起的食源性疾病的可能。

七、措施及建议

（1）要求辖区食源性疾病监测单位积极救治病患，加强相关病例监测，发现类似病患及时上报。

（2）区疾控中心积极开展溯源调查。通过主动搜索病例，进行流行病学个案调查，采集现患病例肛拭子、餐饮店厨房环境及食物送区疾控中心实验室进行常规致病菌检验。

（3）建议学校加强学生个人卫生知识培训，做好食品卫生宣教工作。

（4）同时向区卫生行政部门、区市场监督管理部门和上级疾控中心汇报调查情况。

八、事件调查的局限性

（1）病例符合金黄色葡萄球菌食物中毒流行病学特点及临床表现，但缺少实验室诊断结果，影响事件结果判定。根据《葡萄球菌食物中毒诊断标准及处理原则》（WS/T 80—1996），从中毒食品中检测出肠毒素或从中毒食品、患者吐泻物中经培养检出金黄色葡萄球菌且菌株经肠毒素检测证实在不同样品中检出同一型别肠毒素，或不同患者吐泻物中检测出同一型别的金黄色葡萄球菌肠毒素，均可判断为葡萄球菌食物中毒。金黄色葡萄球菌肠毒素是金黄色葡萄球菌引发食物中毒的主要致病物质，毒素蛋白水平检测是目前判定金黄色葡萄球菌食物中毒的标准，但因C区疾控中心缺少毒素检测试剂及仪器设备，无法开展肠毒素检测。

（2）由于餐饮单位从业人员不配合调查，未能直接采集到中毒食品。食物半成品不能直接反映病例进食食品的情况。金黄色葡萄球菌广泛存在于自然界中，在空气、水、灰尘、人和动物的排泄物中均可找到。有研究表明，金黄色葡萄球菌在培养皿中分离的菌株和直接在环境、食物中自然生长的菌株毒素种类差异较大，且同一株金黄色葡萄球菌可以产生多种毒素，鉴别存在困难。因此，支持金黄色葡萄球菌毒素为事件致病因子的证据不充分。

编者按

本案例不足之处：缺乏分析性流行病学调查研究。描述性流行病学主要是描述疾病的分布，起到揭示现象、为病因研究提供线索的作用。分析性流行病学主要是检验假设，用于分析可疑食品或餐次与发病的关联性，常采用病例对照研究和队列研究。本案例中的描述性流行病学分析未得到食品卫生学调查和实验室检验结果支持，无法判断可疑食品，应当进一步完善流行病学调查细节，收集更多数据，并开展分析性流行病学研究。

金黄色葡萄球菌毒素所致食源性疾病病例聚集性事件通常具有以下流行病学特点：一是具有季节性，多见于春夏季；二是分布广泛，分离率有一定差异，在世界及国内各地，金黄色葡萄球菌的检出率差异很大，尤其在温度高、湿度大、环境卫生条件差的区域该菌检出率较高。该菌主要在牛乳、生肉、乳制品、食物、速冻食品以及熟食中检出。生肉中检出该菌较常见，主要原因是加工人员或动物本身或加工环境受到污染。受到污染的生肉往往是熟食的污染源。在各级食物链中，该菌引起的传染较多。因生肉制品加工工序较多，污染程度高于生鲜肉。另外，不同的动物种属、饲养环境卫生状况、地形差异及地区区域分布不同，检出率也不同。多种食品可被该菌污染，牛奶及乳制品、肉或肉制品对该菌的传播起重要作用，是重要的污染源。另外，在蛋及蛋制品、熟食、海鲜、速冻食品等均能检出。

被该菌感染了的人、动物或被污染的贮藏与加工环境，都属于该菌的污染来源。此外，贮藏与加工环境的中间环节也可导致污染。据有关报道，奶牛场用的奶桶或奶罐中携带的该菌高于60%，这是生鲜乳被该菌污染的主要原因。在冷冻食品中，由于该菌具有较强的适应能力，在低温环境仍能生存，冷冻食品一旦被该菌污染，因其存活能力强，可长时间带菌，被食用后仍可引起食物中毒。

该菌常见的传播途径主要有加工前被污染，如食物、食品或原料本身就携带一定的细菌而引起的食物、食品的污染；在加工过程中被污染，如使用的器械、加工设备因清洁不好、消毒不彻底或加工的工人自身带菌；加工后被污染，如熟制品包装不严、存放过久，运输销售过程、食用过程交叉污染等；因化脓性感染患者或病畜的化脓部位而造成的污染。

金黄色葡萄球菌分布广泛，给事件污染环节研究造成困难。有时也可能是食物加工过程多个环节都出现问题，这需要结合流行病学调查、卫生学及实验室结果予以综合分析、判断。

案例三　一起家庭聚集性钩吻生物碱植物性食物中毒事件调查案例*

本案例学习目的

（1）掌握秩和检验在病因推断中的应用条件和方法；
（2）熟悉钩吻碱植物毒素中毒事件现场调查技术；
（3）熟悉小规模食物中毒事件现场调查技术；
（4）了解求同、求异在病因推断中的应用方法。

一、背景

断肠草，中草药名钩吻，属马钱科葫蔓藤属植物的全草，又名毒根、大茶药、葫蔓藤、野葛、猪人参等。① 其根部形状与一些常见的煲汤、泡酒药材如五指毛桃和金银花等相似②，所以普通群众因难以鉴别而引起误食、误用。2017 年 11 月 22 日 19 时，G 省 G 市 L 区某街道发生一起误食断肠草引起家庭食物中毒事件。为查明病因，避免事故继续播散，疾控部门现场处置，事件得到圆满解决。为今后类似中毒事件现场调查处置提供参考，现将事件报告如下。

编者按

动植物种类繁多，许多品种外形相近，人类动植物毒素中毒事件大部分均为误采（捕）、误用所致。在处置疑似聚集性食源性病例事件时，若病例在短时间内（几分钟至几小时）出现相同临床症状，如出现恶心、呕吐、腹痛、腹泻等消化道症状，或头晕、乏力、视力模糊、瞳孔缩小、多汗、唾液增多、流泪、嗜睡等神经症状，有煲汤、泡酒，有野生蘑菇、野菜、野外果实（如桐油果、蓖麻子）或河豚进食史，应考虑动植物毒素中毒可能，及时进行排查、甄别。

---

* 本案例编者为陈建东、潘淑贤、梁东兴。

① 中国科学院植物研究所：《中国高等植物科属检索表》，科学出版社 1979 年版，第 126 - 128 页。

② 张琦、陈前进、杜崈闲：《一起误服断肠草食物中毒的调查报告》，载《中国城乡企业卫生》2012 年第 27 卷第 4 期，第 93 页。

二、基本情况

现场调查发现4名患者为同一家人的两对夫妻。林某（父）和郭某（母）住L区QP路QH里，林某（儿）和邓某（媳）住H区TF西路LQ里，两处相距1.5千米，平时4人偶尔聚餐。

> **编者按**
>
> 食物中毒事件调查的第一个任务是确认导致中毒的危险地点、危险餐次和危险暴露时间。常采用“求同法”，患者共同暴露的餐次可能是危险餐次；或者利用点源暴发的病例分布曲线，首发病例发病时间往前移动最短潜伏期与末例病例往前移动最长潜伏期的时间点之间的时间段，被认为是危险暴露时间；或者是曲线高峰病例的发病时间往前移动平均潜伏期所覆盖的就餐时点，被认为是危险餐次。为稳妥处理食物中毒事件，一般会对用该方法推断出来的危险餐次再往前推72小时，并将其覆盖的餐次当作可能的危险餐次进行研究分析。
>
> 该事件4名患者共同暴露的进餐史，可能就是危险餐次。另外，该事件患者人数较少，不适用利用发病时间分布曲线推断危险餐次。

三、调查过程

（一）对象与方法

1. 对象

（1）病例定义：11月20日以来，L区QP路QH里和H区TF西路LQ里社区出现视物模糊或呕吐，可有头晕、头痛、口干、四肢麻痹、晕厥、休克等任一症状或死亡者，且已排除其他因素造成的神经系统中毒者。

> **编者按**
>
> 制定病例定义的目的是将有可能发病的危险人群标识、划分为“患者”与“非患者”的标准，是分析研究暴发事件发生危险因素的基础和工具。现场流行病学的病例定义与临床病例定义有区别，现场流行病学病例定义的制定有其特别的规则和要求。

（2）病例搜索：查阅L区QP路QH里和H区TF西路LQ里周边医疗机构（包括G市中医医院）和社区卫生服务中心门诊日志，在食源性疾病监测报告系统、G市突发公共卫生事件监测与预警系统中搜索发生在以上两社区的食源性疾病和食品安全事故，特别是表现为神经系统中毒症状的同类病例与事件。

编者按

制定“病例定义”的目的就是方便开展病例搜索工作，也就是区分目标人群中哪些人是“患者”。病例搜索是病例描述性研究的基础，是暴发调查是否成功的关键，是调查是否成功的重点环节。调查时，应最大限度搜索与事件相关的患者，剔除“非患者”。搜索出全部病例，才能准确地描述病例波及的范围或病例的严重程度，才能准确描述病例发病时间曲线，才能对事件是不是食物中毒事件通过流行病学调查进行定性。将部分病例描绘出来的时间分布曲线，往往让人费解，难以判断为食源性疾病暴发关联事件。

病例搜索范围可针对危险食物可能波及的范围评估后确定，初步搜索后再评估，再修订搜索范围，一般从村（社区）扩大到街道、区、市，或从学校、工地等小范围逐步增大。病例搜索地点包括但不限于肇事地点、家庭、工作场所和就诊医疗机构。病例搜索方法有入户（宿舍）、进班级调查，网络问卷调查或电话调查，也有通过患者就诊的医院门诊、急诊和住院部的住院患者，也可通过国家食源性疾病病例监测系统、暴发监测系统搜索已出（离）院者。当然，同类患者的搜索也可通过访问医疗机构的门诊、急诊的临床医生。但本次事件发生在聚餐的一家人中，初步评估认为，波及的范围不大。仅从监测系统进行搜索，既为了验证猜测，也为了下一步是否采取扩大搜索范围提供依据。

病例搜索过程应注意全流程的质量控制，包括：病例搜索使用的工具调查问卷应在正式使用前通过预调查予以调整；调查应由经培训的专业技术人员在现场组织，进行指导；调查后的数据录入与清洗也应注意制定统一标准，对有逻辑错误或疑问的数据，应及时联系调查对象核实。具体如何进行调查质量控制，详见相关章节。

2. 方法

采用“G市食物中毒事故个案调查登记表”对患者的基本情况、发病情况、临床表现和流行病学进行调查，按患者临床表现和救治措施的不同，将其分为轻、中、重3个等级。

临床等级定义：

（1）轻级：患者出现轻微视力模糊和呕吐症状，无须采取洗胃等临床急救措施；

（2）中级：患者出现较为严重的视力模糊和呕吐症状，同时出现口干、头晕、头痛、恶心等轻微症状，需要或不需要采取洗胃等临床急救措施；

（3）重级：中级患者出现肢端麻痹感或/和呼吸困难症状，必须采取洗胃等临床急救措施者。[1]

---

① 孙承业：《中毒事件处置》，人民卫生出版社2013年版，第38－47页。

编者按

在现场调查工作过程中，笔者一直坚持针对每一起中毒事件设计调查问卷（或一览表），以解决疾控机构要回答的暴发事件的危险因素问题。在对事件初步了解后，设计调查问卷（或一览表）时，就应有清晰的围绕回答流行危险因素的工作思路。

调查组设计的调查问卷（或一览表）内容包括：①基本情况。姓名、性别、年龄、职业、家庭关系等信息。②发病情况。发病时间、首发症状，以及临床表现是否有视力模糊、呕吐、头晕、头痛、恶心、咽痛、口干、发热、指端麻痹感和呼吸困难等信息。③临床救治措施。催吐、洗胃、护肝、输液（补液）保持体内电解质平衡。④就餐史。发病前72小时内各餐次的就餐地点。⑤可疑危险餐次每一种食物进食量。发病前聚餐（晚餐）每个人五指毛桃乌鸡汤、萝卜腐竹焖羊肉、西洋菜、米饭的进食量。这里应该注意建立一种统一衡量进食量的标准，一般建议在调查时能尽量精确，方便数据描述比较，也能从定量数据转化为半定量数据，再继续研究。

3. 实验室检测

采集病例家庭当天疑似餐次剩余食物样本、患者呕吐物送G市疾病预防控制中心实验室检测钩吻碱植物毒素；采集郭某购买五指毛桃所在菜市场摊档所售卖的五指毛桃样本，送G市食品检验所检测。钩吻碱（gelsemine）检测：气相色谱－质谱联用法，样品提取后进样，全扫描质量范围30～450amu，采用质谱库NIST05A. L（美国国家标准与技术研究院质谱库）检索，选取m/z 108（基峰）、251、279和322（分子离子峰）为定性离子进行测定。①

编者按

食源性疾病病例个案的诊断依据有国家卫生行政部门颁发的标准，而对食源性疾病病例聚集性事件（食物中毒事件）致病因子和流行因素的判断，需要综合流行病学、临床表现、卫生学和实验室结果进行分析判断，回答疾病暴发的致病因子问题，实验室的结果起到决定性作用。若实验室不能检测出令人满意的结果（致病因子所致疾病症状与现场调查一致），那么，导致疾病暴发的致病因子的答案只能结合流行病学、临床表现和卫生学调查结果，推断出可能致病因子的大致方向（如生物性、生物毒素性、动植物毒素、化学性或者毒蕈毒素等大致方向）。

中毒事件实验室的调查采样，能在患者进食的食物（剩余食物、留样食物）、呕吐物、血液、尿液培养出相关致病微生物，检测出致病毒素、化学物或其代谢产物，则对事件的定性起到“一锤定音”的作用，检测结果对指导临床救治也有重大意义，因此在现场调查过程中应及早按采样原则要求，科学合理采样。

① 黄伟雄、李汴生、梁春穗等：《GC/MS测定断肠草中钩吻碱方法研究》，载《中国食品卫杂志》2008年第20卷第2期，第136－138页。

4. 统计分析

数据录入 Excel 数据库，制图。采用 SPSS 18.0 软件进行统计分析。利用 Spearman 秩和检验比较中毒患者临床分级与食物进食量的关系。以 $\alpha = 0.05$ 作为检验水准。

> **编者按**
>
> 统计学是现场流行病学的关键工具，在处理数据时应选用合适的统计方法，才能正确处理数据，解析数据之间的关系。秩和检验方法适合检验分类数据之间的关系。

（二）调查结果

1. 现场流行病学调查结果

（1）中毒与就诊经过：11 月 22 日 18 时 40 分，4 人在 QH 里家中进食晚餐，当晚约 19 时至 19 时 15 分，陆续出现呕吐、头晕、视力模糊等症状。20 时，上述 4 名患者一起到医院就诊。医院对邓某（媳）和郭某（母）实施洗胃、护胃护肝、补液等对症治疗，对林某（父）实施补液治疗。经过治疗，3 名患者病情缓解。林某（子）症状轻微，临床未做任何治疗。4 人于 11 月 23 日凌晨 1 时康复出院。

（2）病例分布：首发病例邓某（媳）于 22 日 19 时整开始发病，其余 3 例发病于 22 日 19 时 05 分至 19 时 15 分之间，见图 1。病例年龄范围在 24 ～ 58 岁之间，均是 G 市本地人。

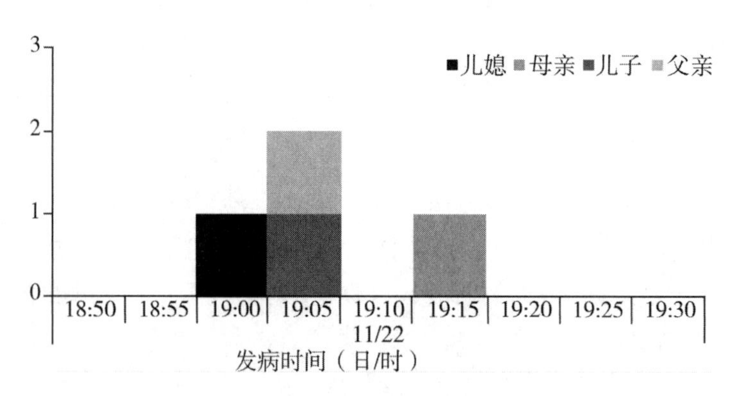

图 1　4 名患者发病时间分布

> **编者按**
>
> 对病例时间分布的描述在食物中毒事件现场流行病学调查过程的作用主要有两点：一是通过描述流行曲线特点，为食物中毒事件的判断提供依据。一次性聚餐所致食物中毒事件的病例时间分布常呈点源暴发特点，病例发病时间分布只有一个发病高峰，且呈正态分布。二是末例与首例的发病时间差，约为平均潜伏期。潜伏期长短除受致病因子不同影响外，还与受污染食物中致病因子的量有关，与个体敏感性或免疫力有关。学

校、工地饭堂或集中供餐单位，由于供餐的时间跨度较长，可能会使病例发病时间分布曲线变得不规则（比如非单峰正态点源分布），此时，现场调查的组织者应先排除调查的质量问题，再细化调查内容，不仅需要明确调查对象的发病时间，还需掌握调查对象的进餐时间，计算每个患者的潜伏期，用每位患者的潜伏期绘制分布图。若为点源单峰正态分布，则也可以判断为有共同暴露的食物中毒事件。

（3）临床表现：4名患者均有不同程度的视物模糊和呕吐症状，邓某（媳）合并出现头晕、头痛、恶心、咽痛、口干、发热、四肢及口唇麻痹感和胸闷等症状，临床分级为“重级”；郭某（母）和林某（父）合并出现头晕、头痛、恶心等症状，临床分级为“中级”；林某（子）无合并其他症状，临床分级为“轻级”。

编者按

病例的临床表现是判断中毒因子的主要依据，不同的中毒因子引起的临床表现会有不同，而且一般中毒有剂量—反应关系（除过敏性毒素引起外），摄入中毒因子的量越多，引起的临床表现越严重。因此，在调查时，常利用致病因子的剂量—反应关系进行病因推断。思路就是将患者的临床表现分级，将危险餐次的各种食物的暴露量分级，通过统计学方法判断二者的关系。若两者间有剂量—反应关系，则可推断该食物为危险食物，这是现场调查时常能应用上的技巧。也就是说，对临床表现进行分级，是为了让数据为病因的推断服务。

2. 暴露餐次与食物调查

4名患者近3天就餐情况见表1，除22日晚餐外，近三天无共同进食史。因此，22日晚餐应为本次事件的暴露时间。经推算，4名患者平均潜伏期26分钟。

表1　4名患者发病前72小时就餐地点

日期	餐次	林某（父亲）	郭某（母亲）	林某（儿子）	邓某（儿媳）
11月20日	早餐	外卖	TH海鲜酒家	没吃	公司饭堂
	午餐	家（QH里）	TH海鲜酒家	麦当劳	公司饭堂
	晚餐	家（QH里）	—	—	家（LQ里）
11月21日	早餐	外卖	TH海鲜酒家	没吃	公司外卖
	午餐	黄华路	TH海鲜酒家	快餐	公司外卖
	晚餐	家（QH里）	家（QH里）	家（LQ里）	家（LQ里）
11月22日	早餐	外卖	TH海鲜酒家	没吃	没吃
	午餐	黄华路烧腊店	家（QH里）	五羊新城	新穗路快餐
	晚餐	家（QH里）	家（QH里）	家（QH里）	家（QH里）

注：—表示缺失清晰回忆信息，不能准确交代进餐具体地点。

编者按

本案仅通过对病例近72小时就餐地点的描述，即为判断11月22日晚餐为危险餐次提供了依据，为推断危险餐次提供了一个很好的思路和范例。本案能通过描述性研究推断危险餐次，首先需要在现场调查过程中有开放的思路，在处置千变万化的突发现场时能结合各种现场情况，娴熟采用不同方法进行论证。还需有细致耐心的调查态度，才能为调查的结论提供科学依据。

22日晚餐食材是郭某（母）从附近某菜市场购买，并亲自烹制，菜谱为五指毛桃鸡汤、萝卜腐竹焖羊肉、西洋菜和米饭。五指毛桃鸡汤进食量最多的邓某临床分级为“重级”，林某（子）食用最少，临床分级为“轻级”。经Spearman检验，临床分级与进食五指毛桃鸡汤的进食量的秩相关系数 $r=1.00$（$P<0.001$），临床分级与进食萝卜腐竹焖羊肉的秩相关系数 $r=-0.816$（$P=0.184$），详见表2。患者均表示当餐五指毛桃鸡汤味苦，与之前五指毛桃鸡汤味道不同。林某（子）觉得汤味道不好，比以往喝得少，症状最轻。

表2　4名患者22日晚餐摄入食物量与临床分级情况

	临床分级	五指毛桃乌鸡汤	萝卜腐竹焖羊肉	西洋菜	米饭
林某（父亲）	中	1碗（约500mL）	5块肉	少量	1碗
郭某（母亲）	中	1碗（约500mL）	5块肉	少量	1碗
林某（儿子）	轻	0.5碗（约250mL）	15块肉	少量	1碗
邓某（儿媳）	重	2碗（约1000mL）	5块肉	少量	0.5碗

编者按

调查时，除了交代科学的客观数据，同时也应收集就餐者进食不同食物的感觉信息，多个方面调查的结果相互印证，使调查更有逻辑性。正是因为五指毛桃乌鸡汤的苦味，才导致各位患者进食量的不同，症状的严重程度不同。因此，五指毛桃乌鸡汤可能是危险食物。

3. 实验室结果

22日晚餐剩余食物五指毛桃鸡汤、萝卜腐竹焖羊肉和邓某的胃内容物送G市疾病预防控制中心检验，结果五指毛桃鸡汤中的五指毛桃、鸡块、板栗和汤均测出钩吻碱子和钩吻碱甲两种物质。菜市场采集的样本经G市食品检验所检测，符合五指毛桃植物特征。

编者按

从剩余食物五指毛桃乌鸡汤中的五指毛桃、鸡块、板栗和汤中，均测出钩吻碱子和钩吻碱甲两种物质，已经从实验室结果证实导致该起中毒事件的危险因子是钩吻碱了。从菜市场采集的样本经G市食品检验所检测，符合五指毛桃植物特征。两者检测结果不同，原因可能有如下几点：导致中毒的断肠草仅极少量，已被病家购买，剩下的都是五指毛桃；采样时未能采集到混在其中的断肠草；原来混有断肠草的五指毛桃已被商家转移。

四、调查结论

根据病例临床表现、现场流行病学调查、实验室检测结果，确定该事件为一起误用断肠草致钩吻生物碱植物毒素中毒事件，中毒餐次是11月22日的晚餐，中毒食物是五指毛桃鸡汤。依据为：

（1）实验室从五指毛桃鸡汤及汤渣中检测出钩吻碱子和钩吻碱甲，均为断肠草有效成分。

（2）患者临床表现相似，且以神经系统中毒症状为主，流行曲线呈点源暴发，有共同进餐史，符合食物中毒特征。

（3）平均潜伏期26分钟，符合毒素造成的中毒特征。符合文献报道的钩吻生物碱植物毒素中毒的潜伏期为1～120分钟不等的情况。①

（4）含有钩吻生物碱的植物如“断肠草”，其根茎形状与五指毛桃相似，近年来也有多篇文献报道因误将断肠草当五指毛桃致食物中毒的事件。② 且五指毛桃鸡汤进食量与临床分级存在剂量—反应关系。

经调查，当晚所饮用五指毛桃鸡汤的原材料是郭某（母）采购于H区NH西街某市

---

① 谢立璟、韩雪峰：《钩吻中毒的机制、临床特点及处理》，载《药物不良反应杂志》2006年第8卷第3期，第202－204页。

② 张琦、陈前进、杜悠闲：《一起误服断肠草食物中毒的调查报告》，载《中国城乡企业卫生》2012年第27卷第4期，第93页；肖奎光、黄念先、刘思强等：《一起两人误服大茶药中毒致死的调查》，载《中国热带医学》2006年第6卷第7期，第1299页；韦李明、李红君：《一起误食生物碱钩吻致两人死亡的报告》，载《实用预防医学》2009年第15卷第4期，第245页；刘苗苗、黄伟勇、徐志权等：《一起断肠草引起食物中毒的调查报告》，载《医学动物防制》2016年第32卷第7期，第807－809页；卢志坚、邓俊兴、陈志礼等：《一起大学生误饮用断肠草花茶中毒的调查》，载《中国热带医学》2007年第7卷第1期，第147－148页；张成宇、王良周：《贵州省一起钩吻引起的食物中毒调查》，载《中国食品卫生杂志》，2013年第25卷第4期，第381－382页；钟延旭：《一起农民工误食断肠草泡制酒引起中毒死亡事件调查分析》，载《应用预防医学》2016年第22卷第2期，第141－142页；陈灿民：《新罗区一起误服断肠草中毒事件的调查》，载《医学动物防制》2013年第29卷第8期，第914－916页。

场商铺。调查组采集该商铺所售卖“五指毛桃”送G市食品检验所检测，证实是五指毛桃，可能混入的断肠草是极少部分，已经售出。

编者按

本案例为使用描述性研究方法确定该事件为一起误用断肠草致钩吻生物碱植物毒素中毒事件，中毒餐次是11月22日的晚餐，中毒食物是五指毛桃鸡汤。现场流行病学调查常先对病例进行三间分布描述后，建立危险因素假设，再用分析性研究方法验证假设，得出调查结论。但编者在处置该事件时，仅用描述性研究方法就得出调查结论。这是一个不可多得的范例，它建立在专业技术人员对现场流行病学病因推断应用技巧熟练掌握的基础上，需要专业技术人员具有想方设法解决调查现场难题的专业素养和攻坚精神。

五、控制措施

（1）3名患者在G市Z医院分别采取洗胃、补液、护肝等不同对症支持治疗后好转，于11月23日凌晨1时出院。

（2）市、区疾控中心已对患者开展食品卫生健康教育，加强患者对中草药的认识，避免类似事故发生。

（3）市场监督管理部门加强对食品安全监管和健康教育宣传工作，全力保障人民群众的饮食用药安全。

（4）医疗机构加强对食源性疾病的监测报告工作，发现食源性疾病病例及时上报，加强院内处置食品安全事件的相关培训，特别是做好洗胃液样品或呕吐物样品的采集与保存。

编者按

钩吻碱引起的中毒机制目前已经清楚。钩吻碱的毒性与烟碱、毒蕈碱相似，为极强烈的神经毒素，但对中枢的作用更为强烈，主要抑制延髓呼吸中枢，并抑制脑和脊髓的运动中枢，使肺部呼吸肌麻痹，出现呼吸衰竭。还可作用于迷走神经，直接刺激心肌引起心律失常和心率的改变。钩吻碱属于剧毒物质，有报道称钩吻根3g左右或嫩芽7个或流浸膏3.5～5.0mL或钩吻碱0.15～0.30g即可致死。① 断肠草主要分布在我国广东、广西、贵州、云南、福建、江西等地，全株含生物碱，为其重要的有毒成分。② 由于断肠草缠绕或混杂在其他植物中生长，且形状与常用煲汤药材五指毛桃十分相似，近

---

① 引津、寿林、倪为民等：《实用急性中毒全书》，人民卫生出版社2003年版，第981－982页。

② 佟晓东、甄汉深、秦海龙等：《钩吻的研究概况》，载《中医药信息》2007年第24卷第4期，第16－18页。

年来，经常有关于误食断肠草中毒身亡的事件报道。在珠江三角洲等地，民间常有服用五指毛桃汤以起到开胃健脾、宽中益气的作用。随着民众对健康、养生需求的重视，市场对五指毛桃需求上升，误将断肠草当五指毛桃食用造成的中毒事件越来越多，中毒致死人数增多，凸显出防控断肠草造成的食物中毒事件的公共卫生意义。为杜绝同类事件重演，建议政府相关部门加强对食品安全监管工作和动植物中毒科普教育宣传，提高群众对常用中草药的鉴别能力，预防因为误用而造成的动植物中毒事件发生。

虽然本事件中毒波及范围有限，且未能再次在同摊位发现断肠草根茎，经监测未再发现类似病例，但因植物生长环境和植物外形相似（相近），断肠草混入五指毛桃再致中毒的潜在危险仍存在。必须要从五指毛桃产区的采集环节做好干预和质量控制，才能从根本上杜绝类似情况出现。要建立五指毛桃生产、储存、运输和销售等环节均可追溯的统一标识码，这样有利于市场监管和对货物来源进行追踪，及时控制可能导致中毒的危险货物源头，减少危害范围。

六、局限性

该事件调查存在一定局限性，未能在邓某胃内容物检测到钩吻碱有效成分，其原因需要进一步研究，但这并不影响笔者对造成事件的危险因子的判断。另外，调查未能追查到五指毛桃原材料的来源，无法避免类似中毒事件再次发生。

案例四 一起某中学饭堂炒饭污染致蜡样芽孢杆菌食源性疾病暴发事件调查案例*

本案例学习目的

（1）掌握食源性病例聚集性事件波及范围评估技术；
（2）掌握现场调查工具——个案调查表与调查一览表设计技术；
（3）熟悉调查报告中“背景”“基本情况”部分的撰写技巧；
（4）熟悉特殊情况下病例定义时间范围界定方法；
（5）了解现场流行病学、卫生学与实验室调查等在食源性疾病病例聚集性事件现场中的关系；
（6）了解什么情况下需要继续开展分析性研究；
（7）了解蜡样芽孢杆菌食物中毒事件的诊断标准与处理原则。

一、背景

2014年5月26日14时许，媒体报道G市N区Z中学部分学生在学校食堂食用当日早餐后出现呕吐等胃肠道不适反应；当天14时30分，N区食品安全办公室电话报告称：当天上午Z中学校医室接诊15名胃肠道不适的学生，怀疑食物中毒。接报后N区疾控中心派出专业技术人员于15时到达Z中学进行调查核实。为进一步核实事件，探索发病危险因素，G市疾控中心技术人员和G省现场流行病学培训项目学员组成联合调查组，迅速前往事发地点Z中学，开展现场流行病学调查。

编者按

调查报告背景内容部分一般应交代调查任务来源（何时接报或接到上级行政部门、市场监督管理局调查指示或下级疾控部门请求支援），简单描述事故发生持续时间、波及范围、规模（罹患率）、就医经过、参与事故调查的机构与人员、调查目的及到达现场的时间节点。

---

* 本案例编者为陈建东、马文革、黄喜明。

二、基本情况

Z中学位于G市N区Z镇HL路1号，学校建筑面积46410平方米。该学校分为初中部和高中部，共有学生2670人，教职工212人，共56个班级，其中初一8个班，初二10个班，初三10个班，高一12个班，高二8个班，高三8个班。有男、女2栋彼此独立的宿舍楼，目前住校生共计（指初一、初二、高一和高二学生）817人，其中初中生18人，高中生799人。学校设有校医室，有1名专职校医。

Z中学设有1个食堂，厨工10人，主要供餐对象为该校学生、教职工及厨工。该校未住校的学生均在校外就餐，部分住校生5月25—26日未在学校食堂就餐，25日（周日）为学生返校日，学校食堂仅提供宵夜，当晚宵夜食堂就餐人数为10人；被调查对象中，有834人于26日进食早餐，其中学校食堂就餐人数为245人，其余589人在家或街边就餐。

编者按

基本情况部分一般应交代事故发生地的基本情况，如气候、风俗习惯、人口数、社区的社会经济状况、学校/工厂/企业规模、提供食宿及医疗服务情况、食品企业的日常活动和操作等。方便读者了解事件发生所在地（单位/社区）情况的信息均在基本情况部分交代。

此处应补充交代24日停止供餐的原因。

三、调查目的和方法

（一）调查目的

（1）核实本次事件。

（2）探索本次事件的危害因素和致病因子。

（3）为防止今后类似事件的发生提出合理建议和控制措施。

（4）培训现场流行病学学员。

（二）调查方法

1. 人群流行病学调查方法与内容

（1）病例定义：2014年5月25—26日该校学生、教职工和厨工中出现呕吐、恶心、头痛、腹痛、腹泻（排便≥3次/24h，且伴有大便性状改变）等症状，或体征两种或两种以上者为疑似病例。

编者按

流行病学病例定义与临床病例定义不同，流行病学病例定义是为开展病例搜索服务的，也即是为判断事件原因服务。

5月24日是星期六，大部分学生放假离校，学校不供餐，应在报告中提早说明。5月25日下午是返校日，当晚学校饭堂提供宵夜，26日早餐后部分学生中出现呕吐、腹泻、腹痛等消化道不适情况，怀疑为食源性疾病暴发。调查组进入现场后，对事件原因的初步判断是饭堂提供的26日早餐是可疑的餐次。如果将之前72小时学校提供的各餐次纳入调查，则仅是5月25日宵夜、26日早餐，在校师生才有共同就餐史，因此将病例定义的时间定为25日至26日两天出现相关症状者，才确认为病例。

（2）病例搜索：查阅校医室门诊登记日志，并通过自行设计的“病例搜索一览表”对病例的一般情况（班级、座号、性别、年龄、内宿房间号）、临床表现和转归、就餐史等进行调查，调查采用面对面访谈或自填一览表的方式，搜索该校疑似病例，并采集部分疑似病例肛拭子。搜索对象包括初一、初二、高一、高二学生，以及教职工和厨工；初三学生已毕业离校，为避免影响高考，高三学生不纳入搜索对象。

编者按

食源性疾病暴发现场调查的主要目的是揭示此次暴发的致病因子和危险因素，它远比处置一起传染病暴发事件复杂。回答以上两个问题，主要依靠现场流行病学调查、食品卫生学及实验室结果综合起来判断。虽然致病因子的检测只能依靠实验室，但事件调查最终结论主要依靠流行病学和卫生学的调查结果，而且现场样本要依靠流行病学调查结果的指向而采样才有意义，绝对不能是“撒网式”采样，否则不仅造成不必要的浪费，还无法得到满意结果。没有流行病学调查结果的支持，有时也只能对着实验室结果“发懵”，难于解析实验结果。

食源性疾病聚集性事件的现场调查工具包括“食源性疾病病例个案调查问卷”（调查表）和“食源性疾病病例一览表”。两种调查工具各有优缺点，要结合现场需要选择合适的调查工具。

采用调查表能调查、收集到更详细、全面的信息，而一览表最大的好处是结构简单，如果用一览表的电子表格形式调查，则马上能形成数据库。而调查问卷的调查结果需再录入数据库，这样比较耗时间，也容易出现误录入信息的情况。

调查现场各有不同特点，危险因素千变万化，很难用一份固定调查内容的调查表或一览表调查发生在不同环境下的食源性聚集性事件。因此，需要结合现场调查需要，对调查表或一览表做出修订，才能达到满意的结果。

调查问卷结构复杂，内容多，对调查问卷的修订显得比一览表更困难。一般有组织架构的单位，比如学校、公司，其所发生的食源性疾病聚集性事件，常使用一览表进行调查。

（3）病例对照研究：根据病例定义将所有病例纳入病例组，其他未发病的学生为对照组，比较两组人群不同餐次各种食物的暴露率差异。

2．食品卫生学调查方法与内容

了解学校食堂各餐次制作的食品的原材料使用和制作流程，现场评估食堂卫生条件。

3．实验室检测方法与内容

采集留样食物、病例肛拭子、厨工肛拭子、食堂用具和物体表面拭子等样本进行4种常规致病菌（志贺氏菌、沙门氏菌、致泻性大肠埃希氏菌、金黄色葡萄球菌）的实验室培养检测，结合病例的临床表现、现场流行病学调查结果和蜡样芽孢杆菌细菌学特点，对学校饭堂留样食物进行蜡样芽孢杆菌实验室培养检测。

4．统计学分析应用

采用EpiData3.1建立数据库并独立双录入；使用SPSS 22.0对数据进行分析，其中患病率的比较采用χ^2检验。

四、调查结果

（一）人群流行病学调查

共搜索到疑似病例50例，其中47例为26日在学校食堂进食早餐后发生不适的高中部住校学生，学校食堂早餐就餐人群罹患率为19.2%（47/245）。

1．临床表现

病例临床症状较轻，大多表现为腹痛（占63.8%）、恶心（占48.9%）和呕吐（占38.3%），少数病例有腹泻（占6.4%）。病例潜伏期在0.9～12.5小时之间，平均潜伏期为1.9小时。

2．流行病学特征

（1）时间分布：首发病例发病时间为5月26日7时30分，末例发病时间为当天19时，发病高峰在8：30～9：00，占病例总数的48%（24/50），发病曲线呈单峰形，符合点源暴发特征（见图1）。

（2）班级、宿舍分布：50例病例分布在高中部15个班里的住校生中，其余5个班级无病例发生。其中高一（11）班罹患率最高，为68.4%（13/19），其余有病例发生的各班级罹患率介于5.3%～68.4%之间，班级间罹患率差异有统计学意义（$\chi^2=57.9$，$P<0.01$）。50例病例分布在27间宿舍中，其余99间宿舍无病例，病例宿舍分布无聚集性。

（3）性别分布：病例中男学生22例，罹患率为17.89%（22/123），女学生28例，女学生罹患率为22.95%（28/122），不同性别学生罹患率差异无统计学意义（$\chi^2=0.97$，$P>0.05$）。

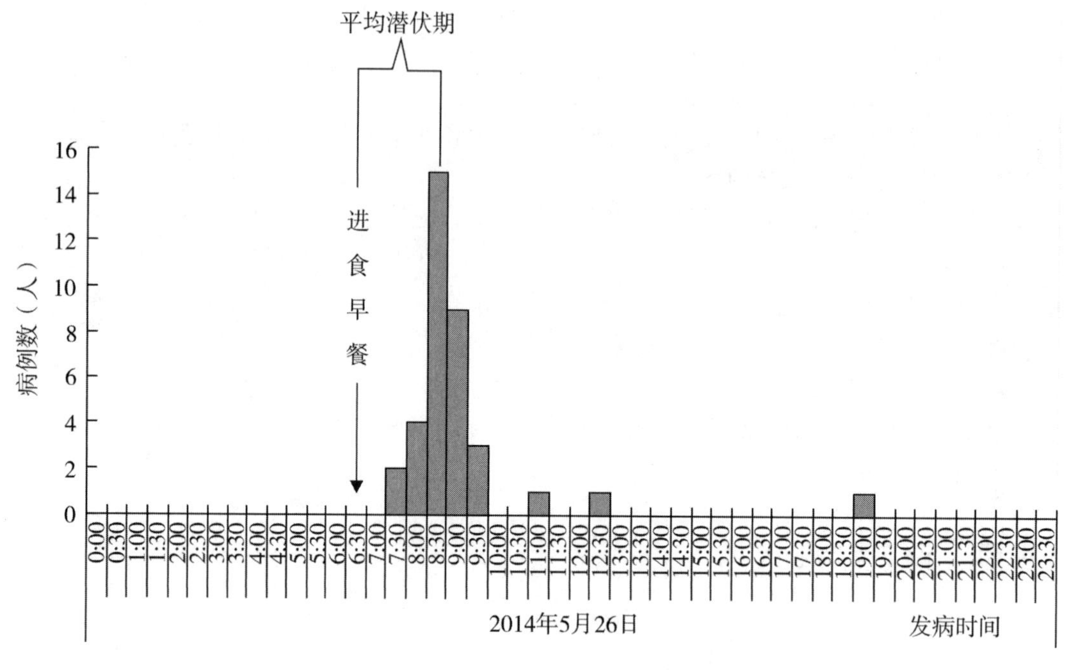

图1　G市Z中学50例病例发病时间分布

> **编者按**
>
> 人群流行病学调查的结果是对事故分布的特点及严重程度的描述，并由此对引起事故的致病因子范围、可疑餐次和可疑食品做出初步判断，用于指导临床救治、食品卫生学调查和实验室检验，提出预防控制措施建议，同时也是进一步进行病因研究的基础。人群流行病学调查是现场流行病学调查必不可少的重要环节。

3. DC医院胃肠道病例主动搜索

对DC医院5月1日以来报告的胃肠道病例进行主动搜索，以呕吐、腹泻为主要症状的胃肠道病例数及发病率未见明显上升，说明本次事件仅局限在Z中学小范围内，见图2。

> **编者按**
>
> 对发生暴发事件的单位/学校/公司的周边医疗机构进行症状（比如胃肠炎、流感样、腹泻或发烧）的主动搜索、监测，是评估疫情波及范围的参考依据；若流行曲线处在基线水平，说明疫情可能局限于某单位（学校），未在社区传播。食源性疾病暴发事件最长潜伏期一般在3天（72小时）左右，考虑到需要描述某症状在某地区（单位）发生的基线范围，一般收集2周以上每天有某症状患者的就诊情况，一般用每天有某症状患者数占门诊就诊患者总数的比例制作柱状图。

对疫情波及范围评估是疫情核实过程的手段，证明存在疫情局部范围暴发，暴发情况可能并非因市政供水管网污染所致。疫情波及范围评估是目前基层专业技术人员常疏忽的一个通过获取信息进行评估的环节。未经调查核实而认为事件是仅发生在局部范围内的暴发事件欠妥当。

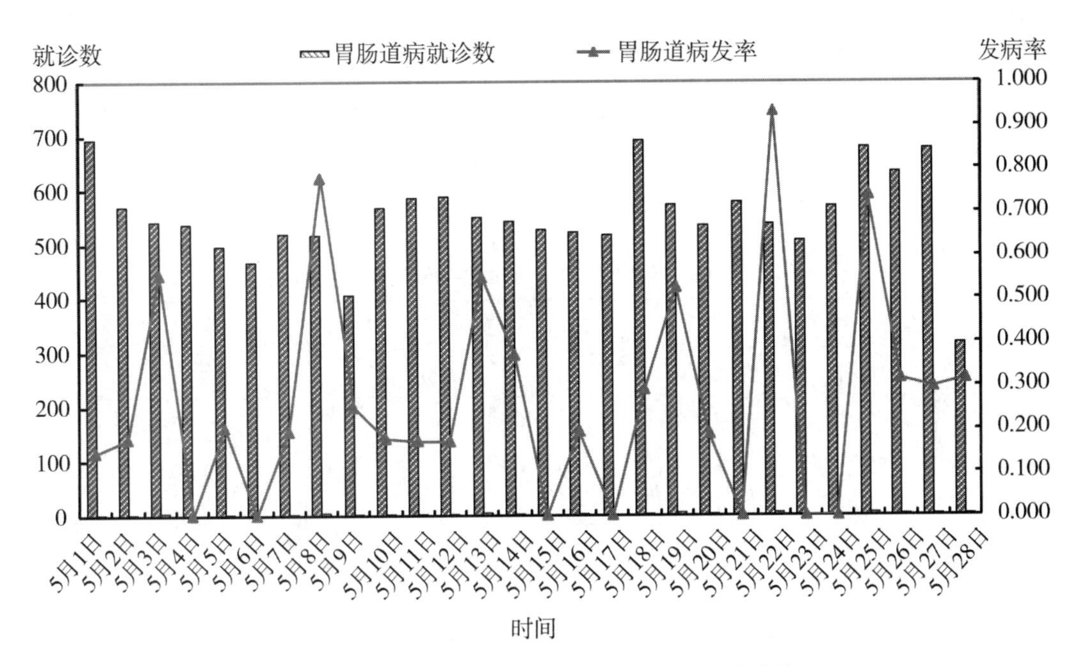

图2　DC医院5月以来报告胃肠道病例发病曲线

（二）假设形成及验证

1．形成假设

假设为食物中毒事件，根据WHO食品安全事故调查和控制指南推荐的估计可能暴露时间的方法，推测本次事件可能暴露餐次为25日夜宵及26日早餐，提示可能暴露地点为学校食堂。

主要依据：

（1）排除水源性污染引起的病症暴发。全校各教学楼及宿舍楼的每层均设有直饮水机，为所有学生及教职工提供饮用水。病例均为学生，教职工未有病例报告。全校只有15个班级发病，其余23个班级无病例发生。全校有27间宿舍有病例报告，其余99间宿舍无病例发生，提示水源性污染引起的病症暴发的可能性小。“症状”主动监测显示，疫情局限在Z中学，排除因市政管网污染所致疫情暴发。

（2）临床表现与生物性食源性疾病引起的消化道症状相似。病例临床表现以呕吐、恶心、腹痛为主，少数病例出现头痛和腹泻。

（3）流行病学调查提示与饭堂暴露有关。94.0%（47/50）病例为26日在学校食堂进食早餐后发生不适的高中部住校学生；学校26日食堂早餐就餐人群罹患率为19.2%

(47/245)；流行曲线提示点源暴露模式，推测可疑危险餐次为当天早餐。为提高测算准确率，也将25日夜宵列为危险餐次，危险地点为学校食堂。

2. 验证假设

为了解本次事件的暴露地点，采用病例－对照研究对5月25日宵夜和5月26日早餐不同就餐地点学生发病情况进行分析。符合病例定义的学生为病例组，未发病的在学校食堂就餐的学生为对照组。10名25日在学校食堂进食宵夜的学生均未发病。50例病例中共有47例进食过学校26日食堂早餐，提示26日学校食堂早餐为可疑餐次。26日学校食堂早餐供应有炒河粉、炒米粉、炒饭、炒面、蒸包子、蒸蛋、瘦肉粥，病例组及对照组食用及未食用的情况（表1）显示，食用炒饭的学生发病风险是未食用炒饭的17.3倍，其他食物的差异无统计学意义。

表1 5月26日学校食堂早餐食物病例对照研究结果

食物名称	病例组例数（$n=47$）		对照组人数（$n=198$）		*OR* 值	*OR*95% *CI*
	食用	未食用	食用	未食用		
炒河粉	5	42	32	166	0.62	0.62 ～ 1.68
炒米粉	1	46	11	187	0.37	0.05 ～ 2.94
炒饭	34	13	26	172	17.3	8.01 ～ 37.02
炒面	1	46	10	188	0.41	0.05 ～ 3.27
蒸包子	3	60	60	138	0.16	0.05 ～ 0.53
蒸蛋	8	39	70	128	0.38	0.17 ～ 0.85
瘦肉粥	1	46	13	185	0.31	0.04 ～ 2.43

编者按

分析性流行病学研究用于分析可疑食品或餐次与发病的关联性，常采用病例对照研究或回顾性队列研究。在完成描述性流行病学分析后，存在以下情况的，应当继续进行分析性流行病学研究：①描述性流行病学分析未得到食品卫生学调查和实验室检验结果支持的；②描述性流行病学分析无法判断可疑餐次和可疑食品的；③事故尚未得到有效控制或可能有再次发生风险的，需要进一步明确导致暴发的危险因素；④调查组认为有继续调查必要的。

本案例通过描述性研究，确定5月26日学校饭堂的早餐是危险餐次，学校饭堂是危险就餐点，但该餐次提供食物多样，具体哪一个或哪几个食物是危险食物，并不清楚，因此需要进一步开展分析性研究，明确危险食物。同时，也为下一步开展食品卫生学调查指明方向，若未明确危险食物则卫生学调查难以开展。

（三）卫生学调查

1. 食堂卫生状况调查

食堂是一栋二层建筑，餐饮服务许可证在有效期内，有实行食物留样制度，并有食物留样记录。厨房位于一楼靠后的位置，面积约为120平方米，现场调查发现，厨房环境卫生状况一般，没有设置明显的分区，只设有相对独立的粗加工区；无防蝇、防鼠、防蟑螂等"三防"设施，在食堂环境调查中发现有蝇类；厨房无更衣间、洗手盆和洗手卫生用品，现场观察厨工在食物加工、处理与分装的过程中未戴口罩和手套；食堂存在生、熟食品混放的现象，且生、熟食品加工工具与容器没有明显功能标识和生、熟标识等。食堂有3个正常运转的冰箱，有生食和熟食冰箱标识，检查发现熟食冰箱内存放有生的食品原材料。

2. 生活及饮用水调查

该校生活用水来自G市统一市政自来水供水，学校未安装二次供水设备。学生和教职工饮用水均来自广东碧沫节能设备有限公司提供的直饮水机，处理流程为"自来水—过滤—高温（100 ℃）消毒—冷却—温开水"（水不开时不出水，确保卫生安全）。每层学生宿舍及每层教学楼均设有1台直饮水机，设备运转正常，在该校已经使用4年。2013年10月13日G市P区疾控中心对直饮水机的水样进行检测，检测结果均符合CJ 94—2005《饮用净水水质标准》的规定。

3. 厨工健康情况调查

学校饭堂10名厨工均有Z社区卫生服务中心颁发的健康体检合格证明，近期未发现有员工出现身体不适、因病缺勤、皮肤破损及咽喉红肿等情况。

> **编者按**
>
> 食品卫生学调查不同于日常监督检查，应针对可疑食品污染来源、途径及其影响因素，对相关食品种植、养殖、生产、加工、储存、运输、销售各环节开展卫生学调查，以验证现场流行病学调查结果，为查明事故原因、采取预防控制措施提供依据。食品卫生学调查应在发现可疑食品线索后尽早开展。

通过现场调查和访谈厨师了解到整个炒饭制作过程耗时30分钟，具体制作流程为：首先炒鸡蛋（2分钟），将炒好的鸡蛋倒入容器单独盛放；然后将玉米粒、胡萝卜、午餐肉放入锅中翻炒15分钟，再加入隔夜米饭炒制10～15分钟，最后倒入炒好鸡蛋混合均匀即可。

4. 危险食物的制作流程

炒饭使用的鸡蛋、玉米和午餐肉定期从校外市场采购，使用的米饭为隔多日的剩米饭。据学生反映，既往在学校食堂就餐时，经常发现食物变质，食用后会出现腹泻、腹痛等症状。食堂厨师自述，每次炒饭大约提供80人份，25日宵夜食堂提供食物为炒饭，病例搜索过程中发现仅仅有8人食用宵夜炒饭，26日早餐食堂供应的早餐炒饭可能是23日的晚餐剩饭。现场调查发现，当天吃剩的米饭敞开放置在粗加工区的桌面，且没有采取任何保护措施（如加盖或加装防蟑防蝇纱网），也未即时存入熟食冰箱；时值夏天，厨房温度较高，若食物放置时间较长，蜡样芽孢杆菌便会随空气中的尘埃落入或因昆虫接触而致使食物受到污染，在制作炒饭过程中米饭未充分加热，不足以杀死蜡样芽孢杆菌。

（四）实验室检测

5月26日，共采集76份样品，其中病例肛拭子16份、厨工肛拭子10份、厨房用具和环境物体表面拭子16份、留样食物33份。

5月27日，共采集17份样本，其中厨工肛拭子10份，末梢水1份，直饮水6份。

对采集的样本进行常见致病菌（志贺氏菌、沙门氏菌、致泻性大肠埃希氏菌、金黄色葡萄球菌、蜡样芽孢杆菌）检测，结果是5月26日早上的炒饭样品中检出蜡样芽孢杆菌数量超标（10^8/mL），血清型为O3：K6。其他样品没有发现致病菌。

编者按

蜡样芽孢杆菌为条件致病菌，在泥土和环境中普遍存在，实验室在食物样本中培养出蜡样芽孢杆菌并不能确定为致病菌，需要进一步进行定量测定，只有超过一定的污染量，才能致病。

在人体肠道菌群中，细菌种类非常多，既有正常菌群，也有条件致病菌。不是检测出细菌就意味着该细菌就是致病菌，因此，要结合进一步的分析来确定检出细菌是否是致病菌。手段包括血清分型、定量分析、毒素检测等。人体肠道正常菌群包括金黄色葡萄球菌、肠球菌、消化链球菌、枯草杆菌、艰难梭菌、乳酸杆菌、放线菌、大肠杆菌、变形杆菌和克雷伯菌等。条件致病菌有金黄色葡萄球菌、蜡样芽孢杆菌、大肠杆菌、副溶血弧菌和产气荚膜梭菌等。主要致病菌包括沙门氏菌、志贺氏菌、单增李斯特菌、空肠弯曲菌、耶尔森菌、霍乱弧菌O1/O139、气单胞菌、类志贺邻单胞菌、肉毒杆菌等。

实验室培养检测出志贺氏菌、小肠结肠炎耶尔森菌和空肠弯曲菌则可确诊，无须鉴定血清型；沙门氏菌、李斯特菌、肉毒杆菌和椰毒假单胞菌等则需要鉴定血清型，但无须进行定量检测；金黄色葡萄球菌、副溶血性弧菌、蜡样芽孢杆菌、产气荚膜梭菌、大肠埃希氏菌和变形杆菌，不单需要鉴定血清型，而且需要进行定量测定，或者检测毒素效价。

五、调查结论

根据病例临床表现、流行病学调查、卫生学调查和实验室检测结果，结合《蜡样芽孢杆菌食物中毒诊断标准及处理原则》（WS/T 82—1996），判断该起事件为一起蜡样芽孢杆菌污染引起的食物中毒；危险餐次为5月26日早餐，危险食物是炒饭，可能原因是炒饭用的米饭在常温下存放时间过长，且加工炒饭时未炒熟炒透所致。

主要依据有以下5点。

（1）病例在5月26日学校食堂有共同早餐就餐史，均食用该饭堂提供的炒饭，未进食该早餐炒饭的不发病；病例对照研究结果显示危险餐次为5月26日早餐，炒饭是危险食物。

（2）发病病例临床表现相似，主要表现为腹痛、恶心、呕吐等急性胃肠炎症状，病情较轻，病程较短，未出现重症或死亡病例，符合蜡样芽孢杆菌食物中毒的临床表现。

（3）病例从暴露到发病在0.9～12.5h之间，平均为1.9h，发病潜伏期短，符合蜡样芽孢杆菌毒素所致食物中毒特征。

（4）5月26日早餐留样炒饭中检出蜡样芽孢杆菌超标（10^8/mL），血清型为O3：K6。

（5）蜡样芽孢杆菌食物中毒有明显的季节性，通常以夏、秋季最高（6—10月份），引起中毒的食品常于食前保存温度不当（26～37 ℃）、放置时间较长，使食品中污染的蜡样芽孢杆菌得以生长繁殖，产生毒素引起中毒，5月份G市天气炎热，炒饭使用的米饭因为存放条件不当，受到蜡样芽孢杆菌污染。

编者按

《蜡样芽孢杆菌食物中毒诊断标准及处理原则》（WS/T 82—1996）提出，蜡样芽孢杆菌引起食物中毒的诊断主要结合流行病学、临床表现及实验室诊断结果进行判断。有高危食物（多为剩米饭、米粉、甜酒酿、剩菜、甜点心及乳、肉类食品）的进食史，而引起中毒食品常因食前保存温度较高（20 ℃以上）和放置时间较长，使食品中的蜡样芽孢杆菌得到繁殖。临床表现分为呕吐型和腹泻型。呕吐型：以恶心、呕吐为主，并有头晕、四肢无力、潜伏期较短（一般为0.5～5 h）等特点。腹泻型：以腹痛、腹泻为主，潜伏期较长（一般为8～16 h）等特点。判断主要依据实验室结果，符合中毒食品中蜡样芽孢杆菌菌数测定（按GB 4789.14），每克食品中一般均≥10^5CFU或者是中毒病人呕吐物或粪便中检出的蜡样芽孢杆菌与中毒食品检出的菌株，其生化性状或血清型须相同。

在现场处置食物中毒的过程中，若一个集体单位（如学校）短时间内（5 h）出现多人呕吐且无人发烧的情况，要考虑是细菌毒素或化学毒物暴露所致。排除化学毒物中毒的可能性时，结合炎热的天气背景条件，可考虑为蜡样芽孢杆菌毒素污染食物所致。再进一步进行卫生学调查，判断是否存在食物原材料污染环节，且细菌有足够长的时间增殖，同时存在烹饪、加工过程的温度和时间不足的情况，再结合描述性分析和卫生学调查结果，提出合理假设，用分析流行病学手段加以证实，一般能找到危险食物，而常见的高危食物与隔餐米饭有关。

六、控制措施与建议

（1）建议学校加强食堂卫生管理工作，保证原材料的新鲜卫生，注意食品生熟分开存放，落实食堂“三防”设施，降低“四害”密度，完善厨房卫生设备，加强厨工个人卫生教育，防止食物中毒再次发生。

（2）加强临床救治工作，对学生开展食物中毒的宣传工作，告知学生出现腹痛、恶心、呕吐要及早就医。

（3）建议校医室做好病例登记、报告工作，有新病例要及时向区疾控中心报告。

编者按

蜡样芽孢杆菌为条件致病菌，在泥土和环境中普遍存在[1]，多通过摄入烹调后在室温下储存且蜡样芽孢杆菌大量繁殖的食物而引起暴发，有明显的季节性，通常以夏、秋季最高；蜡样芽孢杆菌在10 ℃以下不繁殖，16～50 ℃均可生长繁殖并产生毒素[2]，其产生的肠毒素分呕吐型和腹泻型。呕吐型肠毒素耐热，通常的食品加热烹调对该菌的芽孢起不到杀灭作用，所以加热温度不够，易发生该菌引起的食物中毒危险，当进食的食品中含蜡样芽孢杆菌≥10^5CFU/g时，即可引起食物中毒[3]。既往文献中曾报道过多起学校食堂中出现蜡样芽孢杆菌污染所导致的食物中毒事件[4-5]。根据国内外报道的蜡样芽孢杆菌食源性疾病暴发的情况来看，中毒大多集中于餐馆和食堂等公共饮食单位，引发中毒的原因多数是由于剩米饭的贮藏温度不当[6-7]。杨传群等[8]曾报道一起学生由于食用被蜡样芽孢杆菌污染的蛋炒饭而引起食物中毒的事件，污染来源即为前一天在常温下放置的剩余米饭于次日早晨后与鸡蛋等混合炒制而成的蛋炒饭。

参考文献：

[1] Bottone, E J. Bacillus Cereus, A Volatile Human Pathogen [J]. Clinical Microbial Review, 2010, 23 (2): 382-398.

[2] Anonymous. Opinion of the Scientific Panel on Biological Hazards on Bacillus Cereus and Other Bacillus Spp in Foodstuffs [J]. The EFSA Journal, 2005, 175: 1-48.

[3] 卫生部卫生监督中心卫生标准处. 食品卫生标准及相关法规汇编：上 [M]. 北京：中国标准出版社，2005：186-187，223.

[4] 冯增强. 一起腊样芽胞杆菌污染引起食物中毒调查 [J]. 中国公共卫生，2008，24 (9)：1115.

[5] 孟红岩，李家洪，石磊. 一起蜡样芽孢杆菌食物中毒的调查 [J]. 中国消毒学，2012，29 (6)：536-537.

[6] 褚小菊. 米饭中蜡样芽孢杆菌引起食物中毒的风险分析 [J]. 粮食与饲料工业，2011 (3)：12-15.

[7] Wang, J, Ding, T, Oh, D H. Effect of Temperatures on the Growth, Toxin Production, and Heat Resistance of Bacillus Cereus in Cooked Rice [J]. Foodborne Pathogens & Disease, 2014, 11 (2): 133-137.

[8] 杨传群，王永富. 一起腊样芽孢杆菌引起的学校食物中毒事件分析 [J]. 中国学校卫生，2009，30 (9)：792.

案例五 G公司员工毒蘑菇中毒事件调查案例*

本案例学习目的

（1）掌握毒蕈食物中毒事件调查问卷设计技术；
（2）熟悉毒蕈食物中毒事件现场调查思路；
（3）了解毒蕈食物中毒事件现场调查处置流程；
（4）了解毒蕈毒素类型及临床表现。

一、背景

2021年9月21日晚，G市疾控中心接H区疾控中心电话报告称，辖内L医院、Z区Z医院当天下午起先后接诊多名恶心、呕吐及腹部不适患者，患者均为本周第一天上班的T区G公司员工，当天均只在公司饭堂进食午餐后短时间内出现不适，午餐菜单中有蘑菇干炒猪肉，接诊医生怀疑是聚集性毒蘑菇中毒事件。接报后，G市疾控中心应急部指示H、Z、T三区疾控中心按《食品安全事故流行病学调查技术指南（2012版）》要求开展现场调查处置，并派出专业技术人员于21日晚先后到达L医院和Z医院等现场协助各区进行调查。

编者按

监测数据提示，在每年春夏之交雨天过后高温潮湿的G市绿化带、郊野公园等常有野生蘑菇滋生，因此，春夏之交是G市野生毒蕈中毒的高发季节。导致中毒的危险因素多为误采、误食野生蘑菇，发生的高危地点多是郊区农村、外来流动人口家庭。本次毒蘑菇中毒事件发生在9月份G市G公司集体饭堂，比较少见。G市对毒蘑菇中毒防控的宣传工作提高了临床接诊医生对群发性胃肠道症状的警惕性，接诊医生怀疑患者可能是因毒蘑菇中毒所致。患者在短时间内出现相似症状，提示是食源性疾病病例聚集性事件，结合有蘑菇进食史，考虑毒蘑菇毒素中毒具有最大的可能性，应当首先排查。

在华南地区导致多人死亡的致命白毒伞所造成的中毒患者，早期症状也表现为胃肠道症状，及早催吐、洗胃和导泻，是降低病死率的有效方法。为及早查明造成群体性发病的致病因子，指导疫情防控，为临床救治提供依据，接报后，市疾控中心领导非常重

* 本案例编者为陈建东、彭明益、李标。

视，迅速启动应对机制，派出专业技术力量前往患者所在的L医院、单位等地开展调查，组织对事件进行调查核实，指导医疗机构开展临床救治工作和各区疾控中心开展调查处置工作。

二、基本情况

G公司位于T区LS东路DY科技园3号楼西塔15楼，从事钢材经营，是某集团下属钢铁有限公司钢材在G市的主要代理商，该公司有员工54人。

饭堂有厨工2人，工作日供应午、晚餐，每餐供应两肉菜、两素菜和白饭。饭、菜由厨工加工后装于饭、菜盆中，由员工排队自助用勺装饭、菜，装量由自己决定，餐具各人自备。每餐厨工准备饭菜量是结合“就餐登记微信群”接龙统计的就餐人数烹制，每餐剩余饭菜量较少，剩余饭、菜均当餐处理。21日午餐厨房提供的饭菜有黄牛肝菌炒猪肉（蘑菇炒肉）、胡萝卜炒牛肉、炒青瓜、小炒大白菜和白米饭。

该公司每周休息2天（周六和周日），19日公司组织员工前往H区CZ岛拓展活动，中午在CZ岛某餐厅聚餐，晚上在T区MG路某餐厅进餐（调查对象拒绝提供午、晚餐就餐具体位置）；20日为周日休息，21日午餐前员工无其他聚餐情况。

9月21日（星期一）中午共有46名员工在微信群接龙登记午餐，实际43人在公司食堂就餐（3人外出未就餐）。午餐时间约12时许，餐后约2小时后陆续有员工出现恶心、呕吐等不适，公司组织发病员工前往L医院和Z医院就诊，先后共有19名员工前往。全部病例均属轻型胃肠炎病例，在医院急诊室经护胃、护肝和补液处理后，均于第3天痊愈出院。

编者按

“基本情况”部分常交代事故发生地的气候、风俗习惯、人口数、单位规模、住宿或非住宿、日常活动和操作等与事件发生相关的背景情况，为后续阐述调查结果进行铺垫。同时也应交代事件初步调查结果：事件波及范围或规模（病例数、罹患率）、就诊情况、救治情况、死亡情况等信息。

三、流行病学调查

（一）病例定义和病例搜索

1. 病例定义

G公司员工于9月18日开始出现呕吐或腹泻者，并有恶心、腹痛、腹胀、乏力、头痛、头晕和胸闷等一个或多个症状者。

2. 病例搜索

（1）通过问卷星设计的调查问卷对G公司的员工开展调查。

（2）搜索L医院、Z医院18日起该公司所有就诊员工，有消化道相关症状患者。

（3）通过《食源性疾病病例监测系统》搜索18日0时起后与该公司相关的食源性疾病病例报告情况。

共搜索到符合病例定义患者19例，9月21日公司午餐者罹患率44.2%（19/43）。

编者按

专家组到达患者就诊医院急诊部发现患者均是该公司员工，波及范围比较局限；经主动病例搜索，未再发现近期有进食同类蘑菇干制品而罹患疾病者，说明疾病仅局限在该公司，可将病例定义中目标人群限制在该公司内，仅在该公司内开展病例搜索工作。当然，若在调查过程中发现社区人群也有进食相同食物后出现类似症状者，则应修订病例定义人群范围，扩大病例搜索对象。比如，发现患者家属也出现相同症状时，则应将家属纳入调查对象范围。

大部分专业技术人员在现场调查时，仅将已就诊患者或现患者纳入病例组，而常忽视收集发病后未就诊或在后来才发病患者的信息，仅搜索获得部分病例，导致对事件波及人群范围和持续时间描述不准确，将影响对事件性质的判断和假设的合理性，终将影响事故调查结论的判断。

虽然对病例分布的描述性研究有时能找到事件暴发的危险因素，但大部分事件暴发的危险因素需依据描述性研究结果提出病因假设，再采用分析性研究（病例对照研究或回顾性队列研究等）进行验证，最终才能找到答案。因此，现场调查既要调查发病者的暴露信息，也要调查非发病者的暴露信息，然后通过比较发病、非发病组人群某种可疑危险因素的暴露率，或比较某种可疑危险因素暴露与不暴露两组人群的罹患率，通过计算OR、RR值评估疾病与危险因素的相关性而获得结果。

既然现场需要将人群分成患者与非患者两类，在小规模目标人群中，比如公司、工地、家庭等规模比较小的单位暴发事件，可以对所有暴露的目标人群的一般情况、发病前72小时就餐地点、可疑餐次食物暴露史、是否发病、发病时间点（潜伏期）、临床表现等一系列情况开展调查。但波及范围较广的暴发事件，比如高校、大学城、大规模企业等，通过搜索病例获取发病患者名单后，常挑选确诊病例、可能病例纳入病例人群，同时在同班或同宿舍、同年龄段、同性别的未发病者中匹配、选择对照人群，进行病例对照研究，寻找致病因素（危险食物）。

针对本次事件，调查组第一时间设计了事件调查一览表，见表1和表2。

使用一览表形式开展调查，有其适用调查场景。公司、工地、学校有完善的组织架构，适合通过一览表方式，组织开展现场病例搜索。

使用一览表形式开展调查需注意质量控制。使用一览表前，需要对调查员进行培训，让调查员清楚调查目的、调查方法和登记方法。在调查组织上，为提高调查效率，及时获取调查结果，常结合调查人员数，将现场调查分成若干个调查小组。

调查时也应注意争取调查单位支持。先做好有关领导的风险沟通工作，让其清楚组织现场调查的意义："搞清楚事故发生原因，预防事故继续发展，预防事故再次发生，配合做好调查，是肇事单位的法律责任，也是疾控中心的职责，请支持配合。"明确调查目的和支持配合的具体方法，由单位（公司）人事、办公室等部门人员负责现场组织和协调，调查会更顺利。

用一览表形式开展现场调查会受几个因素限制。一是受调查对象是否在场限制。调查对象最好都在现场，能在面对面访问后在一览表上填写相关信息。二是受调查信息量限制。因为随着需要了解的信息量的增加，不能将所有的变量都在同一份一览表上列出。三是受调查员数量的限制。比如现场仅有1名流行病学调查员，通过一览表完成病例的搜索工作就有难度。四是受调查时间限制。若到达现场已是深夜，大部分调查对象已离开医疗机构/单位回家休息，则用一览表进行访问获取信息就显得不方便。

基于通过一览表搜索病例受各种情况限制，影响调查工作的开展，当现场不便用一览表开展病例的搜索时，可考虑用线上"问卷星"开展问卷调查。例如，在调查该事件时，调查组到达医院已是晚上11点，大部分就诊患者已离开医院回家休息，不方便用一览表开展现场调查。经了解，公司人事部W经理还在医院协调患者救治工作。因此调查组将一览表变量转成问卷星问卷（内容见图1）。W经理组织全公司员工用手机扫描问卷星二维码填报个人健康信息，最后顺利完成病例搜索步骤。

搜索结果在问卷星后台形成数据库，经数据整理、清洗后，得到表3"G公司疑似食源性疾病病例聚集性事件问卷星搜索结果汇总"。

笔者在此介绍该案例调查中获取病例搜索结果的过程，供各位同行在病例搜索时参考。

表 1　G 公司疑似食源性疾病病例聚集性事件病例搜索现场一览表之一

序号	姓名	性别	年龄	班组/部室	手机号码	填报 21 日中餐前 72 小时 吃饭位置（填 A 在家/B 餐馆/C 单位饭堂/D 其他地方）									21 日午餐食物进食量调查（填大约吃几口/几筷）				
						9 月 18 日晚餐	9 月 19 日早餐	9 月 19 日午餐	9 月 19 日晚餐	9 月 20 日早餐	9 月 20 日午餐	9 月 20 日晚餐	9 月 21 日早餐	9 月 21 日午餐	黄牛肝菌炒猪肉	胡萝卜炒肉	炒青瓜	小炒大白菜	吃几两白饭
1																			
2																			
.																			
.																			

填表说明：为调查导致 21 日员工出现消化道症状原因，请 21 日中午在公司饭堂就餐的员工如实填写下表，每人填一行。

表2　G公司疑似食源性疾病病例聚集性事件病例搜索现场一览表之二

序号	距21日午餐多少小时后发病（没发病填0小时）	发病患者的症状　1＝有；0＝没有，没有发病下面各项填0										
		恶心	呕吐次数	腹痛	腹胀	腹泻次数	头晕	头痛	发麻	乏力	发热	其他
1												
2												
3												
4												
5												
6												
7												
8												
9												
.												
.												

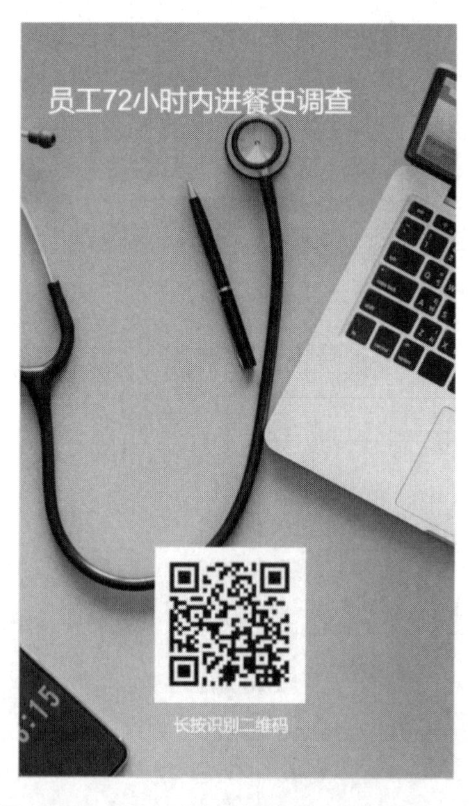

图1　员工72小时内进餐史调查问卷星二维码

表3　G公司疑似食源性疾病病例聚集性事件问卷星搜索结果汇总

序号	1. 姓名	2. 性别	3. 年龄	4. 班组/部室	5. 手机号码	6. 9月份疾病暴发前72小时各餐次就餐地点（在家填1/在餐馆填2/在公司饭堂填3/在其他地方填4）									7. 21日午餐各食物进食量					8. 发病（是填1/否填2）	9. 潜伏期（单位：h）	10. 临床表现（有填1/无填2/其他症状填0）										
						18日晚餐	19日早餐	19日午餐	19日晚餐	20日早餐	20日午餐	20日晚餐	21日早餐	21日午餐	黄牛肝菌炒猪肉	胡萝卜炒牛肉	炒青瓜	小炒大白菜	白饭			恶心	呕吐	腹痛	腹胀	腹泻	头晕	头痛	发麻	乏力	发热	其他症状
1	冯 YL	2	40	行政人事	18666 ****14	1	2	2	2	1	1	1	2	3	2勺	8勺	6勺	3勺	1两	2	0	2	2	2	2	2	2	2	2	2	2	0
2	陈 E	2	31	运营部	14749 ****73	3	4	4	4	1	4	1	1	3	8勺	6勺	3勺	5勺	2两	1	6	2	2	2	1	2	1	2	2	2	1	0
3	江 JW	2	29	行政人事	15626 ****10	1	4	2	1	2	2	1	4	2	0	0	0	0	0	2	0	2	2	2	2	2	2	2	2	2	2	0
4	宾 YH	2	34	工程部	15367 ****20	3	1	1	1	1	1	1	1	2	4勺	5勺	2勺	0	1两	1	2	1	1	1	2	2	1	1	1	1	1	0
5	陈 X	1	28	财务中心	18171 ****55	3	4	4	4	4	4	4	4	3	1勺	2勺	2勺	1勺	3两	1	7.5	1	1	2	2	2	2	2	2	2	2	0
6	文 HJ	1	30	工程部	18973 ****07	3	2	2	2	4	4	4	2	3	1勺	5勺	6勺	4勺	2两	2	0	2	2	2	2	2	2	2	2	2	2	0
7	任 HF	2	40	财务部	15920 ****74	1	1	2	2	1	1	1	1	3	10勺	0	7勺	9勺	3两	1	6	1	1	2	2	2	1	2	2	2	2	0
8	李 W	2	29	行政部	13632 ****54	1	1	2	2	1	1	1	1	3	4勺	6勺	2勺	5勺	2两	2	0	2	2	2	2	2	2	2	2	2	2	0
9	刘 HF	1	42	工程部	13987 ****33	4	1	4	4	1	1	1	1	3	1勺	1勺	4勺	1勺	2两	1	3	1	1	2	2	2	2	2	2	1	2	0
10	练 QQ	2	25	行政	13002 ****87	2	4	2	2	1	2	4	1	3	3勺	3勺	2勺	1勺	1两	2	0	2	2	2	2	2	1	1	2	2	2	0
11	谢 ZY	2	23	运管部	13437 ****55	3	4	4	2	1	2	2	4	3	5勺	0	10勺	1勺	1两	2	0	2	2	2	2	2	2	2	2	2	2	0
12	李 L	1	36	工程部	13975 ****55	3	1	3	3	1	2	2	1	3	2勺	1勺	1勺	1勺	2两	2	0	2	2	2	2	2	2	2	2	2	2	0

续上表

序号	1. 姓名	2. 性别	3. 年龄	4. 班组/部室	5. 手机号码	6. 9月份疾病暴发前72小时各餐次就餐地点（在家填1/在餐馆填2/在公司饭堂填3/在其他地方填4）									7. 21日午餐各食物进食量					8. 发病（是填1/否填2）	9. 潜伏期（单位：h）	10. 临床表现（有填1/无填2/其他症状填0）										
						18日晚餐	19日早餐	19日午餐	19日晚餐	20日早餐	20日午餐	20日晚餐	21日早餐	21日午餐	黄牛肝菌炒猪肉	胡萝卜炒牛肉	炒青瓜	小炒大白菜	白饭			恶心	呕吐	腹痛	腹胀	腹泻	头晕	头痛	发麻	乏力	发热	其他症状
13	廖 L	2	28	财务部	18229 ****33	2	2	4	4	1	1	1	2	3	5勺	5勺	5勺	5勺	1两	1	20	1	1	2	2	2	2	1	2	2	2	0
14	金 L	2	36	运管中心	15820 ****11	1	1	4	4	1	1	1	1	3	3勺	5勺	2勺	4勺	1两	1	7	1	1	2	1	1	1	2	2	2	2	胸闷
15	彭 QQ	2	27	财务部	15989 ****91	1	1	2	2	1	1	1	1	3	2勺	2勺	2勺	2勺	2两	1	4	1	1	1	1	2	1	1	2	1	1	0
16	王 YN	1	58	运营部	13802 ****78	1	2	1	1	1	2	1	1	3	10勺	5勺	0	5勺	3两	1	4	1	1	2	1	1	1	2	1	1	2	0
17	李 Q	2	22	财务部	15180 ****40	4	2	2	2	2	2	2	2	3	0.5勺	1勺	0	1勺	1两	2	0	2	2	2	2	2	2	2	2	2	2	0
18	刘 GP	1	36	工程部	13786 ****51	3	1	2	2	1	1	1	1	3	4勺	6勺	6勺	6勺	2两	2	0	2	2	2	2	2	2	2	2	2	2	0
19	彭 LX	1	39	工程部	18189 ****67	3	2	2	2	1	2	2	2	3	4勺	7勺	3勺	5勺	1两	2	0	2	2	2	2	2	2	2	2	2	2	0
20	宋 HQ	2	26	运管部	13640 ****13	1	1	3	1	1	3	1	1	3	1勺	3勺	2勺	3勺	0.5两	2	0	2	2	2	2	2	2	2	2	2	2	0
21	吴 LX	2	18	工程	17665 ****46	3	3	4	4	4	4	4	4	3	2勺	3勺	3勺	3勺	0.5两	2	0	2	2	2	2	2	2	2	2	2	2	0
22	龙 S	2	32	市场	18075 ****70	1	1	3	1	1	3	1	1	3	8勺	6勺	6勺	6勺	2两	1	6	1	1	1	2	2	2	2	2	2	2	0
23	刘 YY	1	51	财务中心	15911 ****86	3	1	4	2	1	2	1	1	3	5勺	8勺	4勺	5勺	3两	1	6	2	2	2	2	2	1	2	1	2	2	0
24	赵 YH	1	24	采购部	18593 ****18	3	4	4	4	4	4	4	4	3	4勺	6勺	6勺	5勺	2两	2	0	2	2	2	2	1	2	2	2	2	2	0

续上表

序号	1. 姓名	2. 性别	3. 年龄	4. 班组/部室	5. 手机号码	6. 9月份疾病暴发前72小时各餐次就餐地点（在家填1/在餐馆填2/在公司饭堂填3/在其他地方填4）									7. 21日午餐各食物进食量					8. 发病（是填1/否填2）	9. 潜伏期（单位：h）	10. 临床表现（有填1/无填2/其他症状填0）										
						18日晚餐	19日早餐	19日午餐	19日晚餐	20日早餐	20日午餐	20日晚餐	21日早餐	21日午餐	黄牛肝菌炒猪肉	胡萝卜炒牛肉	炒青瓜	小炒大白菜	白饭			恶心	呕吐	腹痛	腹胀	腹泻	头晕	头痛	发麻	乏力	发热	其他症状
25	彭 T	1	38	总经办	15386 ****88	3	1	3	3	1	1	1	1	3	13勺	10勺	4勺	3勺	1两	2	0	2	2	2	2	2	2	2	2	2	2	0
26	蒙 XL	2	24	运管部	13640 ****23	1	2	4	4	1	1	1	4	3	7勺	8勺	5勺	6勺	1两	1	2	1	1	1	1	1	1	2	2	1	1	0
27	刘 T	1	24	经营部门	18690 ****83	3	4	4	4	4	4	4	3	3	3勺	6勺	6勺	2勺	1两	2	0	2	2	2	2	2	2	2	2	2	2	0
28	马 Y	1	34	金融部	18529 ****88	4	4	3	4	4	4	4	4	3	0	0	0	0	0	2	0	2	2	2	2	2	2	2	2	2	2	0
29	张 J	1	33	市场部	18819 ****80	3	1	2	2	1	1	2	4	3	6勺	5勺	0	4勺	1两	1	4	1	1	2	2	2	2	2	2	2	2	0
30	叶 JC	2	22	运管	18319 ****71	3	2	2	2	2	2	2	2	3	4勺	7勺	2勺	5勺	3两	1	4	2	1	2	2	2	2	1	2	2	2	0
31	谢 JA	1	46	金融中心	15811 ****88	1	1	2	2	1	1	1	1	3	10勺	9勺	6勺	13勺	3两	1	2.5	1	1	1	1	1	1	1	2	1	1	0
32	程 XL	2	36	行政人事	13480 ****01	1	1	2	2	1	1	1	4	3	1勺	1勺	0	1勺	1两	1	4	1	1	1	2	1	2	2	2	2	2	0
33	旷 WC	1	49	工程部	13908 ****08	3	1	2	2	1	2	1	1	3	6勺	5勺	5勺	4勺	3两	1	4	2	2	1	2	2	2	2	2	2	2	0
34	谭 K	1	33	行政	15576 ****88	3	4	2	4	4	4	4	4	3	5勺	5勺	6勺	8勺	3两	1	2	1	1	1	2	1	1	1	2	1	1	0
35	阮 B	1	38	采购部	13632 ****65	1	1	2	2	4	1	1	1	3	6勺	6勺	4勺	5勺	3两	1	4.5	1	1	2	2	2	2	2	2	1	2	0

续上表

序号	1. 姓名	2. 性别	3. 年龄	4. 班组/部室	5. 手机号码	6. 9月份疾病暴发前72小时各餐次就餐地点（在家填1/在餐馆填2/在公司饭堂填3/在其他地方填4）									7. 21日午餐各食物进食量					8. 发病（是填1/否填2）	9. 潜伏期（单位：h）	10. 临床表现（有填1/无填2/其他症状填0）										
						18日晚餐	19日早餐	19日午餐	19日晚餐	20日早餐	20日午餐	20日晚餐	21日早餐	21日午餐	黄牛肝菌炒猪肉	胡萝卜炒牛肉	炒青瓜	小炒大白菜	白饭			恶心	呕吐	腹痛	腹胀	腹泻	头晕	头痛	发麻	乏力	发热	其他症状
36	陈 YF	2	34	财务部	15913 ****43	1	1	4	4	1	1	1	1	3	5勺	10勺	8勺	10勺	1两	1	2	1	1	2	2	2	1	1	1	1	2	喉咙痛
37	刘 HH	1	38	采购部	13719 ****48	1	1	2	2	1	1	1	1	3	3勺	10勺	5勺	5勺	1两	2	0	2	2	2	2	2	2	2	2	2	2	0
38	李 Z	1	38	信息中心	14737 ****65	1	1	4	4	1	1	1	1	3	10勺	6勺	3勺	10勺	3两	1	3	1	1	2	2	2	1	2	2	2	2	0
39	罗 W	1	31	业务部	18665 ****11	1	2	2	2	2	2	2	2	3	3勺	3勺	2勺	3勺	1两	2	0	2	2	2	2	2	2	2	2	2	2	0
40	张 RJ	1	41	销售	18824 ****58	1	1	2	2	1	1	1	1	3	1勺	1勺	3勺	1勺	2两	1	4	1	1	2	2	2	1	2	2	1	2	虚汗发冷
41	彭 T	1	38	总经办	15386 ****88	3	1	4	2	1	1	1	1	3	2勺	3勺	3勺	3勺	1两	2	0	2	2	2	2	2	2	2	2	2	2	0
42	赵 YH	2	23	财务	18529 ****66	1	4	2	1	1	2	1	3	3	0.5勺	0.5勺	0	3勺	0.5两	2	0	2	2	2	2	2	1	2	2	2	2	0
43	旷 YQ	1	35	总裁办	13888 ****60	3	1	3	3	1	3	3	1	3	0	8勺	6勺	6勺	3两	2	0	2	2	2	2	2	2	2	2	2	2	0

（二）临床表现

19 例患者中，呕吐 16 例（占 84.2%，4 ～ 20 次/日）、恶心 11 例（占 57.9%）、腹痛 6 例（占 31.6%）、乏力 4 例（占 21.1%）、腹胀 2 例（占 10.5%）、头晕和胸闷各 1 例（各占 5.26%），未发现有发热患者。

编者按

临床表现是对暴发事件病例在各种症状分布情况的描述，一般用构成比表示，如果总病例数太少（少于 10 例），则直接描述某种症状有多少例，而不用构成比描述。

流行病学调查包含临床表现调查，因此一般在流行病学调查结果中交代。

临床表现构成比是病因假设的主要参考依据，也是通过现场流行病学调查后建议实验室对现场样品检测项目的主要依据。比如一起发生在某中学的学生胃肠道不适事件中，患者主要表现为腹痛、腹泻等不适，但未见患者出现呕吐情况，则基本能排除诺如病毒感染，可不建议实验室对样品开展诺如病毒核酸检测。

有生化检查结果的 15 例患者中，肝、肾功能指标数值均在正常范围内。19 例患者的血常规结果显示白细胞总数、淋巴细胞数大部分均在正常生理范围，心电图基本正常。部分病例检查结果见图 2。

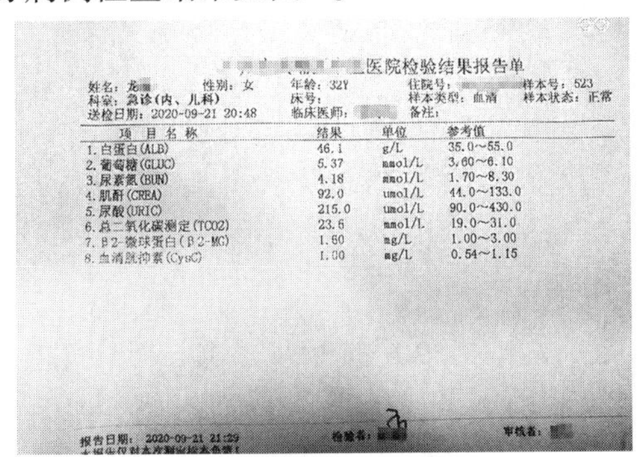

医院检验结果报告单

姓名：龙　性别：女　年龄：32Y　住院号：　样本号：523
科室：急诊(内、儿科)　床号：　样本类型：血清　样本状态：正常
送检日期：2020-09-21 20:48　临床医师：　备注：

项目名称	结果	单位	参考值
1. 白蛋白(ALB)	46.1	g/L	35.0～55.0
2. 葡萄糖(GLUC)	5.37	mmol/L	3.60～6.10
3. 尿素氮(BUN)	4.18	mmol/L	1.70～8.30
4. 肌酐(CREA)	92.0	umol/L	44.0～133.0
5. 尿酸(URIC)	215.0	umol/L	90.0～430.0
6. 总二氧化碳测定(TCO2)	23.6	mmol/L	19.0～31.0
7. β2-微球蛋白(β2-MG)	1.60	mg/L	1.00～3.00
8. 血清胱抑素(CysC)	1.00	mg/L	0.54～1.15

报告日期：2020-09-21 21:29　检验者：　审核者：

（1）

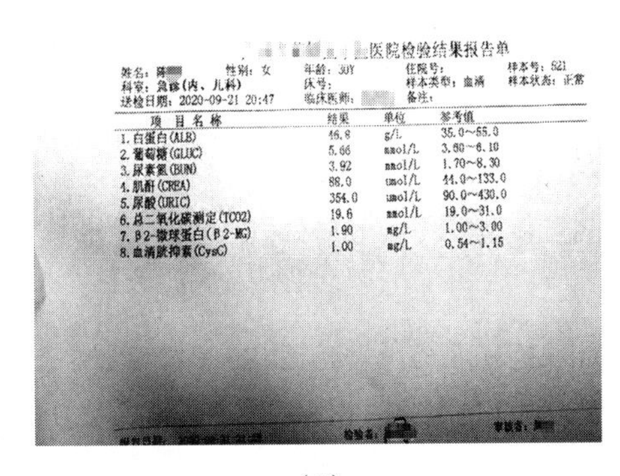

医院检验结果报告单

姓名：陈　性别：女　年龄：30Y　住院号：　样本号：521
科室：急诊(内、儿科)　床号：　样本类型：血清　样本状态：正常
送检日期：2020-09-21 20:47　临床医师：　备注：

项目名称	结果	单位	参考值
1. 白蛋白(ALB)	46.8	g/L	35.0～55.0
2. 葡萄糖(GLUC)	5.66	mmol/L	3.60～6.10
3. 尿素氮(BUN)	3.92	mmol/L	1.70～8.30
4. 肌酐(CREA)	88.0	umol/L	44.0～133.0
5. 尿酸(URIC)	354.0	umol/L	90.0～430.0
6. 总二氧化碳测定(TCO2)	19.6	mmol/L	19.0～31.0
7. β2-微球蛋白(β2-MG)	1.90	mg/L	1.00～3.00
8. 血清胱抑素(CysC)	1.00	mg/L	0.54～1.15

检验者：　审核者：

（2）

院检验结果报告单

姓名：　性别：女　年龄：51Y　住院号：　样本号：216
科室：急诊(内、儿科)　床号：　样本类型：全血　样本状态：正常
送检日期：2020-09-21 19:51　临床医师：　备注：

项目名称	结果	单位	参考值
1. 白细胞计数(WBC)	6.7	10^9/L	4.0～10.0
2. 红细胞计数(RBC)	5.34	10^12/L	3.50～5.50
3. 血红蛋白测定(Hb)	144	g/L	110～160
4. 血小板计数(PLT)	168	10^9/L	100～300
5. 红细胞比积测定(HCT)	44.7	%	37.0～52.0
6. 平均红细胞体积(MCV)	83.7	fl	80.0～102.0
7. 平均红细胞Hb含量(MCH)	27.0	pg	27.0～35.0
8. 平均红细胞Hb浓度(MCHC)	322	g/L	290～360
9. 淋巴细胞比值(LYMPH%)	22.3	%	20.0～40.0
10. 单核细胞比值(MONO%)	6.9	%	3.0～8.0
11. 中性粒细胞比值(NEUT%)	67.6	%	51.0～75.0
12. 嗜酸性粒细胞比值(EO%)	2.8	%	0.5～5.0
13. 嗜碱性粒细胞比值(BASO%)	0.4	%	0.0～1.0
14. 淋巴细胞直接计数(LYMPH#)	1.5	10^9/L	0.8～4.0
15. 单个核细胞直接计数(MONO#)	0.46	10^9/L	0.12～0.80
16. 中性粒细胞计数(NEUT#)	4.5	10^9/L	2.0～7.0
17. 嗜酸性粒细胞直接计数(EO#)	0.19	10^9/L	0.00～0.50
18. 嗜碱性粒细胞直接计数(BASO#)	0.03	10^9/L	0.00～0.05
19. 红细胞分布宽度SD(RDW-SD)	39.8	fl	35.0～46.0
20. 红细胞分布宽度CV(RDW-CV)	13.0	%	10.9～15.4
21. 血小板分布宽度(PDW)	12.5	fl	9.0～17.0
22. 平均血小板体积(MPV)	10.7	fl	7.6～13.2
23. 大血小板比值(P-LCR)	30.7	%	13.0～43.0
24. 血小板比积(PCT)	0.18		0.11～0.27
25. 超敏C反应蛋白测定(干化学法)	0.40	mg/L	0.00～10.00

（3）

医院检验结果报告单

姓名：　性别：女　年龄：32Y　住院号：　样本号：215
科室：急诊(内、儿科)　床号：　样本类型：全血　样本状态：正常
送检日期：2020-09-21 19:51　临床医师：　备注：

项目名称	结果	单位	参考值
1. 白细胞计数(WBC)	8.1	10^9/L	4.0～10.0
2. 红细胞计数(RBC)	4.59	10^12/L	3.50～5.50
3. 血红蛋白测定(Hb)	130	g/L	110～160
4. 血小板计数(PLT)	211	10^9/L	100～300
5. 红细胞比积测定(HCT)	39.0	%	37.0～52.0
6. 平均红细胞体积(MCV)	85.0	fl	80.0～102.0
7. 平均红细胞Hb含量(MCH)	28.3	pg	27.0～35.0
8. 平均红细胞Hb浓度(MCHC)	333	g/L	290～360
9. 淋巴细胞比值(LYMPH%)	↓ 19.2	%	20.0～40.0
10. 单核细胞比值(MONO%)	6.7	%	3.0～8.0
11. 中性粒细胞比值(NEUT%)	72.9	%	51.0～75.0
12. 嗜酸性粒细胞比值(EO%)	1.1	%	0.5～5.0
13. 嗜碱性粒细胞比值(BASO%)	0.1	%	0.0～1.0
14. 淋巴细胞直接计数(LYMPH#)	1.6	10^9/L	0.8～4.0
15. 单个核细胞直接计数(MONO#)	0.54	10^9/L	0.12～0.80
16. 中性粒细胞计数(NEUT#)	5.9	10^9/L	2.0～7.0
17. 嗜酸性粒细胞直接计数(EO#)	0.09	10^9/L	0.00～0.50
18. 嗜碱性粒细胞直接计数(BASO#)	0.01	10^9/L	0.00～0.05
19. 红细胞分布宽度SD(RDW-SD)	40.7	fl	35.0～46.0
20. 红细胞分布宽度CV(RDW-CV)	13.2	%	10.9～15.4
21. 血小板分布宽度(PDW)	11.3	fl	9.0～17.0
22. 平均血小板体积(MPV)	10.0	fl	7.6～13.2
23. 大血小板比值(P-LCR)	25.2	%	13.0～43.0
24. 血小板比积(PCT)	0.21		0.11～0.27
25. 超敏C反应蛋白测定(干化学法)	0.52	mg/L	0.00～10.00

（4）

医院检验结果报告单

姓名： 性别：男 年龄：51Y 住院号： 样本号：517
科室：急诊（内、儿科） 床号： 样本类型：血清 样本状态：正常
送检日期：2020-09-21 20:04 临床医师： 备注：

项目名称	结果	单位	参考值
1. 总胆红素(TBIL)	16.4	umol/L	5.3～24.0
2. 结合胆红素(DBIL)	3.2	umol/L	0.0～6.9
3. 间接胆红素测定(IDBIL)	13.2	umol/L	3.3～17.1
4. 总蛋白(TP)	65.8	g/L	60.0～80.0
5. 白蛋白(ALB)	41.1	g/L	35.0～55.0
6. 球蛋白(GLB)	24.7	g/L	20.0～35.0
7. 白球比(A/G)	1.7	g/L	1.0～2.5
8. 丙氨酸氨基转移酶(ALT)	30.9	U/L	0.0～45.0
9. 门冬氨酸氨基转移酶(AST)	30.5	U/L	0.0～40.0
10. AST/ALT比值(AST/ALT)	1.0		
11. 碱性磷酸酶(ALP)	40.1	U/L	25.0～100.0
12. γ-谷氨酰转肽酶(GGT)	11.7	U/L	0.0～45.0
13. 腺苷脱氨酶测定(ADA)	14.2	U/L	4.0～20.0
14. 总胆汁酸(TBA)	4.2	umol/L	0.0～10.0
15. 血清α-L-岩藻糖苷酶测定(AFU	20.0	U/L	10.0～35.0
16. 葡萄糖(GLUC)	4.62	mmol/L	3.60～6.10
17. 尿素氮(BUN)	3.90	mmol/L	1.70～8.30
18. 总二氧化碳测定(TCO2)	22.7	mmol/L	19.0～31.0
19. 钾(K)	3.67	mmol/L	3.50～5.50
20. 钠(NA)	136.1	mmol/L	135.0～145.0
21. 氯(CL)	96.6	mmol/L	95.0～108.0
22. 总钙测定(CA)	2.04	mmol/L	1.95～2.79
23. 乳酸脱氢酶(LDH)	144.7	U/L	80.0～240.0
24. α-羟丁酸脱氢酶(HBDH)	122	U/L	75～185
25. 肌酸激酶(CK)	91	U/L	24～195
26. 肌酸激酶同工酶MB(CKMB)	16.0	U/L	0.0～40.0
27. 淀粉酶(AMY)	70	U/L	0～180

(5)

医院检验结果报告单

姓名： 性别：女 年龄：27Y 住院号： 样本号：515
科室：急诊（内、儿科） 床号： 样本类型：血清 样本状态：正常
送检日期：2020-09-21 20:03 临床医师： 备注：

项目名称	结果	单位	参考值
1. 总胆红素(TBIL)	14.4	umol/L	5.3～24.0
2. 结合胆红素(DBIL)	3.9	umol/L	0.0～6.9
3. 间接胆红素测定(IDBIL)	10.5	umol/L	3.3～17.1
4. 总蛋白(TP)	74.3	g/L	60.0～80.0
5. 白蛋白(ALB)	44.5	g/L	35.0～55.0
6. 球蛋白(GLB)	29.8	g/L	20.0～35.0
7. 白球比(A/G)	1.5	g/L	1.0～2.5
8. 丙氨酸氨基转移酶(ALT)	21.9	U/L	0.0～45.0
9. 门冬氨酸氨基转移酶(AST)	20.7	U/L	0.0～40.0
10. AST/ALT比值(AST/ALT)	0.9		
11. 碱性磷酸酶(ALP)	53.2	U/L	25.0～100.0
12. γ-谷氨酰转肽酶(GGT)	10.1	U/L	0.0～45.0
13. 腺苷脱氨酶测定(ADA)	17.8	U/L	4.0～20.0
14. 总胆汁酸(TBA)	7.3	umol/L	0.0～10.0
15. 血清α-L-岩藻糖苷酶测定(AFU	13.9	U/L	10.0～35.0
16. 葡萄糖(GLUC)	5.06	mmol/L	3.60～6.10
17. 尿素氮(BUN)	4.74	mmol/L	1.70～8.30
18. 总二氧化碳测定(TCO2)	22.1	mmol/L	19.0～31.0
19. 钾(K)	3.86	mmol/L	3.50～5.50
20. 钠(NA)	137.8	mmol/L	135.0～145.0
21. 氯(CL)	98.1	mmol/L	95.0～108.0
22. 总钙测定(CA)	2.05	mmol/L	1.95～2.79
23. 乳酸脱氢酶(LDH)	140.0	U/L	80.0～240.0
24. α-羟丁酸脱氢酶(HBDH)	117	U/L	75～185
25. 肌酸激酶(CK)	108	U/L	24～195
26. 肌酸激酶同工酶MB(CKMB)	13.0	U/L	0.0～40.0
27. 淀粉酶(AMY)	40	U/L	0～180

(6)

图2 部分病例肝肾功能、生化和血常规检查结果

编者按

肝肾功能检测指标值是评估毒蘑菇毒素对相关脏器损伤程度的指标，测量这个指标可为制定临床救治措施提供参考，了解蘑菇毒素种类，预测患者临床治疗转归情况。

（三）三间分布情况

1. 人群分布

19 例患者中，男性罹患率 39.1%（9/23）、女性罹患率 50.0%（10/20），差异无统计学意义（$\chi^2=0.5$，$P=0.47$）。

各年龄组罹患率：18～组 25.0%（2/8）、25～组 42.9%（3/7）、30～组 55.6%（5/9）、35～组 36.4%（4/11）、40～组 62.5%（5/8），差异无统计学意义（$\chi^2=10.4$，$P=0.32$）。

公司各部门罹患率：财务部 62.5%（5/8）、采购部 33.3%（1/3）、工程部 25.0%（2/8）、供应链金融中心 50.0%（1/2）、行政人事部 33.3%（2/6）、经营中心 33.3%（1/3）、市场部 100.0%（3/3）、信息中心 100.0%（1/1）、运管部 50.0%（3/6）、总经办 0.0%（0/3），差异无统计学意义（$\chi^2=3.0$，$P=0.55$）。

9 月 18 日在公司饭堂晚餐者罹患率 26.3%（5/19）与非饭堂晚餐者罹患率 58.3%（14/24）差异有统计学意义（$\chi^2=4.3$，$P=0.04$），但在公司饭堂晚餐者罹患率低于另一组员工。

9 月 19 日午餐在餐馆集体进餐者罹患率 42.9%（9/21）与非餐馆集体进餐者罹患率 45.5%（10/22）差异无统计学意义（$\chi^2=0.03$，$P=0.87$）。

9 月 19 日晚餐在餐馆集体进餐者罹患率 38.1%（8/21）与非餐馆集体进餐者罹患率 50.0%（11/22）差异无统计学意义（$\chi^2=0.60$，$P=0.44$）。

9月21日食堂午餐43名就餐者中，40人曾吃过黄牛肝菌炒猪肉，19人发病（47.5%、19/40），3人没吃，均无发病（0/3）。患者均吃过黄牛肝菌炒猪肉，未吃黄牛肝菌炒猪肉者，无人发病。

编者按

现场调查要有比较的思维，一般使用率的比较，率的计算意味着需要知道样本所在总体的数量，能用率描述的对象，尽量不用绝对数表示。

描述性研究是提出病因假设的基础，通过比较病例在各种人群的分布情况，在相同的分布中寻找差异，在差异的分布中寻找相同，在比较中提出病因假设。

病例无性别、年龄、部门等分布差异，提示传染性疾病所致暴发流行可能性低。综合病例在短时间内饭堂进餐后集中发病，且症状相近，考虑食源性疾病病例聚集性事件可能性大，且公司饭堂暴露是危险因素的可能性大。

在不同种类的食源性疾病中，最长潜伏期多是生物性食源性疾病，约72小时。虽然有时能通过病例时间分布推测危险的暴露餐次（进食时间），但在清楚事件的致病因子前组织的调查，均需调查发病前72小时的食物暴露史。从9月18日晚餐到9月19日晚餐3个餐次中，比较在公司饭堂进餐与不在饭堂就餐的人群罹患率，病例的分布差异无统计学差异，说明这3个餐次可能不是危险餐次。9月20日是公司休息日，公司同事无聚餐史。

9月21日是周一，当天大部分员工均在公司饭堂进食午餐，没有非饭堂就餐对比人群。但从病例发病时间分布曲线可推测出危险餐次应是当天午餐，而且吃黄牛肝菌炒猪肉人群罹患率高于少吃或不吃人群罹患率，且差异有统计学意义。吃胡萝卜炒牛肉、炒青瓜、小炒大白菜的员工中，多吃与少吃或不吃人群的疾病罹患率无区别，差异没有统计学意义。

笔者喜欢用表格交代描述性研究不同人群罹患率差异比较结果，这样比较直观清晰。描述性结果见表4，供大家在实际工作中比较不同人群罹患率时参考。

表4　不同人群罹患率比较

项目	分组信息	发病人数	总人数	罹患率%	χ^2	P
性别	男	9	23	39.1	0.50	0.479
	女	10	20	50.0		
年龄	18～	2	8	25.0	10.39	0.320
	25～	3	7	42.9		
	30～	5	9	55.6		
	35～	4	11	36.4		
	40～	5	8	62.5		

续上表

项目	分组信息	发病人数	总人数	罹患率%	χ^2	P
部门	财务部	5	8	62.5	3.03	0.553
	采购部	1	3	33.3		
	工程部	2	8	25.0		
	供应链金融中心	1	2	50.0		
	行政人事部	2	6	33.3		
	经营中心	1	3	33.3		
	市场部	3	3	100.0		
	信息中心	1	1	100.0		
	运管部	3	6	50.0		
	总经办	0	3	0.0		
9月18日晚餐	饭堂	5	19	26.3	4.31	0.038
	非饭堂	14	24	58.3		
9月19日午餐	餐馆	9	21	42.9	0.03	0.865
	非餐馆	10	22	45.5		
9月19日晚餐	餐馆	8	21	38.1	0.60	0.437
	非餐馆	11	22	50.0		

2. 时间分布

9月21日午餐在公司集体进餐者罹患率44.2%（19/43）。病例发病时间分布在9月21日13：30—17：30之间，发病高峰在15时30分，共13例，占总病例数的68.4%，见图3。

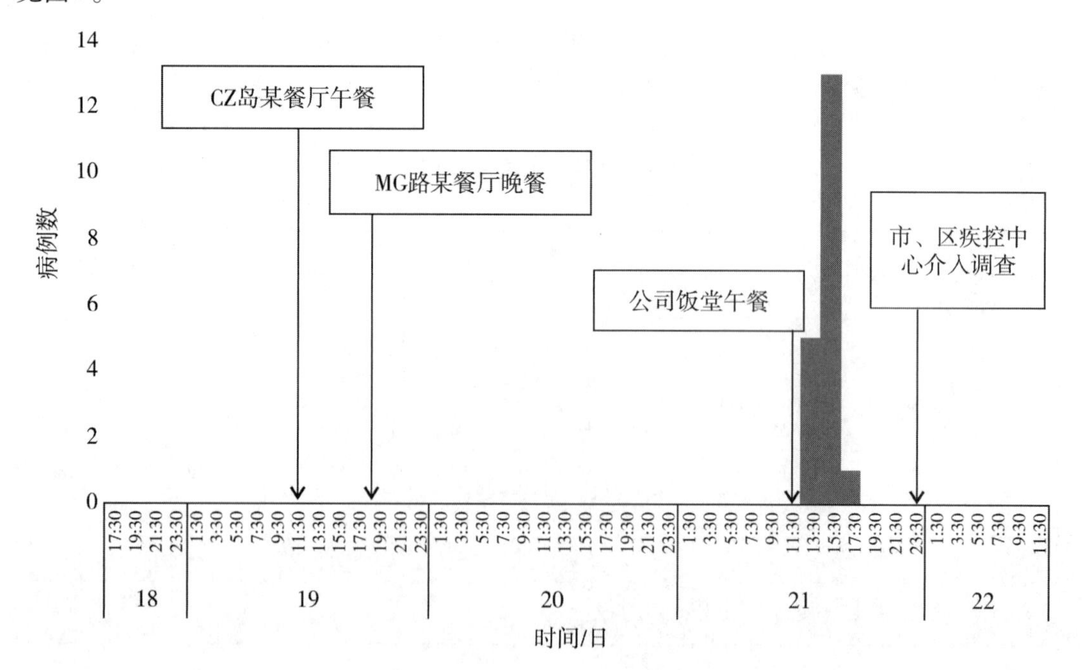

图3 病例发病时间分布曲线

编者按

病例发病时间分布曲线的绘制规则这里不赘述。

病例发病时间分布曲线呈单峰正态分布，符合食源性疾病病例聚集性暴发特征，排除传染性疾病、介水传播疾病暴发所致。

9 月 18 日晚餐、9 月 19 日午餐或晚餐暴露均可造成事件暴发，但经上面病例人群分布比较，排除它们是本次暴发事件的危险餐次。

病例发病时间分布曲线除描绘病例分布情况外，应同时将可能的危险因素出现时间、采取的控制措施时间节点在图中标出，方便对危险因素进行讨论，对控制措施的效果进行评价。

3. 潜伏期与暴露时间推算

病例平均潜伏期 4 小时（潜伏期在 2 ～ 7.5 小时之间），推测危险暴露时间在 9 月 21 日 11 时 30 分左右，即是 21 日午餐时间。

编者按

在现场流行病学调查过程中，潜伏期数值是必须要报告的调查结果，它既是推测事件性质的重要依据，又是推测暴露时段的重要工具。因此，每一位公共卫生专业技术人员，均应重视掌握如何计算和使用潜伏期这个指标。

要掌握如何计算和使用潜伏期，须先了解描述性流行病学分析中流行曲线的类型。流行曲线对描述事故发展所处的阶段、分析疾病的传播方式、推断可能的暴露时间、提供病因假设线索、反映控制措施的效果有着重要的价值。

可以根据绘制的流行曲线形状特点，分析事故的暴露模式特点，分析疾病的传播方式。暴露模式分为：点源暴露、持续同源暴露、间歇同源暴露及人—人接触传播等。

（1）点源暴露流行曲线表现为发病时间高度集中，曲线快速上升后快速下降（或拖尾状缓慢下降），高峰持续时间较短。首例与末例的时间间隔小于疾病的最长潜伏期与最短潜伏期之差的 1.5 倍（约 <1.5 倍平均潜伏期）。举例见图 4。

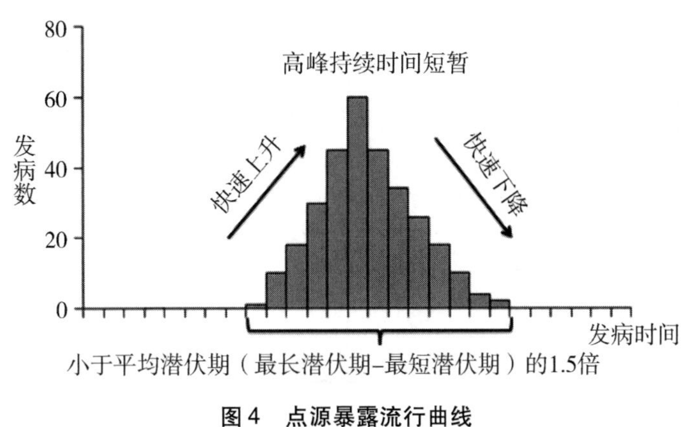

图 4　点源暴露流行曲线

（2）持续同源暴露流行曲线也显示曲线快速上升，但高峰后伴随的是高峰平台，且高峰平台期的持续时间取决于暴露的持续时间，首例与末例的时间间隔超过疾病的最长潜伏期与最短潜伏期之差的1.5倍（约 >1.5 倍平均潜伏期）。举例见图5。

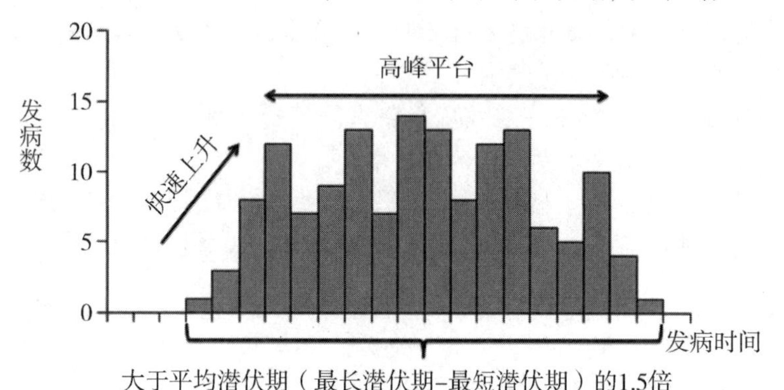

图5 持续同源暴露流行曲线

（3）间歇同源暴露流行曲线与持续同源暴露流行曲线相似，但可能因暴露的暂时性消除而下降，随暴露再度出现而上升，高峰间隔时间取决于暴露出现的时间间隔。举例见图6。

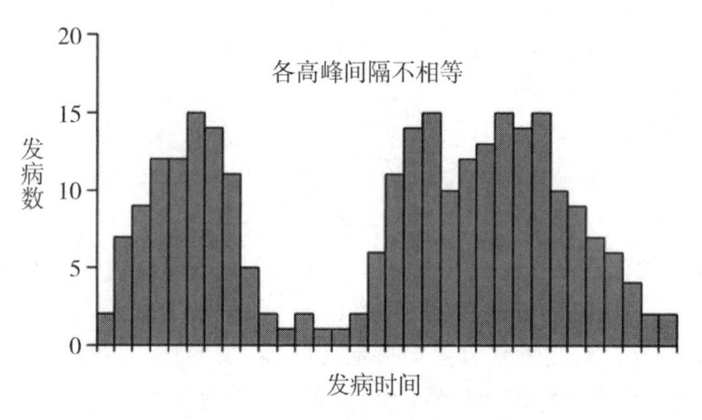

图6 间歇同源暴露流行曲线

（4）人—人接触传播指病原体在易感者之间传播，往往也表现为连续传播，流行曲线显示缓慢上升，可出现一系列不规则的峰，提示传播的代数，前几代病例两峰之间的时间间隔均相等，约等于疾病的平均潜伏期。举例见图7。

（5）除上述四种暴露以外，还可能存在包含上述多种暴露的混合暴露。如点源暴露后，病例通过人—人接触引起二代病人发病，流行曲线表现为在点源暴露或持续同源暴露的高峰出现后，间隔大约一个平均潜伏期后，出现另一个发病小高峰。举例见图8。

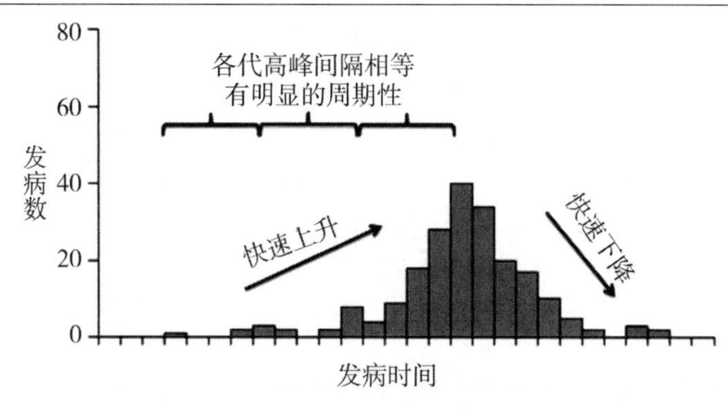

图7　人—人接触传播流行曲线

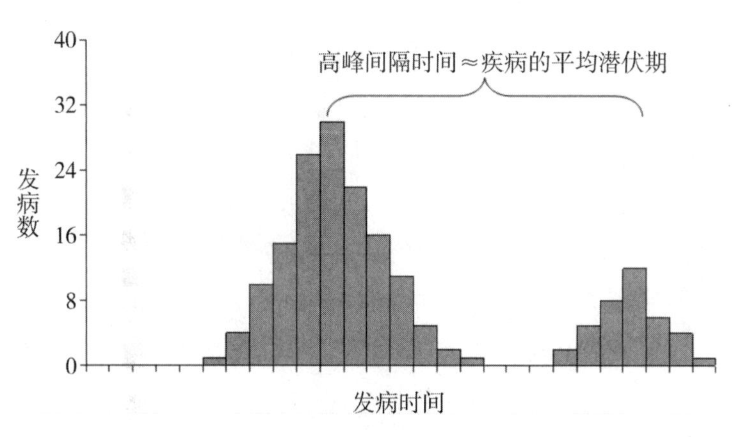

图8　混合暴露流行曲线

清楚了流行曲线的类型，则可以利用流行曲线形成的规律，尝试推算潜伏期：在致病因子未知而暴露于致病因子的时间（暴露时间）和病例首次出现症状或体征的时间（发病时间）明确时，可根据暴露时间和发病时间直接计算每个病例的潜伏期，在所有病例潜伏期基础上，计算疾病的潜伏期范围（最短和最长潜伏期）及平均潜伏期（中位数）。举例见图9：最短潜伏期为3小时，最长潜伏期为7小时，平均潜伏期（中位数）为4小时。

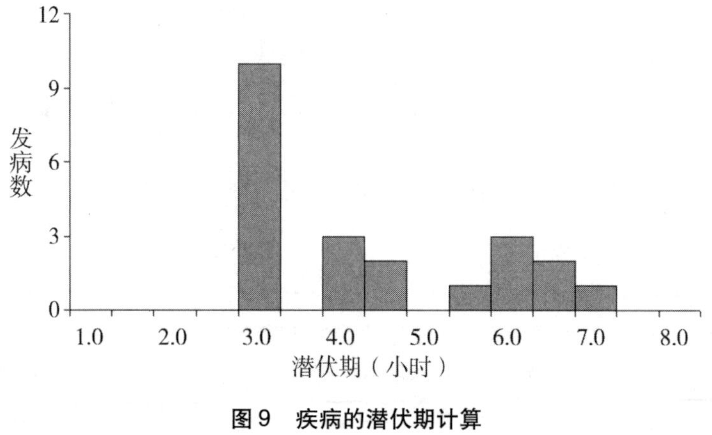

图9　疾病的潜伏期计算

如果致病因子已知，而流行曲线提示点源暴露时，则可推算可能暴露时间。可根据疾病的最短、最长和平均潜伏期，分别推算可能暴露时间，举例见图10。

在致病因子未知而流行曲线提示为点源暴露时，可根据发病时间的中位数向前推首例、末例的发病时间间隔（约为一个平均潜伏期），估算可能暴露时间，举例见图11。

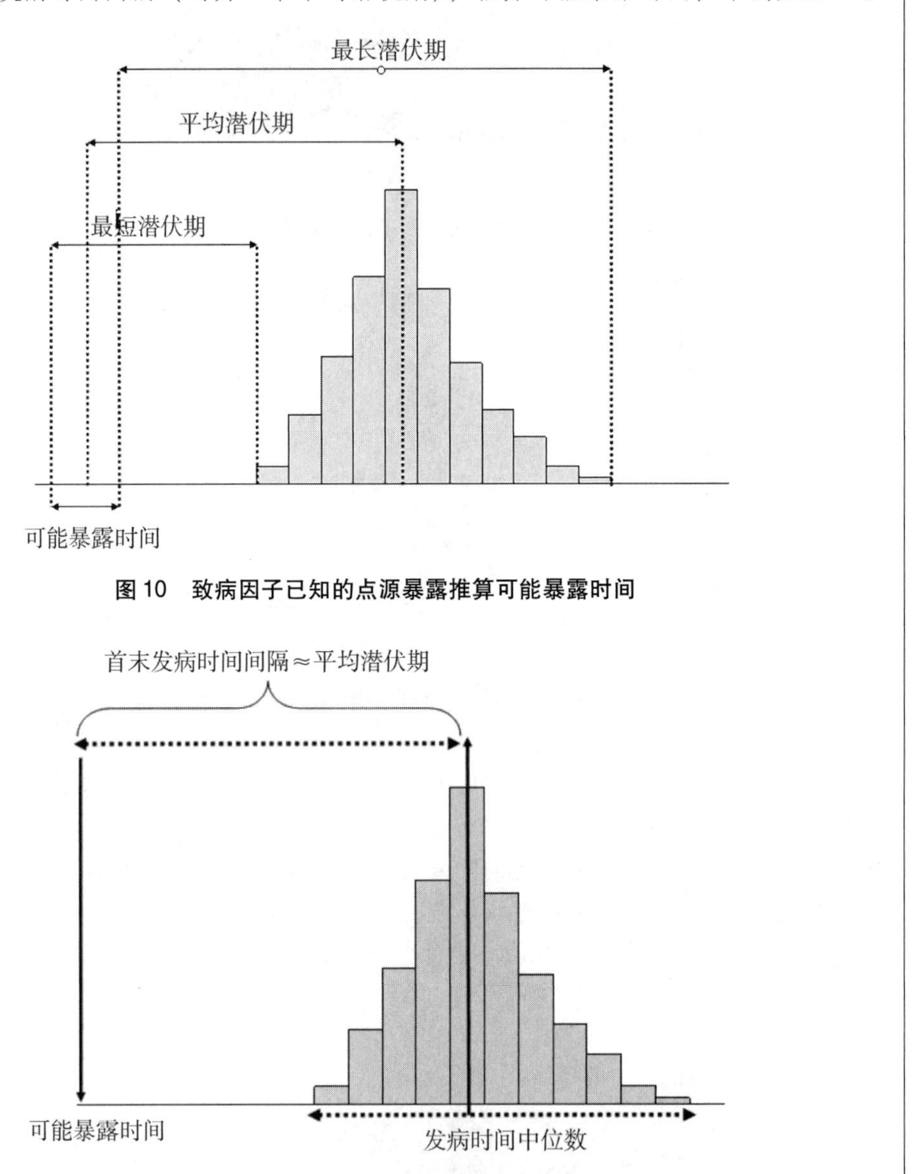

图10　致病因子已知的点源暴露推算可能暴露时间

图11　致病因子未知的点源暴露估算可能暴露时间

4. 9月21日午餐不同食物暴露员工罹患率比较

比较公司员工21日午餐提供的四种菜式的不同暴露组的罹患率，发现进食黄牛肝菌炒猪肉“多吃组”与“少吃或不吃组”罹患率差异有统计学意义（$P<0.05$），进食胡萝卜炒牛肉、炒青瓜和小炒大白菜的各组员工罹患率无统计学差异（$P>0.05$），见表5。

编者按

9月21日（周一）中午公司43名员工均在单位饭堂就餐，没有不在公司饭堂就餐的对照组，因而不能确定9月18日晚餐、9月19日午餐和晚餐是否为疑似危险餐次。但病例的分布曲线，已经回答了9月21日午餐是否为危险暴露餐次的问题。接下来的问题是搞清楚该餐次哪个（些）食物是危险食物。需要人为对该餐次进餐人员的各种食物的进食量（计量变量）进行分类（分类变量），比较不同分类人群的罹患率差异，根据结果提出假设，并验证假设。为顺利达到验证假设目的，需要在调查前，设计完善的调查方案，获取合理的调查数据，只有这样，在现场调查无法复制或代替的背景下，才能做到应用自如。本案例的数据转化利用，为现场调查的问卷设计和数据转化提供了一个范例。在不同的情况下，可利用详尽的现场调查数据灵活解决实际问题。

通过比较不同食物进食量的各组罹患率，锁定黄牛肝菌炒猪肉可能是危险食物（$X^2=3.96$，$p=0.047$）。

表5　公司员工9月21日午餐四种食物不同暴露组罹患率比较结果

食物	暴露情况	发病数	总人数	罹患率（%）	X^2	p
黄牛肝菌炒猪肉	多吃	13	22	59.1	3.96	0.047
	少吃或不吃	6	21	28.6		
胡萝卜炒牛肉	多吃	13	27	48.1	0.45	0.502
	少吃或不吃	6	16	37.5		
炒青瓜	多吃	9	21	42.9	0.03	0.866
	少吃或不吃	10	22	45.5		
小炒大白菜	多吃	11	21	52.4	1.09	0.296
	少吃或不吃	8	22	36.4		
合　计		19	43	44.2	—	—

（四）提出假设

危险餐次是且只能是9月21日午餐，危险食物是黄牛肝菌炒猪肉，依据有5点。

（1）病例年龄组、性别和部门间罹患率差别无统计学差异，食源性疾病暴发可能性大。

（2）流行曲线呈点源暴发模式，符合食物中毒事件分布模式，病例平均潜伏期4小时（潜伏期为2～7.5小时），推测危险暴露时间在9月21日11时30分左右，也即是21日午餐时间。

（3）病例潜伏期短，患者临床主要表现为呕吐、恶心、腹痛等消化道症状，少部分病例出现乏力、腹胀、头晕和胸闷情况，无明显发热情况出现，符合毒蕈中的胃肠类型毒素的中毒特点。

(4) 9月21日午餐危险餐次前推72小时的9月18日公司饭堂晚餐和9月19日午、晚餐的餐馆聚餐排除是危险餐次可能；20日（周日，公司休息日）和21日早餐无集体就餐情况。

(5) 公司员工21日午餐进食黄牛肝菌炒猪肉“多吃组”与“少吃或不吃组”罹患率差异有统计学意义（$p<0.05$）。野生蘑菇毒素所致中毒，在G市偶尔有发生，文献也多有报道进食野生蘑菇中毒事件。

编者按

描述性研究的三间分布情况是提出病因假设的基础和依据，是从事物的现象到本质的研究、推理过程。在实际工作中，有部分调查往往缺乏对事件分布情况的描述，直接交代病例对照的分析性研究结果，显得比较突兀，读者不清楚所提出假设的依据，而且部分事件也可以直接通过描述性研究就能找到流行因素。况且三间分布的描述内容也是调查报告必须交代的信息，包括事件所致疾病的规模、波及的范围、持续时间、已采取控制措施及效果，疾病临床表现的严重程度、病程、潜伏期，进食史和就医信息等。

食物中毒事件的病因假设的提出依据一般包括如下几点：

第一，流行曲线呈单峰点源暴发或有平台持续同源暴发或有多峰的间歇同源暴发特点，符合食源性疾病病例聚集性分布特征。

第二，空间分布无聚集性，但比较人群罹患率，就能发现暴露人群高于非暴露人群，推测某食物、某餐次是危险食物、餐次的食源性疾病暴发的依据，是排除传染性疾病的主要依据。

第三，病例潜伏期相对传染性疾病较短，病例多聚集在短时间内发病，且临床表现相似，因中毒因子的靶器官和中毒机制不同，会有不同的临床表现，但常见的生物性致病因子所致的食物中毒事件多先出现有消化道症状，比如恶心、呕吐、腹痛、腹泻、腹胀等。

第四，病例的分布与某餐次暴露或某食物的进食量相关，且相关性有统计学意义。

（五）验证假设

采用病例对照研究方法，比较病例组和非病例组（对照组）黄牛肝菌炒猪肉“多吃组”构成率，结果 $OR=3.61$，95% CI 的置信区间为 [1.01－12.89]，提示黄牛肝菌炒猪肉是危险食物。

编者按

病因推断是指研究者对流行病学研究中发现的某因素与某疾病（或健康状况）之间的关联，做出是否为因果关系的推断。推断因果联系的判断标准有8种：

1. 关联的时间顺序

如果怀疑病因 X 引起疾病 Y，则 X 必须发生于 Y 之前。

2. 关联的强度

一般而言，关联的强度越大，该关联为因果的可能性就越大。关联强度的测定，根据资料的性质或来源可以有优势比 *OR*（病例对照研究）、相对危险度 *RR* 等反映分类资料的关联指标。

3. 剂量—反应关系

即随着暴露剂量的变化，疾病的发生频率也发生变化。针对等级或连续性变量资料，有等级 *OR* 或 *RR*、等级相关系数和积差相关系数等反映相关的指标。

4. 暴露与疾病的分布一致性

这实际上是利用大数据资料（大数据）反映的生态学相关，即暴露与疾病在各集团（人群亚组）间呈共同变动关系。

5. 关联的可重复性

指关联可以在不同的人群、不同的地区和不同的时间重复观察到。

6. 关联的合理性

包括两个方面：①对于关联的解释与现有理论知识不矛盾，符合疾病的自然史和生物学原理，这相当于客观评价；②研究者或评价者从自身的知识背景出发，支持因果假设的把握度，这相当于主观评价。

7. 终止效应

当怀疑病因（暴露）减少或去除，引起疾病发生率下降，就进一步支持因果关联。

8. 关联的特异性

特异性的含义其实就是唯一性，病因特异性就指唯一的病因。

本案例符合病因判断标准有关联的时间顺序，先有 9 月 21 日的饭堂进餐，后才有疾病的暴发；关联强度 *OR* 值 3.61，且有统计学意义；暴露与疾病分布具有一致性，公司员工 21 日午餐进食黄牛肝菌炒猪肉“多吃组”与“少吃或不吃组”罹患率差异有统计学意义（$p<0.05$）；关联具有合理性，野生蘑菇毒素所致中毒，在 G 市偶尔有发生，文献也多有报道进食野生蘑菇中毒事件；存在终止效应，即停止进食黄牛肝菌炒猪肉，中毒事件不再出现。综上所述，调查组将黄牛肝菌炒猪肉列为危险食物，进食黄牛肝菌炒猪肉是致病的危险（流行）因素。

病因推断是现场流行病学调查的一部分，在撰写报告时，应放在流行病学调查部分，它是判定调查结论、确定卫生学调查方向、指导现场采样对象和实验室检测项目的主要依据。

四、卫生学调查

2 名厨工有健康证，饭堂环境卫生尚可，操作流程基本合理，有独立的粗处理场所，有冰箱，砧板、容器生熟分开，有“三防”设施，现场未见苍蝇等害虫及其痕迹。

黄牛肝菌炒猪肉的制作方法简单，黄牛肝菌使用前先用清水浸泡3小时，沥干切片备用；猪肉洗净切片备用；烧锅下油，放入姜丝、蒜蓉、辣椒圈爆香，放入猪肉炒熟，加入少许盐，翻炒均匀；放入黄牛肝菌，加入适量酱油、料酒等翻炒入味；加入少量水，盖上盖，焖熟。

黄牛肝菌是2020年8月13日该公司参加钢材供货商某股份集团有限公司的扶贫活动时，购买扶贫物资中的一种农产品。干制黄牛肝菌货源由扶贫单位Y省P市某农产品店提供，共购散装一包约2kg，21日厨工烹制蘑菇干炒猪肉时共使用约1.5kg干制黄牛肝菌。

编者按

卫生学调查是在流行病学病因研究基础上组织开展的。

本案从调查交代的细节看，排除常见的因工、用具混用致交叉污染造成生物学食源性疾病聚集性事件。黄牛肝菌炒猪肉制作简单，无危险污染环节，排除为因管理不善"误用"所致的化学性食物中毒事件。蘑菇干制品购销渠道清晰，来源有据可查。所有的证据指向蘑菇干制品中牛肝菌可能存在的掺杂、掺假、误用问题。蘑菇干制品是否掺杂、掺假、误用，需要实验室检测结果给予证实。

五、实验室检测

T区疾控中心采集区市场监督管理局封存G公司食堂剩余的0.5kg黄牛肝菌，于9月22日早送达G省科学院微生物研究所。该所鉴定发现，送样共有9种菌种，其中2种为有胃肠炎毒性毒菌。具体种类和毒性如下：兰茂牛肝菌（Lanmaoa asiatica，生食可致幻，煮熟后可食用）、远东邹盖牛肝菌（Rugiboletus extremiorientalis，可食）、日本网孢牛肝菌（Heimioporus japonicus，胃肠炎毒性）、粉黄黄肉牛肝菌参照种（Butyriboletus cf. roseoflavus，生食可致幻，煮熟后可食用）、假红柄薄瓤牛肝菌（Baorangia pseudocalopus，胃肠炎毒性）、木生条孢牛肝菌（Boletellus emodensis，记载有毒）、海南牛肝菌（Butyriboletus hainanensis，毒性不明）、华美牛肝菌（Sutorius magnificus，煮熟后可食用）、紫褐牛肝菌（Boletus violaceofuscus，可食）。

编者按

经G省科学院微生物研究所实验室证实，该公司剩下的蘑菇干样本中混有致胃肠道症状的蘑菇品种，且混入有毒品种不止一种。权威实验室的检测结果证实了调查组之前的猜测。综合流行病学、临床表现、卫生学和实验室检测结果，可以得出如下结论。

六、调查结论

依据现场流行病学调查、病例临床表现、卫生学和实验室调查结果，判断这起聚集性胃肠炎事件是误食牛肝菌中混入毒蘑菇所致，是因胃肠炎型毒蕈真菌毒素导致的食源性疾病暴发事件（食物中毒）。危险餐次是9月21日G公司饭堂提供的午餐，危险食物是黄牛肝菌炒猪肉。

依据有以下6点。

（1）流行曲线呈点源暴发模式，符合食物中毒流行曲线特征；平均潜伏期4小时，符合毒蘑菇胃肠炎型真菌毒素导致中毒特点。

（2）病例的性别、年龄、班组分布情况符合食源性疾病聚集性病例分布的流行病学特征。

（3）流行曲线提示危险餐次是9月21日午餐，进食黄牛肝菌炒猪肉者近半数发病，没吃蘑菇者和不在食堂就餐者均无发病；进食黄牛肝菌炒猪肉者按不同量分组的罹患率差别有统计学意义；病例对照研究结果显示，多进食黄牛肝菌炒猪肉是发病的危险因素。

（4）G省科学院微生物研究所从送检的导致中毒黄牛肝菌炒猪肉的同批次原材料中鉴定出9种菌种，其中3种明确为含有胃肠炎型毒素的毒菌。

（5）病例临床表现主要为恶心、呕吐、腹痛、腹胀、乏力等，符合胃肠炎型真菌毒素导致的食物中毒的临床表现。结合临床检查指标中无发热、血象白细胞升高等感染迹象，可排除细菌性感染导致的中毒，也排除肝损害型种类的毒蕈导致的中毒。

（6）蘑菇品种繁多，鉴别困难，干制后的食用蘑菇更难通过经验对毒蘑菇加以甄别。Y省盛产蘑菇产品，是毒蘑菇中毒的高发省份。干制蘑菇品种常常导致供货商、销售商和消费者在收购、消费中鉴别困难，误用、误吃经常发生。

编者按

食物中毒事件的病因判断依据有流行病学调查、临床表现、卫生学调查和实验室结果等。毒蕈中毒个案诊断依据要点如下。

（1）病史：有野生蘑菇进食史，而且有同食者集体发病的情况。

（2）标本的确认：食后残存的蘑菇标本可以请专家确认是否为有毒蘑菇。

（3）季节性：不同毒菌中毒发生的季节不一样，如致命鹅膏在G市一般发生在3～4月份，大青褶伞发生在6月份，亚稀褶黑菇在7～8月份中毒较多见，光盖伞一般发生在11月份。

（4）实验室检查：鹅膏菌中毒的病人，肝脏中谷丙转氨酶（ALT）、天门冬氨酸转氨酶（AST）可在24小时里开始升高，48～72小时后可达到数千单位。

（5）毒素检测：对于中毒者食后的残留物、呕吐物、排泄物、血液等，可采用液相色谱、质谱等法检测其中是否有毒素存在。

七、风险评估

目前旅游购物、网络线上购物成为市民日常购物常态，“帮扶采购”成为政策扶贫策略，Y省等多个旅游资源丰富的地区同时也是产、食真菌主要地区，品种多且美味，深受市民喜爱。毒蘑菇鉴别困难，线上销售蘑菇商家监管困难，毒菌导致的胃肠炎型散发病例发现困难。线上购买毒蘑菇导致的食源性疾病病例，仍可能对食品安全构成威胁。

八、控制措施

（1）积极救治患者。G市卫健委责成市职业病防治院马上派出临床毒蘑菇中毒救治专家到患者就诊的L医院、Z医院急诊靠前指导临床救治，甄别重症患者，要求收治患者的医疗机构，若有需要可将患者转诊至市职业病防治院救治，涉事公司安抚员工，发现新患者及时送院治疗。临床接诊单位积极处置，全部患者于23日解除留观，痊愈出院。

（2）市场监管部门立即封存库存中可疑危险食物材料黄牛肝菌，已由区疾控中心送样到G省科学院微生物研究所进行鉴定，为事件的定性提供客观、科学的依据。

（3）积极开展流行病学调查，验证危险因素。通过问卷星对休息在家的员工进行网络调查。

（4）将事件调查进展电话报告G市卫健委应急办、G市市场监督管理局，并及时通报G省疾控中心食品所和产品供货商所在的P市疾控中心，加强对上游供货单位的追踪，及时控制危险食物再次流通，防止事态扩展。

（5）加强全市食源性疾病监测医院毒蘑菇中毒病例的监测和报告指导，加强监测系统专业技术人员毒蘑菇中毒病例的诊断意识和救治水平，提高监测报告的灵敏性，降低误诊率。

（6）加强市民毒蘑菇中毒风险沟通工作，G市疾控中心撰写一篇预防网购毒蘑菇中毒科普文章，通过微信公众号传播。

（7）国庆、中秋假期将近，外出旅游人流增加，市场监管、旅游、疾控部门开展旅游购物或者网购蘑菇及其制品的风险沟通，加强防控毒蘑菇中毒知识宣传。

（8）市场监督管理部门要加强蘑菇及蘑菇制品掺杂、掺假监督执法检查，切断毒蘑菇流入市场渠道。

（9）加强对蘑菇生产地的毒蘑菇防控知识教育。教育市民不要采集、进食来历不明、难于鉴别的或似是而非的野生蘑菇。

编者按

控制措施贯穿在事件调查处置过程的各个阶段。控制措施也不是一成不变的，而且随着调查的深入，控制措施会越来越精准。

食源性疾病病例聚集性事件的控制措施包括：

(1) 医疗机构：对患者的临床救治措施，包括对患者的催吐、洗胃和导泻的早期排毒以及药物解毒、血液透析、血浆置换、肝移植、胆汁引流等；提高临床疾病诊疗水平，进一步提高临床救治技术和硬件建设，完善应急检验和抢救设备。

(2) 市场监督管理部门：落实可疑危险食物的封存措施，对食品原材料溯源、封控，预防食源性疾病再次发生，控制事件波及范围和持续时间。

(3) 疾控部门：加强疾病监测系统督导工作，提高监测系统灵敏度；做好风险评估和沟通工作，既要引起政府部门重视；也要针对市民群众，在重点人群、重点地点和重点季节，利用重点科普宣传阵地，开展健康教育工作，做好致食源性疾病发生的行为干预，引导居民自觉避免采食野生蘑菇，不购买、食用野生蘑菇。

(4) 林业园林局、农业农村局、市场监督管理局和教育局等部门：利用宣传阵地开展预防野生毒蘑菇中毒的健康宣传教育工作。

案例六　一起凉拌猪头肉污染致工地员工副溶血性弧菌食源性疾病暴发事件调查案例*

本案例学习目的

（1）了解食源性疾病病例聚集性事件现场调查处置流程；
（2）熟悉食源性疾病病例聚集性事件调查处置过程中流行病学调查质量控制技术；
（3）掌握调查问卷设计方法；
（4）熟悉问卷星应用于现场调查的质量控制技术；
（5）掌握食源性疾病病例聚集性事件调查报告撰写技术。

一、背景

2022年2月19日22时05分，A区疾控中心接B医院报告，称当晚从21时起，该院发热门诊共收治24名患者，大部分有呕吐、腹泻症状，少数伴有发热等症状，均来自附近A工地，医院怀疑是聚集性食源性疾病暴发事件。

编者按

事件涉及在建建筑工地，结合患者有呕吐、腹泻症状，少数伴有发热症状等初步信息，首先考虑的是一起生物性食源性聚集性事件，需携带用于采集患者生物标本的含C－B培养液的采样管、病毒采样管和采集食物等标本的无菌容器，其他协助采样的工具有棉签、镊子、无菌手套、酒精灯等。

因部分患者有发热情况，结合新型冠状病毒感染大流行的背景，事件还需排除新冠病毒感染，才方便开展现场调查。

若患者仅有呕吐症状，进行现场调查前，除考虑食源性聚集性事件外，职业中毒因素需要在现场调查予以排除。若病例有人群聚集性，又有在密闭不通风空间作业的情况，且病例人群在某一工/班组集中出现，应排查职业中毒可能。若经现场调查，病例分布符合上述情况，应通知职业中毒相关专家参与现场调查。

患者均有呕吐、腹泻症状，少数伴有发热的临床表现，若病例发病时间呈点源单峰分布，或各个工/班组无病例聚集性，各性别、各年龄组罹患率无差异，则首先考虑为食源性聚集性事件；相反，时间分布呈多峰逐渐上升，后再缓慢下降，或病例人间、空

* 本案例编者为陈建东、潘淑贤、谢晰文。

间分布有聚集性表现，调查时应排查传染性疾病暴发所致。

介水疾病也可导致患者呕吐、腹泻和发热，现场调查结果可发现暴露于可疑危险水源的人群罹患率高于非暴露可疑危险水源人群罹患率；病例空间分布与危险水源的供应范围一致，病例均是分布于可疑危险水源的供应范围内，或暴露于（饮用）可疑危险水源；回顾性队列研究或病例对照研究进一步证实危险水源与疾病的发生有相关性和相关强度（RR 值/OR 值的大小）；另外，若早期怀疑是介水疾病暴发，那么，在调查时收集危险水源的暴露情况（饮水量、饮水方式），就能通过剂量—反应关系对可疑危险水源进行验证：不同饮水量组别的罹患率有差异；饮水量与疾病的严重程度呈正相关。

编者按

现场流行病学调查主要包括 10 个步骤：①准备工作；②确定暴发或流行的存在；③核实诊断；④制定病例定义、搜索病例/个案调查；⑤描述性流行病学研究（三间分布）；⑥形成假设；⑦验证假设（分析性流行病学研究）；⑧相关卫生学调查；⑨提出控制措施建议；⑩撰写调查报告，结果交流与反馈。

制定病例定义是对已确认存在的公共卫生事件调查必不可少的重要环节，是事件调查结果的基础和关键节点，是调查结论是否能站住脚的基础，是决定调查是否成功的关键点。病例定义制定不准确，可能会导致对事件性质的错误判断，让调查结论存疑。

得出食源性聚集性事件调查结论的依据来自流行病学调查、病例临床表现、卫生学调查和实验室结果 4 个方面。各方面结果的依据应能互相印证，彼此是有机联系的。现场流行病学调查是其他方面调查的基础，确定现场采样对象应依据流行病学调查结果的提示，有针对性地进行采样；流行病学调查应先从细致的调查开始，描述疾病的分布、临床特征等信息，才能提出危险因素的假设，并通过分析性研究予以证实。因此，各病例一般情况、发病时间、临床表现、食物暴露史等信息的收集过程，越细致越好。

控制措施的提出，贯穿于调查的整个过程。从踏入事件现场开始，就要提出控制措施。初期可能涉及患者抢救、及时就医建议，早期可能提出针对不同致病因子的、比较粗略的关闭食品（食物）生产场所（饭堂/厨房/食品厂）的建议，后期明确危险食物的危险加工环节后，则可以提出加强厨房管理、防止工用具交叉污染、改善食物生产环节、缩短食品储存时间、改变食品存放环境、重新选择食品制作原材料、改变食品生产工具的清洗消毒流程、升级食物保温工具、增加食物运送车辆等建议，达到精准控制目的。

A 区疾控中心立即派应急处理小组于 22 时 40 分到达医院及工地开展现场调查处置工作，同时现场采集样本。共采集患者肛拭子 24 宗、厨工肛拭子 4 宗、食物样品 3 宗、工地厨房工用具等物体表面拭子 12 宗，并送区疾控中心实验室检验。经肠道多病原微生物核酸检测筛查（多通道 PCR 检测），多宗患者肛拭子样本提示为副溶血性弧菌感染。

编者按

撰写报告时，背景部分（报告第一段）应注意交代哪些细节呢？

疾控中心经现场调查、处置后的结果，须呈报同级市场监督管理局、卫生行政管理部门及上级疾控机构，该行政报告是具有一定固定格式的公文。食源性疾病聚集性事件（食物中毒事件）属突发公共卫生事件，是需要专业技术人员及时应对的事件，时间性较强，因此需要在报告中交代任务来源与时间，以及到达现场时间等信息。

同时，初步明确事件的性质后2小时内，就应通过国家突发公共卫生事件应急报告系统上报事件，因此，客观上初次报告对事件的描述可能不全面、不准确，可以在续报给予补充，在结案报告予以订正。

报告的第一段还需描述事件初步调查结论、事件波及范围或持续时间（简述三间分布），患者临床表现、事件严重程度（就诊人数/比例、住院人数/比例、死亡人数与病死率等信息），病程及转归情况。

编者按

A区疾控中心形成“事件初步调查报告”呈报给G市疾控中心。此处结合“事件初步调查报告”内容作为例子，分享初步报告撰写应注意的关键知识点。

经初步现场调查结合实验室的初步结果，A区疾控中心撰写形成《关于A区一起疑似食源性病例聚集性事件流行病学调查初步报告》，向A区卫健局、G市疾控中心报告，该报告内容如下。

关于A区一起疑似食源性病例聚集性事件流行病学调查结果初步报告*

A区卫健局：

2022年2月19日22时05分，A区疾控中心接B医院称，有11名就诊患者出现呕吐、腹泻等不适症状，同为A区E国际学校项目工地工人。接报后，我中心立即派应急处理小组赴医院及工地核实事件，开展流行病学调查及采集样品。详细情况报告如下。

一、基本情况

患者同为A区D局集团工程有限公司E国际学校项目工地的工人。2月19日18时晚餐后，有工人出现呕吐、腹泻等不适症状，患者陆续自行前往B医院就诊。截至2月20日8时，医院共接诊24名患者，部分伴发热，意识清醒，经治疗后均好转，全部自行离开医院，无危重及住院患者。

全部就诊者已进行新冠病毒核酸检测，结果均为阴性。

* 为教学需要，本案例报告内容经编者修订，不代表真实情况。

二、流行病学调查

1. 主要症状

主要表现有呕吐、腹泻，部分伴发热，无脸部和手部麻痹症状。呕吐物以食物为主，腹泻为水样便。性别分布：男18人，女6人。

2. 食谱调查

调查组收集了2月19日E国际学校项目工地饭堂三餐供餐开始时间和供餐菜谱。

2月19日E国际学校项目工地饭堂食谱

餐次	开餐时间	食物
早餐	6：50	炒米粉、炒河粉、绿豆粥
午餐	11：30	青椒炒肉、煮菜心、番茄炒蛋、猪脚炖花生、米饭、白菜汤
晚餐	17：30	凉拌猪头肉、青椒炒肉、花菜、白菜、米饭

三、现场采样

患者肛拭子24宗，厨工肛拭子4宗，食品样品3宗，工地厨房环境拭子12宗，拟对肛拭子、食品样品和环境拭子进行常规致病菌检测。

四、实验室检测结果

区疾控中心实验室对患者肛拭物进行肠道多病原微生物核酸检测筛查，结果提示为致病性弧菌感染，排除病毒感染的可能性；下一步将开展对肛拭子、食物样品和环境拭子进行食物中毒常规致病菌检测。

五、已采取措施

1. 采取对症治疗，控制患者不适症状。
2. 对涉事工地厨房开展调查，暂时停业。

六、下一步工作

1. 完善患者的调查情况，跟进相关检验结果。
2. 跟踪患者的临床情况。
3. 继续完善调查报告。

A区疾病预防控制中心

2022年2月20日

编者按

食源性疾病聚集性事件主要特征有：

从发病时间分布看，病例发病集中在短时间内，最短可以是几分钟，最长72小时。

从人群分布看，病例或有共同的进食地点，或有共同的进食食物。一般发生在某次聚餐/就餐后的人群中，比如进食学校、幼儿园、工地饭堂提供的食物后，或是家庭、朋友间的聚餐后，或是进食同类定型包装食物后，比如受污染的定型包装牛奶后。

有相同的临床表现。生物性食物中毒者可在几小时至几十小时内均有胃肠消化道症状，如腹痛、腹泻、恶心、呕吐、发热、乏力等，腹泻较严重者有可能出现脱水症状，早期部分病例血常规结果显示白细胞总数高于正常值，临床使用抗消化道感染的药物治疗有效。化学性或细菌毒素所致食物中毒病例可以在几分钟内出现头痛、头晕、胸闷、气短、嗜睡、心悸、恶心、呕吐、腹痛、腹泻、心率减慢、心律不齐、昏迷和惊厥等症状。而且部分化学性中毒有特殊临床表现，用特效药物治疗有效。如亚硝酸盐食物中毒病例可出现口唇、指甲及全身皮肤、黏膜发绀，应用氧化型亚甲蓝（美蓝）治疗有效。

病例集中在较短时间内发病，有相似临床表现，来自有共同食物暴露史人群，一般先考虑食物中毒事件。但在食物中毒调查过程中，一边需收集证实食物中毒事件的证据，一边需持续收集排除传染性疾病、介水疾病暴发的证据。

编者按

如何开展食源性疾病聚集性病例事件的调查，是门学问。

初步调查报告要求进行现场调查，在有初步调查结论后2小时内报出调查结果。初次报告的撰写过程时间紧、任务重，因此，初次报告往往对事件的描述不够全面，可以在进程报告中加以补充，使信息随着调查的深入逐步完善。

但是，食物中毒事件的调查往往需要搞清楚导致疾病发生的危险环节和致病因子，若不能在第一时间组织访谈、调查，随着事件的推移，调查对象的首发症状、发病时间、进食的地点、食物种类、食物量、饮用水暴露史等有用的流行病信息将会被遗忘而导致记忆偏差。肇事地点的生产环境、工用具的使用、可疑食品的生产流程等卫生学方面的实际情况将会被改变。可疑食物的原材料、半成品、成品等可能被有意无意地转移、销毁或更换，样本采集缺乏及时性、有效性、代表性。不及时组织规范的现场调查将影响流行病学调查、临床表现、卫生学和实验室结果的互相印证作用，进而影响对事件结论的判断。

突发公共卫生事件的流行病学调查有初步报告、进程报告和结案报告。到达现场后，应在短时间内，组织收集需要的信息，这是调查成功的关键。需要在到达现场后第一时间完成包括流行病学、卫生学调查和样品的采集，然后完成事件调查的初步报告（常仅缺少实验室结果）。等有了实验室检测结果，就能撰写结案报告了（一次暴露的点源暴发疫情，一般持续时间较短）。

A区疾控中心本次撰写的初次调查报告存在未制定病例定义的问题。病例定义是流行病学调查的基础，是在初步核实事件真实性后将调查对象人群划分为“病例”和“非病例”的“人为”制定的规则，以便为进一步调查服务，为疾病的分布特点的描述服务，为危险因素的分析性研究服务，最终为得出调查结论服务。现场调查制定的病例定义可分为三类：疑似病例定义、可能病例定义和确诊病例定义，不同种类的病例定义各有作用。在调查的早期，为提高发现病例的灵敏度，可以使用疑似病例定义。到调查后期，在探索流行因素的分析性研究时，一般使用可能病例、确诊病例定义。病例定义将会影响事件规模、性质以及调查的措施和调查结论，是现场流行病学调查的重要一环。

A 区疾控中心本次撰写的初次调查报告存在调查没有交代如何开展病例搜索、建立新发病例监测报告系统等问题。一般情况下，一起食物中毒事件的病例暴露时间点不相同、进食的食物受污染的致病因子浓度/载量、免疫能力的高低导致的潜伏期长短各有不同，所以不同病例的发病时间不同。当疾控中心进入现场调查时，不是所有感染者都已发病，不是所有病例都已就诊。因此，需要组织对暴露人群开展病例搜索，收集已经发病就诊者和未就诊者，建立病例监测报告系统，收集调查组离开现场后的发病者的信息。没有收集到全部病例，将无法准确描述事件的波及范围、持续时间、危害程度，导致病例的时间分布、空间分布和人群分布出现“畸形”情况。不规则的“分布”特点，会误导调查方向、影响采取合理的控制措施，让调查者对事件揣摩不透，难以确定调查结论，严重者可能导致事件不能及时得到控制，持续时间和波及范围进一步扩大。本报告未交代病例搜索方法，仅将到 E 医院就医者纳入病例，存在调查过程不严谨、不规范的情况。

A 区疾控中心本次撰写的初次调查报告撰写格式存在不规范的问题。调查报告是公文的一种，食物中毒调查报告有固定格式，负责撰写现场调查报告的专业技术人员宜参考《食品安全事故流行病学调查报告提纲》的结构，分段分类分别交代清楚，规范撰写报告。

A 区疾控中心本次撰写的初次调查报告在描述病例分布上可提高的方面有：病例发病时间的调查最好能精确到小时，若不能，则要求具体到上午、下午、上半夜或下半夜等信息；人群、空间分布情况尽量用率表示，不用相对数、绝对数，这样能对各年龄组、性别、宿舍、班级、年级、楼层和不同食物暴露史的人群罹患率进行比较，从而发现差异，提出病因假设；临床表现的描述一般用构成比，即有各种临床表现占总人数的比例，最好不用绝对数描述。

近期食谱是交代事件调查的背景情况，应在“基本情况”中交代，不属于“卫生学调查结果”应该交代的内容。卫生学调查结果主要交代造成食品污染环节内容，包括交代可疑食品及其原料的来源、剩余数量及流向，可疑食品的制作时间、配方、加工方法和加工环境卫生状况，成品（包括半成品）的保存、运输、销售条件，以及食品制作人员的卫生和健康状况。有些专业技术人员在撰写报告时，常用近三天的食谱来代替危险因素的调查结果，但这样做无法给调查结论提供依据，是不准确的（见下文附件：《食品安全事故流行病学调查报告提纲》）。对于未知致病因子造成的食物中毒事件，一般调查事件首例病例发病前 72 小时的进餐史，包括进食地点、方式、种类和量。调查进食每种食物的具体数量，有定量分类和半定量分类方法。若能定量，则应尽量记录每种食物的进食数量，在后期数据处理时，可变成半定量分类数据，灵活性更高。

初步调查由于未能及时明确造成暴发的危险因素，因此只能暂时关闭工地饭堂，工地的几百名工人只能寻找其他就餐渠道，比如进食快食面、到门口流动摊档购买外卖，这或引来新的潜在的食品安全问题，给新发病例的调查引入另一个需要考虑的混杂危险因素，也影响工程正常进度。

附件1

食品安全事故流行病学调查报告提纲

一、背景

调查任务来源（何时接报或接到上级行政部门调查指示）、事故简单描述（事故发生的时间、地点、波及范围、基本经过等）、参与事故调查的机构与人员、调查目的的简述。

二、基本情况

事故发生地的基本情况，如气候、风俗习惯、人口数、社区的社会经济状况、学校/工厂/企业规模、住宿非住宿、食品企业的日常活动和操作等。

三、调查过程

（一）目的

开展调查时需要达到的目标，目的描述要简明扼要、有逻辑性。

（二）方法

包括流行病学的内容（调查人群描述、病例定义、如何开展病例搜索、如何选择病例和对照、资料收集方法、资料分析方法等）与实验室检测的内容（样本采集与运送方法、采用的实验室检测技术和数据分析方法）。

四、调查结果

描述所有来自临床、实验室、现场流行病学调查和食品卫生学调查方面的结果（可以按照“方法”部分的顺序来描述结果，但不要在此部分解释或讨论数据）。

（一）现场流行病学调查

总发病数、罹患率、疾病临床信息（症状体征、住院转归、临床检验结果）、疾病潜伏期（最短、最长、平均）、病例三间分布特征、危险因素暴露情况（发病前72小时或重点可疑餐次的饮食史、可疑食品进食时间与数量）、分析性流行病学研究（队列研究或病例对照研究）结果等。

（二）食品卫生学调查

可疑食品及其原料的来源、剩余数量及流向；可疑食品的制作时间、配方、加工方法和加工环境卫生状况；成品（包括半成品）的保存、运输、销售条件；食品制作人员的卫生和健康状况；分析造成食品污染的环节。

（三）实验室检验结果

所采集的样本类型与数量、实验室检验项目与结果。

五、调查结论

概括事故调查中的主要发现和特点，做出结论的主要依据、理由。调查结论内容应当包括事故范围、发病人数、致病因子、污染食品及污染原因。不能做出调查结论的事项应当说明原因。

六、建议

提出防控建议，如发布食品消费预警，召回相关食品，对污染食品的无害化处理，清洗消毒加工场所，改进加工工艺，维修或更换生产设备，调离受感染的从业人员，加强从业人员培训，开展公众宣传教育等。

为进一步核实事件致病因子，寻找致病因素，及时控制事件发生规模，防止类似事件再次发生，G 市疾控中心专业技术人员于 22 日 10 时 30 分到达 A 工地及医院开展现场调查。

按突发公共卫生事件的分级标准，报告中提及的罹患人数仅 24 人，未达突发公共卫生事件分级标准，而市疾控中心仍认为有必要介入事件进行调查，除上面提到的目的外，还有几点原因：

第一，副溶血性弧菌食物中毒在 G 市的流行季节是在夏秋高温季节，2 月份气温偏低，非副溶血性弧菌食物中毒事件的高发季节，中毒事件发生在不该发生的季节，报告的调查结论是否正确，需要核实。若正确，则需要调查明确有什么特殊环境或环节能使副溶血性弧菌污染食物且能快速繁殖，使进食者感染发病。

第二，A 区疾控中心的报告中未提及危险因素，事件危险因素未调查清楚，事件存在可能再次发生的潜在威胁。

第三，E 学校工地饭堂关闭，影响工人正常供餐，有可能引发次生食品安全事故，对工程进展不利，有必要及时予以干预，明确事故原因。

第四，开展现场流行病学培训。各级疾控中心专业技术人员对食物中毒现场流行病学调查技术有一定需求，遵循“干中学”理念，可利用该事件，对基层专业技术人员开展食物中毒事件现场调查技术培训，同时也能培训在 G 市进修人员和高校实习生。

于是，G 市疾控中心专业技术人员带领 A 区疾控中心专业技术人员、进修人员和实习生，重新进入肇事单位、患者就诊医院，组织开展流行病学调查。

二、基本情况

E 学校工地由 D 局工程有限公司承建。工地项目部分东、西两区（图 1）：西区设有项目部办公区和员工宿舍（居住 37 人），东区由 9 栋双层集装箱房构成，主要是员工宿舍（居住 287 人）。两区均设有饭堂，彼此独立，由不同人经营，无员工到另一区饭堂就餐情况。项目部门口每天有 3 ～ 5 个流动摊档，在 11 时和 17 时 30 分进行餐食制售、水果销售，有加工好的米饭套餐，有现场制售鸡蛋炒饭、炒粉，有销售苹果、橘子者。患病员工均来自东区，西区无病例报告。项目动工后，首次发生这种情况。项目部未设置医务室，也无医务人员。

东区 1 栋位于工地生活区门口，设有小卖部和饭堂，由同一个人经营，现场有食品经营许可证 1 份，人员健康证 2 份。饭堂共 4 名厨工，其中饭堂及小卖部负责人 H 某负责食物材料采购，在小卖部售卖货物、饭票，其余 3 人无明确分工，主要负责食物加工、制作和分装。小卖部与厨房相邻，供应日用品和定型包装食品。

饭堂由一间厨房和厨房外摆放的餐桌构成，厨房总面积约 30 m^2，粗处理、清洗、分切、烹饪、分餐、洗消、储存等均在同一房间，内部布局见图 2。从大门顺时针依次设有食品原材料（或工用具）存放架 1 只、容器存放柜 1 只，清洗水池 2 个，燃气炉灶 2 套，电蒸柜 2 台，保鲜柜、冰柜和冰箱各 1 台（均无生熟标识）。靠厨房入口有一售卖窗口，内侧摆放一台电水浴箱，两端各有一操作台，用于存放饭桶和汤桶。员工在窗外排队打饭。厨房中央摆一操作台，用于对食物分切和/或分装操作。厨房外摆放约 8 只餐桌，供

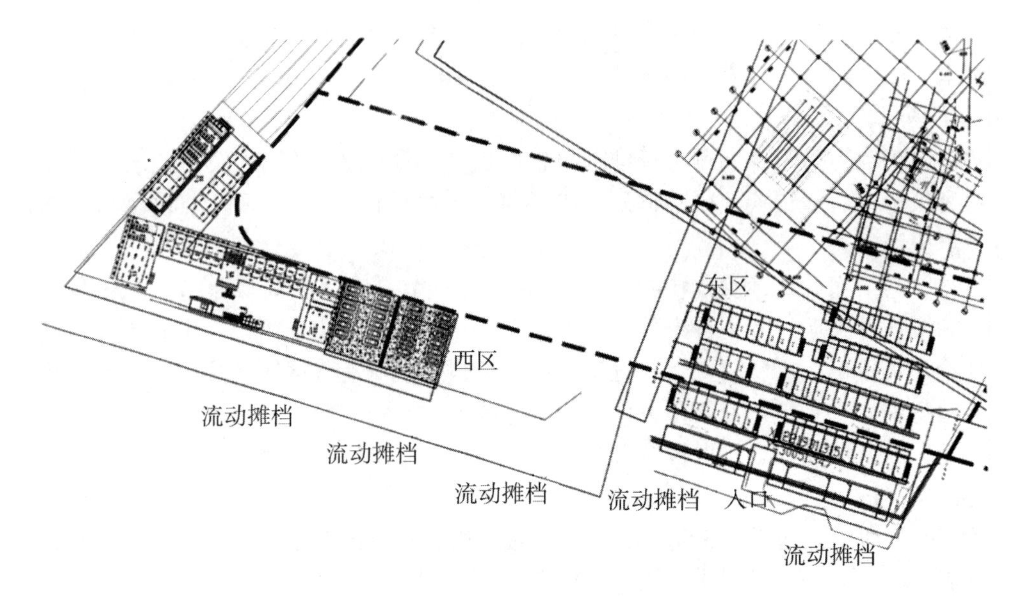

图1 E学校工地东、西项目部平面布局

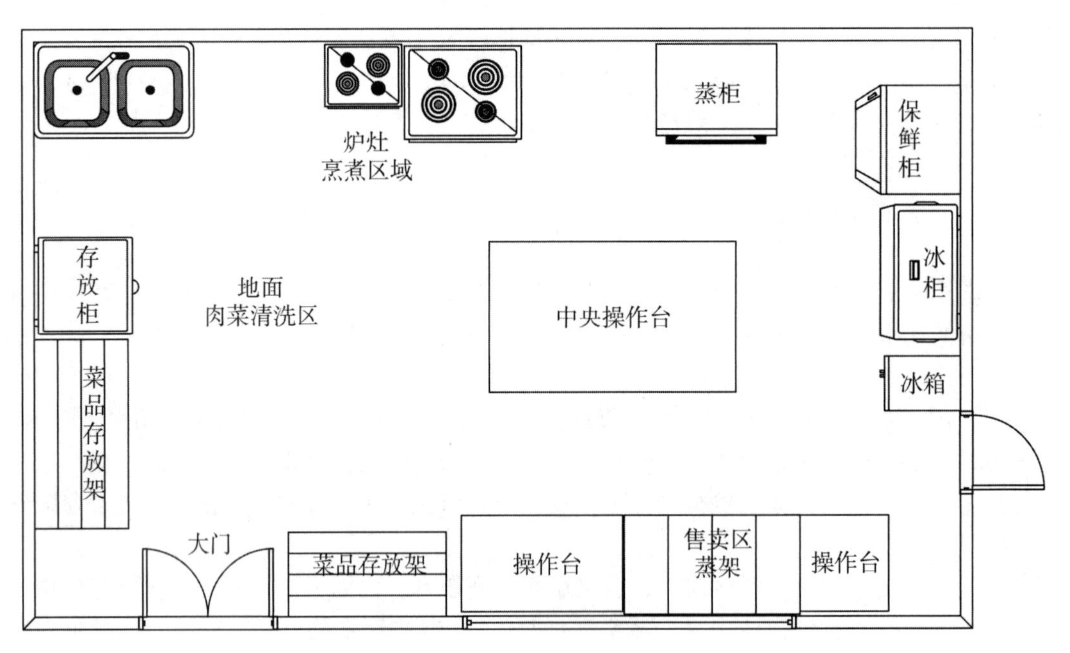

图2 E学校工地东区厨房布局

员工进餐。

每日三餐烹制的食物需供应250～290人的堂食，但每餐饭堂负责人H并不清楚需供餐具体人数（部分外出就餐或东区门口进餐）。为避免食物浪费，午、晚餐需分阶段烹饪食物：当供应的已烹煮食物不足时，厨工再赶工烹饪。为减少剩饭剩菜存量，厨工一般在供餐后再进食。卤制猪头肉、回锅肉等食物半成品，加工后用盆盛放，封盖后存放冰柜保鲜，需食用时，再进行分切使用。

早餐在6时50分开始供应，有炒河粉、炒米粉和绿豆粥固定种类食物供员工选择。中、晚饭供应开始时间分别为11时30分和17时30分，食物一般是两素菜两肉菜、紫菜汤/白菜汤和白饭搭配，员工凭饭票，自带餐具购买，饭堂也提供一次性塑料餐具供使用。厨工在分餐窗口负责打饭菜，汤由员工自装。

因工地饭堂负责人无固定食谱存根及详细进货单据，调查人员根据A区市场监督局调查所得食谱，再次调查饭堂负责人和病例，所得2月17日、18日和19日三天供餐信息，如表1所示。

表1　E学校工地饭堂三天供餐信息

时间	餐次	食物
2月17日	早餐	炒米粉，炒河粉，绿豆粥
	午餐	粉蒸肉，青椒莴笋炒瘦肉，香菇蒸鸡，素炒包菜，素炒上海青，白菜汤，米饭
	晚餐	青椒炒回锅肉，豆皮炒瘦肉，炸鱼，素炒大白菜，素炒菜心，紫菜蛋花汤，米饭
2月18日	早餐	炒河粉，炒米粉，绿豆粥
	午餐	土豆粉条炖排骨，青椒炒瘦肉，青椒蒜苗炒肉肠，麻婆豆腐，素炒油麦菜，白菜汤，米饭
	晚餐	凉拌猪头肉、木耳炒回锅肉，青椒炒瘦肉，酸豆角炒鸡杂，素炒包菜，素炒上海青，紫菜蛋花汤，米饭
2月19日	早餐	炒河粉，馒头，肉包，粽子
	午餐	凉拌猪头肉，花生焖猪手，番茄炒鸡蛋，莴笋炒瘦肉，卤鸡腿，素炒菜心，素炒白菜，白菜汤，米饭
	晚餐	凉拌猪头肉，青椒炒火腿肠，青椒炒瘦肉，素炒花菜，素炒包菜，紫菜蛋花汤，米饭

2月19日午餐后陆续有员工出现呕吐、腹泻等胃肠道不适症状，遂自行前往B医院发热门诊就诊。随着患者人数的增加，工地项目部管理方也组织发病人员集中乘车前往该院就医。

截至2月22日下午，B医院共接诊36名不适员工，均为轻症，经门诊治疗症状均好转，无危重及住院病人。A区疾控中心采集36人鼻咽拭子样本送实验室检测，排除新冠病毒感染后，就诊员工离开医院返回工地。

东区2栋由男、女公共厕所（旱厕），男、女冲凉房及茶水间组成。茶水间中设有3台大功率电开水器供应员工开水，温度显示器显示水温为100 ℃。男、女冲凉房内侧靠墙四周均匀装有约24个沐浴用水龙头（无加热装置），员工冲凉或需在茶水间用桶装开水至冲凉房使用。男、女厕所均为旱厕，卫生条件一般，排便地沟利用冲凉房水流冲刷，污水流入地沟末端化粪池。厕所无卫生管理制度，无如厕后洗手设备，无冲洗地沟水池、水龙头等基本设施。

东区3～9栋为员工宿舍，每栋宿舍均为双层结构，共有宿舍128间，其中个别房间作为办公室，有人员居住的宿舍摆放约4张双层床，每间房间实住2～6人不等，宿舍房间为前门后窗结构，通风、采光尚可。备有电源插座，个别宿舍发现有电饭锅或电火锅等设备；有个别宿舍发现有员工自带的腊肠、腊肉等食物材料。

编者按

基本情况部分应交代的内容有事故发生地的基本情况，如气候、风俗习惯、人口数、社区的社会经济状况、学校/工厂/企业规模、住宿或非住宿、食品企业的日常活动和操作等。

基本情况的描述，是为交代清楚食物中毒现场调查的背景。食物中毒现场调查报告是讲究科学性的专业报告，在调查过程中应客观交代现场发现的背景情况。发生在集体饭堂的疑似生物性食物中毒事件的危险因素有：工用具的混用（工用具无使用功能标识），交叉污染，厨工的卫生习惯，工用具清洁、消毒的硬件设备缺乏，食物原料粗加工区、清洗区、烹饪区、分装区、储存区分区不清或有交叉，半成品食物分切后未再加热，生熟混放，交叉使用污染，食物从烹饪或制作到供应过程存放时间过久、存放环境气温过高等。应该结合疑似致病因子的可能传播方式，结合现场的实际情况，重点描述可能的危险因素是否存在。交代清楚食物原材料采购、储存、粗加工、分切、预制作、半成品、暂存环境与时间，厨工人数与供餐能力是否匹配，近期厨工健康状况等细节。同时，也应注意交代排除其他可能传播危险因素的情况，比如，事件排除介水疾病传播，应注意交代厨房直接使用市政供水管网，近期无供水事故，附近社区居民无类似疾病发生。同时，卫生状况应交代苍蝇密度、食物仓库和烹饪环境的“三防”设施落实情况、卫生管理制度、厨工健康证持证率等信息描述，肇事单位食品安全监管力度、食品安全管理情况等信息。

现场细心观察，背景信息就不会交代不清楚。描述交代的内容应与公共卫生有关才有意义。

三、调查目的与方法

（一）调查目的

（1）核实本次事件。
（2）探索本次事件的危害因素和致病因子，为提出控制措施提供依据。
（3）预防类似事件再次发生。
（4）培训专业技术人员现场调查技术。

（二）调查方法

1．人群流行病学调查方法与内容

第一，病例定义。2022 年 2 月 17 日以来，A 工地员工出现下列症状之一者：

（1）出现呕吐，伴有恶心、腹痛、头痛、头晕等不适者；

（2）出现 24h 腹泻≥3 次，同时有大便性状改变，伴有恶心、腹痛、头痛、头晕等不适者；

（3）出现腹泻，且有发热（体温≥37. 3 ℃）症状者；

（4）出现呕吐、腹泻，或伴有发热（体温≥37. 3 ℃）者，经服用黄连素（小檗碱）等抗菌、消炎药后，症状迅速得到改善者。

编者按

关于制定病例定义的意义之前已有陈述，但如何才能制定适合现场调查使用的病例定义，比较考验专业技术人员的综合实力。

在人群范围的界定上，在明确事件波及范围之前，应注意将可能发生病例的人群（危险因素暴露人群）均纳入搜索范围。比如，本案例将人群范围界定为："2022 年 2 月 17 日以来，A 工地员工出现下列症状之一者"，而不应将人群范围界定为："2022 年 2 月 17 日以来，A 工地东区员工出现下列症状之一者"。

将可判断、衡量的症状和临床化验结果等客观指标作为测量"病例"的主要依据，将主观感觉存在的症状作为测量"病例"的次要依据。多种症状结合，能提高发现病例的灵敏性。

除了客观症状是甄别"病例"的依据外，临床化验结果、特异性药物治疗效果也常作为病例甄别依据。

将西区员工纳入调查对象，有利于准确描述事件波及范围；通过比较病例在两区的分布，可说明病例仅分布在东区，东区饭堂供餐过程可能是危险因素；假设两区人群均有机会在门口流动摊档进餐，则说明事件与门口进餐无关。

第二，病例搜索。

（1）通过问卷星设计"A 工地员工健康个案调查表 1"，由项目部通过 A 工地内部员工工作群，组织各部门员工进行填报。

（2）设计制作"A 工地员工健康个案调查表 2"（见第 122 页附件 4）纸质问卷，在项目部、医院收集东区员工名单（姓名、性别、年龄、部门名称、手机号码），组织调查员开展电话问卷调查。

（3）调查员添加员工微信，通过微信发放问卷星调查问卷"A 工地员工健康个案调查表 3"进行网络调查。

以上各问卷内容均包括知情同意告知，调查对象一般情况，2 月 17 日至 2 月 19 日三天食物暴露史、发病及就诊情况等内容。

（4）通过 B 医院发热门诊登记系统，收集就诊患者的一般情况、临床表现、临床诊治和转归等情况。

（5）通过《国家食源性疾病病例监测报告系统》搜索2月17日开始报告的该工地员工食源性疾病就诊病例。

结果共发现36名救治患者符合病例定义，均为A工地项目部东区员工。

编者按

食物中毒事件调查过程可采用多种方式的病例搜索途径。常用的方式有：

（1）面对面访谈。调查员使用已设计好的调查表面对面访谈调查对象，并记录调查结果。优点是能与调查对象见面，及时解答调查对象的疑问，能收集到比较准确的信息。缺点是调查需要花费较长时间，调查进展慢，调查现场需要有大量人力协助（调查员、引导员、协调员分工合作）；数据需要再次录入数据库，才能分析。如果问卷设计好，现场调查组织有序，能获取满意结果。

（2）网络问卷调查。调查投入少，且能迅速收集相关资料，系统同时给出初步分析结果，是深受基层技术人员喜欢的一种新型调查方式，特别适合大规模人群中出现暴发病例的情况下使用，能较快形成数据库。缺点是调查组织者难以把控调查进度、不清楚调查结果是否已覆盖所有应调查对象。调查对象是否理解调查问题，填写问卷的态度是否端正，问卷是否按实际情况填报，调查过程的质量控制难以落实。获得的数据常出现发病时间曲线不规律，不能推测危险餐次，不能推算潜伏期，或是难以确定是否为点源暴露、间歇同源暴露、持续同源暴露所致的流行模式，或是难以确定是否为食源性疾病、传染性疾病或介水疾病传播。

（3）自填问卷调查。需要组织培训一定数量的调查员，在调查现场发放调查问卷。该方法同时兼具以上两种方式的优缺点。需要调查对象有一定的阅读能力，在有组织管理架构的单位中，最好考虑这种方式。调查员由专业技术人员或是经培训的辅导员、班长、生产线上的链长充当。如果组织好，调查既有效率，又有质量保障。

（4）电话调查。电话调查是通过电话与选定的被调查者交谈以获取信息的一种方法。电话调查的缺点主要表现为：①电话调查适合调查简单项目，而且受通话时间的限制，调查内容的深度远不及其他调查方法；②电话调查的结果只能推论到有电话的对象这一总体，因而存在着无法避免总体不完整的缺陷，不利于资料收集的全面性和完整性；③没有办法提供直观的进食食物的图片或动植物模型以协助说明；④电话调查中，调查者不在现场，因而很难判断所获信息的准确性和有效性。电话调查常作为现场调查的补充，当调查者离开调查现场录入、清洗、统计资料时，若发现现场问卷字迹不清、有异常数值或不符合逻辑情况需要进一步核实和补充调查时，电话调查是经济快速的方式。这也是调查时获取调查对象联系电话的主要目的，方便及时核实情况，重新调查。

编者按

事件发生开始时间在2月19日，22日上午G市疾控中心介入调查，你认为G市疾控中心在现场调查过程中，碰到的最大困难会是什么？

其一，流行病学调查过程的记忆偏差无法克服。调查对象对食物暴露史记不清，饭堂经营者对供餐信息记不清，均可导致信息不准确。

其二，现场采样的代表性差，或无法采集到有价值的样本。还存在环境已被洗消干净、工用具已被重新摆放、可疑危险食物已被清除、留样食物已变质等问题。

为了克服客观存在的困难，需要尝试采取不同的调查方式，以期达到调查目的。为培训学员，为以后类似情况下选择合适的调查方法提供参考，调查组可用不同的方法进行尝试。

编者按

调查组再次组织现场调查，由于介入时间晚，被调查各方依从性都比较差，存在抵触情绪，需要调查组予以解释。

其一，A 区疾控中心不愿意配合调查。事件规模未达到分级标准，且区疾控中心已经开展过调查，实验室初步结果支持副溶血性弧菌感染的结论，致病因子比较明确，重新调查意义不大。另外，新冠疫情背景下 A 区疾控中心专业技术人员人手紧缺，工作重心放在抗击新冠疫情，无暇再次开展调查。

其二，项目单位、饭堂经营者不愿配合调查。发病员工的就诊费用增加了企业的负担；项目单位认为患者发病与饭堂就餐无关，而与患者进食流动摊档食物、自带食物等因素有关；部分患者就诊可能并非与此事件相关；调查过程消耗项目单位、饭堂人力。

其三，调查对象配合调查依从性低。疾病已痊愈，为何还要再次调查？对重新调查的意义了解不到位。部分调查对象缺乏相应的硬件设备；网络调查需消耗手机流量，工地员工文化程度偏低，对扫描识别电子二维码图片、顺利完成调查问卷存在客观困难。此外，调查对象记不清就餐史和发病史，回答问题的答案的信度、效度均不高。

其四，调查组方面因素。因收集信息未能达到期望效果，难以分析数据，未能达到预定目的，做好事故调查的积极性受到打击，逐步失去耐心。

编者按

如果你是调查组织者，到达肇事单位后应先了解哪些情况？

调查组 22 日 10 时 30 分到达 A 工地，与项目部 Z 经理及饭堂负责人召开现场会，进一步核实事件，完成对如下几方面情况的调查工作：①工地项目部方面。进一步了解工地项目部建设情况，员工数与既往健康情况，项目建设是否涉及职业健康危险因素的操作可能，项目员工住宿位置及其与周边社区居民交往情况（是否有可能感染社区常见疾病），出入工地项目部人员管理落实情况，项目部饮用水来源及周边环境卫生情况，项目工地员工三餐如何落实供应情况，厕所与洗澡卫生设施建设情况以及医疗卫生条件，落实重点场所新冠疫情防控情况等。②饭堂方面。营业资质情况，厨工人数与食品安全常识培训、健康管理情况，最大供餐规模与实际供餐能力是否匹配，日常食品安全管理情况，包括食物原材料采购供货渠道，购买食品是否索取凭证，是否规范登记采购流水账，食品储存、加工、分装的设施、操作流程与人员分工情况，食物是否留样，聚集性事件发生前72小时供餐情况，外卖购餐细节等信息。③查阅相关资料。采购凭证以及流水账、食品经营许可证、厨工健康证等。

现场踏勘。调查组与项目部Z经理、饭堂负责人对饭堂各功能区布局和周边环境进行现场踏勘。现场观察宿舍建筑布局，居住环境的通风、采光情况，了解发病员工发病前72小时进食史、临床表现和就诊史。现场了解厕所、沐浴间、茶水间的布局、卫生条件和硬件设备运作情况。了解小卖部销售商品的来源与种类，是否销售易污染、散装、直接入口食物，或未获批准而自制销售食物（如熟食卤制品）。收集微信支付购买饭堂餐票、购买小卖部食物信息。

模拟可疑食物（菜谱结合实验室初步结果"推断"）的烹制、储存、分切、供应流程。让厨工演示日常食物制作供应流程，了解各个环节是否存在细菌污染与增殖机会。重点关注凉拌卤制猪头皮的制作、供应等过程，了解一次采购数量（与一次供餐量是否匹配，一次采购烹制、多餐次供应，应该比一次采购烹制、一次供应更具污染危险），现场模拟高危食物的采购、粗加工、卤制、分切、储存所使用工用具是否存在交叉污染和导致细菌增殖时间间隔。关注近期G市天气参数，特别是温度和湿度指标。

编者按

建筑工地的工人有一定的组织体系，分成多个工作班组，由人力资源公司管理。本起事件通过单位内部工作群和管理体系，转发网络问卷二维码，开展网络调查。但工地务工者可能组织纪律性差，他们从全国各个省市辗转到G市工作，人口构成复杂，文化程度普遍不高，彼此沟通存在一定困难，频繁流动致增加调查对象甄别难度。2月17日至19日在工地务工者有可能已经离开工地，调查时在现场的调查对象可能是2月19日后才进驻工地，若采用网络调查，会影响调查对象的代表性。

结合现场实际情况，调查组将病例搜索的方式和结果汇报如下。

2月22日上午10时30分，调查组到达E学校建设工地项目部，经初步调查后，拟用问卷星App设计调查问卷，然后由专业技术人员进入宿舍分发调查。

12时许，调查组离开现场，利用午餐时间，设计制订"A工地员工健康个案调查表1"。

14时许，调查组重返工地项目部东区，计划由专业技术人员分片负责，进入员工宿舍面对面自填问卷星线上问卷。但此时发现员工均已分散进入建设工地工作，项目部也已再次关闭饭堂，只留下隔壁小卖部还在营业。

调查组只能寻找其他与员工建立接触的途径：若能将调查问卷的二维码通过项目部的人事管理体系，由各部门领导转发给各员工，进行自填，也能实现收集调查数据的目的。

15时许，调查组再次与项目部Z经理沟通，告知调查组此次调查的目的、调查方法和调查结果的应有范围。Z经理答应配合调查组完成如下工作：为调查组转发问卷星的问卷给各部门领导，由各部门领导再转发给各员工；收集东、西区项目部人口信息，收集项目部基本情况介绍；有新发病例马上报告给A区疾控中心。

16时许，调查组离开E学校建设工地项目部，前往B医院进行调查。

调查组于16时20分到B医院发热门诊办公室，听取了门诊Q主任关于患者诊治过程的情况介绍：在19日晚上先后有24名A工地工人前来急诊就医，因部分患者伴有发烧症状，因此转至发热门诊集中诊治。患者主要临床表现有发热，同时伴有腹痛、腹泻等消化道感染情况。结合患者均有相似症状，且均来自A工地，发热门诊将异常情况上报给医院预防保健科，预防保健科接报后，于22时05分将情况向A区疾控中心电话报告。A区疾控中心专业技术人员22时45分到达B医院发热门诊进行调查处置。第二天（2月20日）10时许A工地再有12名工人因有类似情况前来就诊。Q主任向调查组提供了累计36名就诊患者的名单。名单内容包括患者的就诊日期、姓名、性别、年龄、身份证号码、联系电话、发病日期（与就诊日期相同）、体温、临床症状（头痛、咳嗽、咳痰、流涕、咽痛、胸痛、气促、腹泻）、白细胞总数和淋巴细胞总数等信息。36名就诊患者均有腹泻，其中8名患者合并发热，1名患者出现头痛症状，30名患者白细胞总数升高，11名患者淋巴细胞总数下降。发热门诊接诊医生按消化道感染，予黄连素、腹可安和蒙脱石散等抗菌消炎和对症治疗。核酸检测阴性后，患者离开医院回工地，后发热门诊未再接诊来自该工地同类患者，医院也未在国家食源性疾病病例监测系统报告病例信息。

附件2

A工地员工健康个案调查表1

1. 姓名［填空题］* ________________

2. 性别［单选题］*

○男

○女

3. 年龄［填空题］* ________________

4. 本人手机号［填空题］* ________________

5. 工作班组名称：［填空题］* ________________

6. 是否在工地住宿［单选题］*

○是

○否——跳至第8题

7. 住宿房间号：［填空题］ ________________

8. 2月17日（上周四）是否在饭堂用餐［单选题］*

○是——跳至第10题

○否

9. 2月17日在哪里买吃的［多选题］*

□工厂外购买

□小卖部
□自带
□其他
10. 2月17日在饭堂吃了[多选题] *——选择第8题第一个选项后可见
□早餐
□午餐
□晚餐
11. 2月17日在饭堂早餐吃了什么[多选题] *——选择第10题第一个选项后可见
□炒河粉
□炒米粉
□绿豆粥
□其他
12. 2月17日在饭堂午餐吃了什么[多选题] *——选择第10题第二个选项后可见
□卤鸭腿
□土豆蒸肉
□瘦肉炒莴笋
□炒胡萝卜丝
□炒芥菜
□紫菜蛋花汤
□其他
13. 2月17日在饭堂晚餐吃了什么[多选题] *——选择第10题第三个选项后可见
□花生焖猪脚
□炒猪耳朵
□青椒酸萝卜
□香菇炒瘦肉
□炒菜心
□炒土豆丝
□白菜汤
□其他
14. 2月18日(上周五)是否在饭堂用餐[单选题] *
○是——跳至第16题
○否
15. 2月18日在哪里买吃的[多选题] *
□工厂外购买
□小卖部

□自带

□其他

16. 2月18日在饭堂吃了［多选题］*——选择第14题第一个选项后可见

□早餐

□午餐

□晚餐

17. 2月18日在饭堂早餐吃了什么［多选题］*——选择第16题第一个选项后可见

□炒河粉

□炒米粉

□绿豆粥

□其他

18. 2月18日在饭堂午餐吃了什么［多选题］*——选择第16题第二个选项后可见

□回锅肉

□蒸草鱼

□肉炒莴笋青椒

□麻辣豆腐

□炒菜心

□紫菜蛋花汤

□其他

19. 2月18日在饭堂晚餐吃了什么［多选题］*——选择第16题第三个选项后可见

□回锅肉炒西兰花

□鸡杂炒酸豆角

□炒包菜

□炒上海青

□炒瘦肉

□白菜汤

□其他

20. 2月19日（上周六）是否在饭堂用餐［单选题］*

○是——跳至第22题

○否

21. 2月19日在哪里买吃的［多选题］*

□工厂外购买

□小卖部

□自带

□其他

22. 2月19日在饭堂吃了［多选题］ *——选择第20题第一个选项后可见

□早餐

□午餐

□晚餐

23. 2月19日在饭堂早餐吃了什么［多选题］ *——选择第22题第一个选项后可见

□炒河粉

□炒米粉

□绿豆粥

□其他

24. 2月19日在饭堂午餐吃了什么［多选题］ *——选择第22题第二个选项后可见

□猪手炒花生

□番茄炒鸡蛋

□瘦肉炒莴笋

□炒菜心

□炒白菜

25. 2月19日在饭堂晚餐吃了什么［多选题］ *——选择第22题第三个选项后可见

□猪头肉

□青椒炒火腿肠

□瘦肉炒莴笋青椒

□炒菜花

□炒包菜

□白菜汤

□其他

26. 上周有无食用可疑食品（有，什么时间、在哪吃的什么/无）：［填空题］ *

27. 自2月17号（上周四）至今是否有胃肠道不舒服（肚子疼、腹泻、呕吐等）［单选题］ *

○是

○无——结束作答

28. 发病/就医时间：填写格式（－－月－－日－－时）［填空题］ *

29. 主要症状：［多选题］ *

□发热 ______℃

□恶心

□呕吐 ______次/天

□腹痛

□腹泻 ______次/天

□头痛
□头晕
□其他，如脱水、抽搐、青紫、呼吸困难、昏迷等，请填写 ______________
□持续时间 ______________
30. 是否前往医院就医［单选题］*
○是
○否
31. 医院就医情况［单选题］*——选择第30题第一个选项后可见
○门诊
○急诊
○住院

编者按

学校工地饭堂日常由饭堂负责人到附近菜市场购买食物原材料，过程无索证，购买食物原材料的种类、数量无登记。每周无制定供餐计划，每餐供应食物的品种、数量不定，供餐菜谱凭购进原材料制作。部分菜品由于原来供应品种已售罄，临时烹制补充供应。加上工地饭堂每餐供餐并无留样，工地饭堂每餐供餐的菜谱情况只能靠工地饭堂负责人、厨工口头提供。市疾控中心调查组进入现场调查时，在区市场监督局提供的每餐餐谱（表1）基础上再与饭堂负责人核实每餐供餐情况。因此，上文中区市场监督管理局提供的菜谱（表1）和市疾控中心调查组调查问卷中的菜谱会有不同。

编者按

“A工地员工健康个案调查表1”设计存在几点不足：

其一，缺“知情同意书”。“知情同意书”用在食物中毒事件通过面对面问卷调查、电话调查或者病例搜索开始时，告知调查对象本次调查的目的及如何配合做好调查，因为调查对象对调查有知情权。其内容包括：调查者代表什么单位开展调查，调查的目的是什么，计划解决什么实际问题（帮助调查对象解决什么实际困难，解决什么公共卫生问题），调查对象如何配合开展调查，调查结果如何利用，以及数据的保密许诺等内容。“知情同意书”包括但不限于以下内容：①本次调查目的；②调查方式与填报方法；③调查内容；④调查组如何处理调查数据和调查结果；⑤数据保密措施；⑥调查对象的权利；⑦调查单位及联系方式。

针对该事件，可编撰“知情同意书”如下。

××先生/女士：您好。

我是G市疾控中心×××医生。我们昨天接到××医院报告，E学校工地发生疑似食源性疾病聚集性事件。为搞清楚事件发生原因，及时控制导致事件发生的危险因素，预防事件再次发生，我们设计了一份调查问卷，对您近3天（2月17—19日）的健康状况及食物、水等进食情况进行调查。调查结果仅对总体情况进行分析，不对个人情况进行分析，不对外公布个人具体情况。调查大约需5分钟，请配合我们的调查。谢谢！

这是我的工作证（476958×号），这是我的电话（13526364××9），如果有疑问，或近期有任何关于该事件的信息需要沟通，请随时联系我。

其二，设计上，有3道题目出现选项未能涵盖事件结果组合的全部情况。比如第8题：2月17日（上周四）是否在饭堂用餐［单选题］，备选答案有“○是、○否”两项。制作问卷时只考虑当天三餐均是在饭堂用餐或不在饭堂用餐情况，未考虑其他交叉出现的情况，比如，早餐在门口流动摊档吃，午餐在饭堂吃，晚餐在宿舍自己做饭或外出就餐等情况，导致被调查者无法选择答案。同样的问题还有第14题、第20题。应增设开放性选项“其他”。

其三，对食物暴露史无定量调查设计，仅有定性调查设计，导致在数据分析时数据利用效率低。病例与非病例人群均进食同类食物，食物暴露史一致，这就无法分析发病与食物种类的相关性，调查数据失去利用价值。

其四，备选答案的数量单位设置，存在被调查者误解的可能，导致出现统计偏差。比如腹泻次数，“腹泻”的医学定义是：在24小时内，大便次数达到3次及以上，且有大便性状改变者。因此，调查问题“你的腹泻次数是______次/天”，因各人对“天”的定义的起点与终点不同，导致时间长度会有不同，难以统一时间长度。因此建议问题改为：你的腹泻次数是：______次/24h。其他问题也出现类似情况，在设计问卷时，大家需注意。设计完成后有必要通过预调查进行问卷评估。

编者按

结合目前调查组掌握的情况，针对食源性疾病事件的报告情况，B医院需要加强哪些方面的工作？

其一，加强食源性疾病病例监测报告。B医院应在国家食源性疾病病例监测系统呈报病例信息，注意收集报告就诊患者发病前72小时的食物暴露史信息。

其二，切实发挥预检分诊在医院感染控制的作用。B医院应落实分诊管理，制定就诊者分诊预案和工作指引流程，完善分诊机制。明确与细菌性食源性病例聚集性事件相关的来自E学校工地工人，再有类似症状的新发病例就诊，应在医院的腹泻门诊就诊，减少发热门诊暴露，切实发挥预检分诊在医院感染控制的作用。

编者按

当天18时调查组回到G市疾控中心，一边跟进问卷星后台数据库更新情况，密切关注网络问卷调查进展，多次与项目经理电话沟通，要求及时跟进问卷的分发、信息填报工作，一边落实事件续报的撰写，形成《G市疾病预防控制中心关于G市A区E学校工地饭堂食物污染致副溶血性弧菌感染事件调查进程报告》（附件3），呈报给G市市场监督管理局。

附件3

G市疾病预防控制中心关于G市A区E学校工地饭堂食物污染致副溶血性弧菌感染事件调查进程报告

G市市场监督管理局：

2022年2月22日9：30，我中心接A区疾控中心报告称19日晚B医院收治24名患者，大部分患者主要表现为呕吐、腹泻，少数有发热等症状，均来自附近E学校工地，怀疑是食源性疾病暴发，A区疾控中心立即介入调查，现场采集样本患者肛拭子24宗、厨工肛拭子4宗、食物样品3宗、工地厨房环境拭子12宗，经区实验室对患者肛拭子进行肠道多病原微生物核酸检测筛查，结果提示为副溶血性弧菌感染。为进一步核实致病因子，寻找致病因素，预防事件再次发生，我中心于22日10：30到达E学校工地、B医院开展现场调查。

结合现场流行病学调查、实验室检测、病例的临床表现和卫生学调查结果，判断该事件为食源性疾病聚集性事件，危险进食地点是E学校工地东区饭堂；可疑危险餐次和食物是E学校工地饭堂18日晚餐或/和19日午餐或/和19日晚餐提供的某种食物，食物污染环节可能是在分切过程中通过砧板交叉污染；致病因子为$O_{10}K_4$型副溶血性弧菌感染所致；排除新冠病毒感染所致。

事件造成E学校工地工人36人不适，到B医院发热门诊就诊，经口服黄连素或/和腹可安等抗菌、对症处理后，所有患者均痊愈返回原来岗位。经过现场调查，工地东区罹患率13.8%（36/261），均为E学校工地东区饭堂就餐者。目前，肇事工地东区饭堂已停业。现将事件进程报告如下。

一、基本情况

E学校工地位于A区SF路交叉口东约160米，由D局集团工程有限公司承建。建设项目部设在建设工地与HL路之间，分为东、西两区：西区设有项目部和员工宿舍（居住37人），东区仅有员工宿舍（居住261人）。两区均设有饭堂，彼此独立。

患病员工均集中在东区，西区无病例。东区由9栋双层集装箱房构成。

1栋设有饭堂和小卖部，由H某负责经营，查有食品经营许可证（许可证编号：JY××40103××2××59证件号）一份，登记负责人W某。饭堂有厨工4人，负责供应东区约300名工人三餐，现场查有X某、L某两份健康证。饭堂粗处理、烹饪、分餐、洗消均同在一个房间。该房间约30平方米，设有粗处理水池2个，冰柜和冰箱各1台（无生熟标识），炒菜灶2套，分餐台1个，电蒸笼2个（蒸饭用）。每天由H某到附近菜市场采购食材（查无食材索证票据）。据称每天早餐供应炒河粉、炒米粉和绿豆粥，中、晚饭供应两素菜、两肉菜、紫菜汤/白菜汤和白饭。由厨工负责打饭菜，汤由员工自助盛装。员工饭盒多为自带，也可由饭堂提供一次性塑料容器。饭堂不知每餐需供餐人数，需分阶段烹饪食物，当供应的食物不足时，再赶工烹饪，吃剩的饭菜装入菜盘存冰箱保存食用。厨工一般在供餐后再进食。切菜台下存放2块砧板，无生熟标识，发霉严重，用来切熟肉（猪头肉/猪耳朵等）的砧板靠近能闻到酸臭味。小卖部供应日用品和定型包装食品，与饭堂相邻。饭堂和小卖部通过刷微信二维码收费。

2栋设有男、女公共厕所（旱厕），男、女冲凉房及茶水间，茶水间中设有3台大功率电开水器，供应员工开水。冲凉房装配约24个水龙头，无加热装置，员工冲凉或需打隔壁茶水间开水使用。

3～9栋为员工宿舍，每间宿舍摆放4张双层床，住2～6人不等，每间宿舍均是前门后窗结构，宿舍通风、采光尚可。员工多来自四川、湖南、云南等省份，主要负责钢筋、外幕墙、水电、园林、砼工等，大多是山西中铁劳务、广东尔英劳务和中铁十二局水电班组成员。

项目部门口每天有3～5个流动摊档在11：00和17：30进行餐食制售、水果销售：有加工好的炒饭、米饭套餐、炒粉，有现场制售鸡蛋炒饭、炒粉，有销售苹果、橘子者。

二、就诊情况

2月19日18时晚餐后，有部分工人开始出现呕吐、多次腹泻和发热等不适情况，工地遂组织发病人员前往B医院发热门诊就诊。截至2月22日下午，该门诊共接诊36名不适员工。临床表现均为胃肠炎症状，结合患者均来自同一工地，接诊医生判断为疑似聚集性食源性疾病暴发，遂电话报告A区疾控中心。所有患者症状轻重不一，经口服黄连素片或/和胃乃安等抗菌和对症处理，全部痊愈返回工地。

接到医院发热门诊聚集性发热、呕吐、腹泻患者就诊信息后，A区疾控中心19日22：40到达现场开展流行病学调查，并采集患者肛拭子、咽拭子各24宗，厨工肛拭子4宗，食物样品3宗，工地厨房环境拭子12宗，送A区疾控中心实验室检测。20日早区实验室报告患者肛拭子样本肠道多病原微生物核酸检测筛查，结果提示为副溶血性弧菌感染；24份咽拭子新冠核酸检测阴性。

三、流行病学调查结果

（一）病例定义

2022年2月17日以来，A区E学校工地员工出现下列症状之一者：

1. 出现呕吐，伴有恶心、腹痛、头痛、头晕等不适者；
2. 出现腹泻3次/24h，伴有恶心、腹痛、头痛、头晕等不适者；
3. 出现腹泻，且有发热症状者；
4. 出现呕吐、腹泻，或伴有体温≥37.3°C者，经服用黄连素等消炎药后，症状迅速得到改善者。

（二）病例搜索

1. 使用问卷星设计“A 工地员工健康个案调查表”，D 局集团工程有限公司项目管理部 K 经理通过内部工作群，转给各部门员工进行填报，调查员工 17 日以来一般情况、临床表现及食物暴露史等情况。

2. 通过 B 医院发热门诊记录，搜索就诊患者的一般情况、临床表现、临床诊治和转归情况。

搜索共发现 36 名患者，均为 E 学校工地员工。

（三）临床表现

临床主要表现为呕吐、腹泻和发热（37.3 ～ 38.7°C），部分合并有恶心、腹痛和乏力。全部患者均为轻症，经口服药物后痊愈，返回原单位。

（四）病例分布情况

发病从 19 日中午 12：00 开始，到 20 日 4：00，持续 16 小时。流行曲线呈同源双峰，发病高峰分布在 19 日 16：00 和 20 日 0：00，通过曲线推算发病潜伏期最短 8 小时，最长 16 小时，平均 12 小时。发病时间分布如图 1 所示（统计有明确发病时间者）。

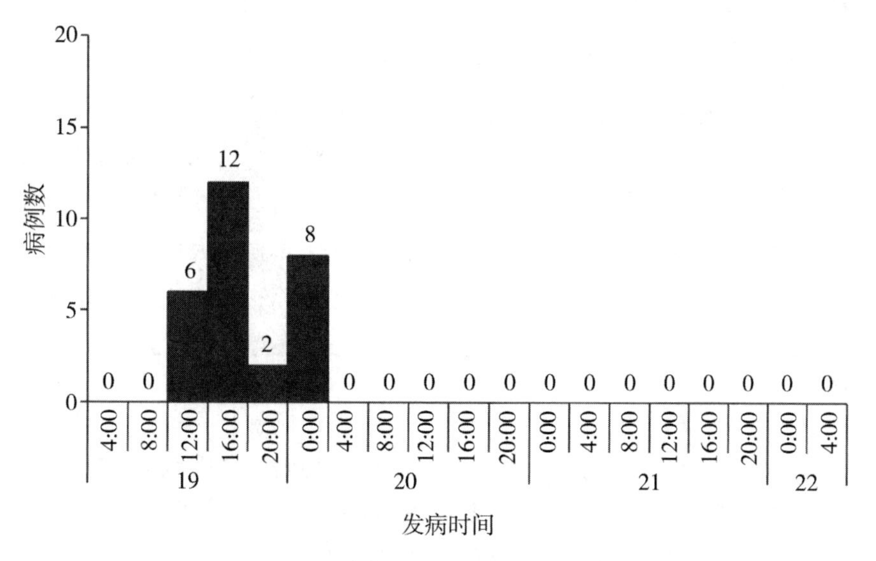

图 1 A 工地东区员工发病时间分布曲线

36 例患者中，男性 25 例，女性 11 例，年龄在 24 ～ 59 岁之间，均分布在东区，西区无病例报告。各工组均有病例，其中拆架组 1 人，饭堂 1 人，技术组 4 人，砌砖、钳工组各 2 人，漆工组 6 人，木工组 4 人，砼工组 15 人。病例居住房间未发现明确聚集性，其中居住在 102 房 1 人，101 房、107 房、110 房、112 房各 2 人，203 房、204 房、205 房、304 房、8110 房、217 房各 3 人，119 房、220 房各 4 人。

四、实验室检测结果

共采集患者肛拭子标本 24 份，其中 12 份培养出副溶血性弧菌，血清型别均为 $O_{10}K_4$，结果见表 1。

表1　E学校工地副溶血性弧菌污染事件实验室结果

样本种类	采集宗数	PCR检测	增菌培养	血清型
患者肛拭子	24	14	12	均为 $O_{10}K_4$
厨工肛拭子	4	0	—	—
食物	3	1	弱阳	—
厨房环境	12	1	弱阳	—

五、卫生学调查

（一）饭堂近三天供餐情况

饭堂近三天供餐情况如表2，经过调查发现，凉拌猪头肉为副溶血性弧菌污染的高危食物。

表2　E学校工地饭堂近三天供餐情况

餐次	17日	18日	19日
早餐		炒米粉、炒河粉、绿豆粥	
午餐	卤鸭腿、土豆蒸肉、瘦肉炒莴笋、炒胡萝卜丝、炒芥菜、紫菜蛋花汤	回锅肉、蒸草鱼、肉炒莴笋青椒、麻辣豆腐、炒菜心、紫菜蛋花汤	青椒炒肉、煮菜心、番茄炒蛋、猪脚炖花生、米饭、白菜汤
晚餐	花生焖猪脚、炒猪耳朵、青椒酸萝卜、香菇炒瘦肉、炒菜心、炒土豆丝、白菜汤	回锅肉炒西蓝花、鸡杂炒酸豆角、炒包菜、炒上海青、白菜汤	凉拌猪头肉、青椒炒肉、花菜、白菜、米饭、紫蛋花汤

（二）凉拌猪头肉制作流程

食堂负责人H某自述：2月18日9：00在TJ市场购回25斤猪头肉，返回食堂简单清洗后存放于塑料筐。15：00开始猪头肉焯水20分钟，后盛放在蒸饭的不锈钢盆中备用。15：30许用开水和洗洁精清洗焯水的铁锅，随后放植物油、生姜、花椒、八角、香叶、桂皮、鸡精、食盐、生抽、老抽炒制卤料，开始对猪头肉进行卤制。16：30许卤制完成，猪头肉捞出盛放在蒸饭不锈钢盆中备用。17：00开始在分餐台将猪头肉改刀切片，放入大号不锈钢盆，添加大蒜末、生姜末、小米辣末、香油、花椒油、香醋、生抽、食盐、香菜进行搅拌混匀。随后再装入盛菜专用不锈钢容器中，移入保温水浴箱，17：30开始供餐。凉拌猪头肉为当天制作，否认使用之前冻存猪头肉。

（三）厨房情况

经查，现场餐用具无生熟分开标识；厨房无功能分区，存在工用具混用可能；切肉砧板卫生状况差，存在交叉污染条件。

六、调查结论

结合现场流行病学调查、实验室检测、病例的临床表现和卫生学调查结果，判断该事件为食源性疾病聚集性事件，危险进食地点是E学校工地东区饭堂；可疑危险餐次和食物是饭堂18日晚餐或/和19日午餐或/和19日晚餐提供的某种食物，食物污染环节可能是在分切过程中通过砧板交叉污染；致病因子为$O_{10}K_4$型副溶血性弧菌感染，排除新冠病毒感染。

判定依据有如下5点。

第一，患者有相似的临床特征。进餐后出现恶心、呕吐、腹泻等胃肠道症状，少部分病例出现发热。潜伏期最短8小时，最长16小时，平均12小时，与文献报告的副溶血性弧菌感染潜伏多半在进食后4～28小时发病，一般是10～18小时，短者2～3小时，长者可达30小时左右的报道基本一致；临床表现也与副溶血性弧菌感染相符。

第二，从患者发病曲线呈同源持续暴露，推测可疑危险环节是分切过程共用砧板致猪头肉交叉污染，危险餐次为18日晚餐或/和19日午餐或/和19日晚餐提供的某种食物。病例均居住在东区，西区无发病情况，排除与门口流动摊档供餐或食用自带家乡特产有关。

第三，从12份就诊患者肛拭子样本增菌培养出血清型均为$O_{10}K_4$型的副溶血性弧菌。

第四，厨房烹饪环境、布局、流程不合理，切熟肉的砧板无生熟分开标识，霉变严重，砧板日常清洁困难，现场可闻及酸臭味，在分切卤制后的熟猪头肉时存在再污染可能。

第五，排除新冠病毒感染等传染性疾病聚集性事件。

七、已采取的措施

第一，所有患者均已送医，经过治疗均已痊愈出院。

第二，密切跟进工地东区员工健康状况，有新发病应及时安排诊治。

第三，D局工程集团有限公司项目管理部已将涉事饭堂查封，计划联系供餐公司对工地员工供餐。

第四，事件已上报区市场监督管理局。

八、下一步工作与建议

第一，A区疾控中心要将本事件及时在国家食源性疾病暴发系统上报告。

第二，建议工地主管部门加强工地饭堂卫生监管，提高供餐条件；减少供应凉拌菜，尽量供应热菜。

第三，建议各区工地食堂进行预防食物中毒科普健康宣教，控制凉拌卤制猪头肉等常见高危食物的供应，预防类似中毒事件再次发生。

G市疾病预防控制中心

2022年4月25日

编者按

续报重点增加进一步完善现场流行病学、实验室检测、临床表现和卫生学调查信息。

描述性研究结果结合实验室、临床表现和卫生学调查结果，提出导致疾病暴发的危险因素的初步假设。

在得出研究性分析结果之前，对事件可能的危险因素只能给予“预测”，但事件致病因子为“$O_{10}K_4$ 型副溶血性弧菌感染所致”结论明确，是哪几餐提供的受污染食物所致，仍需研究。

判断该事件为食源性疾病病例聚集性事件，危险进食地点是 E 学校工地东区饭堂；可疑危险餐次和食物是学校工地饭堂 18 日晚餐或/和 19 日午餐或/和 19 日晚餐提供的某种食物，食物污染环节可能与食物半成品在分切过程中砧板交叉污染有关，或食物原材料（半成品）受细菌污染后，烹饪过程未煮熟煮透有关；致病因子为 $O_{10}K_4$ 型副溶血性弧菌；排除新冠病毒感染所致。

编者按

经过持续两天加强与项目经理的沟通，问卷星后台数据库只收到 4 份调查问卷，而且填报数据者也非发病者或就诊者。同时，项目经理向调查组提供了项目部东、西区“工人生活区住宿信息统计表”，信息表内容包括姓名、年龄、性别、班组、宿舍号和联系电话。其中东、西区居住工人数分别为 261 人和 37 人。东区名单中，与就诊患者名单相符者只有 3 人，说明项目经理提供名单人数并不全面。

问卷星调查不理想，调查组只能另想办法。

调查组将项目经理提供的“工人生活区住宿信息统计表”中居住在东区的工人和 B 医院就诊人员名单汇总，看是否是事件人群总体。因此，拟设计电话调查问卷，通过电话开展个案调查，试图验证暴发危险因素的假设。有了新的调查思路后，调查组马上设计电话调查问卷（附件 4　A 工地工人健康个案调查表 2），尝试由 3 名专业技术人员分成三组进行电话调查。

附件 4

A 工地工人健康个案调查表 2

编号：○病例号/○对照号 ____________

1. 姓名：________________
2. 性别：　○男　　　○女
3. 年龄：______岁
4. 手机号：____________________

5. 工作班组名称：________________

6. 工地住宿房间号：__________（若不在工厂住宿，则填“无”）

7. 2月17日（上周四）在什么地方吃饭？

○饭堂　○工厂外购买　○小卖部　○自带/老乡朋友特产　○其他：

8. 若在饭堂吃饭，吃了

○早餐：○炒河粉　○炒米粉　○绿豆粥　○其他：

○午餐：○卤鸭腿　○土豆蒸肉　○瘦肉炒莴笋　○炒胡萝卜丝　○炒芥菜　○紫菜蛋花汤　○其他：

○晚餐：○花生焖猪脚　○炒猪耳朵　○青椒酸萝卜　○香菇炒瘦肉　○炒菜心　○炒土豆丝　○白菜汤　○其他：

9. 2月18日（上周五）在什么地方吃饭

○饭堂　○工厂外购买　○小卖部　○自带/老乡朋友特产　○其他：

10. 若在饭堂吃饭，吃了

○早餐：○炒河粉　○炒米粉　○绿豆粥　○其他：

○午餐：○回锅肉　○蒸草鱼　○肉炒莴笋青椒　○麻辣豆腐　○炒菜心　○紫菜蛋花汤　○其他：

○晚餐：○回锅肉炒西兰花　○鸡杂炒酸豆角　○炒包菜　○炒上海青　○炒瘦肉　○白菜汤　○其他：

11. 2月19日（上周六）在什么地方吃饭

○饭堂　○工厂外购买　○小卖部　○自带/老乡朋友特产　○其他：

12. 若在饭堂吃饭，则吃了

○早餐：○炒河粉　○炒米粉　○绿豆粥　○其他：

○午餐：○猪手炒花生　○番茄炒鸡蛋　○瘦肉炒莴笋　○炒菜心　○炒白菜　○其他：

○晚餐：○猪头肉　○青椒炒火腿肠　○瘦肉炒莴笋青椒　○炒菜花　○炒包菜　○白菜汤　○其他：

13. 对照组调查结束。

14. 发病前三天，你认为最有可能致病的可疑食物是：（填何时何地何食物）

15. 自2月17日以来有无不舒服情况：○有　○无

若有，什么时候不舒服/就医：____月____日____时；

主要症状：○恶心　○呕吐　○腹痛　○腹泻　○发热　○头痛　○头晕　○其他：

是否到医院就医：○有　○无

医院就医情况：○普通门诊　○腹泻门诊　○发热门诊　○急诊　○住院

编者按

上述调查问卷还是存在不足。

其一，该电话调查表与“A 工地员工健康个案调查表 2”存在同样的错误，即仅考虑每天三餐在同一地方就餐情况，未考虑三餐次在不同地方就餐情况。比如，第 7、8 题调查 2 月 17 日三餐进食地点和每餐食物史，在三餐有不同的就餐地点时，就显得不合适。其他两天的调查思路也存在同样错误。

其二，未对食物进食量进行定量设计，可能会影响调查数据利用率，导致电话调查未能甄别出危险食物。

其三，呕吐、腹泻没有次数记录，未考虑记录发热体温数值。

编者按

电话调查过程中，调查员发现存在如下 5 个问题。①语言沟通困难。调查对象来自全国各地，大多带有浓厚地方口音；文化素养偏低，难于听清、理解调查员的问题。②语音沟通存在困难。移动通信受信号强弱、通话对象所在位置的影响大。因发病工人已被项目部辞退返家，存在通信信号不畅因素，语音沟通存在困难。③沟通形式单一。未能通过表情、图片、文字等其他形式表达疑问。④病例组和对照组调查对象对 2 月 17—18 日进食地点和食物史均记不清，对照组 2 月 19 日进食史也记不清。⑤饭堂提供的菜单不准确，实际上可能存在多餐次提供凉拌卤制猪头肉情况。对于供餐菜单，调查组予以修订，希望能在接下来的问卷星调查中，发挥作用。

为是否采纳本次电话调查结果，调查组对病例组和对照组调查问卷的应答情况进行统计分析，评估结果归纳如下（详见附件 5）。

在调查对象（56 人）中 3 天进食史的应答率，无论是进食地点还是食物种类，越接近调查时点，记忆越清晰，应答率越高；进食地点的应答率高于食物种类的应答率，提示在调查中，危险就餐地点相对危险食物更容易调查。在病例组（36 例）中，进食地点的应答率从 30.6%（11 例）提升到 75.0%（27 例），进食食物种类从 0 提升到 75.0%（27 例）。对照组（20 例）中，进食地点的应答率从 10.0%（2 例）提升到 85.0%（17 例）；进食食物的种类从 0 提升到 5.0%（1 例），变化不大，提示非病例对食物进食种类更加难以记起。病例组 17—18 日进食地点应答率高于对照组，但 2 月 19 日的进食地点的应答率低于对照组，可能与抽样的数量有关；进食食物的种类 3 天 9 餐次，应答率病例组均明显高于对照组。在关注是否发病方面的问题，病例组更加关注是否出现相关的症状的问题，病例组的应答率 77.8%（28 例）高于对照组 55.0%（11 例）；77.8%（28 例）的病例回答了出现何种症状，仅有 47.2%（17 例）的回答出现了症状的时间，41.7%（15 例）回答了是否就诊。对病例组人群回答未明确出现何种症状、出现症状时间及是否就医情况，提示在调查过程中应进一步对病例甄别提供客观指标，避免出现病例与非病例错分，影响调查结果的判断。

附件 5

2 月 17—19 日进食史电话问卷调查效果评估汇总表

时间	分组	地点		早餐		午餐		晚餐	
		应答数	应答率%	应答数	应答率%	应答数	应答率%	应答数	应答率%
2 月 17 日	病例组 $n=36$	11	30.6	4	11.1	0	0	0	0
	对照组 $n=20$	2	10.0	0	0	0	0	0	0
	合计 $n=56$	13	23.2	4	7.1	0	0	0	0
2 月 18 日	病例组 $n=36$	12	33.3	8	22.2	2	5.6	5	13.9
	对照组 $n=20$	2	10.0	0	0	0	0	0	0
	合计 $n=56$	14	25.0	8	14.3	2	3.6	5	8.9
2 月 19 日	病例组 $n=36$	27	75.0	17	47.2	27	75.0	25	69.4
	对照组 $n=20$	17	85.0	1	5.0	0	0	0	0
	合计 $n=56$	44	78.6	18	32.1	27	48.2	25	44.6

编者按

经过前阶段的调查尝试，调查组均不能有效获得危险食物信息的数据。除了调查时机因素外，还有调查方式和问卷设计的科学性问题。总结前面的经验和教训，调查组组织第三阶段的问卷调查。

调查组通过问卷星设计“A 工地员工健康个案调查表 3”（附件 6）。调查员添加从 B 医院和项目部获得的员工电话信息，由调查员通过电话号码添加被调查者微信好友后，转发调查问卷“A 工地员工健康个案调查表 3”进行网络调查。

附件 6

A 工地员工健康个案调查表 3

1. 姓名 [填空题] * ________________

2. 性别 [单选题] *

○男

○女

3. 年龄 [填空题] * ________________

4. 本人手机号 [填空题] * ________________

5. 工作班组名称：[单选题] *

○ALC 墙板

○中铁劳务

○施工升降机
○尔英二购
○广东尔英
○山西新腾
○外幕墙
○砼工班
○塔吊
○园林
○悦城二购

6. 是否居住工厂宿舍［单选题］ *
○是
○否——跳至第 10 题

7. 工厂住宿房间号：［填空题］ ________________

8. 房间住宿人数［填空题］ * ________________

9. 你们宿舍有腹泻 3 次或呕吐者共计多少人？［单选题］ *
○1 个
○2 个
○3 个
○4 个或以上（填写具体人数） ________ *
○无

10. 2 月 17 日（上周四）是否在饭堂吃早餐［单选题］ *
○是
○否（填写用餐地点） ________ *

11. 2 月 17 日在饭堂早餐中吃了什么（请选择吃了多少）［多选题］ *——选择第 10 题第一个选项后可见
□炒河粉 ________ （1/4，2/4，3/4，全吃） * ——勾选后可选
□炒米粉 ________ （1/4，2/4，3/4，全吃） * ——勾选后可选
□绿豆粥 ________ （1/4，2/4，3/4，全吃） * ——勾选后可选
□其他 ________

12. 2 月 17 日（上周四）是否在饭堂吃午餐［单选题］ *
○是
○否（填写用餐地点） ________ *

13. 2 月 17 日在饭堂午餐吃了什么（请选择吃了多少）［多选题］ *——选择第 12 题第一个选项后可见
□卤鸭腿 ________ （1/4，2/4，3/4，全吃） * ——勾选后可选
□土豆蒸肉 ________ （1/4，2/4，3/4，全吃） * ——勾选后可选
□瘦肉炒莴笋 ________ （1/4，2/4，3/4，全吃） * ——勾选后可选
□炒胡萝卜丝 ________ （1/4，2/4，3/4，全吃） * ——勾选后可选

□炒芥菜 ________________ （1/4，2/4，3/4，全吃） * ——勾选后可选
□紫菜蛋花汤 ________________ （1/4，2/4，3/4，全吃） * ——勾选后可选
□其他 ________________
14. 2月17日（上周四）是否在饭堂吃晚餐［单选题］ *
○是
○否（填写用餐地点） ________________ *
15. 2月17日在饭堂晚餐吃了什么（请选择吃了多少）［多选题］ *——选择第14题第一个选项后可见
□花生焖猪脚 ________________ （1/4，2/4，3/4，全吃） * ——勾选后可选
□炒猪耳朵 ________________ （1/4，2/4，3/4，全吃） * ——勾选后可选
□青椒酸萝卜 ________________ （1/4，2/4，3/4，全吃） * ——勾选后可选
□香菇炒瘦肉 ________________ （1/4，2/4，3/4，全吃） * ——勾选后可选
□炒菜心 ________________ （1/4，2/4，3/4，全吃） * ——勾选后可选
□炒土豆丝 ________________ （1/4，2/4，3/4，全吃） * ——勾选后可选
□白菜汤 ________________ （1/4，2/4，3/4，全吃） * ——勾选后可选
□其他 ________________
16. 2月18日（上周五）是否在饭堂吃早餐［单选题］ *
○是
○否（填写用餐地点） ________________ *
17. 2月18日在饭堂早餐中吃了什么（请选择吃了多少）［多选题］ *——选择第16题第一个选项后可见
□炒河粉 ________________ （1/4，2/4，3/4，全吃） * ——勾选后可选
□炒米粉 ________________ （1/4，2/4，3/4，全吃） * ——勾选后可选
□绿豆粥 ________________ （1/4，2/4，3/4，全吃） * ——勾选后可选
□其他 ________________
18. 2月18日（上周五）是否在饭堂吃午餐［单选题］ *
○是
○否（填写用餐地点） ________________ *
19. 2月18日在饭堂午餐吃了什么（请选择吃了多少）［多选题］ *——选择第18题第一个选项后可见
□回锅肉 ________________ （1/4，2/4，3/4，全吃） * ——勾选后可选
□蒸草鱼 ________________ （1/4，2/4，3/4，全吃） * ——勾选后可选
□肉炒莴笋青椒 ________________ （1/4，2/4，3/4，全吃） * ——勾选后可选
□麻辣豆腐 ________________ （1/4，2/4，3/4，全吃） * ——勾选后可选
□炒菜心 ________________ （1/4，2/4，3/4，全吃） * ——勾选后可选
□紫菜蛋花汤 ________________ （1/4，2/4，3/4，全吃） * ——勾选后可选
□其他 ________________

20. 2月18日（上周五）是否在饭堂吃晚餐［单选题］ *

○是

○否（填写用餐地点）________ *

21. 2月18日在饭堂晚餐吃了什么（请选择吃了多少）［多选题］ *——选择第20题第一个选项后可见

□回锅肉炒西兰花 ________ （1/4，2/4，3/4，全吃） * ——勾选后可选

□鸡杂炒酸豆角 ________ （1/4，2/4，3/4，全吃） * ——勾选后可选

□炒包菜 ________ （1/4，2/4，3/4，全吃） * ——勾选后可选

□炒上海青 ________ （1/4，2/4，3/4，全吃） * ——勾选后可选

□炒瘦肉 ________ （1/4，2/4，3/4，全吃） * ——勾选后可选

□白菜汤 ________ （1/4，2/4，3/4，全吃） * ——勾选后可选

□其他 ________

22. 2月19日（上周六）是否在饭堂吃早餐［单选题］ *

○是

○否 ________ *

23. 2月19日在饭堂早餐中吃了什么（请填写吃了多少，如：一点、一半、全吃）［多选题］ *——选择第22题第一个选项后可见

□炒河粉 ________ （1/4，2/4，3/4，全吃） * ——勾选后可选

□炒米粉 ________ （1/4，2/4，3/4，全吃） * ——勾选后可选

□绿豆粥 ________ （1/4，2/4，3/4，全吃） * ——勾选后可选

□其他 ________

24. 2月19日（上周六）是否在饭堂吃午餐［单选题］ *

○是

○否 ________ *

25. 2月19日在饭堂午餐吃了什么（请选择吃了多少）［多选题］ *——选择第24题第一个选项后可见

□猪手炒花生 ________ （1/4，2/4，3/4，全吃） * ——勾选后可选

□番茄炒鸡蛋 ________ （1/4，2/4，3/4，全吃） * ——勾选后可选

□瘦肉炒莴笋 ________ （1/4，2/4，3/4，全吃） * ——勾选后可选

□炒菜心 ________ （1/4，2/4，3/4，全吃） * ——勾选后可选

□炒白菜 ________ （1/4，2/4，3/4，全吃） * ——勾选后可选

□猪耳朵（猪头肉） ________ （1/4，2/4，3/4，全吃） * ——勾选后可选

□鸡腿 ________ （1/4，2/4，3/4，全吃） * ——勾选后可选

26. 2月19日（上周六）是否在饭堂吃晚餐［单选题］ *

○是

○否 ________ *

27. 2 月 19 日在饭堂晚餐吃了什么（请选择吃了多少）［多选题］ *——选择第 26 题第一个选项后可见

□猪头肉 ______________ （1/4，2/4，3/4，全吃） * ——勾选后可选

□青椒炒火腿肠 ______________ （1/4，2/4，3/4，全吃） * ——勾选后可选

□瘦肉炒莴笋青椒 ______________ （1/4，2/4，3/4，全吃） * ——勾选后可选

□炒菜花 ______________ （1/4，2/4，3/4，全吃） * ——勾选后可选

□炒包菜 ______________ （1/4，2/4，3/4，全吃） * ——勾选后可选

□白菜汤 ______________ （1/4，2/4，3/4，全吃） * ——勾选后可选

□其他 ______________

28. 自 2 月 17 日以来有无不舒服的情况［单选题］ *

○有

○无——结束作答

29. 若有不舒服，什么时候不舒服：________，________时（具体当天几点，如 2 月 19 日 18 时）［填空题］ *

30. 不舒服有以下哪种症状［多选题］ *

□呕吐（多少次/24 小时） ______________ *——勾选后可填写文字

□腹泻（多少次/24 小时） ______________ *——勾选后可填写文字

□发热（多少度） ______________ *——勾选后可填写文字

□腹痛

□头晕

□头痛

□乏力

编者按

相比前两轮调查，“A 工地员工健康个案调查表 3”的问卷内容和逻辑性得到进一步的优化。

其一，增加了同宿舍是否有类似症状情况的询问，进一步评估疫情规模，希望通过该问题，进一步搜索病例。

其二，对工作班组的分类情况由填空题改为选择题，提高了填报的依从性，也方便数据处理。但这需要在前期调查基础上才能完成。

其三，将每天的每餐次分开提问就餐地点，然后才了解食物暴露信息，逻辑性更强，也适合每天各餐次存在的不同就餐地点的实际情况。

其四，调查每种食物进食量。采取半定量分类方法，解决集中就餐暴露者均进食某种食物时判断危险食物的问题。通过获取进食量信息，再结合临床表现、病程、潜伏期等信息，就可以获得进食量与临床表现严重程度、病程和潜伏期的长短的相关性信息，从而证实病因。

其五，调查结尾处缺少致谢环节。

编者按

从不断尝试改变的调查模式中，我们应能从中得到5点启示。

其一，对食物中毒事件快速反应是调查是否成功的关键。现场调查应尽量安排在发现当天，并在现场直接获取调查结果，在未获取满意的第一手调查结果前，不要轻易离开调查现场。未获取需要调查的信息就离开调查现场，会令调查陷入被动局面。

其二，由于记忆偏差的客观存在，对距离暴发事件发生3天以上的现场调查尝试探索事件危险因素，非常困难。基于这一点，当食物中毒事件发生时，快速反应着手收集信息，显得非常关键。

其三，食物中毒事件结论永远来自现场，而不是在办公室。能通过现场面对面问卷调查，就不通过问卷星在线调查；能通过专业技术人员调查，就不通过业主单位、学校、企业、工厂的组织管理体系开展调查；未完成现场的调查任务，调查组不轻易撤离现场，无论现场调查多么困难，解决问题的办法永远在现场，而不是在办公室。

其四，调查问卷的设计是食物中毒现场调查的又一个关键要素。问卷是现场测量、收集信息的工具，调查问卷使用前，调查组需安排流行病学、传染病防控、实验室、统计学和调查对象等各类人员，先填写问卷，测试问卷问题设计的逻辑性、合理性、分析问卷结构是否全面。然后再组织预调查，再次修订调查问卷。尽量安排专业技术人员参与现场调查，及时收集反馈问卷存在问题，及时予以订正。

其五，要加强对信息收集系统的监测、评估，及时修订调查方式和策略。

2. 食品卫生学调查方法与内容

对A工地饭堂开展现场调查，了解工地饭堂环境卫生情况，工用具管理及食物的储存方式，重点了解高危食物凉拌卤制猪头肉等食物的材料采购、粗加工、半成品加工、成品制作等各个环节的时间节点，使用工具是否生熟分开、标识是否清晰，食物容器的清洗、消毒和使用过程是否存在交叉污染，半成品材料储存温度条件，等等。

3. 实验室检测方法与内容

采集病例肛拭子、厨工肛拭子、食物样品、工地厨房工用具和物体表面拭子，对患者肛拭子进行肠道多病原微生物核酸检测筛查，对肛拭子、食物样品和环境拭子进行食源性疾病常规致病菌检测及常规增菌分离鉴定，并对病原体进行血清分型鉴定。

四、调查结果

（一）人群流行病学调查

1. 临床表现

36例病例临床表现见表2。病例在24小时内腹泻次数在2至16次之间，均为黄绿色水样便；腹痛主要表现为脐部、上腹部、下腹部疼痛；呕吐次数1至8次，呕吐物以胃内容物为主。患者均为轻症，无住院、重症病例，经对症、抗菌治疗后均痊愈。

表2　36例临床病例主要临床症状分布

症状	人数（$n=36$）	比例（%）
腹泻	36	100.00
腹痛	23	63.89
呕吐	16	44.44
发热	7	19.44

2. 流行病学特征

首发病例：古××，男，36岁，患者因腹泻10多次，并伴有腹痛、呕吐症状，于2月19日12时自行前往B医院发热门诊就医。自述2月17日、18日每日三餐及19日的早餐均在饭堂就餐，因出现身体不适，因此未进食2月19日午、晚餐。否认近3天有项目部门口流动摊档进食史，近期无进食自己或老乡自带食物史。

末例病例：李×，男，51岁，患者2月19号20时出现腹痛、腹泻症状，于2月20日3时自行前往B医院发热门诊就医。自述2月17日、18日及19日均在饭堂就餐，19号午餐曾食用饭堂供应的凉拌猪头肉。否认3天内有项目部门口流动摊档进食史，近期无进食自己或老乡自带食物史。

（1）时间分布。剔除发病时间不明确者，28名发病时间明确患者的发病时间分布见图3。首发病例在2月19日12时发病，末发病例在2月20号3时发病，暴发持续15小时。流行曲线呈双峰状间歇同源分布，发病高峰分别位于2月19日18时和2月20日0时。

发病潜伏期最短1小时，最长10.5小时，平均潜伏期（中位数）6.5小时。

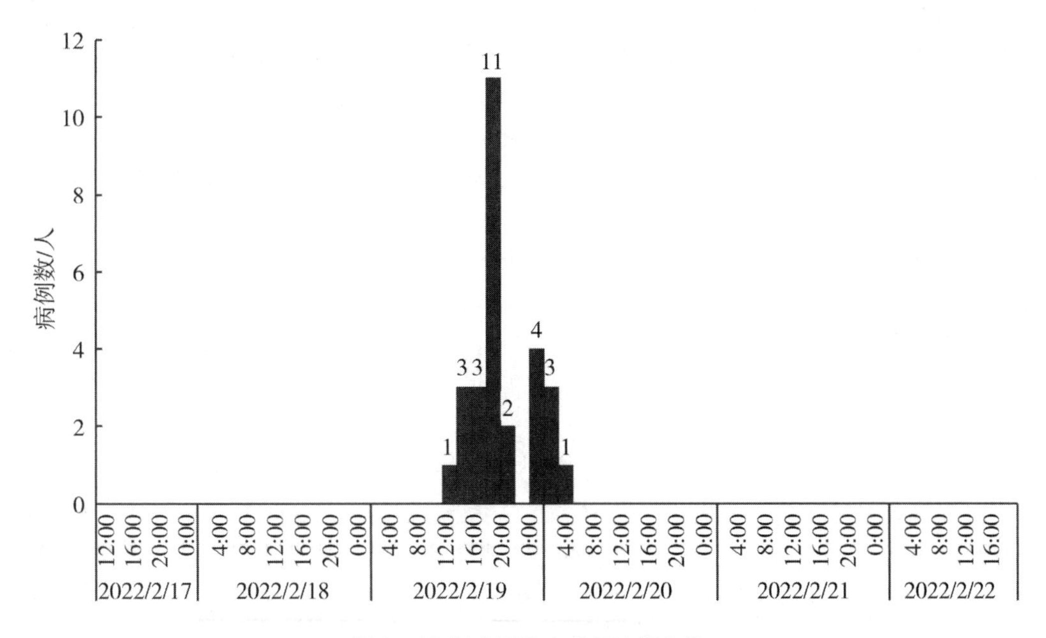

图3　28例病例发病时间流行曲线

编者按

时间分布可采用流行曲线等进行描述，流行曲线可直观地显示事故发展所处的阶段，并描述疾病的传播方式，推断可能的暴露时间，反映控制措施的效果。直方图是流行曲线的常用形式，绘制直方图的方法如下：①以发病时间作为横轴（X 轴）、发病人数作为纵轴（Y 轴），采用直方图绘制。②横轴的时间可选择天、小时或分钟，间隔要等距，一般选择小于 1/4 疾病平均潜伏期；如潜伏期未知，可试用多种时间间隔绘制，选择其中最适当的流行曲线。③首例前、末例后需保留 1～2 个疾病的平均潜伏期。如调查时发病尚未停止，末例后不保留时间空白。④在流行曲线上标注某些特殊事件或环境因素，如启动调查、采取控制措施等。

（2）空间分布。病例均为居住在 A 工地东区的员工，东区员工罹患率为 12.54%（36/287），西区无病例报告。东区各工作班组均有病例，其中拆架组 1 人（占 2.78%），饭堂 1 人（占 2.78%），技术组、砌砖及钳工组各 2 人（各占 5.56%），漆工组 3 人（占 8.33%），木工组 4 人（占 11.11%），砼工组 13 人（占 36.11%），另有 8 名患者班组不确定。病例居住房间未发现明确聚集性，其中居住在 101 房、107 房、110 房、112 房各 1 人（各占 2.78%），203 房、204 房各 2 人（各占 5.56%），205 房、304 房、8110 房、217 房各 3 人（各占 8.33%），119 房、220 房各 4 人（各占 11.11%）。

编者按

病例空间描述通过绘制标点地图或面积地图描述事故发病的地区分布。①标点地图可清晰显示病例的聚集性以及相关因素对疾病分布的影响，适用于病例数较少的事故。将病例（或病例所在家庭、班级、学校）的位置，用点或序号等符号标注在手绘草图、平面地图或电子地图上，并分析病例分布的聚集性与环境因素的关系。②面积地图适用于规模较大、跨区域发生的事故。利用不同区域（省、市、县/区、街道/乡镇、居委会/村）的罹患率，采用 EpiInfo 或 MapInfo 等地图软件进行绘制，并分析罹患率较高地区与较低地区或无病例地区饮食、饮水等因素的差异。③通过比较数据在片区、工作班组、班级、宿舍等各种空间罹患率的差异，利用 Poisson 分布的原理检验病例空间分布是否具有聚集性。

通过对空间分布聚集性的描述，对病例分布与某种危险因素（传播途径）可能存在的联系提出假设。比如，进食过某种食物的人群与无进食某种食物的人群发病率有显著性差异，提示该食物可能是导致食源性疾病的危险食物。病例分布方面，若某工作班组人群罹患率显著高于其他班组，提示该班组中存在的某种特殊因素可能是造成疾病聚集性的危险因素，比如在某餐饮单位就餐后，出现病例聚集性事件，而在 1 号台就餐人群罹患率显著高于其他号台人群罹患率，提示 1 号台可能存在其他号台未出现的危险因素，比如 1 号台可能饮用了“假酒”。

本案例描述了病例在各人群中的构成比，实际上无法描述病例的空间聚集性情况。在现场流行病学调查中，既要收集在各人群中病例出现的绝对数量，也应注意收集相应人群总人数数据，才能用“率”来描绘疾病的分布，才能对不同人群的罹患率进行比较。

（3）人群分布。病例中男性25例（占69.44%），女性11例（占30.56%）；男性罹患率9.8%（25/255），女性罹患率34.3%（11/32），罹患率差异具有统计学意义（$\chi^2=38.508$，$P<0.001$）。病例年龄在24～59岁之间，各年龄组罹患率差异具有统计学意义（$\chi^2=6.326$，$P=0.047$）。

经调查，病例近三天无人进食自带食物，无人在流动摊档就餐，所有患者三天三餐均在饭堂进食。

病例空间分布、人群分布情况见表3。

表3　A工地员工空间及人群分布

因素	组别	病例	非病例	总人数	罹患率（%）	χ^2	P
住宿区	东区	36	251	287	12.54	5.221	0.022
	西区	0	37	37	0.00		
性别	男	25	229	254	9.84	38.508	<0.001
	女	11	21	32	34.38		
年龄组	24～35岁	13	82	86	4.65	6.135	0.047
	>35岁	10	64	72	11.11		
	>45岁	13	109	129	15.50		

编者按

按病例的性别、年龄（学校或托幼机构常用年级代替年龄）、职业等人群特征进行分组，分析各组人群的罹患率是否存在统计学差异，推断高危人群，并比较有统计学差异的各组人群在饮食暴露方面的异同，寻找病因线索。

通过描述性分析，初步判断该事件为一起聚集性食源性疾病暴发事件，明确危险地点为东区，因为病例均为居住在东区的员工，西区无病例报告。东区的危险就餐方式是在饭堂就餐，因为所有病例近期均在工地食堂进餐，无外出用餐史。病例发病时间流行曲线显示，发病高峰分别位于2月19日18时和2月20日0时，患者肛拭子样本检测结果提示为副溶血性弧菌感染，已知副溶血性弧菌感染的平均潜伏期为15小时，最短1小时，最长4天，推断危险暴露餐次为19日午餐或/和19日晚餐，结合首发病例2月19日午餐及晚餐不曾进食，应考虑将18日晚餐纳入危险餐次。

编者按

突发公共卫生事件是指已经发生或者可能发生的、对公众健康造成或者可能造成重大损失的传染病疫情和不明原因的群体性疫病，还有重大食物中毒和职业中毒，以及其他危害公共健康的突发公共事件。

在接到发生食物中毒信息报告、前往现场途中、到达现场之后，就需开展一系列的信息收集活动，核实事件真实性，进一步判定事件性质，是食物中毒事件、传染病暴发事件、气体（一氧化碳）中毒事件还是介水传染病暴发事件。各类突发公共卫生事件的流行病学、临床表现特点会各不相同。

帮助核实事件属性的信息收集途径包括3种。①通过事件的报告人核实。越来越多的事件信息通过微信等即时通信工具进行沟通核实。有时，简短报告难以对事件真实性进行判断，可通过电话、即时通信工具等进一步完善包括事件基本情况、就诊情况、临床表现、患者分布初步情况、初步结论（判断）、已采取措施及效果等信息的收集，通过以上信息综合核实、判断。②通过肇事现场负责人核实。到达现场后，对首发、重症、死亡病例的临床表现、近期可疑的高危暴露情况、病例分布情况，以及是否有时间、空间或人间聚集性等予以判别。③通过患者就诊医疗机构核实。向接诊医护人员了解患者的临床表现、实验室检验结果、临床诊断和治疗措施及效果等信息。特别是接诊医生对聚集性事件患者的临床诊断，具有很好的参考价值。

食物中毒事件的发生常常表现为某次就餐（危险食物暴露）后，短时间内出现临床表现相近的患者。患者发病时间集中，短时间内出现较多有相似症状的病例。流行病学曲线常表现为单峰点源暴发特点。病例分布无空间聚集性，但有食物暴露史人群罹患率高于无食物暴露史人群。而且，一般情况下，进食危险食物数量越多，潜伏期越短、病程越长、临床症状越严重。分析流行病学研究结果可以发现，病例组人群危险食物暴露率高于对照组危险食物暴露率（OR 值 >1），且有统计学意义，或者暴露于可疑食物人群罹患率高于非暴露于可疑食物人群罹患率（RR >1），且差异有统计学意义，即可认为假设成立。有时，进一步研究发现：不同危险食物进食量分组的罹患率与潜伏期、病程长短和疾病严重程度相关，且相关程度有统计学意义，从而确认突发公共卫生事件是食源性病例聚集性事件，并确认危险的餐次、危险的食物等信息。可结合流行病学调查结果，指导对与危险食物生产相关的原材料、半成品、成品、生产环境、工用具等进行样本采集，同时采集发病患者、生产加工工人（厨工）的生物标本（肛拭子、大便、伤口/脓液拭子）送实验室培养、检验。通过卫生学调查，能发现可疑危险加工环节或细菌污染、增殖条件（时间、温度等适合），则可结合流行病学调查、临床表现、卫生学和实验室结果，对调查下结论。

编者按

食源性疾病病例聚集性事件致病因子主要有5类。①生物性（细菌、病毒和寄生虫）食源性疾病病例聚集性事件，指人们摄入含有细菌（或细菌产生的毒素）、病毒和寄生虫的食品而引起的食源性疾病病例聚集性事件。这类食源性疾病病例聚集性事件最为常见，不同的致病生物引起的发病时间（潜伏期）、临床症状、病程及严重程度不同，并因个体耐受性或免疫力的不同存在一定的个体差异。②化学性食源性疾病病例聚集性事件，指人们摄入混有农药、化肥、鼠药、亚硝酸盐等有毒化学物质的食品引起的食源性疾病病例聚集性事件。这类事件发病率仅次于生物性事件，发病快（潜伏期短），发病时间较集中，症状基本类似且较严重，个体差异小。有时进食受污染食物的量或因受污染部位程度不同，潜伏期、症状严重程度等会有所不同。③植物性食源性疾病病例聚集性事件，指人们摄入有毒植物或有毒植物种子，或因种植、储藏、加工方法不科学而未能除去植物中的有毒物质的食品而引起的食源性疾病病例聚集性事件，如葫芦瓜、鲜黄花菜、苦杏仁、四季豆、发芽马铃薯中毒等，植物性食源性疾病病例聚集性事件因有毒植物出现有一定的条件而具有一定的季节性分布特点。④动物性食源性疾病病例聚集性事件，指食用天然含有有毒成分的动物、动物的某一部分或在一定条件下产生大量有毒成分的动物性食品而引起的食源性疾病病例聚集性事件。如食用河豚、生鱼胆、大型石斑鱼（雪卡毒素）等，这类事件与导致动物性食源性疾病病例聚集性事件的食物的分布相关，也与当地饮食习惯存在一定联系，具有较明显的区域性分布特点。⑤毒蕈中毒，指因为误采、误食毒蘑菇引起急性中毒，呈现地域性、季节性发病，常有家庭聚集和群体性发病的特点，社会危害大。部分品种中毒病死率高，其中具有肝毒性的鹅膏菌属品种中毒病死率高达80%。根据临床主要表现分为急性肝损型、急性肾衰竭型、溶血型、横纹肌溶解型、胃肠炎型、神经精神型、光过敏皮炎型，以及其他损伤等多种临床类型。毒蕈中毒后临床表现复杂多样，与摄入蘑菇所含毒素类型密切相关。

食源性疾病病例聚集性事件致病因子种类多，危险环节、危险因素多样，需要结合现场流行病学、卫生学和实验室检验结果综合判断。虽经专业技术人员努力调查，但由于调查技术、调查时机、采样与检测技术的差异，大部分事件仍难"侦查"事件的危险因素与致病因子。因此对事件调查结论需主要依靠流行病学调查结果来做判断，现场流行病学调查是卫生学调查和实验室调查的基础环节。通过流行病学调查，结合食源性病例聚集性事件的特征，可以推断事件是食源性疾病病例聚集性事件，而非传染性疾病或介水疾病；通过患者潜伏期、临床表现基本可以推断致病因子的大概范围，比如，潜伏期比较长（可能达到6小时到5天），有海产品如腌制螃蟹、濑尿虾或凉拌卤猪头肉等高危食物暴露史，出现腹痛、腹泻、呕吐、发热、乏力、恶心、头痛、脱水，有时有带血或黏液样腹泻临床表现，但未能/还未能在剩余食物样本、患者生物标本中培育出致病菌，结合流行病学调查结果，对事件调查给出"方向性"结论，如判断该事件为生物性细菌性食物中毒事件，副溶血性弧菌可能性大，危险餐次为某天晚餐，具体危险环节未知/待进一步调查。结合专业技术人员专业技能，最大限度对事件的致病因子进行判断。

3. 假设形成及验证

（1）形成假设。2月18—19日A工地东区饭堂提供的凉拌猪头肉为可疑食物，主要依据为：事件患者临床表现为腹痛、腹泻、呕吐为主的胃肠道症状，抗菌治疗有效，流行病学调查显示暴发平均潜伏期6.5小时（0.5～10.5小时），实验室结果提示该事件为副溶血性弧菌感染所致，其致病潜伏期在6小时～5天之间，结合调查所获的近3天饭堂供餐食谱，考虑危险暴露餐次为18日晚餐或/和19日午餐或/和19日晚餐，饭堂提供的凉拌猪头肉是危险食物。

编者按

建立假设是事件调查过程中得到调查结论不可或缺的环节之一，假设的形成来自现场流行病学调查后对事件的细致描述，描述性研究结果是形成假设的依据。从工作流程上看，对突发公共卫生事件的调查是从事件核实开始，然后依次是病例定义、病例搜索、个案调查、三间分布描述、提出假设、验证假设、形成调查结论和提出控制措施，各步骤一环紧扣一环，依次有序展开。实际上，从接到事件的报告到踏入事故现场，调查人员就应有对事件原因的初步判断，围绕着这个初步判断制定调查的方向、途径、方式，以及设计调查问卷。围绕着要解决的问题收集支持的依据和不支持的证据。

对事故原因的准确判断依靠日常工作中不断地“干中学”“学中干”的现场调查技术经验积累。错误判断也常有出现，特别是刚参与现场调查的“新手”更是如此。但应有及早发现、及时纠正错误判断的能力，修订调查方向和重新收集证据的态度和决心，而不应在错误调查方法面前固执地坚持，寻找借口。

（2）验证假设。采用病例－对照研究验证假设，将36例临床病例全部纳入病例组；将与病例同性别、年龄相差不超过5周岁的同一班组工友纳入对照组，计划调查对照人群36名。

调查员添加调查对象微信，通过微信发放问卷星二维码开展问卷调查。实际仅成功调查到9名病例和11名对照。

调查组对所得数据进行分析，结果见表4。危险餐次是2月18日晚餐（$OR=12.0$，$95\%CI$：1.05～136.79）、2月19日午餐（$OR=8.0$，$95\%CI$：1.00～144.79）和晚餐（$OR=8.0$，$95\%CI$：1.00～152.79），危险食物为2月18日晚餐（$OR=32.0$，$95\%CI$：2.39～143.79）和2月19日晚餐（$OR=18.0$，$95\%CI$：1.50～216.62）提供的凉拌猪头肉。

编者按

本次事件调查一波三折，调查组几番修订调查问卷，改变调查策略，都不能得到满意的结果，复盘调查过程，总结主要原因有如下几点。①调查的时效性非常重要。在接到医疗机构报告后，市、区疾控中心最好组织调查组，共同参与现场调查，可以由区疾控中心主导调查工作，市疾控中心协助，做好参谋角色，也可以锻炼基层疾控中心专业技术人员的现场调查技术能力。距离发病时间越久，调查难度越大，一是应答率越来越低，二是能获得的结果信度越来越低。总之，调查越早介入越好。②最适合食物中毒事件的调查方式是面对面问卷调查，其他方式适合作为补偿调查使用。面对面调查能把控调查过程质量，提高应答率，及时解决调查对象在调查过程中出现的疑问，相对快速获得调查结果。③为逃避法律责任，被调查单位相关人员有可能阻碍调查进程，提供虚假信息。《中华人民共和国食品安全法》第七章第一百零七条规定：调查食品安全事故，应当坚持实事求是、尊重科学的原则，及时、准确查清事故性质和原因，认定事故责任，提出整改措施。调查食品安全事故，除了查明事故单位的责任，还应当查明有关监督管理部门、食品检验机构、认证机构及其工作人员的责任。疾控机构应联合市场监督管理部门、农业行政主管部门组成联合调查组，进入事故现场后，应跟肇事单位说明调查的目的和肇事者应如何配合调查，及时组织现场调查，防止相关证据遗失。④加强与肇事单位主管部门的信息沟通，不建议市场监督管理部门在事件发生后将处罚作为教育的主要手段，而应在日常做好食品安全事故的督导、检查，及时发现潜在的风险。提升餐饮企业准入门槛，日常做好食品安全事故风险预警与风险沟通，提升从业人员食物中毒防控意识。严厉的行政处罚让事故调查阻力重重，难以顺利开展。

本次G市疾控中心介入调查距离事件发生已有一段时间，A区疾控中心实验室结果是可信的，现场调查、数据分析作为学员培训过程尚可，但因无法开展病例搜索，患者食物暴露史无法查清。

病例对照研究由于应答率低，成功调查到的例数少，导致检验效率低。

（二）现场卫生学调查结果

1. 饭堂现场调查

工地饭堂位于A工地东区生活区内，厨房面积约为30平方米，用餐区为厨房门外的简易棚区内，设有约10个简易用餐位。厨房为单间设置，无功能分区，没有设置相应的功能区间隔门，非单通道。食品原料存放区域、清洗、粗加工、熟食制作等功能没有明确标识分区。食物原材料粗加工、半成品分切与成品均在厨房中央的操作台进行，生产工艺流程存在生熟交叉环节。

现场工用具无生熟分开标识，各环节各用途的厨具、食物容器款式均一致，存在工用具混用可能。

中央操作台下层平放有砧板2块，一厚一薄，无生熟标识，两砧板发霉发黑严重，靠近砧板能闻及酸臭味道。有厨房刀两把，无生熟标识。

冰箱存放各种食物原材料、半成品和成品，生熟食物混合存放，各存放格无生熟食物分开存放标识。

2. 危险食物制作流程和可能污染的环节

饭堂2月18日晚餐开始有凉拌猪头肉供应。食堂负责人H某自述：2月18日9：00在工地附近的菜市场购回25斤猪头肉，返回食堂简单清洗后存放于塑料筐。15：00开始对猪头肉进行加工，先焯水20分钟，在操作台的砧板上用刀先刮切、去毛粗处理，洗净后盛放在蒸饭的不锈钢盆中备用。15：30许用开水和洗洁精清洗焯水的铁锅，随后放植物油、生姜、花椒、八角、香叶、桂皮、鸡精、食盐、生抽、老抽炒制卤料，开始对猪头肉进行卤制。16：30 许卤制完成，猪头肉捞出盛放在蒸饭不锈钢盆中备用。17：00 开始在中央分餐台将猪头肉改刀切片，放入大号不锈钢盆，添加大蒜末、生姜末、小米辣末、香油、花椒油、香醋、生抽、食盐、香菜进行搅拌混匀。随后再装入盛菜专用不锈钢容器中，移入保温水浴箱，17：30 开始供餐。2 月 18 日晚餐供应的凉拌猪头肉为当天制作，否认使用之前冻存猪头肉，当天 25 斤卤制猪头肉剩余部分用盆存放封盖保鲜膜，存入冰柜。2 月 19 日午、晚餐继续供应。半成品卤制猪头肉在分切过程中，可能存在通过未能生熟分开的已污染副溶血性弧菌的砧板、食物容器致交叉污染；污染了细菌的凉拌猪头肉在保温水浴箱中，水温适宜、供餐时间长，存在细菌增殖的条件。危险食物凉拌猪头肉的制作流程示意图见图 4。

表 4　2 月 18 日晚餐、19 日午餐及晚餐病例对照研究

日期	餐次	因素	组别	对照	病例	总人数	*OR*	95% *CI*
2 月 18 日	晚餐	就餐地点	饭堂	4	8	12	12.00	1.05 ~ 136.79
			其他	6	1	7		
		凉拌猪头肉	未食用	8	1	9	32.00	2.39 ~ 143.79
			食用	2	8	10		
		木耳炒回锅肉	未食用	9	7	16	2.57	0.19 ~ 137.79
			食用	1	2	3		
		青椒炒瘦肉	未食用	7	5	12	1.87	0.28 ~ 141.79
			食用	3	4	7		
		酸豆角炒鸡杂	未食用	9	4	13	11.25	0.97 ~ 138.79
			食用	1	5	6		
		素炒包菜	未食用	8	7	15	1.14	0.12 ~ 139.79
			食用	2	2	4		
		素炒上海青	未食用	9	6	15	4.50	0.37 ~ 140.79
			食用	1	3	4		
		紫菜蛋花汤	未食用	8	4	12	5.00	0.65 ~ 142.79
			食用	2	5	7		
2 月 19 日	午餐	就餐地点	饭堂	2	6	8	8.00	1.00 ~ 144.79
			其他	8	3	11		
		凉拌猪头肉	未食用	9	4	13	11.25	0.97 ~ 130.22
			食用	1	5	6		
		花生焖猪手	未食用	8	7	15	1.14	0.12 ~ 145.79
			食用	2	2	4		

续上表

日期	餐次	因素	组别	对照	病例	总人数	*OR*	95% *CI*
2月19日	午餐	番茄炒鸡蛋	未食用	7	5	12	1.87	0.28～146.79
			食用	3	4	7		
		瘦肉炒莴笋	未食用	9	4	13	11.25	0.97～147.79
			食用	1	5	6		
		卤鸡腿	未食用	7	3	10	4.67	0.67～151.79
			食用	3	6	9		
		素炒菜心	未食用	9	5	14	7.20	0.62～148.79
			食用	1	4	5		
		素炒白菜	未食用	7	5	12	1.87	0.28～149.79
			食用	3	4	7		
		白菜汤	未食用	8	4	12	5.00	0.65～142.79
			食用	2	5	7		
	晚餐	就餐地点	饭堂	2	6	8	8.00	1.00～152.79
			其他	8	3	11		
		凉拌猪头肉	未食用	9	3	12	18.00	1.50～216.62
			食用	1	6	7		
		青椒炒火腿肠	未食用	9	6	15	4.50	0.37～154.79
			食用	1	3	4		
		青椒炒瘦肉	未食用	9	4	13	11.25	0.97～155.79
			食用	1	5	6		
		素炒花菜	未食用	8	7	15	1.14	0.12～156.79
			食用	2	2	4		
		素炒包菜	未食用	9	5	14	7.20	0.62～157.79
			食用	1	4	5		
		紫菜蛋花汤	未食用	8	7	15	1.14	0.12～158.79
			食用	2	2	4		

注：部分调查对象记不清当日进餐食物，其暴露信息未纳入。

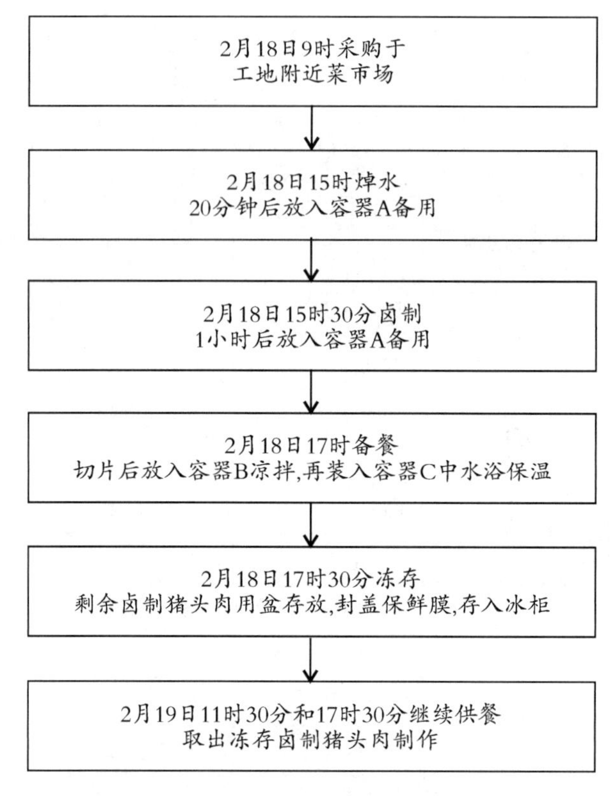

图4　危险食物凉拌猪头肉的制作流程

（三）实验室检测结果

2 月 19 日 23 时，A 区疾控中心共采集样本有患者肛拭子 24 宗、厨工肛拭子 4 宗、厨房冰箱中食物样品 3 宗、厨房环境拭子 12 宗，送区疾控中心实验室对肛拭子、食品样品和环境拭子进行常规致病菌检测、肠道多病原微生物核酸检测，筛查常见致病菌，并进行增菌培养。结果（表 5）在其中 14 份患者肛拭子中增菌培养出副溶血性弧菌，血清型别均为 $O_{10}K_4$，排除病毒感染的可能性。在 1 宗厨工肛拭子标本、凉拌猪头肉样本中增菌培养出副溶血性弧菌，1 宗砧板样本副溶血性弧菌呈弱阳性。

表 5　A 工地副溶血弧菌污染事件实验室结果

样本种类	采集宗数	PCR 检测	增菌培养	血清型
患者肛拭子	24	14	14	均为 $O_{10}K_4$
厨工肛拭子	4	1	1	–
食物	3	1（凉拌猪头肉）	1（凉拌猪头肉）	–
厨房环境	12	1（砧板）	弱阳（砧板）	–

编者按

合格的食物中毒调查报告应能回答如下疑问：是不是食源性疾病聚集性事件？食源性疾病致病因子的种类？致病因子的名称？危险进食（肇事）地点？危险餐次/进食时间？危险食物？危险食物的污染环节？主要依据来自流行病学调查、临床表现、卫生学检查和实验室结果。同时，描述不支持传染性疾病、介水疾病或其他病媒性疾病的调查依据。

五、调查结论

根据现场流行病学调查、临床症状、卫生学调查和实验室结果判断该事件为一起食源性疾病聚集性事件，危险进食地点是A工地项目部东区饭堂，可疑危险餐次为A工地饭堂18日晚餐或/和19日午餐或/和19日晚餐，危险食物为2月18日、19日A工地东区生活区饭堂提供的凉拌猪头肉。依据有5个方面。

（1）本起事件病例居住在东区，西区无发病情况，病例无工组、房间分布聚集性，可以排除包括新冠病毒感染在内的传染性疾病聚集性事件，排除介水疾病暴发事件。

（2）所有病例2月18日、19日均在A工地东区饭堂进餐，无外出就餐史，判断危险进食地点为A工地东区饭堂；患者有相似的临床特征，进餐后出现腹痛、腹泻、呕吐等急性胃肠炎症状，少数伴发热，潜伏期最短1小时，最长10.5小时，平均6.5小时；病程较短，使用抗感染等对症治疗，病情好转快、预后良好，符合副溶血性弧菌感染的临床表现。

（3）发病时间曲线图显示，流行曲线快速上升，快速下降，出现两个发病高峰，两高峰间隔4小时，呈间歇同源暴露。结合副溶血性弧菌感染的平均潜伏期为15小时，最短1小时，最长4天的特征，推测危险餐次为A工地东区饭堂2月18日晚餐或/和19日午餐或/和19日晚餐。

（4）实验室结果显示：病例肛拭子、厨工肛拭子及食品留样中均检出副溶血性弧菌，且病例肛拭子标本均为同一血清型$O_{10}K_4$（未对凉拌猪头肉检出的菌株进行血清型分型检测）。

（5）厨房烹饪环境、布局、流程不合理，工用具、砧板、冰箱等均无生熟标识。砧板霉变严重，现场可闻及酸臭味，猪头肉粗处理与分切卤制后的熟猪头肉存在交叉污染可能，售卖分装过程存在细菌增殖的时间和条件。

六、建议

（1）供餐单位加强食品安全管理。从业人员要经过食品安全培训，提高人员食品安全意识，强化食品加工人员的责任心，保障食品质量安全。完善食品加工硬件条件，注意生熟分开，预防食物出现交叉污染。应严格遵守操作规程制作凉拌菜，做好工用具和环境的清洁、消毒，有效防止食物材料受副溶血性弧菌污染。应设置熟食专间。专间入口处应设有洗手、消毒、更衣设施，专间门应能够自动关闭。专间内应设空气消毒、冷冻（藏）、独立的空调等设施，设施运转正常。控制专间温度不高于 25 ℃，加强专间食品处理区的通风除湿，控制气流从处理区向周边流动。

（2）市场监督管理部门应加强对工地饭堂厨房的监管。规范厨房操作流程，完善各类卫生设施，肉菜品设置前处理专用场所及专间，设相应食材原料清洗水池，生熟加工环节分开。若烹饪后至食用前需要较长时间（超过 2 小时），食品应暂存放于高于 60 ℃或低于 10 ℃的环境（食品转运箱）。建议加强对辖区同类餐饮单位、厨房，特别是小型餐饮厨房的监督检查，建立食材台账制度，确保食物来源能够溯源，避免类似事故发生。

（3）疾控机构应注意加强专业技术人员现场调查能力培训，切实提升调查技能，规范调查暴发事件，及时查清暴发危险因素，提出精准防控建议。

七、局限性

（1）工地饭堂无固定食谱存根及详细进货单据，无法溯源。

（2）本次事件只能通过医院门诊登记系统确定病例的就诊时间，无法确定病例的发病时间，从而导致无法根据病例的发病时间曲线推断出危险餐次范围。提示类似食源性疾病暴发事件发生后，调查人员应尽量通过病例个案调查获得更为准确的发病时间，避免记忆偏差。

（3）人群分布数据显示性别、年龄组罹患率差异具有统计学意义，出现该结果的原因是事件已发生多日，饭堂恐承担责任，不积极配合，未提供工地员工的完整资料，导致病例人群分布可能与实际情况不符。之后进行类似事件调查时，为确保调查质量，调查前应与相关事件负责人联系，表明来意，寻求积极配合，提高调查结果的可信性。

案例七　G市Z区MY餐厅一起甲醇中毒事件调查案例*

本案例学习目的

（1）掌握如何设计食源性疾病病例聚集性事件调查表；

（2）掌握食源性疾病病例聚集性事件调查如何从病例潜伏期、临床表现、三间分布等信息中提出病因假设；

（3）熟悉食源性疾病病例聚集性事件调查的质量控制技术；

（4）了解核实事件、制定病例定义和病例搜索等步骤在暴发事件调查中的作用；

（5）了解食源性疾病病例聚集性事件调查的目的；

（6）了解制定病例定义的时间范围界定方法；

（7）了解如何在调查过程灵活运用病例搜索技术；

（8）了解食源性疾病病例聚集性事件卫生学调查方法。

一、背景

2020年11月10日12：30许，G市疾控中心接B区疾控中心报称GZ1医院收治1名患者（刘某某，女，30岁），怀疑11月7日在G市Z区MY餐厅聚餐导致不适，其餐友中也有不适者，分别在H区GZ2医院以及S市的医疗机构就诊。接到报告后，G市疾控中心立刻派出专业技术人员会同Z、B、H区疾控中心于当天13时30分到达相关医疗机构及涉事餐厅开展现场调查，同时电话联系S市疾控中心协助调查在S市医疗机构就诊患者情况。

编者按

暴发事件的报告是责任认定的重要证据之一，是一项程序规范性和科学技术性很强的工作。在背景部分交代时间节点时，报告宜交代接到报告时间、出发时间或到达现场开始调查时间。

---

* 本案例编者为陈建东、钟文彬、许丹。

二、基本情况

2020 年 11 月 7 日 19 时 30 分许，刘某某及其同行者共 10 人先后到 G 市 Z 区 MY 餐厅（地址：G 市 Z 区 XT 镇 XD 村 XJ 市场北区 4 路 1 号）进食晚餐，均在同一餐台吃羊肉火锅，主菜羊肉共 9.5 斤，配菜有土豆片、腐竹、香芋等，前后饮用了店里泡制的药酒 3 扎（服务员分 3 次装于扎壶上桌，总量 1 ～ 1.5kg）和 1 瓶苹果醋。聚餐于 21 时 40 分结束后，10 人转至餐厅附近 H 区的 HYX 麻将馆打麻将，至 8 日 3 时各自回家。

10 人中除匡某与谢某是夫妻关系外，其余彼此是通过打麻将认识的朋友，分别居住在 G 市 B、Z、H 以及 S 市等地，之前偶尔会在一起聚餐、打牌。此次在欧阳某组织下约定于 11 月 7 日（周六）晚上聚餐后到附近麻将馆打麻将。

已营业 8 年的 G 市 Z 区 MY 餐厅主体部分处于村民自建房 1 楼，经营羊、狗肉火锅，也提供两个品种的自制泡酒（中药泡酒和蜂巢棯子酒）给有需要的食客饮用。营业场所包括室内部分，面积约 60m^2，分成粗加工区、摆放 4 张餐桌和收银台的营业区，收银台侧放置中药泡酒（采样编号：药酒 3 号，以下称“药酒 3 号”）和蜂巢棯子酒（采样编号：蜂巢棯子酒 2 号）各一罐；室外临时营业面积约 20m^2，摆放 6 张餐桌，有伸缩帐篷遮挡；有储存仓库位于通往 2 楼楼梯中间的隔间，面积约 10m^2，存放有 2 罐中药泡酒（25L/罐，采样编号：药酒 1 号、药酒 2 号）、1 罐蜂巢棯子酒（25L，取样编号：蜂巢棯子酒 1 号）、广合腐乳、五香腐乳等火锅调味料、定型包装饮料等。该餐厅各功能分区布局、阁楼相对位置如图 1。

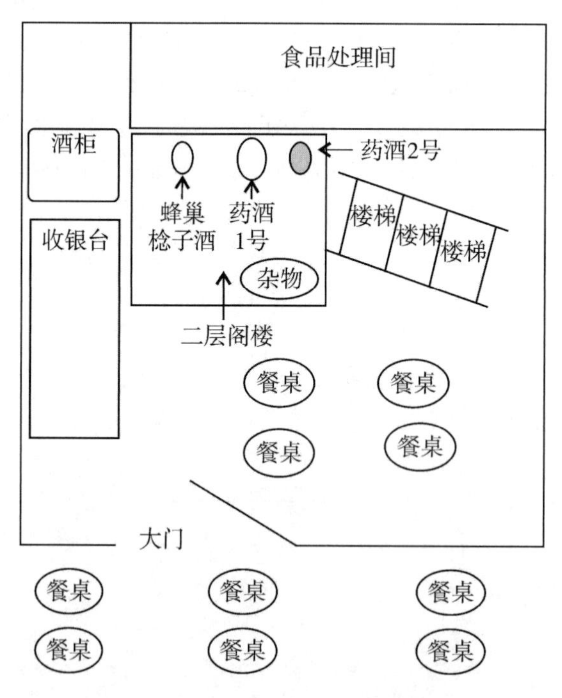

图 1　G 市 Z 区 MY 餐厅平面布局

HYX 麻将馆位于 G 市 H 区东区 HY 广场 4 楼，专营麻将室，该馆提供 DP 特饮及 YB 矿泉水等定型包装饮料给顾客在娱乐过程中饮用。

有饮用餐厅提供的药酒 1 号的 5 位餐友于餐后 23 时许，先后出现头晕、恶心、呕吐等症状，以为是酒醉所致。在麻将馆解散后，部分餐友开始出现胸闷、呼吸困难、乏力、视力模糊等不适情况，遂在附近医疗机构就诊。刘某某身体不适就医后，将餐友也出现类似情况告知所就诊医疗机构 GZ1 医院急诊科医护人员，该院以“疑似食物中毒”诊断，电话报告 B 区疾控中心和市场监督管理局。市场监督管理局在搜索同餐餐友的过程中发现周某某已在其居住的出租屋死亡。除餐友洪某某症状轻微（仅有头晕症状）未就医外，其余发病餐友已分别在 G 市 B 区、H 区和 S 市等居住地附近医疗机构就医。

编者按

该事件虽然涉及人数较少，但 10 位牌友从聚集到解散，可疑的共同暴露场所有 G 市 Z 区 MY 餐厅和 HYX 麻将馆，在基本情况部分须交代两处场所和就医的基本情况。在未弄清楚危险场所之前，患者共同暴露过的场所，都有可能是危险场所，因此有必要通过调查，描述暴露过的场所的一般情况，包括地址、周边环境、经营范围和年限、生产能力和实际供应情况，还须交代患者发病的一般情况及就诊过程。

1. 突发公共卫生事件现场处置过程

专业技术人员刚到达肇事现场，可能会感觉非常迷茫，很多情况不清楚。但无论是哪一种因素所致的突发公共卫生事件，建议按现场调查的基本步骤来开展。首先核实事件是否真实存在。这个环节在到达现场前就已经开始了。可以向前期到达现场的专业技术人员了解情况，也可以向接诊患者的临床医师了解情况。初步核实、掌握患者的一般临床表现，可为到达现场后要开展的工作奠定基础。然后是制定病例定义和搜索病例。在现场调查中，病例定义可以包括但不限于以下要素：时间、地点、人群、症状和体征、临床辅助检查阳性结果、特异性药物治疗有效、致病因子检验阳性结果等。病例定义的制定是为病因判断服务的，病例定义应当简洁，具有可操作性，可随调查进展进行调整。在现场调查过程中，病例定义的制定是最为关键的一环，决定着调查能否成功。在调查初期，可采用灵敏度高的疑似病例定义开展病例搜索，并将搜索到的所有病例（包括疑似、可能、确诊病例）进行描述性流行病学分析。在进行分析性流行病学研究时，应采用特异性较高的可能病例和确诊病例定义，以分析发病与可疑暴露因素的关联性。

病例搜索就是通过一定途径、方法、手段和工具，将患者（疑似病例、可能病例和确诊病例）和非患者区分开来，为后面的分析提供数据。结合现场特点，病例搜索方式可以是面对面访谈、自填调查问卷（纸质问卷或者网络问卷）或电话调查；可以利用调查问卷或者调查一览表等工具。

2. 调查现场的质量控制

无论哪种调查方式，都要做好调查过程的质量控制。

（1）在调查问卷前端附上“调查知情同意书”，告知调查对象组织调查单位名称、调查目的、调查方法、调查结果的处理方式和保密原则。

(2) 做好调查员的培训，让每位调查员明确调查问卷每一条调查题目设计的目的以及现场调查技巧。

(3) 正式调查前，先进行预调查，做好调查问卷的质量评估。目的是修订不符合逻辑的问题，修订变量设计不方便统计的选项等，然后再全面铺开调查。

(4) 正式调查开始时，应有调查员在场，向调查对象说明调查目的和调查方式，维持现场调查的纪律，保证调查结果的真实性。用“问卷星”等网络问卷进行现场调查时，也应该有调查员（或经过培训的班主任、老师等）在场，题干问题设计要合理、科学，问题答案的选择设计应涵盖所有可能的内容。

(5) 如果调查人群规模较大，调查表复杂，注意设计自动逻辑查错功能，有条件的，可以双人两次录入数据库，再进行一致性检验（查错）。

(6) 一起发生在集体单位（如学校）某餐次的某食物污染所致的食源性聚集性病例，时间分布曲线理论上应呈单峰型正态分布特点（快速上升到高峰后快速下降，高峰无平台期），若形状不规则，或整体呈单峰型，但某时间单位发生的病例数比预期病例数少或甚至为零，则应及时组织核实调查所得数据真实性：是否存在设计问卷问题意思表达不清，容易产生歧义，存在部分调查对象未参与调查（搜索病例不到位）等情况。

三、调查目的及方法

（一）调查目的

(1) 核实本次事件性质。
(2) 评估事件波及范围。
(3) 探索事件致病因子，为制订患者救治措施提供依据。
(4) 探索事件危险因素，为防止今后类似事件的发生提出合理建议和控制措施。

编者按

食源性疾病暴发事件作为比较特殊的突发公共卫生事件，其致病因子有生物性（细菌、病毒或寄生虫）、化学性、有毒动植物及其毒素、毒蕈及其毒素、混合因子或不明致病因子等多种。致病危险因素常见的有原料（辅料）污染或变质、加工不当、存储不当、误食误用、交叉污染、人员污染、设备污染、环境污染、投入品（添加剂）滥用或非法添加（超范围使用）、产品过期（变质）、未充分煮熟煮透及/或多种因素等。流行因子和因素远比传染病复杂多样，现场调查充满挑战性。

致病因子一般需要实验室检测予以证实，而流行因素则需要结合临床表现、分布特点和卫生学调查结果，提出导致疾病原因的假设，再采用比较的方法（病例对照或回顾性队列研究等方法），验证假设，从而证实疾病流行的危险因素。

只有搞清楚导致食源性疾病病例暴发事件发生的致病因子和流行因素，采取精准控制手段，才能及时控制暴发的规模，达到预防疾病再次暴发的目的。

食源性疾病暴发事件调查通过描述病例分布特点，证实疾病的发生与食物相关（是食源性疾病暴发，而非其他因素所致），并交代发生的致病因子和危险因素，同时提出针对致病因子和危险因素的控制措施。

（二）调查方法

1. 人群流行病学调查方法与内容

第一，病例定义。2020 年 11 月 1 日以来，在 G 市 Z 区 MY 餐厅进食后出现下列症状之一者：

（1）出现头晕、意识改变、昏迷、抽搐、共济失调等中枢神经损伤症状之一者。

（2）出现眼球疼痛、视力模糊等视网膜/视神经损伤等症状之一者。

（3）出现嗜睡、呼吸困难、胸闷等，且临床生化检查提示有代谢性酸中毒者。

编者按

基层专业技术人员在制定“病例定义”时，常错误界定时间定义的界限，原因在于未能准确理解病例定义中确定起止时间的意义。病例定义时间界定的原则是尽可能将与事件相关病例的发病时间纳入事件病例定义的时间要素范围。在有疾病登记系统的小范围（比如学校、企事业单位等）发生的食源性疾病暴发事件，“病例定义”的时间要素确定一般是以首例的发病时间往前推一个最长潜伏期作为病例定义的时间起点。病例定义的时间跨度是变化的，在事件初步报告或进程报告中，病例定义的时间结束点是当前时间。而在结案报告中，结束的时间节点是停止观察的时间点。

本起事件，初步调查显示聚餐后短时间内便出现食物中毒的临床表现或死亡情况，潜伏期短，平均潜伏期为 1.33 小时（0.66 ～ 9.83 小时）。然而，本次病例定义的时间却是从 10 天前开始，原因是该火锅店的就餐人群去向不明，就餐后健康状况不明，延长病例定义的时间是为了提高发现同类病例的灵敏度（范围），也能进一步证实暴发事件经调查只局限在局部时间段，其他时间段没有类似病例出现，即“基线”发病率为零。

第二，病例搜索。

（1）使用“G 市食物中毒事故个案调查登记表”面对面调查已就诊患者的一般情况、临床表现及食物暴露史等情况。

（2）通过就诊病例提供的餐友电话号码，“滚雪球式”电话调查共餐者流行病学情况。

（3）通过“食源性疾病监测系统”，搜索就餐地址“G 市 Z 区 MY 餐厅”相关病例。

(4) 通过“G市Z区MY餐厅”相关销售记录、使用微信付款人员，调查在11月1日至7日期间，在该餐厅就餐后人群健康状况。

搜索共发现病例5例，均为当天餐友。

编者按

病例搜索目的是将暴露于某研究危险因素人群中“病例”与“非病例”区分开来，为描述“疾病”波及范围（三间分布情况）、病程、临床严重程度收集数据；是提出危险因素假设的基础；为分析性研究的铺开做好准备；是现场流行病学调查不可忽视的重要一环，是关系到是否能达到调查目的的关键环节。

现场调查过程应结合现场的具体情况，采取合适的方法和途径搜索病例，尽量将目标人群中病例与非病例区分开来。调查工具有“个案调查表”和“一览表”等，线上可通过“问卷星”设计调查问卷，形成二维码后通过班群、生活群、工会群和行政管理群等形式层层转发，发动调查对象参与调查。

对调查对象规模较大，且组织纪律性强的单位，比如学校、公司等企事业单位发生的暴发事件，可以用“事故调查一览表”的方式，由经过培训的班主任、学习小组组长、行政科室、生产线上的厂长组织现场调查和填报。

无论何种调查方式，在调查前均要通过“知情同意书”告知调查对象需知信息，包括组织调查的单位、调查内容、调查目的、调查方法、调查结果处理方式及对调查对象隐私保护的承诺。

开始调查前，应跟调查单位领导沟通的内容包括调查目的和方法、调查单位如何配合调查、调查数据处理方式和调查结果向谁报告。只有争取到调查单位的支持，才能保证调查顺利进行，获取真实的情况。

一起食源性暴发事件发生后，到医疗机构就诊的往往只占一小部分。仅调查描述就诊病例分布情况，不能完整交代一起暴发事件的真实情况，而且缺乏“不发病”人群情况，无对照人群（暴露率/罹患率）情况，无法分析暴发危险因素。因此，除收集就诊、未就诊病例，还要收集其他未发病的目标人群分布情况。

未就诊的病例的收集方式有：①主动搜索获得：通过一览表、调查问卷在人群中收集信息、甄别。②被动监测获得：国家食源性疾病病例监测系统报告病例；在社区卫生服务中心、校医院、单位医疗室临时建立的症状监测系统收集到的病例。③实验室检测系统：实验室检测阳性结果的样本信息。④通过售卖系统、收费系统等获取暴露者信息，再通过电话或面访方式发现病例。

无论采用何种病例搜索方式，能高效、便捷搜索到尽可能“全部”病例的，就是好的搜索方式。

第三，调查方法与内容。

使用自设计调查问卷，通过面对面访谈调查、电话调查等方式了解并记录与病例同桌就餐的共同暴露者的一般情况（姓名、性别、年龄、籍贯、工作地址、居住地址、联系电话等）、临床表现和转归、近三天就餐史，特别是聚餐当晚食物的暴露情况；现场查阅患者就诊门诊、住院病历资料等，收集患者血、尿常规，肝肾功能及血液生化检测结果；采集该餐厅所泡制药酒样本，患者全血、尿等样本送疾控中心检测。

根据病例定义确定患者，描述患者在不同人群分布情况，比较不同暴露人群罹患率，寻找可疑暴露危险因素。

病例对照研究：将符合病例定义者纳入病例组，否则纳入非病例组（对照组），比较两组人群可疑暴露因素暴露率差异。

编者按

基于食源性疾病暴发事件致病因子和危险因素的多样性，没有任何两起食源性疾病暴发事件能共用一份调查问卷（或一览表），每一起事件调查，调查问卷（或一览表）都要结合现场需要进行设计。

调查问卷（或一览表）是现场流行病学调查的必备工具。设计时要考虑能否收集到需要的数据。一份调查问卷（或一览表）的结构，一般应包括下面4个部分。

（1）一般情况：姓名、性别、年龄、籍贯、工作地址（教室/班组）、居住地址（宿舍）、联系电话等。

（2）临床表现和转归：开始发病的症状、体征及发生、持续时间，随后的症状、体征及持续时间，诊疗情况及疾病预后，已进行的实验室检验项目及结果等。

（3）近三天就餐史：特别是共同暴露餐次的食物暴露情况。进食餐次、各餐次进食食品的品种及进食量、进食时间、进食地点，进食正常餐次之外的所有其他食品，如零食、饮料、水果、饮水等，特殊食品处理和烹调方式等。

（4）其他个人危险因素信息：外出史、与类似病例的接触史、动物接触史、基础疾病史及过敏史等。

本起事件通过现场查阅患者就诊门诊、住院病历资料等方式，收集患者血、尿常规，肝肾功能及血液生化检测结果；采集该餐厅所泡制药酒样本，患者全血、尿等样本送疾控中心检测。

2. 食品卫生学调查方法与内容

了解G市Z区MY餐厅经营资质及经营过程的一般情况，特别关注餐厅泡酒生产、储存和销售的流程，以及聚餐者72小时内就餐史及各餐次食物进食情况等信息。

编者按

应针对可疑食品污染来源、途径及其影响因素，对相关食品种植、养殖、生产、加工、储存、运输、销售各环节开展卫生学调查，以验证现场流行病学调查结果，为查明事故原因、采取预防控制措施提供依据。

食品卫生学调查应在发现可疑食品线索后尽早开展。

调查方法包括访谈相关人员，查阅相关记录，进行现场勘察、样本采集等。

3. 实验室检测方法与内容

泡酒检测甲醇、氰化物、砷化物及钩吻碱等化学性毒物，患者全血、尿样等检测甲醇。

编者按

采样和实验室检验是事故调查的重要工作内容。实验室检验结果有助于确认致病因子、查找污染来源和途径、及时救治病人。

1. 采样原则应本着及时性、针对性、适量性和不污染的原则进行，应尽可能采集到含有致病因子或其特异性检验指标的样本。①及时性原则：考虑到事故发生后现场有意义的样本有可能不被保留或被人为处理掉，应尽早采样，提高实验室检出致病因子的机会。②针对性原则：根据病人的临床表现和现场流行病学初步调查结果，采集最可能检出致病因子的样本。③适量性原则：样本采集的份数应尽可能满足事故调查的需要，采样量应尽可能满足实验室检验和留样需求。当可疑食品及致病因子范围无法判断时，应尽可能多地采集样本。④不污染原则：样本的采集和保存过程应避免微生物、化学毒物或其他干扰检验的物质污染，防止样本之间的交叉污染，同时也要防止样本污染环境。

2. 致病因子检验结果不仅与实验室的条件和技术能力有关，还可能受到样本的采集、保存、送样条件等因素的影响，对致病因子的判断应结合致病因子检验结果与事故病因的关系进行综合分析。①检出致病因子阳性或者多个致病因子阳性时，需判断检出的致病因子与本次事故的关系。事故病因的致病因子应与大多数病人的临床特征、潜伏期相符，调查组应注意排查剔除偶合病例、混杂因素以及与大多数病人的临床特征、潜伏期不符的阳性致病因子。②可疑食品、环境样品与病人生物标本中检验到相同的致病因子，是确认事故食品或污染原因较为可靠的实验室证据。③未检出致病因子阳性结果，亦可能为假阴性，需排除以下原因：没能采集到含有致病因子的样本或采集到的样本量不足，无法完成有关检验；采样时病人已用药治疗，原有环境已被处理；因样本包装和保存条件不当导致致病微生物失活、化学毒物分解等；实验室检验过程存在干扰因素；现有的技术、设备和方法不能检出；存在尚未被认知的新致病因子；等等。④不同样本或多个实验室检验结果不完全一致时，应分析样本种类、来源、采样条件、样本保存条件、不同实验室采用检验方法、试剂等的差异。

4. 统计学分析

采用 Epi Data 3.1 建立数据库并独立双录入；使用 SPSS 22.0 对数据进行分析，其中罹患率的比较采用 χ^2 检验，计算 Fisher 精确概率值。

四、调查结果

（一）人群流行病学调查

1. 指示病例及死亡病例调查

（1）指示病例刘某某：女，30 岁，在 G 市 B 区某美容院从事美容服务，居住在 B 区 XS 街。受欧阳某某邀请参与 11 月 7 日晚上聚餐。本人自述：当晚到达 G 市 Z 区 MY 餐厅已是 20 时，而其他人已开始进餐约半小时。当晚喝的酒均是餐厅里提供的中药泡酒，无餐友自带酒。中药泡酒前后要了 2 ～3 扎（约500 克/扎），第 1 扎（药酒 3 号）喝完后发现酒中有中药残渣，酒色“不清澈”，店里服务员遂提供在仓库的新酒（药酒 1、2 号）。她喝第一扎中药泡酒约 0.5 两，新酒约 1 两。进食的其他食物有羊肉约 15 块、羊汤 1 碗、生菜 15 筷、腐竹 5 筷，没有吃土豆、香芋和苹果醋。饭后 23 时在麻将馆开始出现恶心、呕吐症状，呕吐物为胃内容物，均为晚餐食物。无饮用麻将馆提供的任何饮料。11 月 8 日 3 时 回家休息，13 时开始出现头晕、呼吸困难等不适，遂于 15 时到 B 区 XS 街社区卫生服务中心就医，经服药（不详）后，症状越发严重，表现为恶心、头晕、心悸、呼吸困难、视物模糊、眼睛异物感等不适。11 月 9 日 17 时 30 分到 B 区妇幼保健院就医，医院以“疑似酸中毒、食物中毒”在急诊留观后，症状进一步加重，11 月 10 日 10 时许遂转至 GZ1 医院急诊留观，诊断为“食物中毒？酸中毒、肝肾损伤”，血生化检查结果同时也提示代谢性酸中毒和肝、肾损伤情况。经输液纠正酸中毒、护肝肾等对症处置，患者于 11 月 17 日 10 时痊愈出院。

（2）死亡病例肖某某：男，30 岁，是 Z 区某厂印刷工人。受欧阳某某邀请参与 11 月 7 日晚上聚餐，据欧阳某某及其他同餐者回忆：聚餐时肖某某喝了约 1.5 两药酒 3 号、约 2 两药酒 1 号，约 25 块羊肉，没喝羊汤。其他食物暴露情况则不详。患者 11 月 8 日凌晨开始出现呼吸困难（具体时间不详）、伴烦躁不安，至 11 月 9 日 15 时 36 分在家人的陪同下到达 GZ 开发区医院急诊就医：T37°C，P113 次/分，R20 次/分，BP134/94mmHg，医院诊断：“1. 酒精中毒；2. 呼吸困难查因；3. 急腹症：消化道穿孔？机械性肠梗阻?”急诊补液护胃后，患者症状无好转。18 时 30 分转至 GZ2 医院就诊。门诊予以“纠酸、补液利尿、静脉推注安定”，以“食物中毒、急性肾衰竭，高钾血症、代谢性酸中毒、脑水肿”收治入院。入院生化检查结果提示患者高血钾、代谢性酸中毒和肝肾损伤。患者自发病以来病情进行性加重，于 11 月 11 日下午转至 G 市职业病防治院 ICU 救治无效，11 月 19 日 11 时 35 分死亡。

（3）死亡病例周某某：男，35 岁，无业，一人租住在 Z 区某出租屋。11 月 10 日相关部门在病例搜索时，发现其已在租住房间死亡。遂通知辖区派出所，协助核查死亡原因。

2. 临床表现

临床主要表现为头晕、呼吸困难（3 人）和恶心、呕吐、乏力（各 2 人），还有脑水肿、视力模糊、眼球痛、腹泻、腹痛、嗜睡、胸闷（各 1 人），死者周某某临床信息不详，未纳入统计。

临床分型 2 人属于重型（死亡），3 人属于轻型。

编者按

根据临床分布特征，初步分析致病因子的可能范围：生物性、化学性、动植物或其毒素中毒等可能的假设，为实验室确定首先检验项目提供参考。

3. 病例三间分布

（1）发病时间分布及潜伏期调查：此次事件共有 5 人发病，其中 2 人死亡。除死者发病时间不明，余 3 人的发病时间分别为 7 日 22 时 20 分、23 时和 8 日 7 时 30 分。平均潜伏期为 1.33 小时（0.66 ～ 9.83 小时）。

编者按

患者之前无聚餐史，当晚是唯一一次聚餐，餐后在短时间内出现症状相近发病情况，结合现场情况，调查组认为发病与聚餐有关，是一起食源性疾病病例聚集性事件。

本起事件危险暴露地点（餐次）初步调查显示，与当晚聚餐相关性强（后续的分析性研究结果也证实当晚聚餐为危险餐次）。若以当晚聚餐作为危险餐次，则聚餐结束（最后暴露）到开始发病的病例时间差，可以看作该起事件病例的潜伏期。

结合病例潜伏期短的情况，调查组认为化学性、动植物毒素或者生物性毒素等致病因子的可能性高。再结合现场进食食物及进食方式（羊肉火锅、喝酒）等情况，优先考虑所饮酒中化学性毒物所致中毒情况。在 G 市历年报道的常见泡酒中毒的致病因子是钩吻碱中毒，因此，调查组马上邀请市药检所药物专家对泡酒中药物残渣进行鉴定，未能发现符合“钩吻碱”植物结构特点的植物成分。考虑到首例患者神经系统损伤、代谢性酸中毒等情况，接着需要考虑甲醇中毒所致。毕竟距离 G 市上一次报道甲醇中毒事件已过去 17 年，现场调查一般是先考虑常见致病因子，再考虑少见情况。

（2）其他描述性流行病学调查结果见表1。

表1　描述性流行病学调查结果

对象	暴露组	发病	未发病	χ^2	Fisher
性别	男	4	3	0.4286	0.5
	女	1	2		
年龄	30岁～	4	3	0.4286	0.5
	40岁～	1	2		
住址	Z区	2	5	3.8571	0.08333
	非Z区	3	0		
羊肉	15～块	5	2	3.8571	0.08333
	1～块	0	3		
羊汤	喝	3	3	0	0.73809
	没喝	2	2		
土豆	吃	1	2	0.0311	0.71428
	没吃	2	3		
生菜	吃	2	3	0.0356	0.71429
	没吃	1	2		
腐竹	吃	2	3	0.0356	0.71429
	没吃	1	2		
香芋	吃	1	3	0.5333	0.5
	没吃	2	2		
苹果醋	喝	0	2	—	1
	没喝	0	8		
药酒3号	喝多	5	1	6.6667	0.00982
	没喝或喝少	0	4		
药酒1号	喝	5	0	10	0.00156
	没喝	0	5		
YB矿泉水	喝	4	4	0	0.77778
	没喝	1	1		
DP特饮	喝	1	0	1.1111	0.5
	没喝	4	5		

注：两死者土豆、生菜、腐竹和香芋暴露信息未纳入。

编者按

现场调查的第三步就是描述性流行病学分析：根据访谈病例、临床特征和流行病学分布，应当对描述性流行病学的结果进行分析，并提出引起事故的致病因子范围、可疑餐次和可疑食品做出初步判断，用于指导临床救治、食品卫生学调查和实验室检验，提出初步预防控制措施建议。

描述性流行病学调查是现场调查的基础，对暴发事件的调查，都是从描述性流行病学研究开始，它是现场调查不可或缺的环节。没有扎实的描述性流行病学调查数据的支撑，就没办法提出危险因素假设。也不可以跳过描述性流行病学的研究，直接进入分析性流行病研究。每一起暴发事件的调查，都是从细致的现场流行病学描述开始，从疾病三间分布特点、临床症状分布的特点，提出致病因子、流行因素假设。再采集样本、收集更多证据来证实假设，才能将隐藏在表象下的致病原因通过"抽丝剥茧"予以证实，证据链条才能完整，才能不被他人质疑。

描述性流行病学调查结果也是确定现场采样对象的依据，没有流行病学指征而采集的样本，检测的结果可能难以解析。没有流行病学调查结果指引，现场也会不知采集哪些样本才合适。

本次事件描述性流行病学调查结果显示，喝店里提供的药酒1号或3号可能是危险因素，同时其他食物暴露、麻将房中提供的饮料（YB矿泉水、DP特饮）不是危险因素。

既然药酒是危险因素，那么现场采样时，就要重点采集火锅店里提供给顾客饮用的酒。事实上，对该起事件的现场采样，调查组既采集了在仓库里正在泡制中的酒（后经实验室证实甲醇含量超标），也派出专业技术人员采集已被派出所扣押的一直在销售中的泡酒（后经实验室证实甲醇含量正常）。泡制酒所致钩吻碱中毒也常有报道，饮酒所致甲醇中毒在G市已有10余年未见报道。到达现场后，专业技术人员首先考虑此次事件是不是钩吻碱中毒。围绕这个问题，就须确认泡制酒的中药配方。通过现场卫生学调查，进一步了解泡制酒配方，排除钩吻碱所致中毒。那么，还会是什么毒物导致中毒，甚至导致暴露者的死亡呢？调查人员考虑指示病例刘某某代谢性酸中毒情况，首先想到的就是：甲醇中毒！围绕这个假设，再寻找证据。证据收集围绕几个方面：实验室在火锅店提供的泡制酒中检出甲醇，分析流行病学证实喝泡制酒是危险因素，卫生学调查证实泡制酒中污染甲醇（误添加工业酒精或故意用假酒）。围绕以上几个方面，现场专业技术人员继续收集证据。

（二）现场卫生学调查

G市Z区MY餐厅经营者陈某某，持有有效工商营业执照和食品经营许可证。主营羊肉火锅（配菜土豆、生菜、腐竹、香芋等），高峰时1天共能供应50台次羊、狗肉火锅。

餐厅营业已8年，一直有自制的2种泡酒销售给顾客饮用的情况。其中1种为蜂巢桧子酒（每罐5千克，由蜂巢和桧子用白酒泡制）。另外1种为由10多种中草药和白酒泡制的药酒，均装于陶罐密封，存于2楼隔间仓库。当楼下营业厅泡酒销售完，则从隔间将酒移装下来。

餐厅中药泡制酒的制作方法为当归、白术、炙党参、茯苓、炙甘草、川芎、白芍、熟地、玉桂、炙黄芪、杞子、杜仲、鸡血藤等中药各约200克和红枣2千克浸泡在25千克白酒中。经营者自述药材购于G省L市LY药品购销站中心门市（地址：L市NX镇HS路××号）；白酒购于G省Z市某私人作坊（地址：L市SZ镇XZK村），作坊主洪某某。

餐厅负责人陈某某自述：8月29日其兄将泡制药酒1号、药酒2号和蜂巢椮子酒1号的50千克白酒从L市某作坊运到餐厅，分装到两个罐子（即药酒1号和药酒2号）存于仓库，因楼下大厅仍有药酒（药酒3号）在售卖，因此，11月7日晚是仓库中药酒罐（即药酒1号）首次开罐售卖，除供给当晚聚餐的餐友外，未供给其他顾客饮用。

11月7日晚餐进食的食物有羊肉（共9.5斤）、羊汤、土豆、生菜、腐竹、香芋和店里售卖的散装药材酒（2～3斤），以及1瓶苹果醋。而药材酒饮用情况是：喝完店家开始提供的药酒3号后，继续上1～2斤药酒1号。

聚餐后10人到附近HYX麻将馆打麻将，其间部分人喝了麻将馆提供的YB矿泉水或DP特饮，未再有共同餐食。

编者按

自从监督职能从防疫系统剥离开成立监督所之后，现场卫生学调查成为基层疾控专业人员的短板，在调查现场往往不得要领，不懂调查方法与内容，或是忽视卫生学调查，在卫生学方面基本不做交代。卫生学调查方法包括访谈相关人员、查阅相关记录、现场勘察、样本采集等。

1. 访谈相关人员

访谈对象包括可疑食品生产经营单位负责人、加工制作人员及其他知情人员等。访谈内容包括可疑食品的原料及配方、生产工艺，加工过程的操作情况及是否出现停水、停电、设备故障等异常情况，从业人员中是否有发热、腹泻、皮肤病或化脓性伤口等。

2. 查阅相关记录

查阅可疑食品进货记录、可疑餐次的食谱或可疑食品的配方、生产加工工艺流程、生产车间平面布局等资料，生产加工过程关键环节时间、温度等记录，设备维修、清洁、消毒记录，食品加工人员的出勤记录，可疑食品销售和分配记录等。

3. 现场勘查

在访谈和查阅资料基础上，可绘制流程图，标出可能的危害环节和危险因素，初步分析污染原因和途径，便于进行现场勘查和采样。

现场勘查应当重点围绕可疑食品的原材料、生产加工、成品存放等环节存在的问题进行。①原材料：根据食品配方或配料，勘查原料储存场所的卫生状况、原料包装有无破损情况、是否与有毒有害物质混放，测量储存场所内的温度；检查用于食品加工制作前的感官状况是否正常，是否使用高风险食品，是否误用有毒有害物质或者含有有毒有害物质的原料等。②配方：食品配方中是否存在超量、超范围使用食品添加剂、非法添加有毒有害物质的情况，是否使用高风险配料等。③加工用水：供水系统设计布局是否存在隐患，是否使用自备水井及其周围有无污染源。④加工过程：生产加工过程是否满足工艺设计要求。⑤成品储存：查看成品存放场所的条件和卫生状况，观察有无交叉污染环节，测量存放场所的温度、湿度等。⑥从业人员健康状况：查看接触可疑食品的工作人员健康状况，是否存在可能污染食品的不良卫生习惯，工作人员有无发热、腹泻、皮肤化脓破损等情况。

4. 样本采集

根据病例的临床特征、可疑致病因子或可疑食品等线索，应尽早采集相关原料、半成品、成品及环境样品。对怀疑存在生物性污染的，还应采集相关人员的生物标本。如未能采集到相关样本，应做好记录，并在调查报告中说明原因。

初步推断致病因子类型后，应针对生产加工环节有重点地开展食品卫生学调查（表2）。

表2 不同致病因子类型食品卫生学调查重点环节

环节	致病因子				
	致病微生物	有毒化学物	动植物毒素	真菌毒素	其他
原料	+	++	++	++	+
配方		++			+
生产加工人员	++				+
工用具、设备	+	+			+
加工过程	++	+	+	+	+
成品保存条件	++	+			+

注："++"指该环节应重点调查，"+"指该环节应开展调查。

（三）假设形成及验证

1. 假设形成

11月7日晚，聚餐时店家提供的药酒3号和药酒1号是危险食物。依据：

（1）不同性别、年龄组、住址、食物进食量（羊肉、羊汤、土豆、生菜、腐竹、香芋、苹果醋）、麻将馆饮料暴露组的罹患率比较，无统计学差异（$P>0.05$）。

（2）药酒3号和药酒1号的不同暴露组，罹患率差异有统计学意义，Fisher值小于0.05。

（3）患者分布平均潜伏期为1.33小时（0.66～9.83小时），符合甲醇中毒潜伏期特点。饮酒是甲醇经口中毒途径，时有报道，当晚从开始聚餐到聚会解散，有且只有在MY餐厅饮用药酒3号和药酒1号。

2. 验证假设

（1）采用病例对照研究方法比较药酒3号不同的暴露组（喝多、没喝或喝少）、药酒1号不同的暴露组（喝、没喝），结果 $OR=-1$，95% CI 为（-1，-1），$P=0.0000$，提示药酒3号和药酒1号可能均是危险因素或其中一种是危险因素。

（2）另外，聚餐10人中5人喝了餐厅提供的药酒1号和药酒3号，均发病；1人只喝一种药酒3号，未发病。饮用药酒1号较多的人，病情比较严重，甚至出现死亡情况。

（3）因此，11月7日晚，聚餐时店家提供的药酒1号是危险食物，排除药酒3号是危险因素。

编者按

根据访谈病例、临床特征和流行病学分布，应当提出描述性流行病学的结果分析，并由此对引起事故的致病因子范围、可疑餐次和可疑食品做出初步判断，用于指导临床救治、食品卫生学调查和实验室检验，提出预防控制措施建议。

分析性流行病学研究用于分析可疑食品或餐次与发病的关联性，常采用病例对照研究和队列研究。

在完成描述性流行病学分析后，存在以下情况的，应当继续进行分析性流行病学研究。①描述性流行病学分析未得到食品卫生学调查和实验室检验结果支持的；②描述性流行病学分析无法判断可疑餐次和可疑食品的；③事故尚未得到有效控制或可能有再次发生风险的；④调查组认为有继续调查必要的。

1. 病例对照研究

在难以调查事故全部病例或事故暴露人群不确定时，适合开展病例对照研究。①调查对象。选取病例组和对照组作为研究对象。病例组应尽可能选择确诊病例或可能病例。病例人数较少（<50例）时可选择全部病例，人数较多时，可随机抽取50～100例。对照组应来自病例所在人群，通常选择同餐者、同班级、同家庭等未发病的健康人群做对照，人数应不少于病例组人数，但病例组和对照组的人数比例最多不超过1∶4。②调查方法。根据初步判断的结果，设计可疑餐次或可疑食品的调查问卷，采用一致的调查方式对病例组和对照组进行个案调查，收集进食可疑食品或可疑餐次中所有食品的信息以及各种食品的进食量。③计算*OR*值。按餐次或食品品种，计算病例组进食和未进食之比与对照组进食和未进食之比的比值（*OR*）及95%置信区间（95% *CI*）。如*OR*>1且95% *CI*不包含1时，可认为该餐次或食品与发病的关联性具有统计学意义；如出现2个及以上可疑餐次或食品，可采用分层分析、多因素分析方法控制混杂因素的影响。对确定的可疑食品可进一步做剂量—反应关系的分析。

2. 队列研究

在事故暴露人群已经确定且人群数量较少时，适合开展队列研究。①调查对象。以所有暴露人群作为研究对象，如参加聚餐的所有人员、到某一餐馆用餐的所有顾客、某学校的在校学生、某工厂的工人等。②调查方法。根据初步判断的结果，设计可疑餐次或可疑食品的调查问卷，采用一致的调查方式对所有研究对象进行个案调查，收集发病情况、进食可疑食品或可疑餐次中所有食品的信息以及各种食品的进食量。③计算*RR*值。按餐次或食品进食情况分为暴露组和未暴露组，计算每个餐次或食品暴露组的罹患率和未暴露组的罹患率之比（*RR*）及95% *CI*。如*RR*>1且95% *CI*不包含1时，可认为该餐次或食品与发病的关联性具有统计学意义。如出现2个及以上可疑餐次或食品，可采用分层分析、多因素分析方法控制混杂因素的影响。对确定的可疑食品可进一步做剂量—反应关系的分析。

当调查对象人数较多时，对危险因素的验证，也可考虑使用多因素 Logistic 回归模型来解决问题。

（四）可疑食物制作及供应情况

经公安调查，药酒 1 号是 8 月 29 日由餐厅负责人陈某某新泡制的药酒，并非其兄所泡制。泡制药酒的白酒并非与以往一样购自 G 省 L 市某私人作坊，而是某化工市场的工业酒精，11 月 7 日晚首次且仅提供给刘某某等当晚聚餐饮用，累计约 2 斤。

（五）实验室检测

现场共采样本 15 份，分别送 G 市疾控中心、G 市 Z 区疾控中心实验室检测，结果显示 G 市 Z 区 MY 餐厅泡制的药酒 1 号样品市、区疾控中心检测的甲醇值分别为395 g/L、409g/L，均超国家标准限值（粮谷为原料≤0.6g/L，其他 2.0g/L）；刘某某、肖某某两名患者的血液、尿液样本中均检测出甲醇成分（见表 3）。

表 3　11 月 10 日采集样本实验室检测结果汇总

<table>
<tr><th>序号</th><th>检品名称</th><th>采样单位</th><th>检验单位</th><th>检验时间</th><th>生产单位</th><th>检品状态</th><th>检品数量（mL）</th><th>检验项目</th><th>检验结果</th></tr>
<tr><td>1</td><td>药酒 1 号</td><td rowspan="10">G 市 Z 区疾控中心</td><td rowspan="5">G 市 Z 区疾控中心</td><td rowspan="5">11 月 10 日</td><td rowspan="10">Z 区 MY 餐厅</td><td>散装</td><td>250</td><td rowspan="5">甲醇、氰化物、砷化物</td><td>甲醇 409g/L；氰化物、砷化物正常值范围</td></tr>
<tr><td>2</td><td>蜂巢棯子酒 1</td><td>散装</td><td>250</td><td>均在正常值范围</td></tr>
<tr><td>3</td><td>药酒 2 号</td><td>散装</td><td>250</td><td>均在正常值范围</td></tr>
<tr><td>4</td><td>药酒 3 号</td><td>散装</td><td>250</td><td>均在正常值范围</td></tr>
<tr><td>5</td><td>蜂巢棯子酒 2</td><td>散装</td><td>250</td><td>均在正常值范围</td></tr>
<tr><td>6</td><td>药酒 1 号</td><td rowspan="10">G 市疾控中心</td><td rowspan="5">11 月 10 日</td><td>散装</td><td>250</td><td>甲醇、钩吻碱</td><td>甲醇 395 g/L；钩吻碱未检出</td></tr>
<tr><td>7</td><td>蜂巢棯子酒 1</td><td>散装</td><td>250</td><td rowspan="4">甲醇、氰化物、砷化物</td><td>均在正常值范围</td></tr>
<tr><td>8</td><td>药酒 2 号</td><td>散装</td><td>250</td><td>均在正常值范围</td></tr>
<tr><td>9</td><td>药酒 3 号</td><td>散装</td><td>250</td><td>均在正常值范围</td></tr>
<tr><td>10</td><td>蜂巢棯子酒 2</td><td>散装</td><td>250</td><td>均在正常值范围</td></tr>
<tr><td>11</td><td>刘某某血样</td><td rowspan="2">G 市疾控中心</td><td rowspan="2">11 月 10 日</td><td rowspan="2">—</td><td rowspan="2">—</td><td rowspan="2">5mL</td><td rowspan="2">甲醇含量</td><td>8.5mg/100mL</td></tr>
<tr><td>12</td><td>刘某某尿样</td><td>0.073g/L</td></tr>
<tr><td>13</td><td>肖某某血样</td><td rowspan="3">G 市 H 区疾控中心</td><td rowspan="3">11 月 11 日</td><td rowspan="3">—</td><td rowspan="3">—</td><td rowspan="3">5mL</td><td rowspan="3">甲醇含量</td><td>29mg/100mL</td></tr>
<tr><td>14</td><td>肖某某血样（抗凝管）</td><td>32mg/100mL</td></tr>
<tr><td>15</td><td>肖某某尿样</td><td>0.36g/L</td></tr>
</table>

注：国家标准 GB2757—2012《蒸馏酒及配制酒卫生标准》规定，氰化物（以 HCN 计）的限量指标中粮谷类≤

8.0mg/L（按100%酒精度折算）；粮谷为原料的蒸馏酒含甲醇标准值是≤0.6g/L，其他≤2.0g/L。正常人体血液、尿液不含甲醇，浓度为100%的甲醇口服5～10mL会致严重中毒，15mL可致失明，30mL可致死。钩吻碱（有剧毒）是存在于断肠草里面的一种生物碱，正常情况下在白酒内不得检出。砷化物在白酒内不得检出。

五、调查结论

根据患者临床表现、实验室检测结果、现场流行病调查和卫生学调查结果，判断该事件为甲醇中毒事件，危险因素为G市Z区MY餐厅11月7日晚餐为刘某某等聚餐者提供的药酒1号，药酒中甲醇来自泡制药酒所使用的工业酒精。事件造成10名聚餐（会）者中5人发病，其中2人死亡，3人属轻症。

判定依据如下：

（1）患者有相似的临床特征：喝酒后出现头晕、头痛、呕吐、眼球疼痛等症状，严重患者出现神志不清、脑水肿、昏迷等中枢神经和视神经损伤症状，甚至出现死亡；患者生化检查显示，患者出现代谢性酸中毒、高钾血症及肝肾损伤情况。上述情况与经口摄入甲醇中毒临床特征相符合。潜伏期在0.66～9.83小时之间，与文献报道的甲醇中毒潜伏期（0.5～24小时）相符。

（2）患者72小时内仅有餐厅聚餐是唯一共同饮食暴露史，即11月7日晚在G市Z区MY餐厅聚餐是危险餐次。

（3）结合病例对照研究结果及现场调查推断，11月7日晚聚餐时店家提供的药酒1号是危险因素，排除药酒3号是危险因素；排除麻将馆提供的饮料致病的可能。

（4）现场采集G市Z区MY餐厅自制的药酒样本中，药酒1号检测出高浓度甲醇，远超《食品安全国家标准　蒸馏酒及其配制酒》（GB 2757—2012）的安全标准，药酒2号和药酒3号未检出甲醇含量超标情况；且聚餐后3天，仍能从两名有饮用药酒1号患者的血、尿样本中检测出较高含量的甲醇成分。实验室检测排除钩吻碱、氰化物、砷化物等其他化学性、植物毒素导致的中毒。

（5）病例没有发热症状，与目前常见的传染病临床症状不符，不考虑传染病；G市Z区MY餐厅饮用水为市政自来水，同一供水范围的社区居民及餐厅员工未发现类似症状患者，病例仅分布在聚餐“牌友”中，排除生活用水暴露所致。

编者按

调查结论应交代是否定性为食品安全事故或食源性疾病病例聚集性事件，以及事故波及范围、发病人数、致病因子、污染食品及污染原因。不能做出调查结论的事项应当说明原因。

得出调查结论的依据有临床表现、现场调查（包括卫生学调查）及实验室结果等3个方面的内容。3个方面的内容在调查过程中，有时彼此统一，能得出相同的调查结论。有时在得出某调查结论上，却显得没那么“默契”。如何看待调查结论及其临床表现、现场调查（包括卫生学调查）及实验室结果3个方面的内容的关系呢？有学者对此建立了病因研究模型，形象地解析这几方面的关系。

从综合各方面病因研究结果系统构建出中毒病因模式的角度，中毒病因模型类似由3条腿支撑的“凳子”。其特点是：3条“腿”，相当于3个方面证据，分别是临床医师从个体病例获得的临床表现、现场调查发现的证据（流行病学及卫生学结果），以及在实验室条件下开展的工作结果；掌相当于各方面证据间的关系，而形成的病因结论就是凳子面。其中，3条腿是指病例临床特征、现场（流行病学和卫生学调查）结果和实验室结果，结合人群可能出现的剂量—效应或剂量—反应，收集致病因子/危险因素线索；现场线索和病例线索互相结合后，用实验室结果进行验证，确认造成事件的致病因子/危险因素与受到损害个体及群体健康影响的一致性。掌反映现场（流行病学和卫生学）、病例（临床特征）和实验结果3个方面的关系，只有3个方面在时序上具有一致性（关联的时间顺序）、在病例表征上具有一致性（病例临床表现与致病因子所致疾病表现一致）、在实验同类研究和不同侧面研究结果上具有一致性（合理性/可重复性），符合公理和基本原理，才能真正确认突发中毒事件病因或者危险因素，使病因这个“凳子”的面稳固。

总体上，现场调查（流行病学和卫生学调查结果）能够确定事件性质（是食源性疾病暴发，而非传染病等突发公共卫生事件）和方向（生物性、化学性、动植物毒素或毒蕈中哪一种因子所致），病例（临床特征、潜伏期）提供调查病因线索，实验研究证实事件原因（明确致病因子）。

六、控制措施

（1）加强对中毒患者的临床救治工作指导，已发现的甲醇中毒轻、重病例均到医疗机构诊治，并将重症患者转至G市职业病防治院重症监护室救治。

（2）G市、Z区疾控中心已将事件的相关调查结果上报给市场监督管理部门、卫生健康委（局）、省疾控中心；Z区疾控中心已将相关情况上报到国家突发公共卫生事件监测与预警信息系统和国家食源性疾病暴发监测系统；相关接诊医疗机构已在国家食源性疾病监测系统上报病例信息。

（3）涉事G市Z区MY餐厅已被有关部门责令停业整顿，相关药酒已封存。

编者按

只有查清致病因子和危险因素，才能提出有针对性的控制措施，才能预防类似事件再次出现，防止疫情、病情进一步发展，事件才能得到“精准”控制。

控制措施应将患者的救治放在第一位，调查明确致病因子，使临床医生在救治患者时，措施更具针对性，救治效率更高。因此，疾控中心专业技术人员一旦明确事件致病因子，就应第一时间通知患者就诊的医疗机构，指导临床救治。

事件调查结束7日内，应通过食源性疾病暴发事件监测系统报告事件；被事件波及的发病患者，应通过食源性疾病病例监测系统报告病例，通过不同的监测系统报告，可以发现跨越不同地区、时段的疾病流行；为描述本地区食源性疾病流行特点提供数据，也为风险评估、健康干预提供依据。

调查组应综合分析病例特征、现场调查及实验室3个方面结果给出调查结论，并形成调查报告及时呈报同级卫健委（局）、市（区）市场监督管理局和上级疾控中心。上级相关部门认为需要开展补充调查时，调查组应组织专业技术力量开展补充调查，再结合补充调查结果，给出调查结论。

七、工作建议

（1）加强各级医疗机构临床专业技术人员化学性食源性中毒病例的临床诊断、救治水平，购置完善化学性食源性中毒诊断试剂、检测仪器和血液透析急救设备；进一步加强急诊医护人员洗胃技术操练，配备洗胃装备。

（2）建议市场监督管理局、公安局等部门继续对制作药酒1号中的原材料白酒来源进行溯源调查，并对加工和销售情况进一步调查，查明药酒1号中甲醇来源。

（3）建议市场监督管理局进一步加大监管力度，加强巡查，禁止自制药酒销售；采取适当方式，对市民开展预防泡制药酒、掺杂掺假的假酒所致的甲醇中毒宣传。

编者按

化学性食源性疾病所造成的巨大损失令人触目惊心，是病死率最高的食源性疾病之一。在强化能力建设的同时，更需要加强机制建设。减少临床病死率的方法，是建立科学的有效应对、处理化学性食源性疾病患者的合理机制。

及时脱离导致中毒的化学性毒物，是病例临床救治成功的关键一步。体内毒物清除包括消化道内毒物去除和血液内毒物清除。常用消化道毒物清除方法有催吐、吸附和导泻。血液内毒物清除，目前多采用血液净化技术，如血液透析、血液灌流、血液滤过、血浆置换等方法。

甲醇中毒特效解毒药包括如下几种：①乙醇：1940年以来，乙醇就用于治疗甲醇中毒，是传统解毒剂。乙醇可抑制甲醇氧化，其分布容积为0.6～0.7L/kg，90%～98%在肝脏代谢，其代谢速度是甲醇的7倍，与乙醇脱氢酶的亲和力约是甲醇的10倍，通过与甲醇竞争乙醇脱氢酶的位点而抑制甲醇代谢为甲酸。通常用5%～10%葡萄糖液加入灭菌的无水乙醇，配成10%的乙醇溶液，按每小时100～200mL速度滴入。也可口服乙醇和白酒。使血液中乙醇浓度维持在21.7～32.6mmol/L（100～150mg/dL），可连用几天。当血中甲醇浓度低于6.24mmol/L时，可停止给药。如无检测条件，可首次用乙醇0.75 g/kg溶于10%的葡萄糖液中滴注，随后再按0.5 g/kg每4～6小时1次，或10%乙醇溶液每次100～200mL静滴，每日1～2次，连用数天。②叶酸：动物实验和人肝细胞体外研究发现甲酰四氢叶酸能促进甲酸代谢为二氧化碳和水，推荐用法为每4小时静脉注射50mg，共5次，之后每天注射50mg，直到甲醇和甲酸清除。③甲基吡唑（4MP）：从1981年就开始应用于甲醇和乙二醇中毒的治疗。甲基吡唑是乙醇脱氢酶抑制剂，抑制甲醇代谢为甲酸，它与乙醇脱氢酶的亲和力是乙醇的500～1000倍。动物试验和人类研究均表明血清甲基吡唑浓度大于0.8mg/L可持续抑制乙醇脱氢酶活性。用法与用量：一般摄入20mg/kg后，24小时体内无甲酸形成。

除了特效药物的使用外，血液中甲醇清除也适合血液透析指征：甲醇的分子量为32.04，分布容积0.7L/kg，并不与血浆蛋白结合。甲醇的血液透析清除率为95～280mL/min，而肾清除率只有1～3.1mL/min。血液透析可使其排出增加16～22倍。另外，血液透析还能纠正中毒引起的代谢性酸中毒并有效地清除其有毒代谢产物甲酸，甲酸的透析清除率为150mL/min。故急性甲醇中毒是绝对血液透析指征。

急性甲醇中毒在我国时有发生，多见于饮用甲醇超标的假酒，少许病例见于误将甲醇作乙醇服用而中毒或职业接触中毒。急性甲醇中毒病情凶险，致盲、致残、致死率高，社会影响大，若治疗不及时，其致死率可超过40%。早期识别、及时采取综合治疗措施是抢救甲醇中毒成功的关键。摄入甲醇5～10mL可致严重中毒，7～15 mL以上可致失明，30mL以上可致死亡。甲醇的毒性作用是由甲醇本身及其代谢产物甲醛和甲酸引起的。急性甲醇中毒以中枢神经系统损伤、代谢性酸中毒及眼部损伤为主。

随着国家对食品安全监管力度的提高，广大人民群众预防假酒中毒意识的增强，进食假酒致甲醇中毒事件，已甚少见。这使得在食源性疾病暴发事件调查处置过程，容易忽视或没考虑到甲醇中毒的可能，影响事件的定性进度。

若聚餐后在短时间内（甲醇中毒潜伏期12～24h，少数长达48～72h，口服纯甲醇中毒最短仅40min，同时饮酒或摄入乙醇潜伏期可延长）出现头痛、头晕、乏力、视物模糊等症状；较重者出现中、重度意识障碍，或视力急剧下降，甚至失明或视神经萎缩，或血生化检测结果提示代谢性酸中毒，结合聚餐时有饮酒史，应考虑甲醇中毒可能。现场采样对象应考虑采集饮用的酒、患者呕吐物或洗胃液、血液［采样量≥10mL，使用具塞的抗凝试管盛放，及时送检。如需长时间保存，应存放于干燥洁净容器、冷藏保存，如长时间运输，可冷冻（保持样品不变质）］、尿液（采样量≥50mL，使用具塞或加盖的塑料瓶，保存和运输条件同上）。

由于甲醇所致中毒潜伏期短，暴露危险因子和危险餐次都不难判断。一般同时具有以下三点，可确认为甲醇中毒事件：①流行病学：中毒病人有甲醇接触机会（进食可能的假酒）；②临床表现：中毒病人出现以中枢神经系统、视神经损害和代谢性酸中毒为主的临床表现；③实验室：中毒现场采样样品（酒、胃内容物、血液、尿液）中甲醇含量增高。

案例八 某公司饭堂供应马鲛鱼致员工组胺中毒事件调查案例*

本案例学习目的

(1) 掌握调查报告“基本情况”部分撰写技巧；
(2) 掌握特殊情况下制定病例定义方法；
(3) 掌握因果推论应用技术；
(4) 掌握食源性疾病病例聚集性事件判断为组胺食物中毒事件的标准；
(5) 掌握流行曲线绘制方法；
(6) 熟悉食源性疾病传播、水源性疾病传播和接触性疾病传播的流行病学分布特点；
(7) 熟悉“罹患率”的流行病学意义及计算方法；
(8) 了解食源性疾病病例聚集性事件卫生学调查目的与方法；
(9) 了解描述性研究在突发公共卫生事件调查的重要性。

一、背景

2018年10月11日下午，G市疾病预防控制中心接到C区疾病预防控制中心电话报告，称辖区内NY医院10月11日13时许陆续收治了75名出现头晕、头疼、面部潮红等症状的患者，患者均为GQRY公司员工，怀疑为食物中毒，C区疾控中心已介入调查。为核实疫情，调查事故原因，G市疾控中心会同C区疾控中心专业技术人员于当天15时到达GQRY公司、NY医院开展现场调查。

编者按

接到群发性的“头晕、头疼、面部潮红”等症状的报告时，作为专业技术人员，第一时间想到的就是“醉酒”样，喝酒、过敏常会出现上述表现。是什么样的因素会导致群体性过敏性反应呢？答案永远在现场。因此，调查组先后到GQRY公司、NY医院开展现场调查。

从患者症状、发病集聚在午餐后1～2小时内推断，致病因子可能为化学性、动植物毒素或微生物毒素，危险餐次为午餐的可能性大。

---

* 本案例编者为陈建东、陈建千、李智。

二、基本情况

GQRY公司是位于G市C区MZ工业园区BZ大道1号的合资企业，设计生产大型货车、大型牵引车、小型货车以及轿车等主要成套组件；占地面积约50万 m^2，工作人员共1053人，工厂不提供住宿，员工大部分居住在工业区公共公寓或附近社区居民楼。

公司设有1个饭堂，位于公司中央位置，占地面积约1600 m^2，持有效餐饮服务许可证。饭堂外包给XYH餐饮有限公司管理、运营。饭堂从业人员23人，均持有有效健康证，近期无发烧、腹泻等不适情况，均有1年以上从业经验，饭堂工作氛围好。饭堂最大供餐人数为1200人。饭堂设有1～8号供餐窗口（共8个窗口），各窗口提供不同菜式组合的套餐，就餐者打卡付款。公司饭堂主要供应厂内人员早、午两餐（如出现加班情况，则供应晚餐），每餐大概供应800～900人。

公司内设小卖部1间，销售日常生活用品、定型包装食品等。

公司设医务室1间，配有专职卫生人员1名。

编者按

鉴于初步假设的致病因子和危险因素，调查组进入GQRY公司饭堂开始调查，从饭堂资质、生产环节的硬件条件、饭堂从业人员（厨工）健康状况及彼此关系、供餐方式及生产能力等方面开展调查。

饭堂基本情况提供的信息：

（1）外包：饭堂企业主可能缺乏监管。

（2）厨工健康，均有1年以上工作经验；病菌由发病/携带厨工通过食物传播的可能性较低、误操作致生物性交叉污染的可能性较低、厨工误用食物添加剂的可能性低。

（3）饭堂工作氛围好，厨工人为投毒等情况的可能性低。

（4）就餐者打卡付款：有专人分餐，食物卫生管理到位，病菌通过纸币由分餐者、就餐者手污染食物致病的可能性低。

（5）饭堂设有1～8号供餐窗口（共8个窗口），各窗口提供不同菜式组合的套餐。提供的信息提示应描述、比较不同窗口暴露罹患率。若各窗口暴露罹患率有不同，则提示不同菜式所造成罹患率不同，罹患率高的窗口所提供菜式可能是危险菜式。

（6）饭堂供应早、午餐，提示除关注11日午餐外，11日早餐也应予以关注。

报告中交代的每一个细节，都有其特别的作用，都围绕着调查结论来做文章：收集证据来支持调查结论假设，同时，收集调查证据来排除不支持的假设。比如，调查怀疑动植物毒素所致，则应收集支持该结论的证据，同时也收集不支持化学性、病菌生物性、毒蕈等结论的依据。比如，既然认为是食源性疾病聚集性事件，那么就得寻找支持食源性疾病暴发的依据，寻找不支持传染性疾病（接触传播）、水源性传播所致暴发事件的依据。

编者按

熟悉食源性疾病传播、水源性疾病传播和接触性疾病传播的流行病学分布特点，有助于迅速开展更有针对性的调查。

（1）食源性疾病传播主要特点：①疫情早期大部分病例具有共同进餐史，暴露于某饮食单位/某餐次/某一食物人群罹患率高于非暴露人群罹患率（$P<0.05$）；②分析性研究结果提示暴露于某饮食单位/某餐次/某一食物是危险因素；③食品加工人员可能是致病因子感染病例或隐性感染者，其工作岗位与危险就餐地点/餐次/食物相关联；④食物/食品加工环境中检出致病因子，且与危险暴露环节相关联；⑤危险就餐点/餐次/食物暴露与疾病严重程度（或分级）、病程长短（或分级）、潜伏期长短（或分级）存在剂量—效应关系；⑥采取食源性污染环节控制措施后疫情快速下降或终止（终止效应）；⑦排除水源性疾病传播和接触性疾病传播可能。

（2）水源性疾病传播主要特点：①描述性研究发现，病例空间分布与污染水源管网/供应等的分布一致；②分析性研究结果显示使用污染的生活用水/饮用生水是危险因素；③饮用生水频率（总量）与致病存在剂量—反应关系；④采取水源性污染环节控制措施（停止供应污染水源/加强水源消毒/改变供应品牌/改变饮用生水习惯）后疫情快速下降或终止；⑤食源性疾病传播和接触性疾病传播被排除。

（3）接触性疾病传播主要特点：①描述性研究发现病例具有明确的班级、宿舍、车间等空间聚集性；②与病例接触次数多/距离病例近是发病危险因素，研究或能发现人群罹患率与不同接触频次相关，而且是正相关；③排除水源性疾病传播和食源性疾病传播可能。

三、调查目的及方法

（一）调查目的

（1）核实本次事件。

（2）探索本次事件的危害因素和致病因子。

（3）为防止今后类似事件的发生提出合理建议和控制措施。

（4）培训现场流行病学学员。

（二）调查方法

1．人群流行病学调查方法与内容

（1）病例定义：2018 年 10 月 11 日 12 时起，GQRY 公司人员中，出现面色潮红、呕吐、腹泻和发热症状之一，可以合并有头晕、头疼、恶心和腹痛等症状者。

编者按

关于病例定义的时间要素，界定原则一般要求在首发病例发病时间往前延长3天(72小时)。假如本次首例病例在11日12时发病，则需从8日12时开始统计，对出现面色潮红、呕吐、腹泻和发热症状之一的在饭堂就餐者进行搜索，但因本次暴发患者症状特殊且明显，明确从11日12时开始有病例出现，因此，将病例定义的时间设定在“11日12时起”。

关于病例定义的危险就餐点或危险餐次，与时间定义同样道理，因为病例发病集中在11日午餐后的2个小时内，危险的暴露时间应是午餐时间。没有将早餐纳入讨论的餐次，方便直接研究11日午餐有哪些是危险食物。

关于病例定义的症状定义：为了方便甄别，病例定义会将客观症状/体征作为主要判断依据，而将主观症状列作附加判断条件。因此，本暴发事件的病例定义将有“面色潮红、呕吐、腹泻和发热症状之一”等症状者列作病例的必要条件，而将有“头晕、头疼、恶心和腹痛”等症状者列作病例充分条件。

(2) 病例搜索：由于本起事件就餐人员较多，采用了以下病例搜索方式。

第一，在集中就医的NY医院对就诊患者开展流行病学调查。

第二，通过该公司提供的11日午餐打卡记录，采用现场面访和电话调查方法，对就餐者健康状况进行了解。

第三，在食源性疾病监测系统搜索于10月11日起是GQRY公司员工的病例。

第四，通过该公司的主动报告，发现其他可疑患者。

经采用上述方式，截至10月12日，市、区疾控中心共搜索核实符合病例定义的患者40名，均食用了6号窗口提供的食品，罹患率为35.4% (40/113)。

编者按

若有电子打卡记录，则饭堂各餐次暴露人口总数较明确，而且暴露点（打菜窗口/菜式）较明确。但应注意是否有共用/借用同事/同学的饭卡情况，应核查饭菜量超出常人者或同一就餐时段有2个以上窗口打卡记录者。

关于罹患率的意义及其计算方法：罹患率是衡量小范围人群短时间内新病例数的指标，多用于较短时间小范围内疾病的暴发或流行水平（强度）的评估。

(1) 罹患率 =（观察期间内的新病例数/同期暴露平均人口数）×比例基数。

(2) 与发病率不同，罹患率是用于反映小范围、短时间发病水平（强度）的指标。

(3) 时间范围以月、周、日为单位。

(4) 分子为新病例，分母为同期的危险人口（暴露人口）。

(5) 例如计算食物中毒罹患率时，应将摄取可疑食物者作为危险人口（暴露人口）。

(6) 计算传染病罹患率时，宜用易感者作为危险人口。

(7) 优点是可根据暴露程度较精确地测量发病水平。

计算发生在工厂的一起由饭堂某天午餐暴露所致的食源性疾病暴发疫情的严重程度，用罹患率表示，分子是发病人数，分母是当天午餐有饭堂就餐史的工厂员工/来访客人，当天午餐非饭堂就餐者，则不纳入分母统计。

本案例罹患率35.4%的计算是将发病人数40名作为分子，将11日在饭堂6号窗口进食午餐者113人作为分母计算所得，而不能将工厂总员工数1053人作为分母计算。

(3) 调查方法与内容。收集公司11日早、午餐打卡记录，使用自设计的调查一览表，通过面对面访谈调查、电话调查等方式了解并记录就餐者姓名、部门、联系电话及食物进食量（每种食物分为：吃完、约3/4、约2/4、约1/4和没吃5个等级）、临床表现和转归；现场查阅患者就诊门诊、病历资料等方式，收集患者血常规、血液生化检测结果；采集饭堂留样食物样本、患者呕吐物、物表拭子等样本送疾控中心检测；吞拿鱼、鳗鱼、沙鱼柳送JY检验中心检测。

根据病例定义确定患者，描述患者在不同人群的分布情况，描述各窗口供餐情况，比较危险窗口与其他窗口供餐食物的异同。通过患者与危险食物在窗口分布一致性确定患者暴露的危险食物。

编者按

调查结论中因果推论应当考虑的因素：

(1) 关联的时间顺序：可疑食品进食在前，发病在后。

(2) 关联的特异性：病例均进食过可疑食品，未进食者均未发病。

(3) 关联的强度：*OR*值或*RR*值越大，可疑食品与事故的因果关联性越大。

(4) 剂量—反应关系：进食可疑食品的数量越多，发病的危险性越高。

(5) 关联的一致性：病例的临床表现与检出的致病因子所致疾病的临床表现一致，或病例生物标本与可疑食品或相关的环境样品中检出的致病因子相同。

(6) 终止效应：停止食用可疑食品或采取针对性的控制措施后，经过疾病的一个最长潜伏期后没有新发病例。

调查过程中利用因果推论应结合现场能否获得那些数据，在开始调查（设计调查问卷阶段）时就应做到心中有数。这需要在多次的现场调查中发现不足，或向其他优秀处置案例学习，经过一定阶段积累之后形成自己处理各种事件现场的经验。不是每一条因果推论都能应用到每一起事件的处置过程。因为考虑到每一个窗口供应的菜式相同，如果仅区分是否食用窗口1供应的A食物，则难以对窗口1中的病例组与对照组的A食物的暴露率进行比较，或对进食A食物与不进食A食物的罹患率进行比较，虽辛苦开展现场调查，但得到的数据价值为零。为解决以上问题，需了解每一位调查对象在窗口1的A食物的进食量（先对进食量进行分级，A食物可分为：全吃完、约吃3/4、约吃2/4、约吃1/4和没吃5个等级，后由调查对象进行选择）；相对应地，进食量越多，则一般存在症状越严重情况（对症状进行分级），利用剂量—反应关系来说明进食该食物是致病危险因素。但有一种情况，进食的剂量与临床症状没有剂量—反应关系，这种情况比较少见，那就是过敏性反应，症状的严重程度与进食量无关，与机体的过敏体质有关。这一点，也恰能在过敏的病理、生理特征方面得到证实，证明是过敏所致的概率比较大。

现场调查与实验室研究不同，事件难以重复发生，很多信息要在第一时间获取。若首次调查结果不理想，建议重返现场调查，但若能进入现场第一时间通过调查问卷获取充分的关键信息，数据的信度和效度都能达到最大化，也是最理想的。因此，我们一直鼓励在第一时间，设计更加细化的问题，在后期可以提高数据利用率。

比如，调查喝桶装生水习惯，用于评估桶装水与疫情流行的相关性（是不是危险因素），如果设置的问题是：

请问在过去3天里，你是否有喝科室的某某牌子的桶装水?

（1）有　（2）无　（3）不清楚

调查结果可能会是所有的调查对象（或是接近100%）都喝了科室里的桶装水，使“有喝组”和“无喝组”两组人群的罹患率无法比较（因为无喝组为零）或比较效度低，导致无法对“喝科室桶装水”是不是危险因素进行验证。

如果能将问题细化，不仅能得到“有喝组”与“无喝组”，而且能进一步分析“喝多组”与“喝少组”的剂量—反应关系；或者在分析过程中，结合需要和调查的结果，可将喝不同量的组合并再进行分析，对调查数据的分析过程就显得游刃有余，可进可退。

因此，我们将以上问题的设计改成：

请问在过去3天里，你每天喝科室的某某牌子的桶装水约相当于多少支普通矿泉水的量?（普通的一只矿泉水容量是550mL）

（1）3支及以上　（2）2支及以上　（3）1支及以上

（4）0.5支及以上　（5）没怎么喝　（6）没喝过　（7）不清楚

通过合理设计调整问卷的问题，可让数据更能“说话”，更有助于解决问题。

2. 食品卫生学调查方法与内容

了解该饭堂的经营资质情况、生产布局及流程、环境卫生情况及危险食物的原材料的来源及运输、储存、烹饪过程的危险环节。

编者按

卫生学调查都是围绕流行病学调查结果，补充完善食物是如何一步步变成“危险食物”的。一般应交代包括食物在种植、养殖、生产、储存、运输、加工或烹饪过程中存在的危险环节。

3. 实验室检测方法与内容

采集饭堂留样食物样本、患者呕吐物、物表拭子等样本送区疾控中心检测副溶血性弧菌、蜡样芽孢杆菌、沙门氏菌、志贺氏菌、金黄色葡萄球菌、单增李斯特菌。吞拿鱼、鳗鱼、巴沙鱼柳送JY检验中心检测组胺含量。

> **编者按**
>
> 患者的临床表现已提示该事件是组胺所致食源性疾病，对食物样本的检测一般安排对“组胺”进行定量检测。但本案例在调查过程中同时也对留样食物、患者呕吐物等检测常见致病菌，目的主要是排除细菌性致病因子所致，进一步“坐实”是组胺所致。相反，对这些样本开展组胺定量检测，估计检出率不高，难以达到判断目的。
>
> 虽然能在呕吐物中检出组胺，但也因缺乏相关判断标准而不能将检出作为致病证据。但结合在马鲛鱼检出组胺定量超标（40mg/100g），则在证据链条上更具说服力。

4. 统计学分析

采用Excel 2017建立数据库并计算不同人群罹患率/比，不同临床表现构成比情况。

> **编者按**
>
> 按常规，暴发现场的调查过程都是描述性研究后提出假设，然后再开展分析性研究，验证假设，得出危险因素结论。本案例就是1起不用分析性研究，只用描述性研究就回答“危险因素”的典型案例。

四、调查结果

（一）人群流行病学调查

1. 临床表现

病例主要临床表现为面部潮红、头晕、头痛、恶心和呕吐，部分病例伴有腹痛、皮肤瘙痒、心悸和胸闷等症状（见表1）。大部分患者临床表现以轻症为主，经抗过敏、支持治疗后均痊愈。

表 1 病例的临床症状分布

症状	发病例数（$N=39$）	百分比（%）
面部潮红	24	61.54
头晕	22	56.41
呕吐	20	51.28
头痛	13	33.33
恶心	10	25.64
皮肤瘙痒	8	20.51
心悸	8	20.51
腹痛	7	17.95
乏力	4	10.26
烧灼感	3	7.69
发热	3	7.69
腹泻	3	7.69
胸闷	2	5.13
呼吸困难	2	5.13
寒战	2	5.13
胸痛	2	5.13
口干	1	2.56

病例临床检测结果显示，心肌酶谱检查有 1 名病例出现肌酸激酶（CK）和肌酸激酶同工酶（CK-MB）升高，1 名病例肌酸激酶同工酶（CK-MB）和乳酸脱氢酶（LDH）升高，另 2 名病例乳酸脱氢酶（LDH）升高。另有 5 名病例检测了超敏 C－反应蛋白（hs-CRP）和 C 反应蛋白（CRP），结果均正常。血常规检查结果见表 2。

表 2 病例的血常规检查结果

项目	结果（$N=39$）		百分比（%）	
	升高	降低	升高	降低
白细胞计数（WBC）	21	0	52.50	0
中性粒细胞计数（NEUT）	19	0	47.50	0
单核细胞计算（MONO）	18	2	45.00	5.00
淋巴细胞计数（LYM）	6	4	15.00	10.00
嗜碱性粒细胞计数（BASO）	1	0	2.50	0
嗜酸细胞计数（EOS）	0	3	0	7.50

在临床治疗方面，39 名病例中有 30 名接受药物治疗，使用盐酸苯海拉明 56.67%（17/30）、盐酸异丙嗪 23.33%（7/30）、枸地氯雷他定 10.00%（3/30）和地塞米松磷酸钠注射液 10.00%（3/30）等抗过敏药物以及补液等药物，治疗有效。

编者按

在调查临床表现方面，除收集每位患者的症状、体征等方面的表现外，还要掌握患者的病程和临床生化、血常规等结果，临床医师对患者的诊断、救治、用药情况与效果，以及患者的转归情况。

比如，临床医师对“急性胃肠炎”治疗常用“黄连素”“氟哌酸”等抗胃肠道细菌感染药物，且患者服用后，1～3 日内症状（腹泻、腹痛等）消失，证明抗生素治疗有效，应考虑是否为细菌性食源性疾病病例聚集性事件。

比如，有些生物性食源性疾病，多表现白细胞总数或白细胞结构占比的变化，结合有部分患者有发烧症状，则应考虑生物性食源性疾病病例聚集性事件的可能性。

比如，本案例在临床用药上，使用抗过敏药物治疗，且疗效显著，考虑食物中哪些毒素可以造成过敏，就是致病因子。结合患者发病前均进食青皮白肉鱼，组胺导致的中毒可能性大。

2. 病例三间分布

（1）时间分布。首发病例于 10 月 11 日 12 时发病，随后病例快速增多，11 日 13：00—13：30 出现发病高峰期，之后发病数开始下降，11 日 14 时以后无新发病例出现，见图 1。平均潜伏期 1 小时 15 分钟（潜伏期范围为 8 分钟～2 小时 29 分钟）。

编者按

绘制时间曲线的作用：流行曲线用于描述事故发展所处的阶段，分析疾病的传播方式，推断可能的暴露时间，提供病因假设线索，反映控制措施的效果。

绘制时间曲线的方法：直方图是流行曲线的常用形式，绘制直方图的方法如下。

（1）以发病时间作为横轴（X 轴）、发病人数作为纵轴（Y 轴），采用直方图绘制。

（2）横轴的时间可选择天、小时或分钟，间隔要等距，一般选择小于 1/4 疾病平均潜伏期；如潜伏期未知，可使用多种时间间隔绘制，选择其中最适当的流行曲线。

（3）首例前、末例后需保留 1～2 个疾病的平均潜伏期。如调查时发病尚未停止，末例后不保留时间空白。

（4）在流行曲线上标注某些特殊事件或环境因素，如启动调查、采取控制措施等。

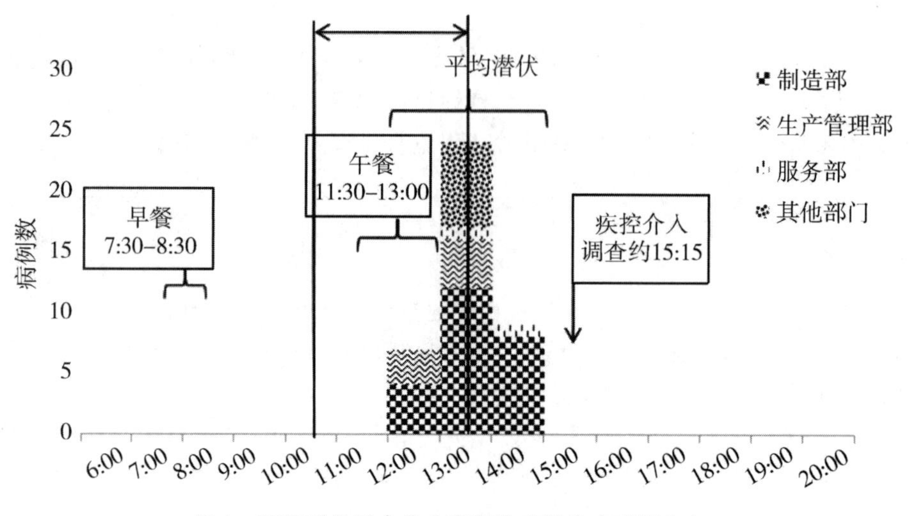

图 1 GQRY 公司食物中毒事件病例发病时间分布

（2）人群分布。40 名病例中，男 38 人，女 2 人，男女性别比 19：1。患者平均年龄 28 岁（16 ～ 63 岁），患者主要集中在 20 ～ 40 岁年龄段，占 62.50%（25/40）。

车间分布主要集中在制造部、生产管理部和服务部，罹患率分别是 21.24%（24/113）、6.19%（7/113）和 1.77%（2/113），各部门罹患率差异无统计学意义（X^2 = 6.14，P = 0.52）。

仅 16 名患者进食过饭堂早餐，进食早餐人群罹患率 2.51%（9/359）低于无进食早餐人群罹患率 5.57%（31/557）。

全部患者均进食 6 号窗口提供的中午套餐，进食其他窗口套餐无人发病，6 号窗口暴露罹患率 35.40%（40/113）。

6 号窗口男（38/98）、女（2/15）性别罹患率差异无统计学意义（X^2 = 3.68，P = 0.055）。

患者中仅 1 名为公司客户，其余为本公司职工。

编者按

分析人群分布的方法是按病例的性别、年龄（学校或托幼机构常用年级代替年龄）、职业等人群特征进行分组，分析各组人群的罹患率是否存在统计学差异，以推断高危人群，并比较有统计学差异的各组人群在饮食暴露方面的异同，以寻找病因线索。

有专业技术人员在现场调查时仅统计患者人数，而不关心暴露人口总数，以致不能计算人群罹患率，不能比较人群罹患率差异，也不能与各人群饮食暴露情况的异同建立联系，从而难于进行病因推断。

本案例从人群分布特征看，疾病分布与性别、部门、早餐与否无关，与进食 6 号窗口午餐有关。患者都分布在 6 号窗口，提示 6 号窗口 11 日提供的午餐可能是危险因素。

从人群分布特点看，危险窗口是 6 号窗口，事件与 6 号窗口的暴露有关。因此，用 6 号窗口暴露人群的罹患率 35.40%（40/113）描述事件规模，最为精准、合适。而不宜用该企业的总人数作为分母计算、报告罹患率。

3. 假设形成及验证

（1）假设：10月11日午餐饭堂6号窗口提供的番茄酱焖吞拿鱼是危险食物。

依据：事件患者临床表现为消化道食物过敏性症状，抗过敏药物治疗有效；平均潜伏期1小时15分钟（潜伏期范围为8分钟～2小时29分钟），考虑危险暴露餐次为11日午餐；患者11日午餐均进食6号窗口提供的食物，6号窗口独特的食物（番茄酱焖吞拿鱼）是危险食物；番茄酱焖吞拿鱼进食量与临床严重程度无剂量—反应关系，符合食物过敏反应致病机理。

（2）验证假设：11日，公司饭堂的午餐供应有支竹木耳炒肉、萝卜牛腩、炸猪扒和姜葱猪手等10多种食物，6号窗口套餐为米饭、番茄酱焖吞拿鱼、大白菜和木瓜鸡汤。番茄酱焖吞拿鱼仅6号窗有供应，米饭、大白菜和木瓜鸡汤其他窗口均有供应，而出现不适者均分布在6号窗，提示食用番茄酱焖吞拿鱼是危险因素（分布一致性：危险因素的分布与患者发病分布一致）。各窗口食物的具体供应情况见表3。

表3　10月11日中午饭堂各窗口供餐情况表

菜单	1号	2号	3号	4号	5号	6号	7号	8号
云芽肉丝	1	0	0	1	0	0	0	0
土豆红烧肉	1	0	0	0	0	0	0	0
花生焖鸡脚	0	1	0	0	0	0	0	0
杂菇肉丝煮豆卜	0	1	0	0	0	0	0	0
面豉蒸花腩	0	0	1	0	0	0	0	0
青瓜炒蛋	0	0	1	0	0	0	0	0
萝卜焖鸭	0	0	0	1	0	0	0	0
炸猪扒	0	0	0	0	1	0	0	0
支竹木耳炒肉	0	0	0	0	0	0	0	0
番茄酱焖吞拿鱼	0	0	0	0	0	1	0	0
白云猪手饭	0	0	0	0	0	0	1	0
大白菜	1	1	1	1	1	1	1	0
木瓜鸡汤	1	1	1	1	1	1	1	0
米饭	1	1	1	1	1	1	1	0
萝卜牛腩粉（面）	0	0	0	0	0	0	0	1
桂林米粉	0	0	0	0	0	0	0	1
拉面	0	0	0	0	0	0	0	1
米粉	0	0	0	0	0	0	0	1
饮料/牛奶/雪梨任选一种	1	1	1	1	1	1	1	1

注：“0”代表“无供应”，“1”代表“有供应”。

可疑危险窗口（6号窗口）供应食物不同暴露量与发病相关性，结果见表4，进食番茄酱焖吞拿鱼、大白菜和木瓜鸡汤量与发病不相关（$P>0.05$）。

表4 6号窗口供应食物不同暴露量与发病相关性分析

食物名称	进食量分类	病例（$N=39$）	非病例（$N=73$）	χ^2 趋势	P
番茄酱焖吞拿鱼（一条）	吃完	17	36	0.002	0.962681
	约3/4	16	21		
	约1/2	6	13		
	约1/4或以下	1	3		
大白菜（150～200g）	吃完	18	32	0.127	0.721518
	约3/4	12	21		
	约1/2	7	12		
	约1/4或以下	3	8		
木瓜鸡汤（一碗）	吃完	7	8	0.280	0.596398
	约3/4	11	20		
	约1/2	10	25		
	约1/4或以下	12	20		

编者按

在剂量—反应关系分析时，χ^2 趋势值随着可疑食品进食数量的增加而增大，且趋势卡方检验有统计学意义，则认为食用可疑食品与发病之间存在剂量—反应关系。在做剂量—反应关系分析时，可疑食品的进食数量应设定3组及以上，且不包括未进食组。

本案例尝试对进食番茄酱焖吞拿鱼、大白菜和木瓜鸡汤直接进行剂量—反应关系分析，发现随着进食以上3种食物的量的增加，并不能让发病的可能性增大。虽然进食番茄酱焖吞拿鱼的增加不能让暴露人群的罹患率升高，但调查组认为，这恰恰与过敏的发病机制相吻合——导致过敏食物与量无关，与进食者的过敏性体质有关。

（二）现场卫生学调查

GQRY公司饭堂位于公司中央，是一栋一层独立建筑，由仓库、洗消、切配、烹饪、面点、面档、配餐间和就餐区等构成，布局、流程合理。有用于存放食物原料的冷库2间，有食物仓库1间。饭堂“三防”设施较为完善。现场未发现苍蝇或鼠迹。有存放垃圾和食物残渣的容器，垃圾日产日清。

饭堂设有1～8号共8个供餐窗口，8号窗口提供即煮的萝卜牛腩粉（面）或者桂林米粉，1～7号窗口除统一提供大白菜、木瓜鸡汤和米饭外，其余萝卜焖鸭、花生焖鸡脚、面豉蒸花腩、土豆红烧肉、青瓜炒蛋、杂菇肉丝煮豆卜、支竹木耳炒肉、云芽肉丝、番茄酱焖吞拿鱼、白云猪手饭、炸猪扒等12个食物单独或和其他食物在同一窗口提供。

可疑食物小吞拿鱼供应及制作情况：饭堂于事发当天午餐首次对员工供应吞拿鱼套餐，吞拿鱼为冰冻食品，于 2017 年 7 月在越南捕捞，由 GZHC 供应链管理有限公司供应，由 GZSZS 食品有限公司统一销售，G 市 KYW 食材运输公司于 2018 年 10 月 11 日早上 8 点 10 分将吞拿鱼运输到 GQRY 公司饭堂，饭堂立即对 130 条吞拿鱼解冻，9 点 30 分开始煎炸加工吞拿鱼，11 点 30 分开始分派给进餐者。（见图 2）

吞拿鱼经汕头大学海洋研究所鉴定，为马鲛鱼。

编者按

从上述描述可以看出，吞拿鱼从捕捞到烹饪食用时间长达 16 个月，涉及捕捞、供应、销售和运输等多家公司，在储存、运输过程中难以一直保持冷藏状态，可能存在反复冻融情况，质量控制难以保证，存在吞拿鱼肉产生组胺的危险因素。烹饪过程采用油炸后再蒸等烹饪方式，不利于组胺从鱼肉中去除。这些都是生产、运输、储存、烹饪过程的危险因素，与组胺中毒情况相符，是得出调查结论的依据之一，也是类似食源性疾病暴发事件现场调查的内容之一。

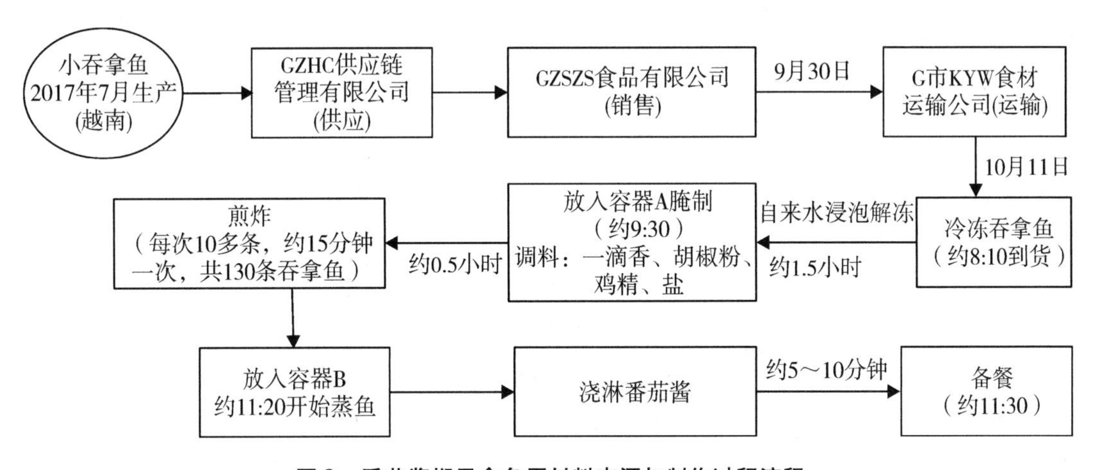

图 2　番茄酱焖吞拿鱼原材料来源与制作过程流程

（三）实验室检测

表5　GQRY公司食物中毒事件实验室检测结果一览表

标本种类	标本名称	采样数量	检测项目	检测单位	检测结果
生物标本	患者呕吐物	1	副溶血性弧菌、蜡样芽孢杆菌、沙门氏菌、志贺氏菌、金黄色葡萄球菌、单增李斯特菌	G市C区疾病预防控制中心	未检出
物体表面	番茄酱焖马鲛鱼托盘拭子	1			未检出
	洗手盆龙头把手拭子	1			未检出
	留样冰箱把手拭子	1			未检出
	九号窗操作台拭子	1			未检出
留样食物	大白菜	1			未检出
	米饭	1			未检出
	木瓜鸡汤	1			未检出
	面豉蒸花肉	1			未检出
	冬菇蒸鸡	1			未检出
	萝卜牛腩	1			未检出
	炸猪扒	1			未检出
	姜葱猪手	1			未检出
	豆芽肉丝	1			未检出
	支竹木耳炒肉	1			未检出
	杂菇肉丝	1			未检出
食品原材料	马鲛鱼	1	组胺	JY检验中心	2.60×10^{3}mg/kg
	鳗鱼	1	组胺		未检出
	巴沙鱼柳	1	组胺		未检出

编者按

GB 2733—2015《食品安全国家标准　鲜、冻动物性水产品》中理化指标对高组胺鱼类要求组胺含量≤40mg/100g，本案例马鲛鱼样本组胺含量为2.60×10^{3}mg/kg（即260mg/100g），超过标准6.5倍。

高组胺鱼类指鲐鱼、竹荚鱼、鲭鱼、鲣鱼、金枪鱼、秋刀鱼、马鲛鱼、青占鱼、沙丁鱼等青皮红肉海水鱼，常是造成组胺中毒的高危食物。

五、调查结论

根据病例临床表现、流行病学调查、实验室检验和卫生学调查结果，结合 GB 2733—2015《食品安全国家标准　鲜、冻动物性水产品》，判定该事件为进食含吞拿鱼引起的组胺中毒。危险餐次为 10 月 11 日午餐，危险食品是番茄酱焖吞拿鱼。

主要依据如下：

（1）所有病例临床特征以头晕、面部潮红、头痛、恶心和呕吐为主，部分病例伴有腹痛、皮肤瘙痒、心悸和胸闷等症状，与组胺中毒导致疾病的临床表现相同。

（2）病例经盐酸苯海拉明、盐酸异丙嗪、枸地氯雷他定和地塞米松磷酸钠等抗过敏药物以及补液等治疗均已痊愈。

（3）39 名患者为 GQRY 公司员工，另外 1 名为该公司客户，除 11 日午餐外，病例 72 小时内无其他共同就餐史。

（4）流行曲线呈点源暴发特点，急起发病，平均潜伏期 1 小时 15 分钟（潜伏期范围为 8 分钟～2 小时 29 分钟），平均病程 1 天，符合组胺中毒导致的食源性疾病流行特点。

（5）留样食物吞拿鱼中检出组胺 2.60×10^3 mg/kg，超标 6.5 倍。

（6）6 号窗口套餐除番茄酱焖吞拿鱼外，米饭、大白菜和木瓜鸡汤在其他各窗口均有提供，而只有 6 号窗口就餐者出现病例。进食番茄酱焖吞拿鱼量增加时，患者罹患率并没有提高，进食量与发病情况呈不相关状态，与食物所致过敏性疾病特点相符。

（7）吞拿鱼从捕捞、冷冻、储存、运送到加工，链条长、中间节点多，可能存在反复冻融情况；G 市 10 月份气温高，吞拿鱼肉更容易产生组胺；厨师烹饪吞拿鱼经验不足，用油煎炸不利于鱼肉中组胺去除。

六、措施及建议

（1）市场监督管理部门应加强对海产鱼类销售的监管，加强对吞拿鱼等容易产生组胺的海产品的组胺检测工作，禁止销售组胺超标的海产鱼类。

（2）海产鱼类生产商、供货商在储存和运输过程中要注意控制温度，减少运输环节，减少组胺产生量。

（3）加大预防食物组胺中毒的宣传力度：广大市民注意不购买产品生产日期过长或是不新鲜、腐败变质的青皮红肉鱼类；购后要及时烧煮或用重盐（不低于 25%）劈背腌存、切勿淡腌存放后再烧煮；注意青皮红肉鱼类的正确烹调方法是水煮或蒸煮，尽量勿用油煎炸或焖煮。

（4）临床医疗机构做好病例的救治工作，对群体性食物过敏暴发情况，要调查患者的饮食史中是否有容易产生组胺食物；如发现有聚集性事件，应及时向市场监督管理部门与卫生健康部门报告。

第二章 疑似食源性疾病聚集性病例核查案例

案例一　一起疑似食源性疾病病例聚集性事件核查案例*

本案例学习目的

（1）了解疑似食源性疾病病例聚集性事件核查的公共卫生意义；
（2）了解疑似食源性疾病病例聚集性事件核查结果的种类、流程；
（3）了解建立食源性疾病病例监测系统与暴发事件监测系统的公共卫生意义。

H 区卫生健康局：

2022 年 2 月 11 日（周五）22 时 15 分，H 区疾控中心接到 H 区市场监管局电话，L 医院急诊科于 11 日 20 时接诊 6 名患者，主要症状为发热、呕吐（1 ～ 5 次/日）、腹痛、腹泻，患者均为中国救援 I 省机动专业支队成员，怀疑为食源性疾病暴发。区疾控中心接报后立即前往现场调查处置。截至 2 月 12 日 1 时 30 分，初步核实 L 医院共接诊同一单位患者 21 人，其中发热 5 人（37.3 ～ 38.6 ℃），无重症病例，急诊留观 16 人，发热门诊 5 人。区疾控中心开展流行病个案调查 21 人，采集 14 名患者生物标本样品共计 13 份，其中肛拭子样品 7 份，呕吐物样品 6 份（有 2 名患者呕吐物混成一份样品），检验结果待出。2 月 13 日（周日）15 时 13 分，L 医院在食源性疾病病例监测系统报告病例信息，系统病例编号为 × × ×，系统上报 21 人。经初步核实，共同暴露 107 人，发病 21 人，医院接诊 21 人，系统上报 21 人。

一、发病经过

2 月 11 日（周五）18—22 时，中国救援 I 省救援机动专业支队先后有 21 名成员出现发热、呕吐、腹痛、腹泻等症状。患者所属单位分 2 批将患者送至 L 医院就诊。接诊医生诊断为“急性胃肠炎”。经对症治疗后，患者症状消失，无住院病例和重症病例。

二、就餐情况

21 名患者均来自中国救援 I 省机动专业支队（地址：S 市 T 区 A 路 86 号），联系人李某某。据该单位负责人叙述，食堂日常有 107 人就餐，2 月 11 日下午有 45 人前往 T 区 B 森林公园爬山，参与爬山的有 11 名患者，其中 8 名患者在山上进食豆腐花、绿豆沙等食品。2 月 11 日患者就餐情况：早餐，21 人在单位食堂用餐，食谱为白粥、玉米、鸡蛋、糯米烧卖、包子、炒河粉、泡菜、青菜；中餐，19 人在单位食堂用餐，食谱为支竹红烧

---

* 本案例编者为陈建东、许丹、彭明益。

肉、红烧鲶鱼、白切鸡、尖椒炒肉片、生炒骨、青菜；16 时在 B 森林公园里吃小吃，8 人进食豆腐花、绿豆沙等食品；晚餐，21 人在单位食堂用餐，晚餐食谱为土豆焖鸡、蒜苗炒腊味、椒盐虾、清蒸鲈鱼、凉瓜牛肉、青菜。

三、临床表现

呕吐 21 人（1 ～5 次/天），腹泻 8 人（2 ～5 次/天），腹痛 21 人（下腹绞痛）、恶心 21 人。

四、实验室采样及检查结果

就诊医院提供 10 名患者临床检验结果，临床检验结果 10 名患者新冠病毒核酸阴性；10 名患者白细胞（10.06×10^9/L ～ 18.45×10^9/L）和中性粒细胞（8.69×10^9/L ～ 16.78×10^9/L）均升高。

H 区疾控中心共采集 14 名患者生物样品 13 份，其中肛拭子样品 7 份，呕吐物样品 6 份。检验结果待出。

通知 T 区市场监督管理局落实跟进，并让其通知 T 区疾病预防控制中心现场调查，已将调查资料移交 T 区疾控中心。

根据患者共同就餐史及相似临床症状，初步判定为一起食源性疾病聚集性病例事件。

H 区疾病预防控制中心
2022 年 2 月 12 日

抄送：H 区市场监督管理局，S 市疾病预防控制中心

编者按

这是发生在 G 市 H 区的一起疑似聚集性事件，是否为食源性疾病病例聚集性事件需要进一步核实，核实的过程就是寻找证据，证明事件是食源性疾病病例聚集性事件而非传染性疾病、介水疾病所致的聚集性事件。

疑似事件核查表描述过程思路见图 1。若对疑似聚集性事件的定义、核查的目的和报告的填写方法还存在疑问，应强化《2024 年食源性疾病监测工作手册》内容的学习，以便更好地开展工作。

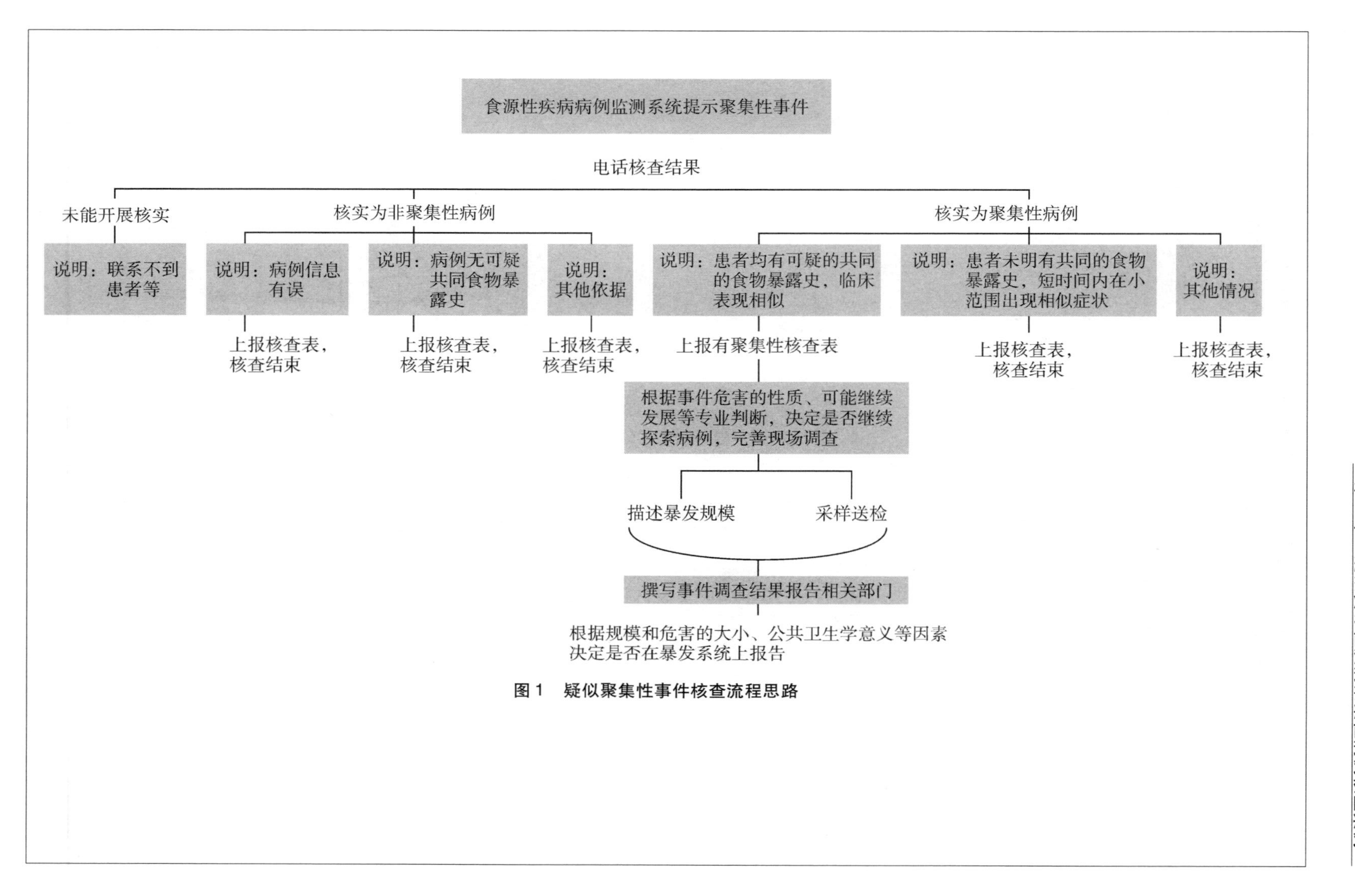

图1　疑似聚集性事件核查流程思路

通过食源性疾病病例监测系统及时发现疑似食源性疾病病例聚集性事件。通过及时核查，了解事件性质、规模和波及范围，及早进行干预和控制，预防事件再次发生。

食源性疾病病例聚集性事件的发现都是从疑似聚集性事件的核实开始。

通过食源性疾病病例暴发事件监测系统收集事件信息，寻找食源性疾病病例暴发事件分布规律，为风险评估和预警工作提供依据。

案例二　一起疑似家庭聚餐致食源性疾病病例聚集性事件核查案例*

本案例学习目的

（1）掌握疑似食源性疾病聚集性病例核查过程收集资料、撰写报告的思路；
（2）了解疑似食源性疾病聚集性病例核查的公共卫生意义；
（3）了解疑似食源性疾病聚集性病例核查过程思路；
（4）了解建立食源性疾病病例监测系统的公共卫生意义。

H2 区卫生健康局：

2022 年 2 月 14 日 15 时 30 分，食源性疾病监测系统识别一起疑似食源性疾病聚集性病例，主要表现为恶心、呕吐、腹痛、腹泻等症状。报告单位是 S 市开发区医院，系统病例编号为 ×××。系统上报 3 人，本中心进行电话核查，经初步核实，共同暴露 6 人，发病 5 人，医院接诊 3 人，系统上报 3 人。

一、发病经过

2 月 11 日凌晨 3 时，患者 3 人（张某琳、温某麟、张某涛）与其家人（姨妈、姐、哥）共 6 人在家中一起食用张某琳在美团外卖购买的虫草花鸡汤、腊味饭、窑鸡，后未进食其他食物，当天下午约 13 时，患者 3 人先后出现腹泻、上腹痛、恶心、呕吐等症状，于 18 时一起到 S 市开发区医院（B 院区）就诊。接诊医生诊断为“急性胃肠炎”。经对症治疗后，患者症状消失，无住院病例和重症病例。

二、就餐情况

患者 3 人为一家人（两夫妇及弟弟），与其母亲、哥哥共 5 人居住在 H2 区 C 小区 B6 栋 1901 房。发病前一天（2 月 10 日），张某琳与丈夫温某麟共同外出进食晚餐（两人均未进食早餐、午餐），弟弟张某涛单独进食晚餐。10 日晚，姨妈及姐姐到访患者张某琳家中，11 日凌晨约 2 时，患者张某琳在美团外卖平台上订购外卖，当天约 3 时，6 人共同进食外卖食品，菜品为：虫草花鸡汤 4 碗（约 250mL/碗）、玉米火腿腊味炒饭 2 盒（约 500g）、窑鸡一只半（1000 ～ 1250g），购买店铺：A 省 S 市 H2 区窑鸡王（D 店）。除哥哥（未发病）仅进食窑鸡外，其他 5 人均有进食全部菜品，5 人发病（张某琳自述丈夫

* 本案例编者为陈建东、彭明益、许丹。

温某麟与姐姐两人进食炒饭最多，每人进食约四分之三盒炒饭，症状较重，呕吐次数较多，丈夫呕吐物主要为炒饭），3 人就诊，2 人（姨妈和姐姐）自行服药未就诊。

三、临床表现

医院就诊 3 人，呕吐 2 人（1 ～ 3 次/天），腹泻 3 人（3 ～ 5 次/天），腹痛 3 人（上腹痛），恶心 3 人。平均潜伏期 10 小时。

四、核查结论

根据患者共同就餐史及相似临床症状，初步判定为一起食源性疾病病例聚集性事件。可疑餐次为 2 月 11 日凌晨的宵夜，可疑食物为“玉米火腿腊味炒饭”。

H2 区疾病预防控制中心
2022 年 2 月 14 日

抄送：H2 区市场监督管理局，S 市疾病预防控制中心

编者按

本起疑似食源性疾病聚集性病例核查报告紧扣疑似聚集性事件核查的思路，值得大家学习。

第 1 段交代核查信息来源及总体情况，且从国家食源性系统疾病病例监测系统报告的 3 例信息，经核查，实际应该 5 人。通过就诊的部分人员（冰山一角），发现更多患者，是核查过程的一个工作任务。

第 2 段交代患者发病后就诊经过，特别交代患者病情，就诊人数、住院人数和治疗效果等信息，强调临床表现“一致性”。

第 3 段交代共同暴露（进食）情况。说明有共同暴露史，吃得多，病情重，利用剂量—反应关系的思路初步交代可疑食物。同时交代了未就诊原因，是因为自行服药好转，而不是其他严重情况。

第 4 段交代患者临床表现，主要是胃肠道症状，描述疾病平均潜伏期，为事件判断为生物性食源性疾病提供依据。所有的描述倾向食源性聚集性疾病，不是传染性疾病等其他危险因素导致疾病暴发。

第 5 段交代疑似聚集性事件的判断结果：核实为食源性疾病聚集性病例。

核查报告是疑似食源性疾病聚集性病例核查结果的一个初步调查报告，判断思路是食源性疾病聚集性病例定义：在小范围内食源性疾病聚集性病例是指具有可疑共同食品暴露史（同一种食品、同一个餐饮服务单位提供的食品或同一家食品企业生产的食品等），在时间、地点（同一个村庄、工地、学校、单位等）分布上具有关联，有类似临

床表现的食源性疾病疑似病例或确诊病例。

每一起聚集性病例的核查，除了回答暴发的规模及波及范围，按思路顺序还要尽量依次回答下面几个方面的问题。

(1) 本次疑似聚集性病例是不是食源性聚集性事件?

(2) 哪个 (些) 餐次是危险的进食餐次?

(3) 进食哪个 (些) 食物导致出现本次事故?

(4) 食物是在生产、采购、储存、运输、加工、烹饪的哪个环节污染变成危险食物的?

组织对食源性聚集性病例开展核查流程的意义在于通过该流程的轮转，达到最终控制、降低食源性疾病的危害:

(1) 监测：及时发现疑似食源性聚集性病例。

(2) 核实：通过电话、现场调查等核实为食源性聚集性病例。

(3) 报告：撰写核查表、调查报告，向市场监督管理局、卫健局、上级疾控中心报告致病因子、危险因素和控制措施建议。

(4) 控制：转运、救治患者；追溯食物来源，封存危险食物；开展风险沟通工作。

(5) 评估：采取措施的效果，纠正、补充控制措施。

理解了以上规则，有助于核查表内容更严谨更完备地呈现相关内容。各位专业人员在核查后，既要将事件报告给主管部门，也要有下一步的工作措施。绝对不要为了核查而核查，不知道为何“核查”。

案例三　一起疑似因饮用外卖奶茶致食源性聚集性病例事件核查案例*

本案例学习目的

（1）了解疑似食源性疾病病例聚集性事件核查过程思路；
（2）了解食源性疾病病例聚集性事件定义和开展病例收集的意义；
（3）了解食源性疾病病例聚集性事件处置流程。

H1 区卫生健康局：

2022 年 3 月 5 日 15 时 05 分我中心接到 H1 区市场监督管理局通知，有 3 人因头晕、呕吐、腹泻前往 J 医院急诊室就医，3 名患者均为 S 市 B 服饰有限公司员工，怀疑食物中毒。我中心立即会同 H1 区市场监督管理局开展调查。

一、发病经过

S 市 B 服饰有限公司（位于 L 区创意园 56 栋 2 楼），9 名员工于 3 月 4 日 12 时 18 分下单，在某茶 S 市立白中心 GO 店（位于 L 区立白中心首层 102 号商铺）点了 9 杯外卖饮品，9 人饮用外卖饮品。患者伍某祯、郑某丹、唐某密 3 人 14 时左右分别饮用“轻芒芒甘露”“满瓶芭乐葡”“海盐菠爆柠”，同日 17：30—18：00 陆续出现头晕、乏力、腹痛、恶心、呕吐、腹泻等症状，其余 6 人无不适。3 月 3 日、3 月 4 日，除进食某茶外卖，3 名患者无其他共同就餐史。

二、实验室检验结果

H1 区疾控中心采集 3 名患者肛拭子送实验室，培养、检测 8 种常规致病菌（副溶血性弧菌、变形杆菌、蜡样芽孢杆菌、沙门氏菌、志贺氏菌、霍乱弧菌、致泻性大肠埃希氏菌、金黄色葡萄球菌），均无检出致病菌。

J 医院采集 3 名患者肛拭子进行诺如病毒 RNA 定量检验，结果：郑某丹阳性（＋），伍某祯阴性（－）、唐某密阴性（－）；3 名患者白细胞计数均无升高。

L 区疾控中心采集茶室环境表面涂抹 6 宗、工作人员肛拭子和手涂抹各 4 宗、食品 4 宗，进行致病菌和诺如病毒快速检测，均为阴性，最终结果待复核。

---

* 本案例编者为陈建东、李晗文。

三、食源性疾病病例监测系统审核

2022 年 3 月 7 日，我中心在食源性疾病病例报告系统识别该起 3 例疑似食源性疾病聚集性病例（系统病例编号为 ×××），均已审核上报。

四、结论

根据患者临床表现和实验室检验结果，判定诺如病毒感染性腹泻可能性大，原因可能是食源性传播或接触传播。

五、下一步工作计划

继续关注食源性疾病病例监测系统，如有同一时间段相似病例，及时跟进调查。

已将相关情况告知 L 区疾控部门，以利其评估分析某茶 S 市立白中心 GO 店是否会继续引发新病例。

H2 区疾病预防控制中心

2022 年 3 月 7 日

抄送：H1 区市场监督管理局，S 市疾病预防控制中心

编者按

核查表除了交代是不是食源性聚集性病例外，还需要再交代下一步的工作安排，也就是发现事件后，疾控部门下一步计划如何做。比如：报告给市场局；跟进现场进一步调查，搜索同一时间段的其他病例，评估是否还存在其他病例；评估事件的波及范围，毕竟奶茶店供餐范围广，看能否通过收款码搜索饮用者中发病病例。从 3 个生物样本中检测出 1 个诺如病毒阳性，经判断是由诺如病毒感染引起的，需考虑诺如病毒在人群的基线情况，但也不一定是诺如病毒感染所致。

为更好地做好食源性疾病事件监测，鼓励各区对发生在本区的食源性聚集性事件进行报告，特别是出现在重点场所（学校、幼儿园、工地等），出现在重点人群（学生病例、孕产妇病例、危重病例、死亡病例），危害波及范围可能比较广（定形包装食物、面包、奶茶店等）的重点事件进行报告。

食源性疾病疑似病例是指怀疑由摄入食品引起的感染性或中毒性等病例。主要包括：病人自诉或经询问怀疑与餐饮服务中的食品或定型包装食品有关的“急性胃肠炎”“感染性腹泻”等感染性病例；病人自诉或经询问怀疑与有毒动植物、化学物质、毒蕈和生物毒素等有关的中毒性病例；自述进食铁皮石斛、西洋参、灵芝后出现不适症状

的病例；医生认为其他需要报告的食源性疾病疑似病例。食源性疑似病例定义是为方便开展食源性疾病监测而制定的病例定义，是为收集病例服务的。

食源性疾病聚集性病例是指具有可疑共同食品暴露史（同一种食品、同一个餐饮服务单位提供的食品或同一家食品企业生产的食品等），在时间、地点（同一个村庄、工地、学校、单位等）分布上具有关联，有类似临床表现的食源性疾病疑似病例或确诊病例。重点关注脆弱人群（婴幼儿、中小学生、孕产妇），特殊病例（危重病例、死亡病例），自述进食铁皮石斛、西洋参、灵芝后出现不适症状的病例，以及怀疑由预包装食品引起的病例。

以上定义都与实验室无关，只是为了发现病例或聚集性病例（事件）而设定的定义。也就是说，不用等实验室结果出来才进行疑似食源性聚集性事件核查结果的报告。同时，应注意核查信息的时效性，太迟不利于食源性疾病暴发事件的控制。如果诺如病毒感染的危险因素是进食某种食物，则也应该纳入食源性疾病监测、报告、管理范畴。但诺如病毒感染途径多样，往往将诺如病毒感染病例归入传染性疾病。综上所述，疑似聚集性事件的核查表不用等有实验室结果后再考虑呈报。

在处理食源性疾病聚集性事件时，疾控中心主要负责调查造成事故的危险因素和致病因子，向相关部门提出控制疾病流行建议。一般可以按以下5个步骤推进工作。

第1步：食源性疾病聚集性病例核查表。电话核实后马上提交。

第2步：事件初步调查报告。现场调查后可提交粗略的结果，关键是要快。报告内容包括事件名称、初步判定的事件类别和性质、发生地点、发生时间、发病人数、死亡人数、主要的临床症状、可能原因、已采取的措施、报告单位、报告人员及通讯方式等。

第3步：进程报告（突发公共卫生事件报告要求）。有新情况要及时通过进程报告上报。主要报告事件的发展与变化、处置进程、事件的诊断和原因或可能因素、势态评估、控制措施等内容。同时，对初次报告内容进行补充和修正。重大及特别重大突发公共卫生事件至少按日进行进程报告。

第4步：事件结案报告。事件结束后应进行结案信息报告。达到《国家突发公共卫生事件应急预案》分级标准的突发公共卫生事件结束后，由相应级别卫生行政部门组织评估，在确认事件终止后2周内，对事件的发生和处理情况进行总结，分析其原因和影响因素，并提出今后对类似事件的防范和处置建议。

第5步：食源性疾病暴发监测系统报告。要求在事件结案后7个工作日内通过食源性疾病暴发监测系统进行报告。

事件处置结束。

如果调查工作效率较高，事件规模较小，则第1步和第2步可以安排在一起完成。如果事件波及规模较大或者案情复杂、调查难度高，估计比较清晰的情况需要较长时间调查，则应在粗略核查后，先发出疑似食源性疾病聚集性病例核查表。事件影响较大的，应尽快报出初报。为方便工作开展，对较小规模、不可能继续迁延的、发生在社区或家庭的生物性的影响小的食源性疾病聚集性病例，可在调查核实后形成核查报告呈报。

案例四 一起旅行者疑似因聚餐致食源性疾病病例聚集性事件核查案例*

本案例学习目的

(1) 了解疑似食源性疾病病例聚集性事件核查过程思路;
(2) 了解如何在疑似食源性疾病病例聚集性事件核查过程中利用"剂量—反应关系"建立进食量(危险因素)与发病的联系,为病因假设提供直接证据。

H1 区卫生健康局:
2022 年 3 月 15 日,我中心在食源性疾病病例监测系统识别一起疑似食源性疾病病例聚集性事件(系统病例编号为×××),为 J 医院报告。系统上报 2 人,经本中心进行电话核查,共同暴露 4 人,发病 3 人,主要症状为呕吐、腹泻、发热(37.6～38 ℃)。

一、发病经过

患者邢某俊、杨某雷与另外两名同事共 4 人于 3 月 2 日从北京来 A 省并入住 A 省 S 市 H1 区 B 街 C 路 D 酒店 821 房,3 月 14 日返回北京。3 月 12 日 19 时左右,4 人在 H1 区 E 路 F 美食园晚餐后,杨某雷于 3 月 13 日凌晨开始出现呕吐,后腹泻、发热(38 ℃),邢某俊也于同日 4 时许出现相同症状,发热 37.6 ℃。2 名患者于当日 19 时 30 分许前往 J 医院就诊,诊断为"急性胃肠炎",经口服左氧氟沙星、盐酸小檗碱片、布洛芬混悬液后症状缓解,无住院和重症病例。另 2 名同餐者无不适。

二、就餐情况

4 名同行者 3 月 11 日至 12 日期间进食史见表 1。

---

* 本案例编者为陈建东、苏婉华。

表1　4名同行者3月11日至12日期间进食史

<table>
<tr><th>日期</th><th>餐次</th><th>进餐地点/购买场所</th><th>食物名称</th><th>同餐者人数</th><th>发病人数</th></tr>
<tr><td rowspan="3">发病前1天（3月12日）</td><td>晚餐</td><td>F美食园</td><td>炒河粉、干煸鸡、油炸猪大肠、炒豆腐、莲藕炖猪蹄、葱炒虾米、啤酒</td><td>4</td><td>2</td></tr>
<tr><td>中餐</td><td rowspan="2">JT路JJ酒店对面餐厅（名称不详）</td><td>肥肠面（杨）、牛肉面（邢）</td><td>4</td><td>2</td></tr>
<tr><td>早餐</td><td>皮蛋瘦肉粥、油条</td><td>4</td><td>2</td></tr>
<tr><td rowspan="3">发病前2天（3月11日）</td><td>晚餐</td><td>新Y姐餐厅</td><td>烤生蚝（感觉不太熟）、鱼生、烤鲍鱼、炸虾、炒米粉、炒鲍鱼、啤酒</td><td>4</td><td>2</td></tr>
<tr><td>中餐</td><td>记不清</td><td>记不清</td><td>4</td><td>2</td></tr>
<tr><td>早餐</td><td>JT路JJ酒店对面旁餐厅（名称不详）</td><td>油条、稀饭</td><td>4</td><td>2</td></tr>
</table>

三、临床表现和实验室结果

2名患者均有呕吐、腹泻、发热，白细胞计数、C反应蛋白、中性粒细胞百分数均明显升高。

四、核查结论

根据患者共同就餐史和相似临床症状及化验结果，初步判断为一起食源性疾病聚集性病例，细菌性感染可能性大，可疑餐次、可疑食物不明。

H1区疾病预防控制中心

2022年3月15日

抄送：S市疾病预防控制中心，H1区市场监督管理局

编者按

本案例对疑似食源性疾病聚集性病例的核查和撰写核查报告的思路值得推荐给大家，可作为对疑似食源性疾病病例聚集性事件核查过程的参考。

核查报告首先描述疑似食源性聚集性病例发现情况和核查的大概情况，接着先后交代患者的就医情况、可疑食物的暴露情况（提示有食物共同暴露史）、临床表现相同（相近）、核查结果、可能危险因子和致病因素。

本核查报告逻辑清晰，能通过电话调查尽量收集有用信息，以及通过收集患者临床表现、血常规等有限资料，做出疑似食源性疾病聚集性病例为食源性疾病聚集性事件的方向性判断。

但本次核查也存在瑕疵：未能了解、报告发病前 3 天的就餐史情况，调查不够全面。对发病与未发病共餐者未能调查每餐进食食物种类、数量，缺乏利用求同法/求异法、剂量—反应关系建立危险食物与疾病间的关系的基础，从而提出可能的危险食物的假设，令调查进食史成为流水账，未能从调查的结果得到有价值的信息。这些缺陷在调查过程中应注意克服，多考虑用调查数据（结果）解决问题。

案例五　某公司疑似急性胃肠炎病例聚集性事件初次调查案例*

本案例学习目的

熟悉疑似食源性疾病病例聚集性事件核查过程收集资料、撰写报告的方法。

S 市 B 区卫生健康局：

2022 年 3 月 18 日 9 时，我中心工作人员接 F 医院 C 分院报告，S 市 X 公司自 3 月 9 日首发病例后，3 月 13 日出现急性胃肠炎病例异常增多现象。9 时 30 分我中心立即联合 C 镇卫生院到达该厂开展处置工作。经初步调查，截至 3 月 18 日 12 时，该公司累计报告急性胃肠炎病例 37 例，经初步核实及排查，大部分病例病情较轻，经对症治疗后好转，未出现重症和住院病例。现将调查处理情况汇报如下。

一、基本情况

S 市 X 公司位于 S 市 B 区 C 镇 D 村一环路 66 号，主要从事装饰板材生产，占地面积约 1.5 万平方米，建筑面积 1 万平方米，共有生产车间 2 栋，宿舍楼 2 栋，饭堂 1 间，员工 240 人。该厂分为 4 个部门（生产部 87 人、储运部 53 人、品管部 34 人、办公室 66 人），员工午餐和晚餐基本在食堂就餐，早餐自行解决。小部分员工在该厂 2 栋宿舍楼（食堂宿舍楼、河边宿舍楼）居住，大部分员工在附近租房子居住，工厂员工和工厂附近的居民日常饮水以加热后的 G 山山泉水为主。3 月 7 日该厂的饮水机曾出现故障，3 月 12 日重新更换装好后使用。

二、发病情况

首例病例周某某，男，47 岁，厨工，联系电话 18××××1132，现住址 S 市 B 区 C 镇一环路 66 号 201 房，2022 年 3 月 9 日 8 时在工厂出现腹胀、腹泻 2 次，腹泻地点在工厂食堂旁的公共厕所，3 月 9 日自觉胃部不适到 F 医院 C 分院就诊，3 月 10 日到该院进行胃镜检查，胃镜检查显示无异常。

3 月 12 日 8 时至 3 月 17 日 17 时，工厂有病例陆续出现呕吐、腹胀和腹泻症状，大部分呕吐地点在办公区域和厕所，腹泻地点在工厂内的 2 间公共厕所，呕吐物没有经过消毒液处理、腹泻后的排泄物也未进行有效消毒。3 月 13 日 9 时起陆续有员工前往 F 医院 C 分院和 C 镇卫生院就诊，服用蒙脱石散后症状缓解或消失。截至 3 月 18 日 12 时，该厂共

* 本案例编者为陈建东、林虹。

报告37名病例（呕吐2次/天以上或腹泻3次/天以上，伴有大便性状改变），其中病例罹患率为15.42%（37/240）。临床表现主要为腹胀、腹泻、呕吐，其中腹胀30例、腹泻35例、呕吐12例。病例临床症状较轻，呈一定的自限性，个别病例经治愈后反复发病，暂时无重症病例。大部分病例治愈后仍回厂上班，未进行隔离。

三、流行病学调查

（一）临床表现

所有病例临床症状均较轻，经正规医疗机构对症治疗（服用蒙脱石散）或自行购药服用后均已康复，个别病例病情反复。临床主要表现为腹胀、腹痛、腹泻、呕吐，未出现发热症状。

（二）病例流行病学特征

1. 时间分布

表1　37例患者发病时间分布情况

发病日期	3月9日	3月12日	3月13日	3月14日	3月15日	3月16日	3月17日	合计
发病例数	1	1	14	6	5	2	8	37

2. 空间分布

表2　37例患者发病空间分布情况

部门名称	品管部	储运部	生产部	办公室	食堂	家属	合计
发病例数	6	6	21	2	1	1	37

3. 人群分布

病例年龄分布为20～29岁组5人、30～39岁组4人、40～49岁组13人、50～59岁组15人，其中公司员工36人、家属1人。

（三）饮食情况调查

食堂供应员工午餐和晚餐，为无证经营，厨工无健康证。冰箱生熟混放，无备餐间，无食品留样。负责人反映，每天的食谱写在黑板上，并未记录下来，因此未能提供每日详细食谱。

（四）饮用水情况调查

该厂的饮用水为G山上的山泉水，从山上储水池通过水管引到工厂，经过工厂终端饮水机过滤加热后，供员工饮用，个别办公室饮用桶装水（牌子是F村宝露桶装水）。3月7日该厂从G山引下山泉水后发现饮水机出现故障，3月12日重新更换装好后使用。

四、标本采样及实验室检测

2022 年 3 月 18 日共采集病例肛拭子 36 宗，厨工肛拭子 4 宗，工用具 7 宗，山泉水 1 宗，已送 B 区疾控中心检测，结果待报。

五、初步调查结论

根据疫情流行特征、现场流行病学调查，初步认定该起疫情是一起肠道传染病感染引起的急性胃肠炎聚集疫情；具体传播途径可能为饮用不洁的山泉水引起首例病例发病，再通过排泄物不规范处置，气溶胶或直接接触传播所致。依据如下：

（1）该厂开业后一直饮用加热后的 G 山山泉水，3 月 7 日该厂的饮水机曾出现故障，3 月 12 日重新更换装好后使用。从 3 月 9 日开始出现首例厨工发病后陆续出现病例，3 月 13 日达到发病高峰（14 例），个别病例经治愈后反复发病，大部分病例治愈后仍回厂上班。

（2）首例病例出现腹泻，腹泻地点为食堂旁的公共厕所，排泄物未做有效消毒处理。

（3）所有病例临床表现为腹胀、腹痛、腹泻、呕吐为主，轻症，大部分病例呈自限性，个别病例经治愈后反复发病，病程较短，对症治疗效果良好。

（4）发病的对象大部分为该厂员工，病例分布呈明显的发病时间聚集性和空间聚集性特征。

六、风险评估

本次疫情全部病例未进行隔离治疗，该工厂未采取停业措施。疾控部门介入后，已协助该工厂对生产车间、办公区域、厕所等进行了全面消毒，同时加强公司员工的健康宣教。急性胃肠炎感染性强，以肠道传播为主，存在病毒携带者隐性感染，可通过污染的水源、食物、物品、空气等传播，潜伏期多在 24 ～ 48 小时，最短 12 小时，最长 72 小时，据此判断，近期仍有新发病例的风险。

目前该工厂发病员工治愈后仍在工厂上班，传播途径容易通过同事之间和家庭之间传播，如果防控措施不落实，造成疫情扩散蔓延的可能性较高。

七、已采取的措施

（1）疫情报告与处置。接到报告后区疾控中心立即核实调查与处置，已按要求进行报告。

（2）病例情况。17 例病例前往 F 医院 C 分院或者 C 镇卫生院就诊，其余病例到附近药店自购药服用。

（3）开展流行病学调查。2022 年 3 月 18 日上午对发病的 35 人进行面对面流调，核实基本情况，并完善“A 省诺如病毒感染性腹泻暴发调查病例一览表”。

（4）开展消毒工作。3 月 18 日上午，S 市 B 区疾控中心消杀人员已对公司生产车间、办公区域、厕所进行了全面消毒处理。

（5）积极指导该工厂防控。现场对工作人员进行宣传教育。

八、下一步工作建议

（1）加强病例管理，严格隔离期限，实时跟进疫情态势，及时提出措施建议。

（2）每日跟进现有病例转归、新增病例等信息，实行每日一报（每天 9 点前报前一天新发病例数）。

（3）工厂落实考勤和因病缺勤追踪工作，发现疑似传染病患者立即隔离并督促就诊，及时追踪就诊情况，发现疑似病例聚集情况须及时上报 C 镇卫生院和区疾控中心，同步完善相关原始记录。

（4）B 区疾控中心指导该厂落实传染源隔离制度，所有有症状病例发现后立即隔离治疗，症状明显者送医院进行治疗，并按胃肠道传染病进行隔离。指导在家隔离休息的员工注意个人卫生，及时正确处理呕吐物及排泄物，避免到公共场所活动。若出现腹泻、呕吐等症状时立即停止上班。

（5）工厂加强以预防胃肠道传染病为重点的宣传教育，提倡喝开水，不吃生的或半生的食物，尤其是禁止生食贝类等水产品，生吃瓜果要洗净，饭前便后要洗手，养成良好的卫生习惯。

（6）工厂加强对患病员工的吐泻物和污染过的物品、空气、饮用水、厕所等随时消毒，并做好消毒登记。

（7）区疾控中心及时跟进疫情处置，并及时报告区卫健局和市疾控中心。

S 市 B 区疾病预防控制中心
2022 年 3 月 18 日

抄送：S 市疾病预防控制中心，B 区市场监督管理局

编者按

本报告作为突发公共卫生事件初次调查报告，架构不完整。

第一，无制定病例定义，无交代病例搜索如何开展。本报告的“病例”指的是哪些病例？37 例患者是不是该事件病例的全部病例？因为报告未交代，导致报告全文数据给人不可信的感觉。建议补充该事件“病例定义”和“病例搜索”的方法和途径。

第二，调查结论为食源性聚集性事件缺乏支持依据。建议细化描述性流行病学调查结果以及数据处理方式。病例三间分布的描述尽量用“率”表示，只有从不同人群的疾病罹患率差异中才能提出病因假设。另外，病例时间分布曲线尽量用流行曲线（柱状图）表示。

第三，从报告的描述中怀疑是水源性疾病暴发，但调查结论又说是食源性疾病聚集性事件，调查内容与结论不一致。报告的初步描述应支持介水性疾病暴发事件，不支持/不排除食源性聚集性事件。

第四，建议增加卫生学调查内容。增加对可疑环境、可疑暴露、可疑供水源的卫生学调查内容。交代水中的致病因子可能/应该来自哪里，致病因子为何会出现在本来能安全饮用的山泉水里。

第五，控制措施是否需增加切断供水源？调查组是否去过水源地现场踏勘？这部分结果报告没有交代。

第六，建议及时安排人手再完善现场调查，主要解决：患者的发病具体时间（具体到哪个时间点）和各人群的罹患率分布情况，特别是饮食、饮水不同人群罹患率的差异。补充水源地的卫生学情况，补充供水系统故障的具体情况，分析故障是否与发病相关（疾病发生应该在供水系统故障且受污染之后）。要描述清楚故障的具体情况：是因为没水还是没法加热？故障出现后是否继续使用？是否有可能形成疾病传播的危险？另外，疾病与危险因素分布一致性常作为证实病因的方法，可以比较饮用不同水源人群罹患率的差异，若饮用山泉水人群罹患率高于非饮用山泉水人群罹患率，则提示饮用山泉水是造成聚集性疾病事件的危险因素。

第七，重新调整报告证据思路，依次列出包括临床表现、流行病学调查、卫生调查和实验室结果等依据，回答事件是水源性疾病还是食源性疾病暴发，帮助事件初步定性，为下一步调查思路提供帮助。

跟进该工厂水源性疾病暴发事件获知，经B区疾控中心进一步核实，事件定性为诺如病毒感染所致传染性疾病暴发事件，遂将事件移交给传染病预防控制部（科）跟进。是不是一起因食物污染诺如病毒致病毒性食源性疾病病例聚集性事件不得而知。

案例六　一起因聚餐致出现疑似食源性疾病病例聚集性事件核查案例*

本案例学习目的

（1）了解食源性疾病病例聚集性事件调查过程需要解决的问题；
（2）了解疑似食源性疾病病例聚集性事件核查技巧。

H1 区卫生健康局：

2022 年 4 月 6 日上午 9 时，我中心在食源性疾病病例监测报告系统识别一起疑似食源性疾病聚集性病例，系统病例编号为 × × ×，为 J 医院报告。本起聚集性病例在系统中上报的病例数为 2 例，同餐进食人数为 3 人，出现症状 3 人。当天上午，我中心对该事件进行了电话调查，对 3 名病例进行了电话访问。调查情况如下。

4 月 2 日 20 时至 21 时 30 分，夏某华（男，22 岁）、苏某敏（女，20 岁）、陈某文（女，21 岁）一起在陈某文家里打火锅，就餐食品：牛肉丸、牛肉、香菇、西兰花。4 月 3 日 21 时至 22 时 30 分，夏某华、苏某敏、陈某文 3 人相约到 T 区 A 美食街游玩。其间 3 人曾在该美食街的 3 个食品档口（3 人均自述记不清档口的名称）分别购买了臭豆腐、铁板鱿鱼、钵仔糕、炸鸡肉一同进食。4 月 4 日 7 时 30 分至 10 时，夏某华、苏某敏、陈某文陆续出现发热、腹痛、腹泻等不适症状。当天 18 时至 22 时，夏某华和陈某文一起到 J 医院就诊，苏某敏到 F 医科大学第三附属医院就诊。经医院对症、抗菌治疗，至 4 月 6 日早上 3 名病例的不适症状均已消失。

3 名病例的临床症状包括：腹痛（3 人）、腹泻（3 人，水样便，1 ～ 3 次/日）、呕吐（3 人，1 ～ 3 次/日）、先泻后吐（3 人）、发热（3 人，体温分别为 37.3 ℃、38.1 ℃、38.2 ℃）、恶心（2 人）、头晕（2 人）、乏力（2 人）、腹胀（1 人）。3 名病例的血常规检验结果显示，有 2 名病例的白细胞计数和中性粒细胞计数均显著升高。

另据调查，夏某华、苏某敏、陈某文 3 人是朋友关系。夏某华在 H1 区 B 街 C 信息咨询有限公司上班，居住在 L 区 D 街道 E 大街 7 巷 4 号；陈某文是 I 省外语艺术学院 19 级学生（走读生），居住在 T 区 F 街 G 路 1 巷 3 号；苏某敏是 I 省技术师范大学环境设计专业 19 级学生，在其校内宿舍寄宿。3 人平时均不在一起工作、学习、住宿、就餐。

因此，3 名病例发病前 72 小时内的共同餐次为 4 月 2 日 20 时至 21 时 30 分在陈某文家里的晚餐（打火锅）和 4 月 3 日 21 时至 22 时 30 分在 T 区 A 美食街的 3 个食品档口的晚餐。3 名病例均有进食 2 个共同餐次的所有食品。

根据病例的临床症状及血常规结果，初步判断 3 名病例发生细菌性感染的可能性较

---

* 本案例编者为陈建东、苏婉华。

大。但在4月6日上午我中心开展电话调查时，3名病例的不适症状均已消失，且不愿意配合我中心人员开展进一步的流行病学调查和采集其肛拭子进行检验，及病例发病前72小时内的4个聚餐场所均在T区，所以我中心最终无法确认本次疑似食源性疾病聚集性事件的具体致病因素。

S市H1区疾病预防控制中心
2022年4月6日

抄送：S市疾病预防控制中心，H1区市场监督管理局

编者按

食源性疾病聚集性（暴发）事件“危险因素”的定义是什么？

食源性聚集性事件调查目的是要解决两个方面的问题：事件的致病因子和危险因素。

致病因子很好理解，比如化学性的甲醇、生物性的副溶血性弧菌等，它们有一个特点，即均由实验室检测得出结果。有时也从事件潜伏期、临床表现等流行病学调查获取的信息即可推测可能的致病因子。

危险因素指的范围比较广，一般通过流行病学与卫生学等现场调查手段进行探索。需要解决的问题包括：危险时段，危险餐次，危险食物，以及危险食物的运输、储存、加工、分装等环节受污染因素等。细菌的增殖（合适温度、时间足够长）、食物容器交叉污染等都是致病的危险因素，需要在调查后，结合调查结果给出答案。

比如以上例子，既然是判断为食源性聚集性事件，而且共餐史明确，就是3人一起就餐的餐次，调查可以推断危险的餐次就是聚餐的餐次，而危险食物可能是a或/和b，或者无法判断。结合潜伏期1.2小时，较短，考虑化学性和动、植物毒素或细菌毒素。这些信息都可以通过调查获取。希望能通过翔实调查（电话调查），提供尽量多的专业判断。核查过程要多讲究技巧，调查开始前，做好调查目的告知（知情同意），尽量争取调查对象配合，提供真实、有用的信息。

案例七　一起疑似因进食网购牛肝菌致家庭成员毒蕈中毒事件核查案例*

本案例学习目的

（1）了解用比较方法调查食源性疾病病例聚集性事件的危险因素；

（2）了解食源性疾病病例聚集性事件调查过程中疾控中心如何落实样本采集送检责任；

（3）了解食源性疾病病例聚集性事件调查目的实际是做好控制，而且控制措施贯穿调查处置过程的始末；

（4）了解做好食源性疾病病例聚集性事件风险评估和预警工作的方法。

T区卫生健康局：

2022年5月1日10时，我中心接区市场监督管理局电话报告称：S市职业病防治院收治2名有呕吐、腹泻等症状的患者，怀疑毒蘑菇中毒。接报后，我中心立即开展相关调查，情况如下。

患者为一对同住夫妻。孙某富，男，59岁；梁某琴，女，53岁。2人均为在职教师，现住址为S市H1区S大道南A号逸景翠园。2022年春节前患者在淘宝网（商家平台信息不详）购买约250g红葱牛肝菌，曾进食过一次，无不适。4月30日患者再次食用该牛肝菌，当日晚将泡发后的牛肝菌（约100g）与辣椒、肉片同炒，19时开始进食，当餐菜谱还有炒花甲和炒青菜，同餐者为患者夫妻2人。21时30分左右，2人在20分钟内先后出现呕吐、腹泻等不适症状，遂于23时前往市职业病防治院急诊科就诊。2人从发病到次日凌晨5时，共发生10余次呕吐和腹泻，呕吐物先为食物，后为水样；腹泻为水样便，先吐后泻，伴轻度腹痛。无发热，无头晕、头痛。

经医院洗胃和对症治疗后症状缓解，目前病情稳定，住院继续治疗，无危重。

根据患者发病潜伏期、临床症状和共同就餐史，初步判断此次事件为食用有毒蘑菇引起的食源性疾病事件，可疑食物为红葱牛肝菌。

我中心告知患者及其家属立即停止食用剩余的牛肝菌，并建议其送I省科学院微生物研究所鉴定蘑菇品种是否属于有毒蘑菇，以明确诊断。我中心后续将密切跟进患者病情，蘑菇品种鉴定结果的相关调查情况将反馈至H1区疾控中心。

鉴于夏季已至，野生蘑菇进入生长旺盛期，历年又有类似事件发生，我中心将组织辖内哨点医疗机构积极开展相关食源性疾病监测，及时发现聚集性有毒蘑菇中毒事故。另外，建议卫生行政部门加强大众宣教力度，号召居民不采摘、购买和食用野生蘑菇，以防

* 本案例编者为陈建东、李标。

止类似事件发生。

S 市 T 区疾病预防控制中心
2022 年 5 月 1 日

抄送：T 区市场监督管理局，S 市疾病预防控制中心

编者按

流行病学调查建议：对事件致病因子是否归因于进食网购红葱牛肝菌，在调查时，建议采用比较的方法，描述清楚为何第一次进食不发病、第二次进食发病，其中的不同之处是不是致病因子。建议比较两次进食蘑菇的重量、质量、泡发方式和时间、加工方式（上次是长时间水炖或是短时间水煮？而本次是生炒）、不同的分包装或形态上的不同。要寻找造成第二次发病的可能的合理性因素，否则难以说明是因为进食网购蘑菇引起该事件。到底是什么因素造成在第二次进食发病的，需要有合理性解析。这就需要现场调查加以辨别，也是事故调查必须具备的素质和精神，不能浮于表面描述，而且描述应尊重事实并要有目的性，描述是为提出原因假设服务。

疾控中心应落实采样责任建议。《中华人民共和国食品卫生法》规定疾控中心在食品安全事故的责任是查明事件的流行因子和致病因子，有法律明确规定，且采样、送样均有一定技术要求。应由 T 区疾控中心组织专业技术人员采集剩余蘑菇样本，送省科学院生物研究所鉴定，不建议安排调查对象或第三者采样、送样。

及时控制事件规模建议。建议同时由区市场监督管理局进一步追溯网购红葱牛肝菌产品来源，并通报生产地所在市场监督管理局予以封存，待鉴定结果出来后再采取进一步措施。

风险预警与沟通建议。将事件调查结果及时上报区市场监督管理局、区卫健局；T 区疾控中心是风险沟通、宣传的主要负责部门，这个职能应该不单是卫生行政部门的责任。建议通过微信公众号或其他宣传媒介/阵地开展网购蘑菇制品/产品/预制菜所致毒蕈中毒事件的宣传工作。

案例八　某职业技术学校食源性疾病病例聚集性事件初步调查案例*

本案例学习目的

（1）熟悉调查报告卫生学调查部分应交代的内容；
（2）了解食源性疾病病例聚集性事件调查过程的思路。

H1 区卫生健康局：

2022 年 4 月 24 日约 11 时 30 分，我中心接到 H1 区市场监督管理局电话通知，有 5 名学生（曾有共同聚餐史）因出现腹痛、腹泻、发热等症状到 I 医院就诊，疑似食物中毒。我中心和 H1 区市场监督管理局的食物中毒处理小组人员即时到现场进行调查处理，现将调查情况报告如下。

一、事件概况

2022 年 4 月 23 日 6 时 30 分至 4 月 24 日 6 时，A 职业技术学校陆续有 7 名高一学生出现腹痛、腹泻、发热等不适症状。在 4 月 24 日上午约 10 时 30 分，其中 5 名病例一起到 I 医院就诊，另 2 名病例分别到 S 市开发区医院和 H1 区中医院就诊。7 名病例均自述在发病前的 72 小时都是在其学校饭堂就餐。经医院抗菌、补液、解痉等治疗，至 4 月 26 日晚，7 名病例均已基本康复，未出现重症、死亡病例。

4 月 26 日下午，I 医院将 5 名病例信息上报食源性疾病监测报告系统（系统病例编号为 ×××）。

二、流行病学调查

（一）病例分布

（1）时间分布：7 个病例的发病时间分别为 4 月 23 日的 6：30、13：00、14：00、20：30、21：00、21：30 和 4 月 24 日的 6：00。

（2）地区分布：7 名病例均为 A 职业技术学校高一学生。在该校的高一学生中，约有 160 名学生在该校内宿舍住宿，实施严格的全封闭管理，他们在校学习期间的一切食宿均只能在校内解决。7 名病例均属于全封闭式管理的高一学生，高一（1）班有 4 人，高

* 本案例编者为陈建东、李晗文。

一（5）班有2人，高一（3）班有1人；7名病例均为该校住宿生，在该校内的男生宿舍501房有3人，307房、302房、401房、506房各有1人。在4月21日该校复课后，7名病例均在校内食宿。

（3）性别、年龄分布：7名病例均为男性；16岁4人，15岁3人。

（二）病例临床表现

7名病例的临床症状有：发热7人（37.6～39.6℃），腹痛6人，腹泻6人（水样便1～3次），恶心4人，乏力4人，头疼3人，呕吐2人（1次/日），头晕2人，口干2人，鼻塞1人，咽痛1人。

（三）共同餐次和共同食品

在4月21日A职业技术学校复课后，7名病例均在校内食宿。4月21日、4月22日，有1名病例因习惯了傍晚去打球，所以没去饭堂吃晚餐，打球后就在宿舍里进食自备的食物，约21时30分再去饭堂吃夜宵；其余的6名病例都在饭堂吃晚餐，没去饭堂吃夜宵；7名病例的其他餐次都在饭堂就餐。因此，7名病例发病前72小时有4个共同餐次：4月21日、22日的早餐和午餐（详见表1），供餐单位均为该校饭堂。

表1　7名病例发病前72小时共同餐次食谱

共同餐次	食　谱
4月21日早餐	绿豆粥、泡面、桂花糕、小米糕、红豆圈、叉烧包
4月21日午餐	宫保鸡丁、梅菜蒸猪肉、酸菜鱼、茶树菇炒豆角、客家豆腐、鱼香茄子、绿豆芽炒肉丝、酸辣土豆丝、煮上海青、炒手撕包菜
4月22日早餐	炒米粉、叉烧包、杂粮糕、玉米饺、黄金糕
4月22日午餐	滑炒藕片、西兰花炒肉、肉末冬瓜、白米饭、香辣萝卜干、土豆排骨、香芋扣肉、水煮肉片、煮油麦菜、辣子鸡、煮奶白菜

三、卫生学调查

（一）学校师生基本情况

该校有教职员工约60人，设有3个年级。该校高三学生均已在实习单位实习，没在校内上课、住宿。因受S市本地新冠疫情影响，该校高一和高二学生4月21日才复课，恢复线下教学。高一学生有436人，高二学生有270人，两个年级的绝大部分学生都是住宿生。高一约有160名学生属于全封闭式管理的学生，上学期间均在校内食宿。其余的高一学生、高二学生实行半封闭管理，上学期间在校外的宿舍住宿，可以在校内饭堂或校外的饮食店就餐。

（二）学校饭堂情况

（1）A职业技术学校设有1个饭堂，持有效食品经营许可证，饭堂主体业态为单位食堂（学校食堂），经营项目为热食类食品制售，食堂最大供餐人数为400人。该饭堂的餐饮服务食品安全等级为A级，有10名厨工（均持有效健康证）。该饭堂厨工均自诉在4月21日复工后未出现身体不适。

（2）该饭堂供应在校师生（约260人）的早餐、午餐、晚餐和夜宵。该饭堂以两种方式向师生提供相同的餐饮食品：①以自助餐的方式，为在该校内宿舍住宿的160名高一学生提供餐饮食品；②其余的非在校内宿舍住宿的高一、高二学生及教职员工均在饭堂的售卖窗口按需点餐、取餐。

（3）该饭堂执行食品留样制度不规范，未对夜宵食品留样。

（4）饭堂未设置熟食间，分切熟食的工作台、砧板、刀具均放置在粗加工间内。

（三）学校饮用水供应情况

该校师生饮用水为桶装YB纯净水（18.9升/桶），该桶装饮用水开封后通过饮水机输水管把水导入饮水机内胆，再从饮水机冷、热出水口排出，供人员饮用。

四、现场采样及实验室检验结果

（1）7个病例的血常规检验结果显示，有3个病例的白细胞计数和中性粒细胞绝对值均升高，另有1个病例的中性粒细胞绝对值升高，其余3个病例的血常规检验结果正常。7名病例的新冠核酸结果均为阴性。

（2）我中心在I医院采集了5个病例肛拭子；在A职业技术学校饭堂采集了76宗留样食品（4月22日、23日的早餐、午餐、晚餐，及4月24日的早餐和午餐）和10名厨工肛拭子、13宗饭堂工用具的涂抹子；在男生宿舍采集了3宗饮水机的桶装饮用水（冷水），进行八大常规致病菌（变形杆菌、副溶血性弧菌、志贺氏菌、沙门氏菌、金黄色葡萄球菌、蜡样芽孢杆菌、霍乱弧菌、致泻性大肠埃希氏菌）检测，检测结果详见表2。另外，5个病例、10名厨工和5宗环境样本还进行了诺如病毒检测，结果均为阴性。

表2　实验室八大常规致病菌检验结果

样品类别	采样宗数	阳性宗数	检　测　结　果
患者肛拭子	5	3	单独检出奇异变形杆菌2宗，同时检出奇异变形杆菌、金黄色葡萄球菌（肠毒素阴性）1宗
饭堂厨工肛拭子	10	4	单独检出奇异变形杆菌3宗， 单独检出金黄色葡萄球菌（肠毒素阴性）1宗
留样食品	76	2	2022年4月23日晚餐的卤凤爪和4月24日午餐的煮生菜均检出金黄色葡萄球菌（肠毒素阴性）

续上表

样品类别	采样宗数	阳性宗数	检 测 结 果
饮水机的桶装饮用水	3	1	检出金黄色葡萄球菌（肠毒素阴性）1 宗
饭堂工用具涂抹子	13	0	未检出八大常规致病菌
合计	107	10	—

五、调查结论

根据流行病学调查资料、患者临床表现、实验室检验结果，该事件符合细菌性食源性疾病暴发特点，为一起细菌性食源性疾病暴发事件，奇异变形杆菌是本次食源性疾病暴发的致病菌可能性大，食源性聚集性病例人数共 7 人，就餐场所为 A 职业技术学校饭堂，未能确定可疑餐次和可疑食品。

主要依据有 8 点。

（1）7 个病例在相近的时间内陆续发病，其临床表现基本相似，以发热和胃肠道症状为主，其中有 3 个病例的白细胞计数和中性粒细胞绝对值均升高，另有 1 个病例的中性粒细胞绝对值升高；未发现人与人之间的直接传染迹象；患者经抗菌消炎、补液治疗后，均较快康复，病程较短（约为 2 ～ 3 天）；7 名病例发病前 72 小时有 4 个共同餐次：4 月 21 日、22 日的早餐和午餐，供餐单位均为学校饭堂；7 名病例可能在上述的共同餐次均食用过某些共同的受细菌污染的食品，导致他们发生细菌性感染。因此，上述情况提示 7 个病例属于细菌性食源性疾病聚集性病例。

（2）该校饭堂未设置熟食间，分切熟食的工作台、砧板、刀具均放置在粗加工间内，易引致食品在加工制作过程中出现生熟交叉污染，存在发生食源性疾病的风险隐患。

（3）在 1 个病例和 1 个饭堂厨工的肛拭子及 2 宗饭堂留样食品（2022 年 4 月 23 日晚餐的卤凤爪和 4 月 24 日午餐的煮生菜）中检出金黄色葡萄球菌（肠毒素阴性），且 7 个病例的临床表现、潜伏期与葡萄球菌食物中毒的流行病学特征不相符。因此，可基本排除金黄色葡萄球菌是引起本次食源性疾病暴发的致病菌，但提示带菌的食堂从业人员有可能污染了食堂的部分供餐食品，存在引发进食者发生食源性疾病的风险隐患。

（4）7 名病例的症状与奇异变形杆菌食物中毒的临床表现相似，且在 3 名患者和 3 名厨工的肛拭子中均检出奇异变形杆菌，提示带菌的厨工在制售食品的过程中，有可能直接污染工用具和食品，食品也有可能通过接触受污染的工用具而带菌。污染直接入口食品的致病菌经大量繁殖，易导致进食者发生细菌性食源性疾病。综合以上因素，不排除奇异变形杆菌是引起本次食源性疾病暴发的致病菌。

（5）由于该校饭堂未有对 4 月 21 日的供餐食品进行留样，在调查时有两名病例已离开学校回到其家附近的医院就诊而未能对其采样检验，对该校饭堂工用具采样时，受该饭堂已经搞完清洁卫生等客观条件限制，未能取得确认具体致病菌、致病食品的充分证据，因此不能确定引起本次食源性疾病暴发事件的致病菌、可疑餐次、可疑食品。

（6）在男生宿舍采集的1宗饮水机的桶装饮用水（冷水）中检出金黄色葡萄球菌（肠毒素阴性），提示饮水机因受到金黄色葡萄球菌污染而导致从饮水机流出的桶装饮用水带菌，存在引发饮用者发生细菌感染的风险隐患。

（7）我中心对5个病例、10名厨工和5宗饭堂环境样本进行了诺如病毒检测，结果均为阴性。因此，可基本排除7个病例发生诺如病毒感染的可能。

（8）7个病例的新冠核酸结果均为阴性，排除7个病例发生新冠病毒感染的可能。

六、控制措施建议

（1）学校饭堂应对食品、食品制售环境、工用具等加强食品安全管理，严把餐厨卫生质量关，切实防止生熟食品交叉污染。

（2）学校饭堂应按规范严格落实食品留样工作，加强餐具清洗、消毒、保洁工作。

（3）应对学校饭堂负责人和从业人员加强食品安全监督管理、健康宣传教育工作。

（4）该校应及时对校内饮水机（包括饮水机的输水管、内胆、出水口等位置）进行彻底清洗、消毒，并制定和严格落实定期清洗、消毒校内饮水机的工作制度。

H1区疾病预防控制中心

2022年5月6日

抄送：S市疾病预防控制中心，S市H1区市场监督管理局

编者按

调查结案报告结构较完整，调查结论依据比较充分，总体上写得不错。

一般来说，卫生学调查交代的是基于流行病学调查结果指向的危险餐次、危险食物的危险制作环节的调查结果。其他信息包括饭堂环境、流程布局、供餐能力、每餐供应菜谱信息等，应该在报告的“一般情况”部分交代。因为这些信息是不用经流行病学调查、分析就能掌握到的信息，而且这些基本信息同时也是现场组织开展流行病学调查的基础。比如，设计调查问卷需要了解调查对象食物暴露史时，就需要厨房或生产车间提供疑似餐次生产的食物菜谱信息。

调查结论主要依据临床表现、流行病学调查、卫生学调查和实验室调查结果4个方面信息综合分析所得，卫生学调查结果是调查结论的依据之一，一般情况的描述如果能作为调查结论依据，可在卫生学方面交代。这就是如何安排在一般情况交代信息还是在卫生学调查结果交代信息的技巧。举例来说，不要将每餐的菜谱作为卫生学调查结果的内容，除非有调查证据说明其中某一餐次的某一个或几个菜品有危险，那就针对个别情况描述即可。

该事件的调查若能交代病例定义和病例搜索方法，比较高一、高二两个年级有哪些情况存在异同，围绕解决为何“7个病例均属于全封闭式管理的高一学生”展开更为合理。

案例九　某家庭误食自采蘑菇中毒事件调查案例*

本案例学习目的

（1）了解食源性疾病病例潜伏期计算方法；

（2）了解食源性疾病病例聚集性事件病因调查技巧，了解通过剂量—反应关系建立危险食物与疾病的联系的方法；

（3）了解食源性疾病病例聚集性事件病例定义的意义和病例搜索的必要性；

（4）了解食源性疾病病例聚集性事件调查结论推断依据。

C区卫生健康局：

2022年5月17日11时50分，区疾控中心接到T镇中心卫生院报告，该院接诊3名进食自采野生蘑菇中毒的就诊患者，为一家三口（女婿、女儿、岳母），居住地址为C区T镇经济开发区B路9号A生物科技发展有限公司内。自述于5月17日上午8时早餐食用野生蘑菇后出现呕吐、腹泻症状。已将3名患者转至F医科大学第五附属医院（以下简称“F5医院”），区疾控中心立即组织专业技术人员前往F5医院开展现场调查工作。

根据现场流行病学调查、临床表现及毒蕈专家判断结果，初步判断此事件为一起疑似误食毒蕈引起的食物中毒事件。肇事地点为病患家，可疑危险餐次为5月17日早餐，危险食物为当天早餐食物野生蘑菇炒瘦肉。事件造成3名进食者发病，罹患率100%，目前，3名患者已转入S市职业病防治院救治，经催吐、洗胃紧急处置和对症、支持治疗后，3人已于5月20日出院。现将具体情况报告如下。

一、基本情况

王某桥（男，40岁，公司负责人）、彭某某（女，40岁，公司员工）、周某某（女，60岁，退休人员）共同居住在C区T镇经济开发区B路9号（A生物科技发展有限公司内）。

患者自述3人于5月17日8时同时进食在公司内草地中采摘的白色野生蘑菇（约250g）炒瘦肉，约2小时后先后出现呕吐、腹痛、头晕症状。于11时30分自行前往T镇中心卫生院就诊，医院初步诊断为：毒蘑菇中毒，经过对症治疗处理后，T镇中心卫生院将3名患者转送F5医院。F5医院对患者进行催吐、洗胃等对症处理后转至S市职业病防治院救治。5月17日16时回访患者，述3人已于15时到达S市职业病防治院，现已留院观察，目前症状有缓解，神智清。经治疗后3人于5月20日出院，5月23日回访患者已

* 本案例编者为陈建东、许建雄、李智。

无不适。

二、流行病学调查

（一）时间分布

3名患者的发病时间分别在5月17日早上9时40分、9时52分、10时，平均潜伏期1小时52分钟（1小时40分钟～2小时）。

（二）人群分布

患者均为居住在C区T镇经济开发区B路9号的同一家庭成员。

（三）食物制作及进食情况

经调查，王某桥为湖北户籍，自述其老家当地有吃类似白色野生蘑菇的饮食习惯。5月16日19时许，王某桥在公司住处楼下草地发现白色野生蘑菇，采集8～9朵（约250g）后带回家中，放置冰箱冷藏保存。于5月17日早上由其岳母周某某将野生蘑菇经过简单清洗后，与瘦肉同炒食用。当日早餐食谱为：野生蘑菇炒肉、炒小白菜、水煮鸡蛋、白粥。该餐所烹制的野生蘑菇炒肉已被3人全部进食，至调查时未有剩菜。

发病前三日，王某桥在家中及公司饭堂进餐，其妻子及岳母在家自行烹饪。A生物科技发展有限公司有员工约70人，午餐在公司食堂就餐，未发现相似病例。家中3人于5月17日8时共同进食野生蘑菇早餐，患者否认近期外出就餐史。

（四）临床表现

患者主要表现呕吐（最多20次，均为胃内容物）、腹泻（最多10次，水样便）伴腹痛症状的急性胃肠炎症状，1人有头晕症状，3人神智清，经过对症治疗处理后症状缓解。

王某桥自述采集的野生蘑菇大部分由他本人食用（具体数量描述不清），妻子及岳母仅食用少量。王某桥进食后约1小时50分出现呕吐症状，就诊后医院指导其催吐，其症状表现为腹痛、呕吐（次数约2次）。妻子进食后约1小时40分发病，岳母进食后2小时发病，2人均表现为呕吐（最多20次，均为胃内容物）、腹泻（最多10次，水样便）伴腹痛症状的急性胃肠炎症状。

三、实验室结果

经病例自述采摘地点，我中心立即联系患者同事，并指导其至现场采集野生蘑菇样品（见图1）。将采集的蘑菇送至I省科学院微生物研究所进行形态学鉴定，鉴定结果为铅绿褶菇。

5月17日采集3名患者肛拭子共3份，做食物中毒常规致病菌（沙门氏菌、金黄色葡萄球菌、溶血性链球菌、副溶血性弧菌、志贺氏菌、变形杆菌、单增李斯特菌、蜡样芽孢杆菌）鉴别诊断，各致病菌均未检出。

图 1　在现场采集的 2 种野生蘑菇

四、调查结论

根据现场流行病学调查，患者临床表现和 I 省科学院微生物研究所对野生蘑菇的检测、判断结果，判定该事件为一起误食野生毒蕈中毒事件。进食人数 3 人，中毒 3 人，中毒餐次为 5 月 17 日早餐的野生蘑菇炒瘦肉，导致中毒的野生蘑菇种类为铅绿褶菇。

主要依据有 3 个。

（1）患者有共同进食野生蘑菇史，仅 5 月 17 日早餐进食过野生蘑菇，3 人进食，3 人发病。

（2）3 人临床表现一致，均为呕吐、腹泻症状等急性胃肠炎症状，起病急，无新发病例。

（3）现场采集蘑菇样品送 I 省微生物研究所进行形态学鉴定，鉴定野生菇种为铅绿褶菇。

五、已采取措施

（1）及时开展流行病学调查处置工作。区疾控中心已完成流行病学调查，核实病例发病诊疗经过以及相关食物暴露史。

（2）向 S 市疾控中心、C 区卫生健康局和区市场监督管理局报告该事件调查情况。

（3）指导医疗机构在食源性疾病病例监测系统及时报告病例信息，做好信息报送工作。

（4）指导相关人员尽快采集患者食用毒蘑菇样品，采集野生蘑菇相片发送省微生物专家作形态学鉴别。

（5）已致电患者，毒蘑菇存在假愈期且采集的蘑菇毒性未知等风险，嘱其谨遵医嘱，提高安全意识。

六、下一步建议

（1）继续跟进追踪病例临床转归。

（2）加强食源性疾病监测医院的病例监测，做好毒蕈中毒等食源性疾病病例监测院内培训及救治工作。

（3）建议有关部门加强食品安全相关知识宣教工作，铲除涉事毒蘑菇并竖立警示标志。

S市C区疾病预防控制中心
2022年5月17日

抄送：C区市场监督管理局，S市疾控中心

编者按

时间分布是描述患者发病时间。结合进餐时间点，就能计算出每一位患者的潜伏期。

进一步细致调查3位患者共餐的各种食物的暴露量、临床症状严重程度及潜伏期长短情况。建议列表表达进食危险食物的分量与临床症状严重程度，潜伏期时间长短的关系，为建立进食野生蘑菇（暴露危险因素）与疾病相关性推测提供依据。

各人的临床表现与进食相关性应分开具体描述，为核查结论提供依据。在描述性研究阶段对病例临床表现、三间分布、进食史的描述是为得出结论服务。剂量—反应关系调查是提出危险食物假设的主要依据，是食品安全事件调查现场经常使用到的调查技巧。一般来讲，进食的量大，临床表现会相对严重些，潜伏期相对会短些。建议用表格描述每一个患者的症状和每一种食物的进食量。定量是理想情形，但往往很难实现，实际调查常考虑半定量方法，将食物的进食量大致分类，比如0，1/4，2/4，3/4，1，然后由调查对象选择回答。当然，调查时不仅仅要调查每位暴露对象可疑危险食物（野生蘑菇炒瘦肉）的进食量，也要调查非可疑危险食物的进食量。

突发公共卫生事件的现场处置均需建立病例定义，组织病例搜索。毒蕈中毒事件中，要明确患者只有这3人而没有其他人、波及范围有限的信息。近期，有采食野生蘑菇，出现呕吐、腹泻症状者，定为疑似患者，要在野生蘑菇滋生地附近社区各卫生院、医疗单位、食源性疾病监测报告系统等，开展搜索，进一步明确疾病波及范围。

该报告对事件危险因素和致病因子调查明确，同时排除细菌性感染引起的胃肠炎症状，调查思路缜密。

危险食物为野生蘑菇炒瘦肉中的铅绿褶菇。建议调查结论依据补充铅绿褶菇的生物学特点，也就是铅绿褶菇会在这个季节在S市生长，毒素所致的中毒症状是胃肠型，与事件患者临床表现一致，进一步说明是铅绿褶菇导致的中毒的合理性。

案例十　一起食用野生蘑菇致食物中毒事件调查案例*

本案例学习目的

（1）了解食源性疾病潜伏期计算方法；
（2）了解食源性疾病病例聚集性事件病因（危险因素）调查技巧，掌握运用剂量—反应关系建立危险食物与疾病病因联系的方法；
（3）了解食源性疾病病例聚集性事件调查报告的结构；
（4）了解食源性疾病病例聚集性事件调查思路。

H2 区卫生健康局：

2022 年 5 月 25 日 17 时 45 分，本中心接到 S 市 H2 区 A 镇中心卫生院电话通知：25 日 16 时 50 分，该院接诊 4 名患者，临床主要表现为呕吐、腹泻等胃肠道不适，且均曾进食自己采摘的野生蘑菇，怀疑为蘑菇中毒。本中心立即派人进行流行病学调查。

结合现场流行病学调查、临床表现和实验室结果，确定为一起因进食自行采撷的野生蘑菇而引起的食源性疾病聚集性事件。进食人数 5 人，发病 4 人，死亡 0 人。

全部患者在 A 镇中心卫生院经输液治疗后，于 5 月 25 日 23 时转至 S 市职业病防治院进一步诊治，于次日上午 5 时症状好转出院。5 月 25 日 20 时 19 分，A 镇中心卫生院在食源性疾病监测报告系统报告该 4 名疑似食源性疾病聚集性病例，系统病例编号为 × × ×。

一、发病经过

患者刘某某（男，38 岁，A 镇 B 村“三旧”改造工地管理人员），25 日上午在 H2 区 B 村 C 水库附近的竹林中发现有蘑菇生长，认为是“荔枝菌”，采摘约 500g 带回家。中午将野生蘑菇切丝蒸熟，12 时与工地同事李某、朱某、伍某某、向某某共 5 人将所煮蒸蘑菇（含汤汁）全部食用。朱某食用最多，约 200g，喝汤；刘某某、李某、伍某某 3 人每人食用约 100g，未喝汤；向某某食用量最少，仅进食 1 条蘑菇丝，未发病，未就诊。患者朱某等人于 12 时 30 分先后出现呕吐、腹泻等不适症状，前往医院就诊。

二、临床诊治

4 名患者于 16 时 50 分到 A 镇中心卫生院就诊，医生根据其共同进餐史，怀疑为进食野生蘑菇中毒，对其进行输液治疗，同时电话报告本中心。经调查，无剩余可疑蘑菇供形

* 本案例编者为陈建东、许丹、许建雄。

态学鉴定种类，建议将该4名患者转院至具有临床中毒救治经验的S市职业病防治院进一步诊治。

患者4人意识清醒，精神状态尚可，于当晚23时自行前往S市职业病防治院急诊就诊，接诊医生给予输液等对症治疗后，初步怀疑为“胃肠型蘑菇中毒”。4名患者于26日5时症状好转出院。

临床检验结果：朱某白细胞计数升高（15.61 $\times 10^9$/L）、中性粒细胞绝对值升高（13.22 $\times 10^9$/L）、中性粒细胞百分比升高（84.7%）、肌酸激酶升高（606.5U/L）；李某总胆红素升高（29.5ng/mL）、直接胆红素升高（10.4μmol/L）、肌酸激酶升高（311.3U/L）；刘某某白细胞计数升高（12.68 $\times 10^9$/L）、中性粒细胞绝对值升高（10.50 $\times 10^9$/L）、中性粒细胞百分比升高（82.8%）、总蛋白（88.8g/L）和白蛋白（52.1g/L）升高；伍某某生化指标基本正常。

三、流行病学调查

（一）进餐史

患者4人为A镇B村“三旧”改造工地的同事。发病前三天（5月23日—25日），早餐均各自进食；23日中餐及晚餐4人均在工地食堂进餐，工地饭堂约有100余人共同进餐，除此4人外未发现有其他同事有类似症状；24日中餐及晚餐4人均各自进食；25日中午约12时，患者刘某某在住所附近竹林采摘约500g野生蘑菇回家，邀约工地同事李某、朱某、伍某某、向某某4人到其家中进食午餐。午餐菜谱包括：清蒸野蘑菇（当天自行采摘野生蘑菇切丝后蒸熟）、排骨炖苦瓜、炒南瓜苗、米饭，除野生蘑菇为自行采摘外，其他菜均为当天上午在附近市场购买的新鲜原材料，在自家厨房加工。约500g的清蒸野生蘑菇中，朱某食用最多，约200g，喝汤；刘某某、李某、伍某某3人每人食用约100g，未喝汤；向某某食用量最少，仅进食1条蘑菇丝，未发病，未就诊。

（二）三间分布

男性4人。年龄33岁～39岁，平均年龄36岁。

最短潜伏期0.5小时，最长潜伏期2小时，平均潜伏期1.4小时。

（三）临床表现

以胃肠道症状为主，其中呕吐3人（1～3次/日）、腹泻3人（3～6次/日）。

四、实验室结果

根据患者所提供的采摘蘑菇地点，25日现场未发现野生蘑菇样本。区市场监管局和街道于26日上午再次前往A镇B村C水库附近的竹林寻找野生蘑菇，也未发现尚存的野生蘑菇。

五、调查结论

根据流行病学调查和患者临床表现，确定本次为一起因进食野生蘑菇引起的食源性疾病聚集性病例，共同进食蘑菇5人，中毒4人。平均潜伏期1.4小时，中毒餐次为5月25日午餐，中毒食物为清蒸野蘑菇。

六、已采取措施

（1）积极与S市职业病防治院沟通，跟进患者病情进展，现已症状好转出院。

（2）及时开展流行病学调查，核实事件情况，完成报告上报区卫生健康局、区市场监督管理局和S市疾病预防控制中心。

七、下一步工作建议

（1）辖区医疗机构加强院内食源性疾病技术培训，按程序开展临床救治和报告制度，尤其是提高对食用野生蘑菇中毒的认识和鉴别诊断。

（2）区监管部门和街道加强重点区域野生蘑菇的巡查，在山林易滋生蘑菇地设置“野生蘑菇有毒，请勿食用”警示牌，禁止农贸综合市场、餐饮单位售卖或加工野生蘑菇。同时，加强宣传教育，提醒广大市民慎用野生蘑菇。

H2区疾病预防控制中心

2022年5月25日

抄送：H2区市场监督管理局，S市疾病预防控制中心

编者按

该案例为大家处置类似事件提供了思路。

调查时，要关注进食者食物暴露时间点和发病时间点，方便计算疾病潜伏期。不同致病因子潜伏期不同，潜伏期是现场流行病学的重要指标，是现场流行病学调查结果推断事件致病因子方向的主要依据。

调查临床症状的轻重，对每位就餐者发病情况进行描述并按病情分成不同等级；调查可疑餐次的每一种食物的进食量，并记录每位就餐者各种食物的数量（定量变量，也可结合需要将定量数据转化为分类变量）；通过以上操作，对进食量与临床表现做相关性分析。

有时只有对进食量、临床症状加以分类，才有比较的基础。通过比较发现不同，而不同的地方，就有可能是危险因素。比如，饮酒量多的人群比饮酒量少的人群罹患率高，则提示饮酒可能是致病危险因素。

按规范来撰写报告。行政报告的结构一般包括前言、基本情况、流行病学调查、卫生学调查、实验室结果、调查结论、风险评估、已采取的控制措施与建议等部分。调查时先制定病例定义，再组织病例搜索，通过收集病例信息、对病例进行三间分布描述分析，再组织现场调查，补充收集数据，通过三间分布描述，提出病因假设，再用分析性流行病学方法验证假设，这是现场流行病学调查的基本步骤。

目前，我国已报道的毒蘑菇种类有500多种。蘑菇中毒临床表现多样，根据临床表现可分为8种类型：胃肠炎型、急性肝炎损害型、神经精神型、溶血型、光敏感皮炎型、急性肾损害型、横纹肌溶解型和混合型。因此，在调查时，要注意交代怀疑导致中毒的毒蘑菇种类所致的疾病的表现与事件患者的临床表现是否一致。调查机构有必要制作、携带一本常见种类毒蘑菇图谱，供暴露者初步辨认，为及早落实临床救治措施和患者预后判断提供参考。

在毒蘑菇中毒事件现场调查时，要尽量找到致病毒蘑菇样本或危险餐次的剩余食物送检，以便为致病因子判断提供依据。蘑菇毒素种类多，结构复杂，检测困难，目前实验室常采集患者血液和尿液检测α－鹅膏毒肽、β－鹅膏毒肽、γ－鹅膏毒肽、羧基二羟基鬼笔毒肽和二羟基鬼笔毒肽5种环形多肽类蘑菇毒素。

案例十一 一起疑似进食土茯苓五指毛桃乌龟汤致食源性疾病病例聚集性事件的核查案例*

本案例学习目的

（1）了解疑似食源性疾病聚集性病例核查思路；
（2）了解食源性疾病聚集性病例病因推断的思路；
（3）了解潜伏期在食源性疾病聚集性病例病因假设、推断作用；
（4）了解食源性疾病聚集性病例核实、调查的公共卫生意义。

H2 区卫生健康局：

2022 年 5 月 27 日 15 时 56 分，食源性疾病监测报告系统识别一起疑似食源性疾病聚集性病例，主要表现为恶心、呕吐等症状。报告单位为 A 医院，系统上报 2 人，系统病例编号为×××。本中心进行电话核查，经初步核实，共同暴露 4 人，发病 3 人，医院就诊 2 人。

一、发病经过

5 月 26 日 18 时，患者兄妹两人（梁某勤，11 岁，C 小学 203 班；梁某微，4 岁，C 幼儿园小一班）与父母共 4 人在 H2 区家中晚餐。5 月 27 日凌晨 5—7 时，兄妹两人及其父亲梁某荣陆续出现恶心、呕吐等症状，其中兄妹两人于 27 日 9 时许到 A 医院就诊，梁某荣自行服药后好转未就诊。接诊医生诊断为“急性胃肠炎”，经对症治疗后，患者症状缓解，无住院病例和重症病例。

二、就餐情况

病家位于 S 市 H2 区 C 小区 B 栋 502 房，兄妹与父母亲同住。5 月 26 日一家人用餐情况如下：早餐 4 人均在家中食用包子；中餐女儿在幼儿园用餐，其余 3 人在家中共同进食猪肉煮面条；18 时 4 人在家中共同进餐。晚餐菜谱为头菜蒸猪肉、炒豆角丝瓜和土茯苓五指毛桃乌龟汤。其中，头菜和猪肉为当天在 H2 区生活区肉菜市场购买的新鲜猪肉，剁碎后混合隔水蒸约半小时后食用；豆角和丝瓜为自己种植，洗净切块后入锅炒约 5 分钟，自述豆角及丝瓜口感有点夹生；土茯苓是在生活区肉菜市场购买的干药材，五指毛桃为自己在山上采挖，乌龟自己饲养，以上几种材料一起入锅煲汤。晚餐梁某荣喝了 5 碗汤，梁

---

* 本案例编者为陈建东、许丹、许建雄。

某微喝了2碗，梁某勤喝了3碗，梁某荣太太喝了1碗，其他食物每人进食量无明显差别。

三、临床表现

2名患者到医院就诊，临床表现以恶心、呕吐、腹痛为主，其中呕吐2人（3～6次/日）、腹痛2人。最短潜伏期11小时，最长潜伏期13小时，平均潜伏期12小时。

四、核查结果

根据患者共同就餐史及相似临床症状，初步判定为一起家庭型食源性疾病聚集性病例。可疑餐次为5月26日晚餐，可疑食物为“土茯苓五指毛桃乌龟汤”。

H2区疾病预防控制中心
2022年5月28日

抄送：H2区市场监督管理局，S市疾病预防控制中心

编者按

本案例为一起疑似食源性疾病聚集性病例。本次事件3名家庭成员有共同就餐史，在短时间内有相同的恶心、呕吐等胃肠道不适症状，符合“食源性疾病聚集性病例”判断标准。

核查结果认为导致家庭成员聚集性恶心、呕吐不适的危险因素与“土茯苓五指毛桃乌龟汤”有关证据不足。原因有：第一，未能核查5月27日5时发病前72小时内家庭成员共餐情况，除5月26日晚餐有共餐史外，5月25日的共餐史不清楚，不能排除是25日可能存在的共餐所致。造成聚集性事件发生的可能危险因素要归因于26日晚餐，需排除72小时内其他餐次不是危险餐次。

假设5月26日晚餐是危险餐次，判定土茯苓五指毛桃乌龟汤是危险食物证据不足。若土茯苓五指毛桃乌龟汤为危险食物，如何证实？同时如何排除其他食物（头菜蒸猪肉、炒豆角丝瓜）并非危险食物？

若事件归因于土茯苓五指毛桃乌龟汤，是否能通过实验室证实？比如从剩余的汤、渣中检测到致病毒素或证明能让动物染毒出现相似症状。若无剩余食物，重复试验该汤剂是否能造成实验动物发病。调查清楚导致事件暴发的原因（致病因子或/和危险因素），能让事件得到精准控制，指导做好临床治疗，预防再次因烹制进食土茯苓五指毛桃乌龟汤导致食品安全事故。

潜伏期是现场流行病学调查的重要调查结果，但时常被遗忘，须予以重视。若为植物毒素所致中毒，潜伏期应该在几分钟到几小时之间，事件平均潜伏期12小时，提示

生物性食源性疾病聚集性病例的可能性更大。

事件核查、调查，目的是控制事件进一步蔓延，防止同类事件再次发生。调查单位未能合理计划下一步工作，并提出合理性防控意见。

案例十二 一起疑似家庭食源性疾病病例聚集性事件核查案例*

本案例学习目的

（1）了解疑似食源性疾病病例聚集性事件核查方法与思路；
（2）了解食源性疾病病例聚集性事件潜伏期测算方法及其在流行病学调查中的意义；
（3）了解食源性疾病聚集性病例病因推断思路。

H1 区卫生健康局：

2021 年 2 月 18 日上午 10 时，我中心在食源性疾病病例报告系统识别一起疑似食源性疾病聚集性病例，系统病例编号为 ×××，为 S 市红十字会医院报告。本起聚集性病例在系统中上报的病例数为 3 例，同餐进食人数为 3 人，出现症状 3 人。

我中心在 2 月 18 日上午对该事件进行了电话调查，对 3 个病例进行了电话访问。调查情况为：2 月 14 日约 18 时，梁某升家庭的 5 名家庭成员在家里进食自煮的晚餐。餐后于当天约 19 时，梁某升（男，38 岁）首先出现恶心、呕吐、腹泻症状。该家庭的梁某媛（女，8 岁）和杨某婷（女，37 岁）分别在当晚 21 时和 22 时出现类似不适症状。3 个病例的临床症状为呕吐（3 人，1 ～ 20 次/日）、腹痛（3 人）、腹泻（2 人，2 ～ 10 次/日）、恶心（1 人）。3 人于当晚约 23 时一起到 S 市红十字会医院就诊。该院对 3 个病例开展血常规检验，结果显示 3 个病例的白细胞计数和中性粒细胞计数均升高。该院诊断 3 个病例为急性胃肠炎，并对 3 个病例进行抗菌、补液治疗。至 2 月 16 日晚，3 个病例的不适症状基本消失。

据调查，梁某升家庭共有 5 名成员，包括梁某升、杨某婷（梁某升的妻子）、梁某媛（梁某升的女儿）、梁某升的父亲、梁某升的母亲，一同居住在 S 市 H1 区 A 街 25 号。3 名病例发病前 72 小时的共同餐次包括：在家里就餐的 2 月 12 日—14 日早餐、2 月 12、14 日的午餐和晚餐、2 月 14 日下午的茶点餐。2 月 14 日下午的茶点餐是当天约 13 时 30 分病例在 LP 铺子 H1 区 B 城店购买。茶点餐食品：草莓干、蟹棒、铁板鹌鹑蛋、枇杷干、紫菜、芒果干、烤猪肉肠、鱿鱼仔、芝士鳕鱼肠、牛肉干。约 15 时 30 分，梁某升家庭 4 人（梁某升的父亲未有进食）进食上述的茶点零食。病例其他共同餐次的食品材料均购自其家附近的菜市场。2 月 14 日晚餐食谱：炆鹅、番茄炒鸡蛋、米饭。2 月 14 日早餐食谱：蒸包、蒸蛋糕。对于其他共同餐次的食谱，病例已记不清。病例自诉可能是因进食了 2 月 14 日下午茶点餐的鱿鱼仔、芝士鳕鱼肠、枇杷干引致急性胃肠炎。但由于病例发病前 72 小时内均曾在家里有多个共同餐次，且至 2 月 18 日我中心未接获其他因进食 LP 铺子 H1 区 B 城店的食品引致不适的病例报告，因此不能排除病例因进食家里自制的食品引

---

* 本案例编者为陈建东、李晗文。

致急性胃肠炎。

2 月 18 日上午我中心开展电话调查时，3 名病例均基本康复，且不愿意配合我中心人员开展进一步的流行病学调查及到其家里采集病例肛拭子、厨房环境等样品进行检验，所以我中心最终无法确认本次事件的具体致病因素。

H1 区疾病预防控制中心
20××年 2 月 18 日

抄送：H1 区市场监督管理局，S 市疾病预防控制中心

编者按

本起事件是对疑似食源性疾病病例聚集性事件进行核实后形成的报告。

3 名患者的三间分布描述清晰，3 名患者的发病时间分别在 2 月 14 日的 19 时、21 时、22 时，推断其平均潜伏期约 4 小时，推测危险暴露时间在 14 时—18 时，覆盖当天下午茶和晚餐时间，为了保险起见，再将当天午餐列为危险餐次讨论。从发病信息可推测危险餐次：经调查，可能的危险餐次是午餐或/和午点或/和晚餐。

要开展危险餐次及食物的讨论，必须要有对比的思维，仅调查患者食物暴露史是没法得出满意结果的。家庭成员共有 5 人：梁某升夫妻及女儿、父母。为何发病的仅有梁某升夫妻及女儿，需进一步核实梁某升父母无发病的原因，寻找导致疾病分布不均的原因。午餐或/和午点或/和晚餐 3 餐次，梁的父母未一起用餐，则该餐次较为可疑。也可比较不同人群各种食物暴露情况、临床严重程度和潜伏期区别，初步甄别危险餐次及食物。

建议能针对食源性疾病病例聚集性事件在危险餐次、危险食物、危险环节尽量收集相关数据，结合专业素养和相关规则做出调查结果初步判断。例如，可描述为经核查，事件为食源性疾病病例聚集性事件，且只波及梁某升家。依据患者临床表现、流行病学调查（潜伏期 4 小时，患者血象和抗生素使用有效等信息）初步认为该事件为细菌性食源性疾病病例聚集性事件。事件的危险餐次可能为午餐或/和午点，晚餐的可能性低。

一起疑似食源性疾病病例聚集性事件的核查，需要明确“病例定义”和“病例搜索”的方法、方式，这既是疑似食源性疾病病例聚集性事件核查的工作内容，也是评估病例聚集性事件波及范围的工具，开展疑似食源性疾病病例聚集性事件核查时应搜索病例。

案例十三 一起疑似因聚餐致食源性疾病病例聚集性事件核查案例*

本案例学习目的

（1）了解疑似食源性疾病病例聚集性事件核查方法与思路；

（2）了解食源性疾病病例聚集性事件调查中如何利用患者血常规检测结果和药物治疗效果等信息协助初步病因推断。

H1 区卫生健康局：

2021 年 2 月 19 日上午，我中心在食源性疾病监测报告系统识别一起疑似食源性疾病聚集性事件，系统病例编号为×××，为 J 医院报告，系统上报的病例数为 3 人。

2 月 19 日上午我中心对病例进行了电话调查：师某某和 3 个亲戚朋友的家庭成员共 19 人于 2 月 17 日晚约 18 时 30 分一起到 S 市 A 饮食有限公司（地址为 S 市 H1 区工业大道 B 路 90 号五楼）聚餐。餐后于 2 月 18 日凌晨约 1 时，师某某的大女儿首先出现呕吐、腹痛、腹泻、发热症状，遂到 S 市红会医院初诊，当天下午师某某及其妻子和小女儿陆续出现类似的不适症状。当天下午约 16 时，4 个病例一起到 J 医院就诊，该院的初步诊断为急性胃肠炎。3 个病例血常规检验结果是：中性粒细胞百分率均升高，2 个病例的白细胞计数升高。当天约 21 时 4 个病例离开 J 医院回家继续按医嘱服药。

电话调查后，我中心立刻联系 S 市 H1 区市场监督管理局，通报病例的上述相关情况。2 月 19 日下午，我中心食物中毒调查人员先到师某某家（地址为 S 市 H1 区 C 路 D 花园 A6－702 房）对 4 个病例和 1 名无症状同餐者当面进行详细个案调查并采集 4 个病例的肛拭子和 1 宗当晚聚餐的打包留样食品（混合在一起打包的白切鸡和烧肉），随后会同 S 市 H1 区市场监督管理局工作人员前往 S 市 A 饮食有限公司开展调查和采样。我中心在该餐饮店共采集 20 名从业人员肛拭子、3 宗熟肉制品（白切鸡、烧肉、叉烧）、13 宗工用具样品。所有的样品已送回本中心实验室开展八大常规致病菌检测，结果待出。

至 2 月 19 日晚，师某某家庭 4 个病例的不适症状基本消失。另据病人自述，除了他们 4 人以外，参加 2 月 17 日晚上在 S 市 A 饮食有限公司聚餐的人员中还有 6 人在聚餐后一天内也相继出现类似的不适症状，这 6 人未到医院就诊，均在家自行服用抗菌消炎药，至 2 月 19 日他们的不适症状也已基本消失。

根据目前的流行病学调查资料以及病例的临床表现，初步判断为一起疑似细菌性食源

---

* 本案例编者为陈建东、苏婉华。

性疾病聚集性事件。

H1 区疾病预防控制中心
20××年2月19日

抄送：H1 区市场监督管理局，S 市疾病预防控制中心

编者按

本起事件是对疑似食源性疾病病例聚集性事件进行核实后形成的报告。

核查报告撰写思路的专业性相比之前有较大进步。有对同餐者的随访，并开展了病例搜索等工作。若能对该餐厅的所有同餐者都组织开展病例搜索，进一步核实诊断，评估事件波及范围，组织对流行因素和致病因子的进一步调查，对查明事件危险因素的帮助更大。

事件患者有共同餐次暴露史，在短时间内出现相似的呕吐、腹痛、腹泻等的胃肠道症状和发热情况，符合食源性疾病病例聚集性事件定义，事件核实为食源性疾病病例聚集性事件没有问题。

为查明突发公共卫生事件流行因素和致病因子，计算病例潜伏期是重要一环，因为不同致病因子，潜伏期不同。细菌性食源性疾病通常表现为白细胞数增加，抗生素使用有效，见效快等特点，在疑似食源性疾病病例聚集性事件核查时，常利用此特点，再结合患者临床表现、流行病学调查结果等信息，综合判断事件致病因素的性质。

衡量食源性疾病病例聚集性事件发生规模指标——暴露人口的罹患率未交代。

疾病的病程、转归情况应交代清楚，因为这是事件严重程度的信息，不同的致病因子会有不同的病程及转归。

3 个家庭 19 人聚餐后发生食源性疾病病例聚集性事件，调查结论认为 A 饮食有限公司是危险场所，需要补充调查的信息是：72 小时内仅有 2 月 17 日晚餐一起聚餐，无其他聚餐餐史。

事件波及几个家庭，危险场所为 A 饮食有限公司，存在潜在风险继续发展的可能，需在核查工作完成后，组织完善对该事件的调查，防止中毒病例再出现。

案例十四　一起休闲会所聚餐致疑似食源性疾病病例聚集性事件核查案例*

本案例学习目的

（1）了解疑似食源性疾病病例聚集性事件核查目的与工作方法；
（2）了解食源性疾病病例聚集性事件病因推断思路。

H1 区卫生健康局：

2021 年 3 月 5 日，我中心在食源性疾病病例报告系统识别一起疑似食源性疾病病例聚集性事件，系统病例编号为×××，为 G 医院报告。本起疑似食源性疾病聚集性病例在系统中上报的病例数为 3 人。经核查，同餐进食人数为 6 人，出现症状 3 人。

我中心在 2021 年 3 月 5 日对该事件进行了电话调查，调查情况为：黎×德（男，28 岁）、黎×良（男，28 岁）、蒋×圳（男，29 岁）为朋友关系。2021 年 3 月 1 日晚，黎×德等 3 人与另外 3 名朋友共 6 人在 S 市 H1 区南门休闲会所 A 大道南分店通宵打麻将，3 月 2 日 8 时左右在休闲会所进食早餐，后各自回家，3 月 2 日 15 时 30 分至 20 时 25 分，蒋×圳、黎×德、黎×良先后出现腹痛、腹泻等症状，遂于 3 月 4 日 2 时左右分别前往 G 医院就诊。医院以急性胃肠炎对 3 人进行对症治疗，当日 3 人不适症状好转回家。

3 人表示目前已好转且工作较忙，不愿意再接受我中心的进一步调查、采样，因此我中心未能开展流行病学调查和采样检验工作，最终无法认定本次事件的致病因素、中毒场所、中毒食物。

H1 区疾病预防控制中心
2021 年 3 月 5 日

抄送：H1 区市场监督管理局，S 市疾病预防控制中心

编者按

本起事件是对疑似食源性疾病病例聚集性事件进行核实后形成的报告。

疑似食源性疾病病例聚集性事件核查目的是回答是不是食源性疾病病例聚集性事件。

---

* 本案例编者为陈建东、李晗文、苏婉华。

现场调查中，难免碰到困难，现场除了可以电话调查患者外，有需要还可以到医院、会所开展核查，以求最大程度接近事实真相。

经核查，病例可以判断为有聚集性（流行病学相关），且是食源性疾病病例聚集性事件，危险餐次是共同就餐的休闲会所晚餐或是麻将房的早餐，有必要进一步现场核查（卫生学调查）。本次未核查3名患者在休闲会所的晚餐、早餐进食食物情况，可以尝试通过患者的发病时间分布推测危险餐次。若6名患者仅有会所共同食物暴露史，则可以肯定休闲会所是危险进食场所了。

因为患者已就医，可通过医疗机构了解患者临床信息，可辅助对疑似食源性疾病病例聚集性事件危险因子进行定性，让核查结果更有深度。

本次事件通过电话调查，初步判断系休闲会所同餐所致。休闲会所暴露人口规模较大，本次聚集性病例是不是该会所暴露所致需进一步现场核查，是不是食源性疾病病例聚集性事件，需要现场核查，以排除其他致病因素。

案例十五　一起出差期间进食海鲜致疑似食源性疾病病例聚集性事件核查案例*

本案例学习目的

（1）了解疑似食源性疾病病例聚集性事件核查方法与思路；
（2）了解食源性疾病病例聚集性事件潜伏期测算方法及其在流行病学调查中的意义；
（3）了解食源性疾病病例聚集性事件病因推断思路。

H1 区卫生健康局：

2021 年 3 月 18 日，我中心在食源性疾病病例报告系统识别一起疑似食源性疾病聚集性事件，系统病例编号为×××，为 H1 区 C 街社区卫生服务中心报告。本起聚集性病例在系统中上报的病例数为 1 人，同餐进食人数为 6 人，出现症状 2 人。

我中心在 2021 年 3 月 18 日对该事件进行了电话调查，调查情况为：黎×浩（男，32 岁）日常居住于 S 市 H1 区 C 街道佳信花园 C2 栋 2002，3 月 12 日与 1 名同事前往 I 省 D 市出差，当天 19 时与同事及 D 市 4 人在 I 省 D 市城区 A 大道西 B 餐厅进餐，进食生海胆、生鱼片、啤酒等食物。3 月 13 日黎×浩及同事 2 人返回 G 市，黎×浩同事当天出现腹痛、腹泻等症状，但未去医院就诊，在家自服药物后好转。黎×浩 3 月 15 日 7 时 30 分出现腹痛、腹泻、恶心等症状，于 3 月 18 日 11 时 30 分前往 S 市 H1 区 C 街社区卫生服务中心就诊，医院以急性胃肠炎对其进行对症治疗，当日黎×浩不适症状好转回家。

黎×浩与同事 2 人仅 3 月 12 日晚餐共同进餐，无其他共同进餐史，但 3 月 12 日晚餐进食地点在 D 市，不在我区管辖范围内，无法前往该餐馆进行流行病学调查、采样工作，因此无法认定本次事件的致病因素、中毒场所、中毒食物。

H1 区疾病预防控制中心
2021 年 3 月 18 日

抄送：H1 区市场监督管理局，S 市疾病预防控制中心

---

* 本案例编者为陈建东、苏婉华、李晗文。

编者按

调查要交代病例潜伏期。对食源性疾病病例聚集性事件致病因子甄别，病例潜伏期是常用的客观判断依据，是流行病学调查后要交代的重要指标。

核查过程，既要对患者进行调查（电话调查），也要通过多种渠道（方式）对患者就诊的医疗机构进行调查：收集临床诊断、诊断依据（实验室检查结果）、治疗方案（用药情况），这些证据有助于对聚集性事件进行定性：生物性？化学性？动植物毒素？毒蕈？……

核查报告的思路要清晰，一般包括基本情况、饮食就餐史、临床表现、流行病学、实验室、卫生学及调查结论等，每一项均应考虑尽量有所交代，为制订下一步工作计划提供参考，无法调查可说明原因。

既然能联系到患者，则可疑的暴露餐次、食物类别也应询问清楚，两患者的潜伏期不同，是不是危险食物暴露量区别所致呢？要细致调查，既为危险食物假设提供参考依据，又能证明两人发病是D市聚餐所致，是食源性聚集性病例而非传染性疾病、介水疾病或其他环境因素所致疾病。

因为事件跨区域，调查时，最好提供同餐者联系方式，再通过上级部门转D市疾控中心跟进。同时，因为事件跨区域，需要重视。

案例十六　一起休闲会所聚餐致疑似食源性疾病病例聚集性事件核查案例*

本案例学习目的

（1）熟悉食源性疾病病例聚集性事件危险因素推断技术；
（2）了解食源性疾病病例聚集性事件调查目的。

H1 区卫生健康局：

2021 年 4 月 4 日下午 23 时，我中心接到 H1 区市场监管局电话通知：G2 医院急诊科收治 3 人出现腹痛、腹泻等症状的患者，疑为食物中毒。我中心食物中毒处理组人员即会同 H1 区市场监管局人员，一起到医院和现场调查处理。现将调查情况报告如下。

一、流行病学调查

（一）发病情况

2021 年 4 月 4 日 11 时，曲 × 鑫、曲 × 昆、孙 × 君 3 人在 A 饮食有限公司（地址：S 市 H1 区前进路 142 号）进餐，进餐后约 30 分钟，曲 × 昆首先出现腹痛、腹泻症状，随后曲 × 鑫、孙 × 君也出现类似症状，他们于当天 22 时 30 分到达 G2 医院急诊科就诊，患者与 A 饮食有限公司协商解决后，症状好转，未予治疗自行离开。

同时 G2 医院在食源性疾病监测报告系统报告个案，系统病例编号为 × × ×。

（二）临床表现

（1）发病情况：3 人进餐时间为 4 月 4 日 11 时至 12 时，发病时间为 12 时 30 分至 17 时。

（2）临床症状：腹痛 3 人，位于脐部，绞痛；腹泻 3 人，6 ～ 10 次/日，为黄色水样便；乏力 2 人；头晕 1 人；发冷 1 人。

（三）可疑危险餐次、食品

1．可疑危险餐次

曲 × 昆、孙 × 君是夫妻，3 人发病前 72 小时有两餐共同进餐史，分别是 4 月 4 日在 A 饮食有限公司午餐，4 月 3 日在曲 × 昆家的晚餐。3 名患者已与 A 饮食有限公司达成协

* 本案例编者为陈建东、李晗文、苏婉华。

议，不同意我们到他们家开展流行病学调查，之后电话失联。

2．可疑危险食品

4 月 4 日 A 饮食有限公司提供的午餐包括：虾饺皇、鱼子干蒸烧卖皇、瑶柱珍珠糯米鸡、紫金酱蒸凤爪、豉汁蒸排骨、爽滑牛肉肠、荔湾艇仔粥、白灼菜心、天鹅榴梿酥。4 月 3 日曲×昆家的晚餐，据病人描述有白粥、炒莴笋、虾干（曲×鑫未进食）、哈密瓜。

二、卫生学调查

（1）A 饮食有限公司（地址：S 市 H1 区前进路 142 号），持有效食品经营许可证，主体业态为餐饮服务经营者（大型餐馆）。

（2）A 饮食有限公司 4 月 4 日中午约有 500 桌客人进餐，但我中心没有再接到类似不适报告。

三、实验室结果

（1）患者血常规检测结果。G2 医院急诊科对 2 名患者的血常规检验结果：2 名患者的白细胞计数分别是 16.04×10^9/L、12.50×10^9/L（参考值 $3.5\sim9.5\times10^9$/L），分叶细胞绝对值、分叶细胞比例均升高。

（2）食物中毒致病菌检测。H1 区疾控中心工作人员在 G2 医院急诊科采集了 3 名病人肛拭子，在 A 饮食有限公司厨房采集食品 1 宗、工用具 15 宗、厨工肛拭子 6 宗，送 H1 区疾控中心实验室检测 8 种常规食物中毒致病菌（副溶血性弧菌、变形杆菌、蜡样芽孢杆菌、沙门氏菌、志贺氏菌、霍乱弧菌、致泻性大肠埃希氏菌、金黄色葡萄球菌），结果见表 1。

表 1 疾控中心检验结果

样品类别	采样地点	采样宗数	阳性宗数	检测结果（八大常规致病菌）
患者肛拭子	G2 医院	3	3	副溶血性弧菌 K 混合多价 1
患者肛拭子	G2 医院	3	3	奇异变形杆菌
食品、工用具、厨工肛拭子	A 饮食有限公司	22	2	点心部 1 名员工肛拭子检出奇异变形杆菌，明档部 1 名员工肛拭子检出普通变形杆菌
合计		25	8	

（3）致病菌血清分型结果。检出副溶血性弧菌 K 混合多价 1 的 3 份患者肛拭子样本送 S 市疾控中心实验室检验，副溶血性弧菌血清型均为 $O_{10}K_4$。

四、调查结论

（1）根据流行病学调查、患者临床表现和实验室结果，患者发病前有共同就餐史，餐后短期内出现相似的临床症状，且 2 名患者的白细胞计数、分叶细胞绝对值、分叶细胞比例均升高，可以判断是一起细菌性食源性疾病病例聚集性事件。

（2）依据 WS/T 81—1996《副溶血性弧菌食物中毒诊断标准及处理原则》，实验室诊断须由中毒食品、食品工具、患者腹泻便或呕吐物中检出生物学特性或血清型别一致的副溶血性弧菌。根据以上的诊断标准，还不能确定为副溶血性弧菌引起的食物中毒。该起事件患者的主要症状是腹痛、腹泻（主要为水样便），肛拭子检出同一血清型的副溶血性弧菌，不排除该菌引起中毒的可能。

（3）依据 WS/T 9—1996《变形杆菌食物中毒诊断标准及处理原则》，实验室诊断须由中毒食品和患者吐泻物中检出占优势，且生化及血清学型别相同的变形杆菌。根据以上诊断标准，该起事件还不能确定为变形杆菌引起的食物中毒。A 公司点心部 1 名厨工检出奇异变形杆菌，与 3 名患者肛拭子的检出结果一致，不排除 A 公司存在引起食物中毒的风险隐患。变形杆菌是条件致病菌，食品受到污染的机会很多，必须引起重视。

综上所述，该起事件为急性胃肠炎，发病人数 3 人，不能确定中毒场所、中毒餐次、中毒食品。

五、建议

（1）应加强餐饮环节食品储存、加工、制售卫生宣传。

（2）加强餐饮单位员工的健康监测，如出现胃肠道不适，及时就医，治愈后再上岗。

S 市 H1 区疾病预防控制中心
2021 年 4 月 4 日

抄送：H1 区市场监督管理局，S 市疾病预防控制中心

编者按

本起事件是对疑似食源性疾病病例聚集性事件进行核实，再进一步完善调查后形成的调查报告。

对食源性疾病病例聚集性事件调查任务是明确事件是食源性疾病聚集性病例事件（并非传染性疾病、介水疾病或其他环境因素所致突发公共卫生事件），明确危险餐次、危险食物及危险环节（种养殖、加工、运输、储存、烹饪等污染环节）；利用流行病学调查手段，甄别危险食物，在此基础上指导对危险食物及其加工环节、工用具、人员进行采样；对患者（有时还需采集非患者）生物标本采样，结合患者临床表现、潜伏期和疾病流行病季节等综合因素，指导实验室开展检测。调查结论判断依据患者临床表现、流行病学调查、卫生学调查和实验室检测结果等互相印证后综合判断。《副溶血性弧菌食物中毒诊断标准及处理原则》（WS/T 81—1996）、《变形杆菌食物中毒诊断标准

及处理原则》（WS/T 9—1996）等标准适合为发病个案提供诊断标准和处理原则，只提供通过实验室解决食物中毒事件致病因子的判断标准，未能很好综合现场流行病学、实验室和卫生学调查结果的依据对聚集性事件进行判断，存在一定的局限性。聚集性病例事件的调查结论应结合患者临床表现、流行病学调查、卫生学和实验室结果综合判断。

（1）临床表现：患者的临床表现与致病毒菌所致疾病的临床表现应相一致，且事件中患者潜伏期与致病毒菌所致疾病的潜伏期一致。

（2）流行病学调查：从疾病三间分布推断事件为食源性疾病病例聚集性事件，排除传染性疾病聚集性事件、介水疾病暴发事件；建立危险因素假设，然后通过分析性流行病学方法验证假设，推断可能的危险餐次、危险食物。

（3）卫生学：经流行病学调查指向的危险食物存在危险污染环节，在合适气温下病菌有足够的增殖时间，烹饪温度及持续时间不足以杀灭病菌，致食物成为危险食物。或是存在其他误采摘、误食误用、操作不当（如工用具交叉污染，豆角直接爆炒，马鲛鱼油炸）、加工（热）不充分等导致野生蘑菇中毒、化学中毒以及动植物毒素中毒事件的发生。调查时不应该在未弄清楚食物污染缘由时就将进食菜单当作卫生学调查结果放进报告中，卫生学调查应该交代危险食物的污染环节，为提出控制措施提供依据。

（4）实验室：在患者生物样本、剩余危险食物、工用具表面、留样食物中检出同型别的毒菌等。

以上是食源性疾病聚集性病例调查的基本思路，调查围绕获取这些信息进行现场信息收集、分析。

每一个食源性疾病病例聚集性事件的现场是不同的，但是调查的思路是一致的。调查的任务既要回答造成事件暴发的致病因子，也应回答危险因素。通过调查搞清楚为何进食变成危害健康的因素，才能采取精准防控措施，及时控制疾病蔓延。

实验室为致病因子的判断提供了一个不可替代的解决方式，但是现场调查不能过分依赖实验室检测。现场调查仅重视现场采样，而忽视现场包括患者一般情况、临床表现、食物暴露史和就医情况等信息的收集，就难以顺利得到事件的调查结论。

在描述调查情况时，应有病因论证思维，结合现场情况，充分利用病因推断依据，收集和处理数据。应将进食者的临床表现（未发病也是一种表现）与食物暴露史（量）结合在一起进行描述，从而发现两者间的联系。

第三章 常见食源性疾病风险评估与预警技术案例

案例一　定期风险评估与沟通案例：G 市 2020 年下半年食源性疾病风险评估*

本案例学习目的

（1）了解日常食源性疾病半年风险评估技术；

（2）了解突发公共卫生事件风险评估结果分级、风险概率分级和突发公共卫生事件发生后的危害影响水平分级方法。

日常风险评估主要是对常规收集的各类突发公共卫生事件相关信息进行分析，通过专家会商等方法识别潜在的突发公共卫生事件或突发事件公共卫生威胁，进行初步、快速的风险分析和评价，并提出风险管理建议。根据需要，确定需进行专题风险评估的议题。随着风险评估工作的不断推进，应逐步增加评估频次。在条件允许的情况下，应每日或随时对日常监测到的突发公共卫生事件及其相关信息开展风险评估。有时也有采用半年才开展一次的风险评估方法，这种风险评估形式简单，可采用小范围的圆桌会议或网络会议会商等形式。评估结果应整合到日常疫情及突发公共卫生事件监测数据分析报告中。当评估发现可能有重要公共卫生意义的事件或相关信息时，应立即开展专题风险评估。

下面以 G 市 2020 年下半年风险评估为例子，简单说明如何进行食源性疾病半年风险评估工作。

一、食源性疾病暴发事件监测结果分析

（1）2019 年 G 市共发生食源性疾病暴发事件 30 起，其中，上半年 10 起，下半年 20 起。其中，暴发场所以餐饮单位为主，占 40. 00%（12/30），主要致病食品为动物性和植物性食品，占 60. 00%（18/30），主要致病因素为微生物性，占 76. 67%（23/30），主要致病因子是沙门氏菌和副溶血性弧菌，占 53. 33%（16/30），三明治、面包和白切鸡是引起沙门氏菌感染的高危食物，储存和加工不当是引起事件发生的主要危险因素。

（2）2020 年上半年，G 市共发生食源性疾病暴发事件 9 起，其中，暴发场所以家庭和集体食堂为主，占 66. 67%（6/9），主要致病食品为动物性和植物性食品，占 66. 67%（6/9），主要致病因素为微生物性及有毒植物，占 77. 78%（7/9），主要致病因子是沙门氏菌和副溶血性弧菌，占 55. 56%（5/9）。

（3）过去 3 年（2017—2019 年）的下半年，G 市共发生食源性疾病暴发事件 60 起，其中 7—9 月为高峰期，占 73. 33%（44/60），详见图 1。暴发场所以餐饮单位和集体食堂

* 本案例编者为许建雄、李泳光、龙佳丽。

为主，占 83.33%（50/60）；主要致病因素为微生物性，占 68.33%（41/60）；主要致病因子是沙门氏菌和副溶血性弧菌，占 48.33%（29/60），详见表 1、表 2。

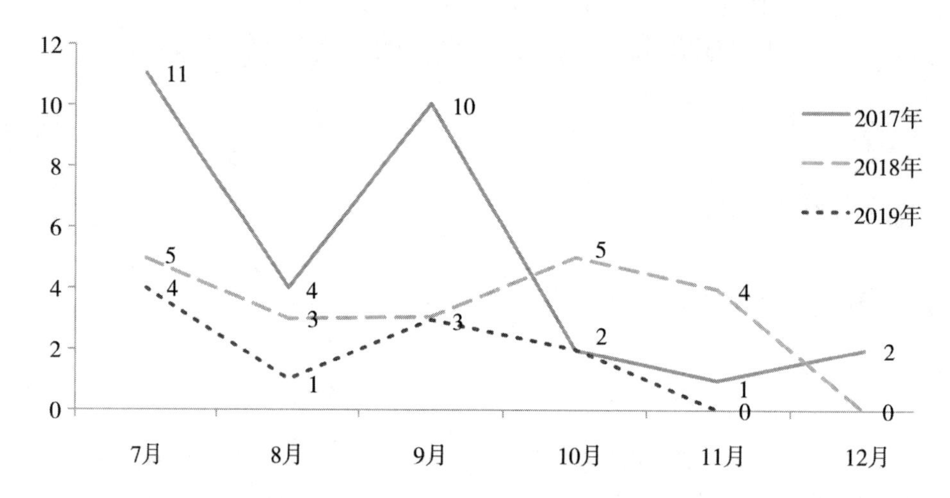

图 1　2017—2019 年下半年 G 市食源性疾病暴发事件按月分布情况

表 1　2017—2019 年下半年 G 市食源性疾病暴发事件致病因素分布

致病因素	中毒事件（起）	构成（%）
微生物性	41	68.33
沙门氏菌	10	16.67
副溶血性弧菌	19	31.67
金黄色葡萄球菌及其毒素	7	11.67
蜡样芽孢杆菌	2	3.33
变形杆菌	2	3.33
其他未明	1	1.67
有毒动植物及其毒素类	14	23.34
小龙虾	4	6.67
组胺	3	5.00
钩吻碱	2	3.33
毒蘑菇	2	3.33
占青鱼	1	1.67
河豚	1	1.67
乌头碱	1	1.67
化学性	2	3.33
不明因素	3	5.00
合计	60	100

表2　2017—2019 年下半年 G 市食源性疾病暴发事件场所的分布情况

中毒场所	中毒起数	构成（%）
餐饮单位（包括宾馆、饭店）	33	55.00
集体食堂	17	28.33
家庭	10	16.67
合计	60	100

二、风险评估与研判

（一）可能性：风险概率高

2020 年下半年各月份均可能发生食源性疾病暴发事件，其中高峰期为 7—9 月，主要发生场所为餐饮单位及集体食堂。

（二）危害性：危害水平中等

（1）食源性疾病暴发事件波及人群、地区范围广，全年均可发生。

（2）2019 年及 2020 年上半年共发生食源性疾病暴发事件 39 起，共导致 400 人发病就医，24 人住院治疗，1 人死亡，疾病经济负担重。

（3）食品安全为民生关注重点，发生食源性疾病暴发事件，波及人数多，可导致停工、停业或停课，可造成事故追责、经济纠纷、媒体舆论等后续事件。

（三）脆弱性

（1）食源性疾病暴发事件致病因素种类多，2019 年及 2020 年上半年的 39 起食源性疾病暴发事件中存在 10 个不同致病因素。

（2）G 市部分地区医院缺乏对中毒患者的急救资源、技术或能力，例如，不能应对毒蘑菇中毒和河豚中毒等。

（3）G 市食源性疾病病例监测尚不够完善，2019 年仍有 36 间零报告医疗机构，2020 年因新冠疫情影响，医院对食源性疾病监测的关注度降低，临床医生对食源性疾病监测工作积极性不高，都可能造成病例及事件的漏报或迟报。

（4）餐饮单位或市民食品安全意识淡薄，2019 年及 2020 年上半年 39 起食源性暴发事件中，30 起因加工或储存不当引起，占 76.92%。

（5）网络快餐销售模式兴起，监管和监测难度加大。

（6）2020 年下半年，G 市大部分时间处于炎热的季节，温度和湿度升高都会使致病菌的繁殖速度加快，易污染食物造成食源性疾病暴发事件。

（四）有效性

（1）G 市已建立较完善的市场监管和卫生健康部门的沟通协调机制，能保障事件信息的及时通畅。各级疾控机构已具备处置各类食源性疾病暴发事件的能力，及时控制、减少食源性疾病暴发事件带来的危害。

（2）经过多年的培训和督导，食源性疾病监测系统已覆盖G市293间医疗机构，提高发现食源性疾病暴发事件的敏感度，做到早期介入事件，将危害最小化。

（3）卫生健康部门已建立食源性疾病暴发事件应急预案，并在重大活动和节假日安排专业技术人员备勤。

三、防控建议

（一）市场监管部门

继续强化网络销售食物的监管工作，加强食品在生产、运输、储存、销售等环节的安全监管及必要的宣传教育，提高相关人员的卫生意识，减少食物污染。监管、指导新冠疫情后复工复产企业和学校等集体食堂食品安全规范。

（二）卫生健康部门

做好食品安全风险监测和食源性疾病病例监测信息分析工作，及时发布预警信息，加强食源性疾病暴发事件处置的知识、技能培训和实践演练。医疗机构及时做好食源性疾病病例的信息报告，生物样品的采集、检测和上送，进一步加强临床医生中毒诊治能力培训，及时发现并采取应急对症治疗措施。

（三）教育部门

做好学校、托幼机构等集体单位食源性疾病防控知识宣传，完善饭堂洗手设备，倡导正确的手卫生方法，改变不良卫生习惯，发现可疑食源性疾病病例，立即报告市场监管部门和卫生健康部门。

附件1

G市突发公共卫生事件风险评估分级评价参考表

一、突发公共卫生事件风险评估结果分级

综合评估风险发生的可能性、可能的危害后果以及需要采取的风险管理措施，确定风险水平的高低，通常将风险评估结果分为4级，即特别关注、重点关注、需要关注和一般关注。

（1）特别关注：事件已经或几乎肯定会对评估地区发生现实的重大威胁，社会影响严重，需由政府启动联防联控工作机制，开展专题风险评估，加强风险管理，组织综合防控，必要时启动应急响应。

（2）重点关注：事件很可能或已经对评估地区产生较高程度的威胁，社会影响大，但事件的影响在可控范围，需由政府组织相关职能部门和专业技术机构采取综合防控措施，加强风险评估和风险控制。

（3）需要关注：事件很可能对评估地区产生一定程度的威胁，社会影响较大，但现有防控机制可以有效应对，主要由相关职能部门和专业技术机构采取相应的防控措施，密切跟踪事件发展，及时开展风险评估。

（4）一般关注：风险因素可能导致的事件对评估地区构成的威胁和社会影响小，由相关职能部门和专业技术机构采取常规防控措施，如果事件特征没有发生特殊的变化，即按常态工作进行管理。

二、突发公共卫生事件风险概率分级（见表3）

表3　突发公共卫生事件风险概率分级

风险概率	程度	指标描述
极高	5	事件在一般情况下会发生；每年都有发生，或者发生概率高于0.25；专家经验判断
高	4	事件在大部分情况下有可能会发生；10年内已多次发生，最近5年内发生过；国际、国内和G省重大活动中均有发生；专家经验判断
中等	3	事件在一些情况下可能会发生；每10年发生一次或概率小于0.25；或10年内发生超过一次，历史上曾经有过发生；专家经验判断
低	2	事件在很少情况下会发生；10年内不太可能发生，或发生概率小于0.02；专家经验判断
极低	1	事件在极少情况下有可能发生；从来没有发生过，或者根据合理掌握的知识认为不太可能发生

三、突发公共卫生事件发生后的危害影响水平分级及描述（见表4）

表4　突发公共卫生事件发生后的危害影响水平分级及描述

危害水平	描述词	具体描述
1	极低	事件发生范围局限，控制能力强，公众关注程度低，一般不会造成经济损失，社会影响小
2	低	控制能力较强，经济损失较小，有一定社会影响，未造成国际影响
3	中等	规模大，呈现续发趋势；公众较关注；经济损失增加；造成一定的社会影响和国际影响

续上表

危害水平	描述词	具体描述
4	高	规模大，出现续发，影响生产、生活秩序；具有政治敏锐性；造成一定的经济损失和较大的社会影响
5	极高	事件规模不断扩大；影响生产、生活秩序；引起全球关注；原因不明；造成巨大的经济损失和严重的社会影响

附件2

G市各月份重点食品安全风险评估、预警参考表，见表5、表6。

表5　G市各月份重点食品安全风险隐患分析表

月份	风险点	风险描述	风险要素	宣传警示要点
1月	诺如病毒引起的食源性疾病暴发	寒假及春节长假期间旅游地区及客运站等人流量较大地方的餐饮接待单位，需重点关注食源性疾病暴发风险	熟肉制品、贝类、生食蔬菜和水果等	做好寒假及春节期间宾馆、饭店等集体餐饮单位以及节日市场的食品安全保障工作。加强市民养成勤洗手、不喝生水、生熟食物分开、避免交叉污染等健康生活习惯的宣教
2月	诺如病毒引起的食源性疾病暴发	寒假及春节长假期间旅游地区及客运站等人流量较大地方的餐饮接待单位，需重点关注食源性疾病暴发风险	熟肉制品、贝类、生食蔬菜和水果等	做好寒假及春节期间宾馆、饭店等集体餐饮单位以及节日市场的食品安全保障工作。加强市民养成勤洗手、不喝生水、生熟食物分开、避免交叉污染等健康生活习惯的宣教
3月	河鲀毒素中毒	2—5月为河鲀卵巢发育期，毒性较强。肝脏亦以春季产卵期毒性最强。需警惕误食含河鲀毒素的鱼类引起中毒的风险	河鲀	加强对农贸市场、码头、餐馆非法销售、加工、食用河鲀等行为的监管

续上表

月份	风险点	风险描述	风险要素	宣传警示要点
4 月	毒蘑菇中毒	4 月天气转暖，毒蘑菇繁殖加快，清明节假期，人们外出踏青/聚餐增加，误食有毒蘑菇的机会也大大增加	毒蘑菇	结合毒蕈生长地、附近居民和外来务工人员的分布情况开展针对性强的宣传教育，制作通俗易懂、图文并茂的宣传资料，包括通过张贴宣传图片、悬挂警示标语、手机短信通知等多种途径，提高群众食品安全意识，避免出现自行采挖、误食导致中毒。通过多种宣传渠道和媒体加强市民食品安全知识宣传教育工作，勿私自购买非正规途径销售的菌类
	河鲀毒素中毒	2—5 月为河鲀卵巢发育期，毒性较强。肝脏亦以春季产卵期毒性最强。需警惕误食含河鲀毒素的鱼类引起中毒的风险	河鲀	加强对农贸市场、码头、餐馆非法销售、加工、食用河鲀等行为的监管
5 月	细菌性食源性疾病暴发	天气渐热，易引起食物细菌滋生和霉变。五一节小长假，外出就餐人数可能大幅提升。应警惕细菌性食源性疾病暴发风险	副溶血性弧菌：以爆炒方式加工的甲壳类及贝壳类海产品、烧卤类等 沙门氏菌、金黄色葡萄球菌：糕点面包类、肉及蛋类制品	加强对餐饮业和学校等集体用餐配送单位的监督管理，特别是对食物彻底煮熟煮透和避免交叉污染环节的监管。同时加强对夏季食源性疾病防控的科普宣传
	河鲀毒素中毒	2—5 月为河鲀卵巢发育期，毒性较强。肝脏亦以春季产卵期毒性最强。需警惕误食含河鲀毒素的鱼类引起中毒的风险	河鲀	加强对农贸市场、码头、餐馆非法销售、加工、食用河鲀等行为的监管

续上表

月份	风险点	风险描述	风险要素	宣传警示要点
6月	细菌性食源性疾病暴发	既往食源性疾病监测数据显示，6—9月为细菌性食源性疾病暴发高峰期。6月气候特点为气温逐渐升高，开始进入台风季节，预计阵发性降水和高温炎热天气会交替出现，易于细菌滋生繁殖。且端午节假期期间，人们外出聚餐频次增高，部分地区有进食龙舟饭习俗，应警惕细菌性食源性疾病暴发风险	副溶血性弧菌：以爆炒方式加工的甲壳类及贝壳类海产品、烧卤类等 沙门氏菌、金黄色葡萄球菌：糕点面包类、肉及蛋类制品	加强对餐饮业和学校等集体用餐配送单位的监督管理，特别是对食物彻底煮熟煮透和避免交叉污染环节的监管。同时加强对夏季食源性疾病防控的科普宣传。加强对民间大型活动聚餐的监管
7月	小龙虾相关横纹肌溶解综合征	长江流域多省份处于汛期，夏秋季为小龙虾消费季节，病例可能会增加	小龙虾	适时发布有关消费提示，建议公众到正规农贸市场、超市和电商购买新鲜小龙虾，不购买、不捕捞、不食用来历不明或野生小龙虾
	细菌性食源性疾病暴发	既往食源性疾病监测数据显示，6—9月为细菌性食源性疾病暴发高峰期。7月气候特点为气温逐渐升高，并处于台风季节，预计阵发性降水和高温炎热天气会交替出现，易于细菌滋生繁殖。暑假期间人们外出旅游、聚餐频次增高，细菌性食源性疾病暴发风险增加	副溶血性弧菌：以爆炒方式加工的甲壳类及贝壳类海产品、烧卤类等 沙门氏菌、金黄色葡萄球菌：糕点面包类、肉及蛋类制品	加强对餐饮业和集体用餐配送单位的监督管理，特别是对食物彻底煮熟煮透和避免交叉污染环节的监管。加强对夏季食源性疾病防控的科普宣传，针对在校学生发布暑期旅游食品消费预警。加强对旅游接待宾馆饭店、旅游景区的监管，强化宣传教育

续上表

月份	风险点	风险描述	风险要素	宣传警示要点
8月	小龙虾相关横纹肌溶解综合征	长江流域多省份处于汛期，夏秋季为小龙虾消费季节，病例可能会持续增加	小龙虾	适时发布有关消费提示，建议公众到正规农贸市场、超市和电商购买新鲜小龙虾，不购买、不捕捞、不食用来历不明或野生小龙虾
	细菌性食源性疾病暴发	既往食源性疾病监测数据显示，6—9月为细菌性食源性疾病暴发高峰期。8月天气特点为高温高湿，易于细菌滋生繁殖。暑假期间人们外出旅游、聚餐频次增高，细菌性食源性疾病暴发风险增加	副溶血性弧菌：以爆炒方式加工的甲壳类及贝壳类海产品、烧卤类等 沙门氏菌、金黄色葡萄球菌：糕点面包类、肉及蛋类制品	加强对餐饮业和集体用餐配送单位的监督管理，特别是对食物彻底煮熟煮透和避免交叉污染环节的监管。同时加强对夏季食源性疾病防控的科普宣传，针对在校学生发布暑期旅游食品消费预警。加强对旅游接待宾馆饭店、旅游景区的监管，强化宣传教育
9月	小龙虾相关横纹肌溶解综合征	长江流域多省份处于汛期，夏秋季为小龙虾消费季节，病例可能会持续增加	小龙虾	适时发布有关消费提示，建议公众到正规农贸市场、超市和电商购买新鲜小龙虾，不购买、不捕捞、不食用来历不明或野生小龙虾
	细菌性食源性疾病暴发	既往食源性疾病暴发监测数据显示，6—9月为细菌性食源性疾病暴发高峰期。我市9月天气特点仍然是高温高湿，易于细菌滋生繁殖。需要注意9月学校开学后微生物性食源性疾病暴发的风险	副溶血性弧菌：以爆炒方式加工的甲壳类及贝壳类海产品、烧卤类等 沙门氏菌、金黄色葡萄球菌：糕点面包类、肉及蛋类制品	加强对餐饮业和学校等集体用餐配送单位的监督管理，特别是对食物彻底煮熟煮透和避免交叉污染环节的监管。同时加强对夏秋季节食源性疾病防控的科普宣传

续上表

月份	风险点	风险描述	风险要素	宣传警示要点
10月	小龙虾相关横纹肌溶解综合征	长江流域多省份处于汛期，夏秋季为小龙虾消费季节，病例可能会持续增加	小龙虾	适时发布有关消费提示，建议公众到正规农贸市场、超市和电商购买新鲜小龙虾，不购买、不捕捞、不食用来历不明或野生小龙虾
	细菌性食源性疾病暴发	中秋及十一长假期间，外出就餐人数增加，餐饮服务单位发生食源性疾病暴发的风险增加；市民有中秋前后食用螃蟹和月饼的传统，节令食品引起食源性疾病的风险增加	副溶血性弧菌：以爆炒方式加工的甲壳类及贝壳类海产品、烧卤类等 沙门菌氏、金黄色葡萄球菌：糕点面包类、肉及蛋类制品	加强对餐饮业和集体用餐配送单位的监督管理，特别是对食物彻底煮熟煮透和避免交叉污染环节的监管。针对假期可能的外出就餐发布消费预警。加强对旅游接待宾馆饭店、旅游景区的监管，强化宣传教育
11月	诺如病毒引起的食源性疾病暴发	随着气温逐渐下降，微生物性食源性疾病将有所减少，诺如病毒引起的食源性疾病暴发的可能性将有所上升。尤其要重点关注校园内诺如病毒引起的食源性疾病暴发	熟肉制品、贝类、生食蔬菜和水果等	加强对学校、托幼机构从业人员与饮食卫生监管和诺如病毒食源性感染防控知识的宣教
12月	诺如病毒引起的食源性疾病暴发	诺如病毒引起的食源性疾病暴发的可能性将有所上升。尤其要重点关注校园内诺如病毒引起的食源性疾病暴发	熟肉制品、贝类、生食蔬菜和水果等	加强对学校、托幼机构从业人员与饮食卫生监管和诺如病毒食源性感染防控知识的宣教

续上表

月份	风险点	风险描述	风险要素	宣传警示要点
没有明显季节性的食品安全隐患	米酵菌酸中毒	可对人体的肝、肾、心、脑等重要器官产生严重损害，大量食用后死亡率高达40%～100%	发酵玉米面、糯米汤圆、吊浆粑等谷类发酵制品、薯类制品及变质银耳、木耳等	加强科普宣传，拒绝食用自采的鲜木耳或鲜银耳和已经发霉变质的木耳或银耳。食用木耳或银耳，泡发时间不宜过长，现吃现泡，避免剩余；不用附子、川乌与草乌等有毒成分的中草药浸泡药酒，如有养生保健需要自泡药酒的，请在中医师、中药师的指导下进行，并到正规药店采购药物。不喝无标签标识、浸泡药材成分不清等来历不明的药酒。同时加强对粮食收购和储运监测的监管，严控污染小麦进入食品流通和加工环节，避免采购来自赤霉病发病区域的原料和使用超标粮食作为食品原料
	钩吻碱、乌头碱等生物碱类中毒	断肠草的花和金银花相似，根的外观又与五指毛桃的根相似，易引起误采、误食；乌头碱中毒常由用含有乌头碱成分的中草药自制的药酒导致	大茶药，也称断肠草、胡蔓草、烂肠草、毒根、大茶叶、发冷藤、火把草等。乌头碱主要含于川乌、草乌、附子等	
	脱氧雪腐镰刀菌烯醇(DON)/呕吐毒素(VT)中毒	摄食被DON污染的谷物制成的食品后可能会引起呕吐、腹泻、头疼、头晕等以消化系统和神经系统为主要症状的真菌毒素中毒症，有的病人还有乏力、全身不适、颜面潮红，步伐不稳等似酒醉样症状（民间也称“醉谷病”）。老人和幼童等特殊人群，或大剂量中毒者，症状会加重	赤霉病麦、霉变小麦、霉变玉米等制作的食品	

表6　G市全年各月份食品安全事故风险预警

<table>
<tr><th>序号</th><th>11月</th><th>12月</th><th>1月</th><th>2月</th><th>3月</th><th>4月</th><th>5月</th><th>6月</th><th>7月</th><th>8月</th><th>9月</th><th>10月</th></tr>
<tr><td>1</td><td colspan="3">诺如病毒性食源性疾病暴发事件</td><td colspan="9"></td></tr>
<tr><td>2</td><td colspan="3"></td><td colspan="4">河鲀毒素中毒事件</td><td colspan="5"></td></tr>
<tr><td>3</td><td colspan="5"></td><td colspan="2">毒蘑菇中毒事件</td><td colspan="5"></td></tr>
<tr><td>4</td><td colspan="6"></td><td colspan="6">细菌性食源性疾病暴发</td></tr>
<tr><td>5</td><td colspan="8"></td><td colspan="4">小龙虾横纹肌溶解综合征</td></tr>
<tr><td>6</td><td colspan="12">米酵菌酸中毒事件/钩吻碱或乌头碱等生物碱类中毒/脱氧雪腐镰刀菌烯醇（DON）/呕吐毒素（VT）中毒</td></tr>
</table>

案例二　专题风险评估与沟通案例：集中供餐单位凉拌菜污染致副溶血性弧菌食源性疾病病例暴发事件风险评估与沟通*

本案例学习目的

了解副溶血性弧菌食源性疾病病例暴发事件专题风险沟通技术。

G市市场监督管理局：

××××年2月19日，G市A区E学校工地饭堂食物污染致副溶血性弧菌感染事件，事件共造成E学校工地员工36人不适就医。经调查，危险因素和致病因子是学校工地饭堂供应的凉拌猪头肉污染副溶血性弧菌，污染环节是分切卤制熟猪头肉时，砧板等工用具交叉污染。无独有偶，20××年6月16日H区HWD餐饮管理有限公司供餐引起Z区某学校学生、L区某小区物业管理机构和T区某企业单位员工共71人发病就医。经调查，危险食物是供餐单位供应的“豆角拌爽耳”污染副溶血性弧菌，危险环节是卤制猪耳的分切过程受切片器械污染所致。

随着近期G市气温上升，副溶血性弧菌繁殖力增强，开始进入副溶血性弧菌食源性疾病聚集性事件的高发季节。为降低类似事件的发生率，现将近年来副溶血性弧菌中毒事件的有关情况、风险分析及防控建议报告如下。

一、G市近年集中供餐单位副溶血性弧菌中毒事件概况

统计过去10年间发生在餐馆、食堂、集体用餐配送单位等集中供餐单位副溶血性弧菌感染情况，G市共报告副溶血性弧菌感染事件39起，导致484人发病就医，其中住院12人。地区分布上，B区、P区各8起，Y区、H区和N区各4起，Q区和C区各3起，T区、D区各2起，L区1起。相关危险食品分布中，肉与肉制品29起，水产品13起，余为其他食品。发病时间分布上，7、9月份各报告8起，8月份报告7起，10月份报告5起，5月份报告3起，4、6月份各报告2起，1、2、3月和11月份各报告1起，12月份无事件报告。发生场所分布中，餐馆19起，食堂13起，社会用餐配送单位和门店各2起，集体用餐配送单位、中央厨房和农村宴席各1起。致病危险因素分布上，2种因素7起，生熟交叉污染5起，加工不当1起，原因不明和3种因素及以上各13起。

---

* 本案例编者为陈建东、龙佳丽、许建雄。

二、风险分析

（一）病原学特征及毒性

副溶血性弧菌是一种嗜盐性细菌，存在于近岸海水、海底沉积物和鱼、贝类等海产品中。所致食物中毒事件是我国沿海地区最常见的一种食物中毒，主要引起急性胃肠炎和原发性败血症，属于感染型而非中毒型。使人致病的细菌均来源于食物，而几乎所有从环境分离的菌株无肠道致病性。副溶血性弧菌的致病性源于侵袭性、溶血素和尿素酶。侵袭性是其毒力的一部分，酪氨酸蛋白酶种毛和细胞骨架在侵袭过程中发挥一定作用。溶血素是其主要致病因子。流行病学调查表明其致病性与溶血能力呈平行关系。

该菌抵抗力较弱，56 ℃加热 5 分钟，或 99 ℃加热 1 分钟，或 1% 食醋处理 5 分钟，或稀释一倍的食醋处理 10 分钟即可将其杀灭。在淡水中存活不超过 2 天，但在海水中可存活 42 天以上。

（二）流行病学特征及其风险

在自然环境中，副溶血性弧菌生长的最低温度是 10 ℃，在小于 15 ℃时生长显著迟缓。主要传染源为海产品，其带菌部位主要是体表、鳃和排泄腔。我国各地的广泛调查证明，夏秋季节，乌贼、黄带鱼、梭子蟹、海虾以及蛤和蛏子等食用贝的带菌率极高，春季较低，冬季可检不出。不同监测月份副溶血性弧菌检出率和平均浓度前 3 位依次为 8 月份、7 月份和 9 月份。

食品一旦受到副溶血性弧菌污染并达到一定量，便会引起食物中毒。引起食物中毒发生的原因主要是：①生食海产品。活的海产鱼贝带菌量较小，死亡后若条件适宜细菌即大量繁殖，可迅速达到致病的数量。②烹调加热不足。食品上的细菌仅部分灭活，残余细菌得到繁殖条件。③交叉污染。烹调的食物盛于受污染的容器内，或用受污染的厨具加工，或受被其他菌污染的食物所污染。

影响副溶血性弧菌食物中毒发生的因素包括环境、食品种类和加工方法、运输、储存以及个人卫生习惯等。我国副溶血性弧菌感染主要因素可能为被污染的海产品与不卫生的加工环节导致交叉污染，特别是生熟工具交叉污染，食物中毒事件调查发现，此菌的污染率极高，如砧板 87.9%、菜筐 83.4%、菜刀 58.4%、菜桶 60%、菜盆 50%。

在夏天温度下 10 个细菌孵育 3 ～ 4 小时后，菌量即可达 10^6 以上，而熟食污染 2 ～3 小时即能达到足以致病的菌量。外潜伏期的长短可影响到食物中细菌数量，因此亦影响食物中毒的流行过程以及患者的潜伏期长短和病情轻重。副溶血性弧菌食物中毒在我国沿海喜食海产品地区发生率较高。夏秋季，尤其是 7—9 月份是副溶血性弧菌食物中毒的高发季节。人群普遍易感，在相同的暴露条件下，不同性别和年龄的罹患率一般没有差异，但是儿童、老年人及抵抗力弱的人感染剂量较健康人低。

（三）凉拌卤制熟猪头肉制作过程的风险

集中供餐单位工用具交叉污染是食用凉拌猪头肉致副溶血性弧菌感染的危险环节。凉拌卤制猪头肉及相关食品因做法简单、味道好、柔韧爽口而受欢迎，是集中供餐单位经常供应的食物。而其配菜、调味料多样，且富含营养，致烹调、加工过程易因厨工不良卫生习惯、环境（包括制作完成到进食存放时间长短）及工用具等多种因素使食物受污染，从而致食用者发病。

三、防控建议

（一）加强重点食品中副溶血性弧菌污染的监测

在易发生副溶血性弧菌感染流行的季节，建议食品安全风险评估机构加强对市场销售海产品、凉拌菜与卤制熟食店等高风险食品中副溶血性弧菌污染情况的监测，并将相关监测结果及时和渔业、农业等相关部门沟通以加强源头污染管理。

（二）适时发布消费预警

建议各区市场监督管理部门在易发生副溶血性弧菌食物中毒的季节，向辖区宾馆、饭店等餐饮业和消费者发布消费预警，提醒其采取正确的加工方法和消费模式，避免提供凉拌菜，特别是凉拌卤制熟猪头肉等产品，预防副溶血性弧菌致食物中毒事件的发生。

（三）加强科普宣传工作

建议相关部门在流行季前加强对社区市民群众预防副溶血弧菌感染的教育：非生食水产品切勿生吃，食用前要烧熟煮透；动物性食品烹调时肉块要小，要充分烧熟煮透；烹调后食物应尽快吃完，隔餐或过夜饭菜，食前要回锅烧透。建议渔业监管部门加强对渔民等预防海产品污染副溶血性弧菌的科普宣传工作，如海产品在捕捞后和加工阶段用灭菌海水或凉开水冲洗，在配送、销售和储存阶段将温度保持在 4 ～ 10 ℃或更低温度。对海蜇等生食水产品宜用 40% 盐水浸渍保藏，食用前再用清洁海水反复冲洗。建议市场监督管理部门加强对制售熟食卤味肉类食品的商户进行预防副溶血性弧菌污染的科普宣传教育：销售的每份卤制熟食产品，应配备足够量食醋配料；符合条件供应凉拌菜的销售点，在制售过程中应加入足够量食醋，并保证食醋的浓度，以清除凉拌菜中可能污染的副溶血性弧菌。

（四）进一步加强监管，防止交叉污染

建议各区市场监督管理部门加强对辖区餐饮单位的监管，特别是盛装生、熟食品的容器、冰箱和加工刀具应标识清晰，分开存放、使用，并注意洗刷、消毒，防止交叉污染。

G 市疾病预防控制中心

××××年 3 月 18 日

抄送：G 市卫生健康委，G 省疾病预防控制中心

案例三　专题风险预警案例：关于在疾控中心外网悬挂“野生蘑菇中毒橙色预警”的请示*

本案例学习目的

了解野生毒蘑菇中毒事件专题风险沟通技术。

××中心领导：

G市初夏4月，气温回升，万物生机盎然，气温和湿度适合野生毒蘑菇，尤其是致命白毒伞生长。近期发生一起误食致命白毒伞引起食物中毒事件，外来务工人员误食野生蘑菇，导致5人中毒，其中3人危重。G市20××年3月曾发生误食致命白毒伞中毒事件，1人中毒；20××年3月TL湖发生了9名外来人员误食白毒伞致8人死亡的事件。

为进一步做好警示工作，预防误食野生毒蘑菇导致中毒事件的发生，建议在中心外网发出G市毒蘑菇中毒橙色预警信号。

目前我市处于新冠疫情过后的复工复产阶段，外来人口增多，企事业单位饭堂要严控食物材料关，采购蘑菇要明确来源，并索证；公园要在门口等人流必经之处或常有白毒伞生长的地方增设警示标示牌，提醒游客不要采摘野生蘑菇，预防毒蘑菇中毒；社区、学校、机关单位要通过合适的宣传管道、途径和方式，加强预防毒蘑菇中毒教育。

妥否，请批示。

突发公共卫生事件应急处理部

20××年4月26日

---

* 本案例编者为陈建东、许建雄、李泳光。

案例四 专题风险预警案例：春节期间食源性疾病暴发风险评估及防控建议*

本案例学习目的

了解春节期间食源性疾病暴发专题风险沟通技术。

G市市场监督管理局：

春节假期将至，为更好地保障人民群众身体健康，度过一个健康祥和的新春佳节，G市疾控中心结合近年来G市在1—2月份发生的食源性疾病暴发事件的流行特点，对春节期间可能引起食源性疾病聚集暴发的主要风险点进行了归纳整理，并提出相应的防控建议，现报告如下。

一、G市近5年来1—2月份食源性疾病暴发概况

过去5年间，G市1—2月份合计接报食源性疾病暴发事件××起（3～6起/年），发病××人，死亡×人。以致病因子分类，微生物××起（前3位：诺如病毒5起、沙门氏菌3起、致泻性大肠艾希氏菌2起）、不明原因××起、有毒植物及大型真菌××起、有毒动物4起（均为河鲀）、化学毒物1起（亚硝酸盐）。从暴发发生场所看，有毒植物及大型真菌中毒主要发生场所为家庭（57.1%）和单位食堂（14.3%）；微生物暴发主要在家庭（29.2%）、宾馆饭店（25.0%）和单位食堂（20.8%）。

二、需重点关注的风险隐患

（一）旅游地区及客运站、服务区等人流量较大的餐饮接待单位超负荷经营

对于旅游地区及客运站、服务区等人流量较大地方的餐饮经营者来说，公众长假期是其消费旺季，尤其是今年因新冠疫情防控的特殊需要，预计留在G市过年的人员会比以往多，容易出现因超规模接待、超容量烹调带来食源性疾病发生风险。

（二）野生毒蘑菇及其他有毒动植物误采误食

一是进入1月以来，G市气温开始回升，当雨水充沛时，野生蘑菇就会大量出现。野

---

* 本案例编者为丘志坚、王敏桥。

生毒蘑菇的毒性复杂多样，临床治疗易延误；误食毒蘑菇的人群多以“在老家吃过相似品种”“以前采摘来吃过”等作为采食理由导致中毒，该类人群流动性大、文化程度相对较低，宣传教育工作存在一定的难度。二是春节期间，亲友之间聚餐增多，部分人群有喜好野生生鲜食材的猎奇心态，会去采食有毒的野生动植物，例如含河鲀毒素的动物。以河鲀为例，其毒性强，烹饪难以除毒。每年2月开始为河鲀卵巢发育期，毒性较强，其肝脏在春季产卵期毒性亦最强。此外，受疫情影响，部分低收入/低文化人群可能为了节约开支而增加进食某些野生动植物的风险。

（三）家庭烹饪储备食物过量和交叉污染的风险

一是春节假期因拜访亲友的需要，很多家庭会在节前购买很多食物储存起来，对于保质期短的生鲜食物，会因食用不及时导致变质；二是一次性购买太多生鲜食品，因不能及时食用而放置冰箱保存时，没有严格按照生熟分开的原则进行放置，容易引起食物交叉污染；三是春节假期，家庭用餐人数经常会变化，每餐的食物烹饪分量难以掌握，容易过量。若再次食用时未能煮透，容易发生食源性疾病。

三、防控建议

首先，市场监管部门继续做好餐饮经营类企业（重点是旅游地区及客运站、服务区等人流量较大的餐饮接待单位）的监督经营指导工作。既往第一季度餐饮类企业食源性疾病病例暴发事件的主要风险因素（“食品—致病因子—场所”组合）包括：

（1）糕点面包类—沙门氏菌、金黄色葡萄球菌—快餐店与食品零售点、宾馆饭店；

（2）豆类蔬菜—皂素—单位食堂、工地食堂、宾馆饭店；

（3）凉菜、沙拉、烧卤熟肉—诺如病毒—单位食堂、工地食堂、宾馆饭店、学校食堂。

其次，卫生健康部门继续做好食源性疾病监测、信息通报、流行病学调查和医疗救治工作。

最后，对春节期间可能引起食源性疾病聚集暴发的主要风险点开展风险交流和食品安全健康教育。

G市疾病预防控制中心

××××年1月12日

抄送：G市卫生健康委，G省疾病预防控制中心

附表：G市重要节日食品安全事故风险预警分析表

表1　G市重要节日食品安全事故风险预警分析

月份	风险点	风险描述	风险要素	宣传警示要点
1月	诺如病毒引起的食源性疾病暴发	寒假及元旦春节长假期间旅游地区及客运站等人流量较大地方的餐饮接待单位，需重点关注食源性疾病暴发风险	熟肉制品、贝类、生食蔬菜和水果等	做好寒假及春节期间宾馆、饭店等集体餐饮单位以及节日市场的食品安全保障工作。加强市民养成勤洗手、不喝生水、生熟食物分开、避免交叉污染等健康生活习惯的宣教
	春节年货食品	春节过年，商场超市和农贸市场销售大量年货，散装食品标签不规范，部分散装年货因贮存不当，容易出现变质等风险	年货（糖果、饼干、蜜饯等）	向商家宣传并督促其按散装食品销售和贮存要求开展经营活动；提示市民选购年货时，要从正规的超市或食品店购买，不要购买“三无”食品
2月	春季开学	1. 春季开学前，学校食堂、供餐单位等操作间因放假时间长易尘封长菌，食材、调味料等容易变质。 2. 假期过后，食堂人员流动性大。 3. 校园及周边食品经营单位逐渐活跃	学校食堂清洁消毒不彻底，食材、调味品等过期变质，校园周边食品经营户售卖过期食品、“三无”产品等	督促学校食堂落实好各项食品安全制度；加强学校、家长及学生食品安全知识宣传，崇尚健康饮食，减少食用“五毛食品”，购买前认真查看食品外包装标签标识，不购买并主动举报售卖过期食品、“三无”食品
	春节聚餐	节日期间集体聚餐多，经营者因客流量大易出现超范围、超负荷经营，原材料把关不严、食物未彻底煮熟、成品放置太久、生熟交叉污染等风险。春节期间农村集体聚餐多，条件比较简陋，产生风险较高	烧肉、白切鸡等	1. 加大对市民食品安全宣传力度，发出春节期间食品安全消费警示。 2. 督促餐饮单位落实各项食品安全制度，要根据自身加工能力决定供应食品的品种、数量以及接待顾客的数量，避免超负荷经营或超范围经营。 3. 加大农村集体聚餐食品安全宣传，做好集体聚餐报备工作，尽量请有资质的第三方餐饮单位加工食品

续上表

月份	风险点	风险描述	风险要素	宣传警示要点
3月	河鲀毒素中毒	2—5月为河鲀卵巢发育期，毒性较强。肝脏亦以春季产卵期毒性最强。需警惕误食含河鲀毒素的鱼类引起中毒的风险	河鲀	广泛开展食品安全知识的宣传教育，充分利用各种新闻媒介，并在市场、餐馆等经营场所广为宣传，向广大消费者宣传食用河鲀的危险性，普及河鲀食品安全风险和预防中毒方面的知识，增强消费者自我防范意识，严防河鲀食物中毒事件的发生；及时发布食品安全消费预警，要加强行业管理，强化行业自律机制；进一步畅通投诉举报渠道，依法严查食品生产经营主体违规加工经营河鲀（或以其他替代名称）及其制品的违法行为
4月	清明聚餐	各村居民根据各村风俗习惯会在完成祭祖后举行聚餐	烧肉、白切鸡等	加大农村集体聚餐食品安全宣传，做好集体聚餐报备工作，尽量请有资质的第三方餐饮单位加工食品
	毒蘑菇中毒	4月天气转暖，毒蘑菇繁殖加快，清明节假期，人们外出踏青、聚餐增加，误食有毒蘑菇的机会也大大增加	毒蘑菇	结合毒蕈生长地、附近居民和外来务工人员的分布情况开展针对性强的宣传教育，制作通俗易懂、图文并茂的宣传资料，包括通过张贴宣传图片、悬挂警示标语、手机短信通知等多种途径，提高群众食品安全意识，避免出现自行采挖、误食导致中毒。通过多种宣传渠道和媒体加强市民食品安全知识宣传教育工作，勿私自购买非正规途径销售的菌类
	野菜	有些野菜可能带有剧毒，误食有毒野菜中毒	野菜等	不在野外采摘野菜或购买来源不明的野菜

续上表

月份	风险点	风险描述	风险要素	宣传警示要点
5月	五一食品安全风险	天气渐热，易引起食物细菌滋生和霉变。五一节小长假，外出就餐人数可能大幅提升。应警惕细菌性食源性疾病暴发风险	承接旅游团或聚餐活动的餐饮餐位	适时发布相关消费警示；督促餐饮单位落实各项食品安全制度，要根据自身加工能力决定供应食品的品种、数量以及接待顾客的数量，避免超负荷经营或超范围经营
	工地食堂、企业食堂食品安全	夏季气温较高、细菌容易滋生，是食物中毒等群体性食品安全事件的危险时期，工地食堂以及企业食堂供餐人数众多，尤其是建筑工地食堂硬件设施简陋、食品安全管理意识不强，是食物中毒事故和食源性传染病的易发、高发区域	是否持证、环境卫生、设施设备、原料采购、食品加工储存、餐具清洗消毒	监督指导有关单位落实食堂食品安全，强化食品安全主体责任，加强对从业人员的教育培训，提升食品安全意识和规范操作水平。向工地食堂派发《建筑工地食堂食品安全管理制度》海报
6月	端午节食品安全风险	端午节正值气温较高的夏季，食物易腐败变质，粽子消费量大	粽子	提示市民选购粽子时，要从正规的超市或食品店购买，要购买标识规范的粽子，购买预包装粽子时，还应查看包装袋是否完好，尤其注意真空包装粽子不应出现破损、漏气或胀袋等现象
	中、高考食品安全风险	1. 适逢潮热天气，食物容易变质。 2. 部分家长会在考前给考生额外增加营养，购买保健食品。 3. 在校生叫外卖到学校，或在校园周边小食店、小摊贩购买食物，食物不净，容易导致考生出现呕吐、腹泻等胃肠不适	重点品种：保健食品、小摊贩食品、外卖、“三无”食品 重点环节：校园食堂食品加工各环节，家长消费保健食品，校园周边食品经营单位及小摊贩	1. 细化、强化校园食品安全保障工作。 2. 倡导家长不盲目给考生进补，理性看待保健食品。 3. 考生保持日常均衡饮食，调节心态，顺利参与中、高考

续上表

月份	风险点	风险描述	风险要素	宣传警示要点
7月	小龙虾相关横纹肌溶解综合征	长江流域多省份处于汛期，夏秋季为小龙虾消费季节，病例可能会增加	小龙虾	适时发布有关消费提示，建议公众到正规农贸市场、超市和电商购买新鲜小龙虾，不购买、不捕捞、不食用来历不明或野生小龙虾
	暑假、毕业季食品安全风险	夏季高温时期，气温高、湿度大，群体性食物中毒易发，尤其正值暑假出游及举办“升学宴”“谢师宴”等活动的高峰时段	旅游景区、旅游接待单位及承接“谢师宴”等活动的餐饮单位	针对在校学生发布暑期旅游及举办“谢师宴”等活动的食品消费预警。加强对旅游、活动接待单位、旅游景区的监管，强化宣传教育
8月	小龙虾及海鲜	盛夏季节，是小龙虾、海鲜的旺季。大量进食小龙虾或海鲜引起身体不适	大量进食小龙虾或海鲜引起身体不适	1. 应在具备合法经营资质的农贸市场、超市等地购买小龙虾及海鲜。不要购买来源不明的小龙虾及海鲜，并视消费需求合理进货备料，保障食材新鲜。 2. 烹饪小龙虾前，建议放清水喂养24小时以上并刷洗干净。烹饪过程要高温烧熟煮透，不得加工死亡、感官异常或不新鲜的小龙虾及海鲜。不建议使用小龙虾和海鲜作为凉拌冷食类食材。 3. 建议各餐饮单位设立消费提示：提醒消费者不要食用小龙虾的头、虾黄和内脏
	米酵菌酸中毒	进入高温潮湿天气，河粉、肠粉（卷粉）、陈村粉、粿条、米线（米粉）、濑粉等湿米粉，以及银耳和木耳等容易受椰毒假单胞菌污染而产生米酵菌酸毒素	发酵玉米面、糯米汤圆、吊浆粑等谷类发酵制品，薯类制品，以及变质银耳、木耳等	加强科普宣传，消费者选购湿米粉等食品时要选择正规渠道。要认真阅读产品标签，留意产品感官性状和保质期。选购河粉、陈村粉、粿条、米线（米粉）、濑粉等湿米粉，尤其是散装销售的湿米粉，要留意产品生产日期、保质期、储存条件以及是否在冷藏条件下。 湿米粉、银耳、木耳等食品一旦储存不当受到污染产生了米酵菌酸毒素，加热烹制也无法消除，食用后仍可引起中毒。 湿米粉要冷藏储存且应在当天食用完。泡发木耳、银耳前应检查其感官性状，发现受潮变质的不应食用；泡发木耳、银耳时间不宜过长，泡发后应及时加工食用；不能食用隔天泡制加工的银耳、木耳及其制品；不要采食鲜银耳或鲜木耳，特别是已变质的鲜银耳或鲜木耳

续上表

月份	风险点	风险描述	风险要素	宣传警示要点
9月	中秋节食品安全风险	月饼等传统时令食品消费的集中时段，也是婚庆宴席和亲友聚餐的高峰时段	月饼	督促商场超市和农贸市场按照要求贮存、销售月饼，做好索证索票等工作；提示市民选购月饼时，要从正规的超市或食品店购买，要购买标识标注规范的月饼
	秋季开学	1. 秋季开学前，学校食堂、供餐单位等操作间因放假时间长易尘封长菌，食材、调味料等容易变质。 2. 假期过后，食堂人员流动性大。 3. 校园及周边食品经营单位逐渐活跃	学校食堂清洁消毒不彻底，食材、调味品等过期变质，校园周边食品经营户售卖过期食品、“三无”产品等	督促学校食堂落实好各项食品安全制度；加强学校、家长及学生食品安全知识宣传，崇尚健康饮食，减少食用“五毛食品”，购买前认真查看食品外包装标签标识，不购买并主动举报售卖过期食品、“三无”食品
10月	国庆节食品安全风险	大众食品消费的集中时段，也是游客外出旅游消费食品的高峰时段	承接旅游团或聚餐活动的餐饮餐位	适时发布相关消费警示；督促餐饮单位落实各项食品安全制度，要根据自身加工能力决定供应食品的品种、数量以及接待顾客的数量，避免超负荷经营或超范围经营
	重阳节期间农村集体聚餐	在重阳节之际，为了弘扬尊老敬老的传统美德，村委会举办大型群众性活动和农村宴席，由于供餐群体特殊、人数众多，农村聚餐食品加工设施设备简陋，易发生群体性食品安全事故	烧卤熟肉等高风险食品	发布重阳节期间农村食品安全消费警示，加强对聚餐举办者以及从业人员食品安全知识培训工作；加大农村集体聚餐宣传，做好集体聚餐报备工作，尽量请有资质的第三方餐饮单位加工食品
11月	钩吻碱、乌头碱等生物碱类中毒	断肠草的花和金银花相似，根的外观又与五指毛桃的根相似，易引起误采、误食；乌头碱中毒常由用含有乌头碱成分的中草药自制药酒导致	断肠草、川乌、草乌、附子	不私自采摘中草药；不用附子、川乌与草乌等有毒成分的中草药浸泡药酒，如有养生保健需要自泡药酒的，请在中医师、中药师的指导下进行，并到正规药店采购药物。不喝无标签标识、浸泡药材成分不清等来历不明的药酒
12月	腌制食物	市民在春节前后大多都会腌制腊肉，工艺相对粗糙	腊猪肉、腊肠、腊鸭等	腌制腊味做好卫生防护措施，风干场所尽量干净。蒸煮腊肉需要熟透。腌制腊肉的盐不能再食用

案例五　专题风险预警案例：清明节期间食源性疾病暴发风险评估及防控建议*

本案例学习目的

了解清明节期间食源性疾病暴发专题风险沟通技术。

G市市场监督管理局：

清明节将至，为更好地保障人民群众身体健康，G市疾控中心结合近年来G市清明节期间发生的食源性疾病暴发事件的流行特点，对清明节前后可能引起食源性疾病聚集暴发的主要风险点进行了归纳整理，并提出相应的防控建议，现报告如下。

一、风险监测情况

根据近年风险监测结果分析研判，清明节前后，随着气温逐步升高，食源性疾病主要以微生物感染、有毒植物和毒蘑菇中毒为主。其中，微生物性食源性疾病主要发生在宾馆、饭店、单位食堂等餐饮服务单位；有毒植物（四季豆、野菜等）和毒蘑菇中毒主要发生在家庭、单位食堂、街头摊点等；沿海地区春夏季为河鲀中毒的高发期；随着海产品上市，受海洋生物环境因素影响，可能出现贝类毒素污染海产品的情况。

二、重点关注的风险隐患

假日期间，随着各地旅游餐饮等服务业恢复正常，餐饮单位营业增加，餐饮服务企业应注意加强食品安全管理，重点防范因食品生熟交叉污染、储存不当导致的致病微生物污染。个人及家庭应注意关注相关部门发布的食品安全消费预警，不随意采食野菜、捕捞海产品。

三、防控建议

一是强化节日期间食品安全风险监测和食源性疾病监测、报告，特别是对重点场所和重点人群的重要隐患和风险进行研判，必要时开展针对性的指导、预防性宣教，或向监管部门建议发布风险预警性信息。

二是组织落实好《食源性疾病监测报告工作规范（试行）》，严格落实值班值守和请

* 本案例编者为许建雄、朱才盛。

示报告等工作制度，确保节日期间食源性疾病监测报告网络正常、信息通畅。

三是卫生健康行政部门要加强与传染病防控、卫生应急等方面工作的协调沟通，接到与食品有关的传染病和突发公共卫生事件信息，要及时跟进，履行好食品安全相关工作职责，并及时向相关部门报送事件信息。

G 市疾病预防控制中心

××××年3月2日

抄送：G 市卫生健康委，G 省疾病预防控制中心

案例六　专题风险沟通案例：食用豆类致皂素食源性中毒事件风险预警*

2021 年 1 月以来，G 市通过食源性疾病病例监测系统主动识别出 3 起疑似食用豆类导致中毒的聚集性事件，经辖区疾控中心核实后，初步判定是因豆类加工不当引起的皂素中毒，其中 A 区 2 起、B 区 1 起，涉及病例计 30 例，发生地点均为单位食堂，暴发起数与近年同期相比略有上升（2011—2020 年，每年 1 月份的暴发起数为 0 ～ 2 起）。中毒致病因子疑似豆类中含有的皂素。为减少该类事件的发生，现将近年来皂素中毒事件发生的情况、风险分析以及防控建议报告如下。

一、皂素中毒事件流行病学分布特点

皂素中毒全年均可发生，但 G 市近年来报道的皂素中毒事件多发生于每年 12 月到次年 1 月间，且主要发生在单位食堂。

2011—2020 年 G 市共接报皂素中毒 72 起，均由食用豆类引起，暴发主要发生在单位食堂，合计报告 49 起，占 68.1%（49/72）。

2013—2015 年 G 市皂素中毒起数每年均超过 10 起，并相对集中于 1 月份，单独构成暴发高峰；通过各部门的大力宣传和监管整顿，2016—2020 年，全省接报的皂素中毒事件基本维持在每年 2 ～ 5 起。

二、风险分析

毒性分析：皂素，又名皂苷（saponin），是苷元为三萜或螺旋甾烷类化合物的一类糖苷，皂苷根据苷元的不同可分为三类：三萜皂苷、甾体皂苷、甾体生物碱皂苷。皂苷在植物界中分布广泛，三萜皂苷占绝大部分，主要分布在双子叶植物中如豆科、五加科、石竹科、菊科、报春花科、无患子科等科中。在文献报告中，食用豆类（四季豆、扁豆、猫豆等）引起皂素中毒的报道较为多见。皂素含有能破坏红细胞的溶血素，对胃肠道黏膜有强烈的刺激作用，能引起充血、肿胀及出血性炎症，以致造成恶心、呕吐、腹痛、腹泻症状。100 ℃加热 10 分钟以上，或更高温度时炒熟炒透可裂解皂素，消除有害物质的毒性。

食用豆类的风险点主要有两点。

（1）皂素中毒多发生在单位食堂，可能原因是单位食堂使用大锅炒煮豆类时，加工量大，翻炒不均，受热不均，不易烧透焖熟。

（2）部分厨师经验不足，在制作凉拌菜时用“开水焯”及“油炒”两步骤制作豆类

---

* 本案例编者为许建雄、李泳光。

蔬菜，未能破坏毒素；或因追求豆类颜色好看、口感爽脆而未彻底煮熟。

三、防控建议

（1）建议各医疗机构要进一步加强食源性疾病病例监测与报告，发现聚集性事件，要严格按照《食源性疾病监测报告工作规范（试行)》的有关要求，及时向有关部门进行报告。

（2）建议食品安全监管部门在每年 12 月到次年 1 月间加强对集体食堂的监管和指导，开展预防皂素中毒科普知识宣教。

（3）建议针对高发季节、重点人群、重点场所开展更有针对性的科普宣教。由于多种豆类均含有皂素，宣传应注意不能仅局限于最常见的四季豆，其他可引起皂素中毒的豆类也应结合图文一并宣传。

第四章 常见食源性疾病健康教育与干预技术案例

第一节　一个鸡蛋引发的“悬疑剧”*

本节学习目的

（1）了解聚餐致沙门氏菌感染风险预警的目的与意义；

（2）了解在沙门氏菌感染聚集性事件发生后，如何开展沙门氏菌感染健康教育工作，做好沙门氏菌感染风险预警与风险沟通工作，有效预防沙门氏菌感染食源性疾病病例聚集性事件再次发生；

（3）熟悉健康教育科普文章撰写方法。

一、新闻热点

意大利蛋等食品涉遭沙门氏菌感染　卫生部下令召回（中新网）
（6天前）欧联通讯社报道，近日，意大利食品卫生检疫部门在例行食品安全检查过程中，发现正在市场流通的鸡蛋、吉利丁片等常规商品，涉遭沙门氏菌感染。
www.chinanews.com/g/2018/11-02/8... -快照-中国新闻网

爱沙尼亚发现鸡蛋被沙门氏菌感染　20万只鸡将被宰杀（国际食品）
（2018年10月6日）沙门氏菌病是由沙门氏菌属细菌引起的急性肠道疾病，主要传染途径是用被病原体污染的食物，这种病原体往往留在烹饪不当的食物中。
news.foodmate.net/2018/10/... -快照-食品伙伴网食品资讯

法国部分意面、鸡蛋感染沙门氏菌被召回_国际预警_食品资讯_食品...
（2018年10月9日）另外农业部还通报称Les Poulettes公司生产的一批鸡蛋证实被沙门氏菌污染，宣布召回。9月20日，Tarascon-sur-Ariĕge市Pradelet小学的34名学……
news.foodmate.net/2018/10/... -快照-食品伙伴网食品资讯

悉尼23人食用鸡蛋后沙门氏菌中毒　问题产品正被召回_搜狐新闻_...
（2018年9月10日）人民网悉尼9月10日电　据澳媒报道，近日，澳大利亚悉尼23人在食用鸡蛋后被诊断出沙门氏菌中毒，相关公司正在召回问题鸡蛋。相关部门向新南威尔士
www.sohu.com/a/253025959_114731 -快照-V搜狐

* 本节编者为陈建东、李泳光。

鸡蛋和沙门氏菌又有什么关系呢？

那当然是因为鸡蛋被沙门氏菌污染啦。

二、沙门氏菌污染的食物

其实不只是鸡蛋，容易被沙门氏菌污染的食物还有这些：鸡肉、猪肉、牛肉、鸭蛋、鹅蛋、牛奶、羊奶等。总结起来就是：

禽畜肉类及其制品！

蛋类！

乳类及其制品！

三、食品中的沙门氏菌是怎么来的呢？

（1）禽畜肉类主要是家禽、家畜生前感染沙门氏菌。

（2）蛋类主要是家禽在产卵时受到家禽粪便中的沙门氏菌的污染。

（3）乳类主要是患沙门氏菌病的奶牛污染，或健康奶牛挤出的奶受到外界沙门氏菌的污染。

（4）熟食中的沙门氏菌主要来自含沙门氏菌的容器、烹调工具以及病人或带菌者的污染。

既然有这么多来源，为何如此大的“锅”要一个“蛋”来背？

根据我市对食源性疾病的监测数据，细菌性食源性疾病占全部食源性疾病80%以上，其中，由肠炎沙门氏菌引起的约占九成。

肠炎沙门氏菌导致的食物中毒暴发事件每年均有发生。而事件发生多与使用鸡蛋作为原材料，或者与鸡蛋清洗不彻底，或者与容器交叉使用而致食物污染有关。

肠炎沙门氏菌食物中毒事件的另外一个危险因素是备餐（产品）与食用的时间间隔过长，导致已污染的食物中的细菌严重增殖而致病。

其实说到底，鸡蛋只是背锅侠，预防沙门氏菌污染才是正道呀！

四、沙门氏菌的前世今生

1885年，沙门氏等在霍乱流行时分离到猪霍乱沙门氏菌，故定名为沙门氏菌属。

沙门氏菌属有的专对人类致病，有的只对动物致病，也有的对人和动物都致病。

目前我国发现的沙门氏菌有290余种，绝大部分具有外周鞭毛，能运动，能感染人和动物。人食用了被沙门氏菌或者其毒素所污染的食物会引起食物中毒。因为被沙门氏菌污染的食物，感官性状无明显改变，不易被察觉，所以极易引发中毒。

据统计，在世界各国细菌性食物中毒中，沙门氏菌引起的食物中毒常列榜首。我国内陆地区也以沙门氏菌为首位。

沙门氏菌引起的食物中毒在全年皆可发生，但多见于夏、秋两季，5—10月份的发病数和中毒人数可占全年的80%。

其中，肠炎沙门氏菌所引起的食物中毒事件最多，约占事件总数的32.33%。

据我中心过去几年对食源性疾病事件监测的结果，由沙门氏菌引起的食物中毒事件中，发生在集体食堂的暴发起数最多，占总数的51.61%；饮食服务单位报告起数次之，占到31.61%；发生在家庭的最少，仅为总数的16.77%。

五、沙门氏菌食物中毒的临床表现

潜伏期一般是4～58小时。

主要的症状有恶心、呕吐、腹泻、腹痛、发热（可达38～40℃）等。急性腹泻以黄色或黄绿色的水样便为主，有恶臭。对于老人、婴儿和体弱者可引起痉挛、脱水、休克甚至死亡。

六、沙门氏菌食物中毒治疗的两条原则

第一，症状轻者以补充水分和电解质等对症治疗为主。

第二，症状严重者速送医院进行抢救。

七、预防沙门氏菌食物中毒的Tips

（一）对集体

（1）完善餐饮服务单位内部从业人员健康监测系统。

（2）尽量缩短备餐与进餐的时间间隔。

（3）如食物需临时储存，供餐过程应尽量提高水浴箱的温度。

（4）落实好消毒控制措施，加强餐具、食堂环境清洁和消毒，加强对员工手卫生重要性的宣教工作，增设洗手水龙头设施，并适当提供洗手液。

（5）食材使用前应清洗干净，特别是鸡蛋等极易受到沙门氏菌污染的食材，最好使用已消毒好的鸡蛋液（如巴氏消毒法）。

（二）对个人

（1）养成个人良好的卫生习惯，饭前、便后要洗手。

（2）剩菜、剩饭食用前应彻底加热，以便彻底灭活可能存在的沙门氏菌及其毒素。

（3）厨房的生、熟食物处理要分开，以免发生交叉污染。

（4）对于市场销售的即食食品，应尽量购买正规品牌、包装完好的产品，并注意生产日期和保质期，食用前注意是否变质。

（5）不吃生食和未经彻底煮熟的肉，不吃生鸡蛋，不喝生水和生奶，做饭前注意清洗干净食材。

编者按

本风险预警内容通过G市疾控中心公众号“广州疾控i健康”发出。

科普推文题目甚为重要，“新、奇、特”的题目可以吸引读者眼球，因为只有读者点击推文链接，才能对他们开展健康科普宣传。本文通过一个充满吸引力的悬疑性题目《一个鸡蛋引发的“悬疑剧”》吸引目标人群点击了解。有话说：“好奇是最好的动力。”文章通过发生在我们生活中众多沙门氏菌感染中毒事件的新闻报道，吸引读者进一步阅读该文。

本文为撰写沙门氏菌感染健康教育科普文章提供了参考思路。公众号推文内容大家如有兴趣，可关注“广州疾控i健康”公众号查看。

本科普文章获得2019年广东省健康科普作品创作大赛最具影响力健康科普作品奖“图文类二等奖”。

第二节　食在广东，来自“炖汤”和“泡酒”的中毒风险*

本节学习目的

（1）了解常见的市民食疗习俗“炖汤”“泡酒”潜在的食物中毒风险以及如何开展风险预警和健康干预；

（2）熟悉公众号推出的健康教育科普文章撰写格式和方法。

说起广东人，“会吃”成了其联想频率最高的关键词之一。其中，老火靓汤作为祛湿佳品，已经成为岭南饮食文化中必不可缺的一环。

为了追求更高的药用价值与更丰富的口感层次，人们往往会根据季节的不同将不同的药材加入其中。

如今立冬已至，一股强冷空气也将在 18 日前后袭向广州，大幅度的降温成为接下来几天的趋势。

在此时节，老火靓汤成了很多家庭每餐的选择。相似的选择还有药酒，祛寒且温补。然而，在不经意的时候，老火汤和药酒等很可能蕴藏着不容忽视中毒风险。

2017 年 11 月 22 日晚，荔湾区某家庭 4 人因食用自制“五指毛桃汤”后，均出现呕吐、头晕、视物模糊、手脚麻木等临床症状，发生食物中毒。

2016 年 12 月 2 日，广州市白云区江高镇某快递公司 2 名司机在家饮用自酿“药蛇酒”后中毒，经抢救无效，最后均死亡。

生命的教训是深刻的，而类似的案例在近些年时有发生。然而，造成中毒的元凶，并不是五指毛桃或者常用作泡酒的“白狗肠”（凌霄花）等，而是一种常被误食的名为“断肠草”的剧毒草药。

一、断肠草、五指毛桃和金银花

断肠草，中草药名为钩吻，又名大茶药、胡蔓藤、毒根、野葛、猪人参等，为马钱科胡蔓藤属植物，外用可攻毒拔毒、散瘀止痛、杀虫止痒，而内服却可产生剧毒，尤以嫩叶和根最毒。其根部形状与一些常见的煲汤、泡酒药材相似，如上述提到的五指毛桃、“白狗肠”，还包括金银花等，因人们难以将其鉴别或剔除而引起误食、误用（见图 1 至图 5）。

---

* 本节编者为陈建东、李智。

图1　断肠草根

图2　断肠草花

图3　五指毛桃根

图4 五指毛桃植株

图5 金银花

五指毛桃属桑科植物，并不是桃，又称粗叶榕、五爪龙等，广泛分布于粤东梅州客家地区为主的山上，自然生长于深山幽谷中，因其叶子长得像五指，而且叶片长有细毛，果实成熟时像毛桃而得名。外观上与断肠草能明显区分。

接下来教你如何区别这几种相像植物（见表1、表2）。

表1 断肠草和五指毛桃的鉴别

鉴别点	断肠草	五指毛桃
根部外观上	根髓部呈浅棕褐色或中空，木部黄白色、黄棕色，有多数细孔，根部断面密布放射性纹理	根部断面则呈同心性环纹
气味上	气淡，味微苦	有微香
茎叶及花	小枝圆柱形，幼时具纵棱，除苞片边缘和花梗幼时被毛外，全株均无毛	嫩枝中空，全株有灰色绒毛

表2 断肠草和金银花的区别

鉴别点	断肠草	金银花
枝叶的外形	一般枝叶较大，叶子呈卵状长圆形	枝叶较细，较柔，枝条上常带有细细的白色绒毛
叶子的质地	为革质叶，叶面光滑，有点像常见的冬青（大叶黄杨）	为纸质叶，叶面无光泽
花朵的着生方式	花一般生长在枝条的关节处和枝条的顶端（即花顶生或腋生），而且其花是呈簇状生长，一个关节处往往有多朵花，花为三歧分支的聚伞花序	主要生长在枝条的关节处，花朵为对状，一个关节处一般只生长两朵小花，花为腋生
花的色彩和形状	花冠黄色，花型呈漏斗状，是合瓣花	花冠呈唇形，花朵呈喇叭状，是离瓣花，花筒较细长，花朵也比断肠草花小，并且金银花初开时花朵为白色，一两天后才变为金黄，新旧相参，黄白映衬

二、断肠草的中毒机理

造成中毒的罪魁祸首明确了，而它又是如何导致人们出现食物中毒的呢？

“断肠草”的主要毒性成分是钩吻碱（见图6）。钩吻碱是从钩吻植物中分离出来的吲哚生物碱，中国钩吻已分离出17种单体，其中以钩吻碱子的含量最高，钩吻碱甲次之。

钩吻碱引起中毒的机制目前已经明确。其毒性为强烈的神经毒，对中枢神经系统的作用尤为强烈，主要抑制延髓呼吸中枢，并抑制脑和脊髓的运动中枢，使呼吸肌麻痹，出现呼吸衰竭。还可以作用于迷走神经，引起心律失常和心率的改变。

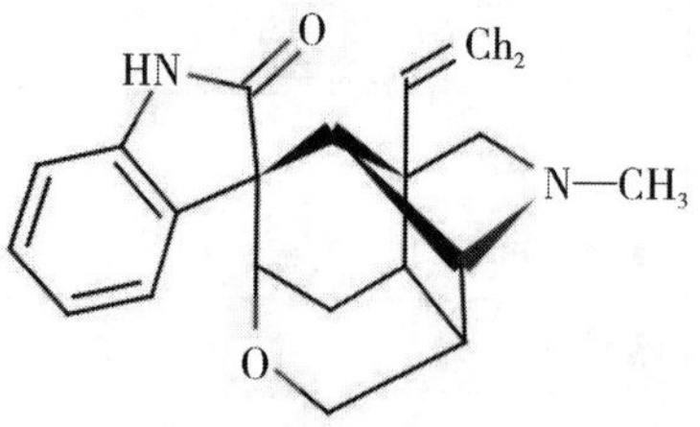

HN O Ch_2 N—CH_3 O

图6 钩吻碱的分子式

为了更有效地辨别、处理钩吻碱中毒，我们来了解一下钩吻碱中毒的临床表现与处理原则。

三、断肠草中毒的临床表现

（1）呼吸系统：可先有胸闷、呼吸深快，继之呼吸减慢、不规则、窒息，呼吸肌麻痹，严重者可突然出现呼吸骤停。呼吸衰竭是钩吻中毒最主要的死亡原因。

（2）神经系统：可出现眩晕，乏力，言语不清，吞咽困难，四肢麻木，肌张力降低，共济失调，视物模糊，瞳孔扩大，眼睑下垂，严重者可出现暂时性失明、烦躁不安、抽搐、昏迷。

（3）消化系统：可出现口咽部灼痛、流涎或口干、恶心、呕吐、腹痛、腹胀，腹痛常为绞痛，较剧烈。

（4）循环系统：心率先慢而后变快，可出现心律失常，严重者面色苍白、四肢冰冷，体温、血压下降，发生循环衰竭。

（5）其他：可出现肝脏、肾脏损害，严重者可出现多脏器功能衰竭。

四、断肠草中毒的处理原则

（1）清除毒物：应立即予以催吐、洗胃、导泻，可用活性炭洗胃。

（2）保持呼吸道通畅：应密切监护患者呼吸状况，随时准备进行气管插管。对轻度中毒的患者也应在洗胃的同时准备好气管插管等急救物品。有报道主张对病情危重者应先进行气管插管，再洗胃，以保证呼吸道通畅。必要时行气管插管加压给氧。

（3）对症治疗：目前钩吻中毒尚无明确的特效解毒剂，若出现明显的毒蕈碱样症状，如心动过缓、恶心、呕吐或肠管蠕动亢进等，可用阿托品皮下注射或肌内注射，或静脉滴注。

（4）血液净化：有报道称血液透析、血液灌流对钩吻中毒患者有效。

为了避免误食中毒，我们需要做到：

（1）学会鉴别一些常见有毒动植物的知识，提高自我鉴别能力。

（2）最最重要的是，购买中药材时，要选择正规药店或商店购买。

（3）对于来源不明、成分不明的自制药酒，应避免饮用。

（4）购买到药材自觉不对时，应避免使用或咨询专业人员后使用。

编者按

本风险预警内容通过G市疾控中心公众号“广州疾控i健康”发出，快速且经济，适合目标受众人群手机使用率高，能阅读，且有文字阅读习惯者。

科普推文题目甚为重要，“新、奇、特”的题目可以吸引读者眼球，只有吸引读者点击推文链接，才能开始进行健康科普宣传、行为干预第一步。本文通过警示性题目《食在广东，来自“炖汤”和“泡酒”的中毒风险》吸引目标人群——喜“炖汤”、爱“泡酒”者主动点击了解。“炖汤”“泡酒”有一定食疗效果，存在一定群众基础，因进食“炖汤”或“泡酒”所致食品安全事故在G市时有发生，文中特别列举发生在G市的两起“泡酒”中毒事件，从而引出本篇科普推文的主题：如何预防断肠草生物碱所致中毒？先要学会如何区分断肠草与五指毛桃、金银花。可从根的外观、气味、枝叶形态、叶子的质地、花朵的着生方式、色彩和形状等几个方面进行鉴别。文章紧接着指出断肠草中毒机理、临床表现和救治措施以及如何避免误食致中毒情况发生。

第三节　进食在旅游时或网络上购买的蘑菇及其干制品，慎防毒蘑菇中毒！*

本节学习目的

（1）了解进食旅游和日常网络购买蘑菇及其干制品致毒蘑菇中毒风险预警的目的与意义；

（2）了解在旅游和日常网络购买蘑菇及其干制品致毒蘑菇中毒事件发生后，如何通过“广州疾控 i 健康”微信公众号开展“健康教育”工作，做好旅游或网络购买干蘑菇致毒蘑菇中毒的风险预警与风险沟通工作，有效预防事件再次发生；

（3）熟悉健康教育科普文章撰写方法。

最近是野生菌生长的旺季，看到了鲜美的菌子，吃货们都开始蠢蠢欲动，准备大吃一顿。但是，吃野生菌是有风险的。就在今年七月，云南就有一位姑娘因为吃菌中毒进了医院，躺在病床上手舞足蹈，还说看见了小人、云彩、小精灵。被好友拍下后上传到网络，结果登上了微博热搜。竟有部分网友留言说要网购一些回去体验一下这种奇妙的感觉。小编先在这里提醒各位，因为好奇而在旅游时或网络上购买的菌子，一定不要轻易尝试，因为一旦蘑菇中毒，严重的，会导致肾衰竭，甚至威胁生命，即便幸存，也会对身体造成不可逆的影响。

我国已知可食用的蘑菇有 1000 多种，毒蘑菇有 400 多种，其中含剧毒可对人有致死危险的蘑菇有 40 多种。许多毒蘑菇的外表同可食用蘑菇相差无几，比如正红菇与毒红菇，仅凭肉眼分辨，极易混淆。将无毒的蘑菇鉴别出来，对于“新手”来说并非易事。

为提高市民预防毒蘑菇中毒的知识，有效降低毒蘑菇中毒的发生率，广州市疾控中心曾在“广州疾控 i 健康”推出多篇预防毒蘑菇中毒的科普文章。

一、如何区分有毒蘑菇和可食用蘑菇

蘑菇形态千差万别，非专业人士很难从外观、形态、颜色等方面区分有毒蘑菇与可食用蘑菇，没有一个简单的标准能够将有毒蘑菇和可食用蘑菇区分开来。

二、一些民间鉴别有毒蘑菇的方法可靠吗

民间一些鉴别有毒蘑菇的方法不可靠，主要有以下一些误区。

（1）“颜色鲜艳的蘑菇有毒，颜色普通的蘑菇没毒。”事实上我国的一些剧毒蘑菇，

---

* 本节编者为陈建东、邓旺秋、刘于飞。

如灰花纹鹅膏、亚稀褶红菇都是灰色的，致命鹅膏、裂皮鹅膏都是纯白色的。

（2）“蘑菇跟大蒜、米、银器、瓷片等一起煮，这些东西颜色变黑有毒，没变颜色就无毒。”这种说法也是错误的。我国的一些剧毒蘑菇跟大蒜、大米一起煮，大蒜、大米的颜色并不变黑。

（3）“生虫、生蛆的蘑菇没毒。”很多昆虫、动物对毒素的吸收与作用和人是不一样的。剧毒的鹅膏菌成熟烂掉后很容易生虫、生蛆，甚至剧毒的鹅膏菌经口喂养小白鼠，小白鼠都不会死亡。

（4）“受损变色或者有分泌物的蘑菇有毒。”受损变色或者有乳汁流出是很多科属（牛肝菌科、红菇科）的一个特征。实际上，牛肝菌科和红菇科的很多种类是可以食用的，因此，不能凭受损变色或者有分泌物来判断蘑菇是否有毒。

（5）“长在潮湿处或家畜粪便上的蘑菇有毒，长在松树下等清洁地方的蘑菇无毒。”蘑菇是否有毒与生长环境没有关系，因为有毒蘑菇与其他蘑菇生长的环境是一样的。

三、那究竟如何才能预防蘑菇中毒呢？

目前没有简单易行的鉴别方法，预防毒蘑菇中毒的根本办法就是——不要采摘、购买和食用野生蘑菇！

若是在野外见到蘑菇蠢蠢欲动，可以选择掏出手机，让“度娘”替你“吃”也不失为一个好选择。

通过调查，我们发现在广州蘑菇中毒情况有3个特点。

（1）蘑菇中毒后发生死亡占比极高，毒蘑菇中毒危害大，是食物中毒中致死率最高的。

（2）蘑菇中毒集中发生在3—9月。3月是致命白毒伞的生长旺季，导致人员死亡的中毒事故主要都集中在3月。8、9月广东地区雨量充沛，适合野生蘑菇生长，是中毒事故升高的主要原因。

（3）发生中毒的起因多为随意采食蘑菇。同样的，通过网络购买蘑菇干制品也有可能误食毒蘑菇，从而导致毒蘑菇中毒的发生。

2016年5月9日，广东某地5名外来务工人员因误采、食用裂皮鹅膏菌，导致5人均因多脏器功能衰竭而死亡。

此类事件年年都有发生，正是这些事件提示我们，不能掉以轻心。

四、远离毒蘑菇的几个建议

1. 不采摘

大家不要因为好奇或为满足口腹之欲采摘野生蘑菇。对于路边草丛、深林野迹的野生蘑菇，由于鉴别毒菌并不容易，大家最好不要轻易采摘不认识的蘑菇。

2. 不买卖

注意勿在路边摊贩购买蘑菇，尤其是在人生地不熟的地方旅游时更是如此。即使在正规市场上购买野生蘑菇，也不能放松警惕，特别是没吃过或不认识的野生蘑菇，不要偏听偏信，轻易买来食用。节日期间，是网络购物与旅游购物高峰，不排除喜欢购买蘑菇干制品的情况。蘑菇品种繁多，鉴别困难，干制后的食用蘑菇更难通过经验甄别出蘑菇是否有毒。干制蘑菇品种常常导致供货商、销售商和消费者在收购、消费中鉴别困难，误用、误吃经常发生。

3. 不食用

欲避免类似中毒事件，关键在于不随意食用野生蘑菇。集体聚餐、餐饮服务、民俗旅游等尽量不要加工、食用野生蘑菇，以确保饮食消费安全。

4. 预警宣传

不要轻信民间或网传的一些没有科学依据的毒蘑菇鉴别方法，做到人人知晓随意采食野生蘑菇的危害性，尤其是前往公园、植物园、旅游区、林场等地需提高防范意识，防止误采、误食毒蘑菇。

五、 近期毒蘑菇中毒风险提示

目前旅游购物、网络购物成为市民日常购物新常态，国内多个旅游资源丰富的地区大多是食用真菌的主要产区，蘑菇品种多且美味，深受市民喜爱。毒蘑菇鉴别困难，线上销售蘑菇商家监管困难，毒菌导致的胃肠炎型散发病例发现困难。线上购物导致毒蘑菇中毒的食源性疾病病例，仍可能对我们的食品安全构成威胁。

编者按

本风险预警内容通过G市疾控中心公众号“广州疾控i健康”发出，快速且经济，适合目标受众人群手机使用率高的特点。

本文通过警示性题目《进食在旅游时或网络上购买的蘑菇及其干制品，慎防毒蘑菇中毒!》吸引目标人群主动点击学习。文章开头通过毒蘑菇“致幻”毒性的奇特之处，吸引读者进一步阅读该文。文章通过毒蘑菇品种多样性，反驳网络上多种不正确的蘑菇毒性鉴定方法，指出预防毒蘑菇中毒的有效办法就是不采摘、不买卖、不食用，各地应针对不同的毒蘑菇中毒的流行病学分布特点情况，提早做好预警与宣传工作。

文章的最后提出近期毒蘑菇中毒的风险预警与教育：旅游时或网络上购买蘑菇干制品是发生毒蘑菇中毒的高风险行为，可能对我们的食品安全构成威胁，大家应当注意避免。

第四节 预防集中供餐单位凉拌菜污染致副溶血性弧菌感染*

本节学习目的

(1) 了解开展集中供餐单位供应凉拌菜（如凉拌卤制猪头肉）致副溶血性弧菌感染事件风险预警的目的与意义；

(2) 了解在集中供餐单位供应凉拌菜（如凉拌卤制猪头肉）致副溶血性弧菌感染事件发生后，如何通过“广州疾控i健康”微信公众号开展“健康教育”工作，做好食用凉拌菜致副溶血性弧菌感染的风险预警与风险沟通工作，有效预防疫情再次发生；

(3) 熟悉健康教育科普文章撰写方法。

近年来，凉拌菜卤味猪头肉（皮）污染致副溶血性弧菌感染暴发事件在集中供餐单位时有发生。

2020年6月G市A培训中心35人，B物业8人，C中学5人陆续出现腹痛、腹泻、呕吐等胃肠道症状而到医院就诊。经调查，引起本次食源性疾病的主要原因是某集中供餐单位用于制作“豆角拌爽耳”的熟猪耳在加工、分切、制作过程受副溶血性弧菌污染，且盒饭分装、运送距离远，从烹制到食用时间长，细菌在食物中有了增殖机会，致进食者细菌性中毒。

2021年2月22日晚，G市D工地30多名工人出现腹痛、腹泻、呕吐、发烧等症状。调查发现，与工地饭堂供应的“凉拌猪头肉”有关，半成品猪头肉分切时通过砧板等工用具交叉污染副溶血性弧菌，且通过分餐过程水浴箱保温，提供细菌增殖的合适温度、时间，从而致在G市较为低温的2月份出现部分进食者感染发病。

一、为何呕吐、拉肚子常常与凉拌卤味猪头肉有关

凉拌卤味猪头肉因其做法简单、味道好、柔韧爽口而大受欢迎，但加工过程对环境、加工用具清洁消毒、厨工无菌操作技术等要求高。而且制作加工环节多、所需加工用具多，主菜、配菜、调味料多样，产品富含营养，受致病微生物污染后存在增殖条件（温度、湿度）和时间。

在合适的气温下，污染的致病菌有足够的繁殖时间，就会使进食者感染得病。

因此，在进食凉拌卤味猪头肉或同类凉拌食物时，应尽量控制可能的污染环节，缩短供餐时间，做到即做即食，安全食用。

虽然在预防副溶血性弧菌感染方面，有关单位做了很多预防措施，但常常防不胜防，

---

* 本节编者为陈建东、许建雄、龙佳丽。

经常有不明原因导致的食源性疾病病例聚集性事件。日常如何预防该弧菌所致呕吐、拉肚子的发生呢？我们要先知己知彼，进一步了解副溶血性弧菌的喜好和特点。

二、副溶血性弧菌的生物学特点

副溶血性弧菌是一种嗜盐性细菌，副溶血性弧菌食物中毒是进食含有该菌的食物所致。

常见的易污染该细菌的食物主要为海产品，如墨鱼、海鱼、海虾、海蟹、海蜇，以及含盐分较高的腌制食品，如咸菜、腌肉以及凉拌菜等，一般是食物在制作过程中交叉污染所致。需要引起重视的是近年来凉菜、熟食制品由于加工制作不当，受到污染，细菌大量繁殖，烹饪加热不彻底引起食物中毒暴发的事件屡次发生。

本菌存活能力强，在抹布和砧板上能存活 1 个月以上。临床上以急性起病、腹痛、呕吐、腹泻及水样便为主要症状。

本病多在夏秋季发生于沿海地区，常造成集体发病。

值得注意的是，副溶血性弧菌作为一种常见的病原菌，在低温环境下，处于活的不可培养状态，但是一旦温度上升至 25 ℃，则会复苏、增殖。

此菌嗜盐畏酸，在无盐培养基上不能生长，在 50% 食醋中 1 分钟即死亡；对热的抵抗力也较弱，56 ℃下 5 分钟或 90 ℃下 1 分钟可被灭活。

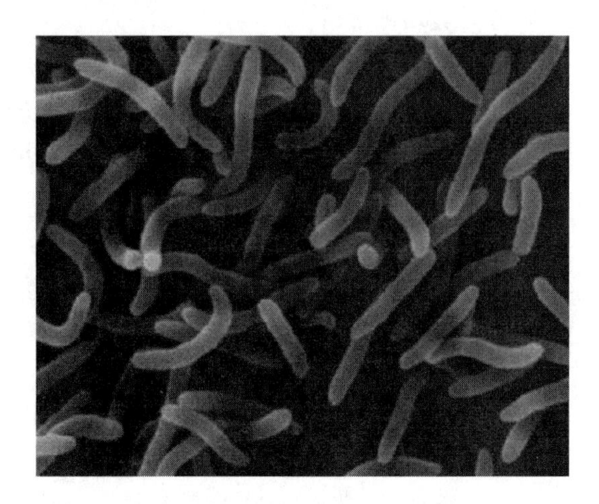

图 1　显微镜下的副溶血性弧菌形态

（图源：https://baike.baidu.com/pic）

三、副溶血性弧菌食物中毒临床表现

副溶血性弧菌感染的平均潜伏期为 15 小时，最短 1 小时，最长 4 天。患者潜伏期长短与摄入细菌剂量有密切关系，其次与机体免疫力、细菌毒力以及患者年龄有一定关系。

发病多急骤，腹痛和腹泻首先出现，也最常见，其次为恶心、呕吐、畏寒和发热等。

腹痛多表现为典型的剧烈上腹绞痛，一般呈阵发性，位于上腹部和脐周，部分伴压痛。腹泻每日 3 ～ 20 余次不等，大便性状多样，多为黄水样或糊状。吐泻严重患者常有脱水现象。

四、副溶血性弧菌腹泻主要危险因素

存在食物被污染的途径主要有两点。①生食海产品是最主要的感染途径。②交叉污染，工用具生熟不分，交叉使用。比如：用被污染的砧板分切半成品；专用分切工具清洁、消毒不彻底，导致污染增殖；隔天再分切同类食物；烹调好的食物盛于被污染的容器内。

烹调加热不能完全杀灭食物中的弧菌：食物没有煮熟煮透，或因供餐时间短、供餐量陡增、厨工培训不足等，食物加热时间不充分。

有弧菌增殖的合适温度：如制作好的凉拌菜存放在保温水浴箱中，实际温度适合弧菌增殖。

有弧菌增殖的时间：集体供餐单位将盒饭存放在保温箱中，再通过汽车运输全城配送，或者供餐量陡增，需提早预制食物存放保温箱中，这样的流程，都给弧菌增殖创造机会。

五、副溶血性弧菌易感人群

男女老幼均可患病。

感染副溶血性弧菌后可产生低滴度的血清抗体，但很快消失，故可多次感染。

经常暴露于少量细菌者，感染后临床症状一般较轻，如渔民大多有生食或半生食某些海产品的习惯，暴露机会虽多，但发生食物中毒者并不多，即使发病，症状也较轻；而内陆居住人员初到沿海地区时，饮食稍有不慎，屡见病情较重的食物中毒事件。

六、集中供餐单位、工地饭堂往往成为副溶血性弧菌食物中毒高发场所

集中供餐单位在烹制、分切等环节，使用工具多，污染的风险环节多，供餐时间长，从生产、分装、运输到食用的时间长，存在细菌增殖可能。

餐厅超负荷、短时间大量供餐时，厨师往往易在加工环节出现疏忽，存在食物未煮熟的安全隐患，或提早制作让弧菌有增殖时间。

凉拌菜在制作上存在熟食物材料在再分切、加工过程被污染的可能环节。

七、如何治疗

副溶血性弧菌感染多为自限性疾病，轻者予以对症支持治疗，无须用抗菌药物；重症患者、婴幼儿、老年人及有并发症者应使用抗生素治疗，其中环丙沙星抗菌活性最强。

八、集中供餐或工地饭堂等单位应当如何有效预防副溶血性弧菌感染

供餐单位从事凉拌菜制作的人员要经过食品安全培训，凭证（健康证）上岗。落实食品从业人员的健康监测机制，有呕吐、拉肚子等胃肠道不适的厨工应调离熟肉分切等易污染食物的岗位。

应严格遵守操作规程制作凉拌菜，做好工用具和环境的清洁、消毒，有效防止食物材料污染副溶血性弧菌。

供餐单位应设置熟食专间。专间入口处应设有洗手、消毒、更衣设施，专间门应能够自动关闭。专间内应设空气消毒、冷冻（藏）、独立的空调等设施，保证设施运转正常。控制专间温度不高于25 ℃，加强专间食品处理区的通风除湿，控制气流从处理区向周边流动。

若烹饪后至食用前需要较长时间（超过2小时），食品应暂存放于高于60 ℃或低于10 ℃的环境（食品转运箱）。

俗话说得好：常在河边走，哪有不湿鞋？

既然凉拌菜，特别是凉拌卤味猪头肉等食物容易造成副溶血性弧菌感染暴发事件，集中供餐单位应积极提高凉拌卤味猪头肉制作的条件，或停止供应凉拌菜，尽量供应热菜，以免负法律责任。

九、法律知识链接

《中华人民共和国食品安全法》第一百二十四条规定，“生产经营致病性微生物，农药残留、兽药残留、生物毒素、重金属等污染物质”，“尚不构成犯罪的，由县级以上人民政府食品安全监督管理部门没收违法所得和违法生产经营的食品、食品添加剂，并可以没收用于违法生产经营的工具、设备、原料等物品；违法生产经营的食品、食品添加剂货值金额不足一万元的，并处五万元以上十万元以下罚款；货值金额一万元以上的，并处货值金额十倍以上二十倍以下罚款；情节严重的，吊销许可证”。

第一百二十六条规定，“学校、托幼机构、养老机构、建筑工地等集中用餐单位未按规定履行食品安全管理责任”，“由县级以上人民政府食品安全监督管理部门责令改正，给予警告；拒不改正的，处五千元以上五万元以下罚款；情节严重的，责令停产停业，直至吊销许可证”。

最后，食品安全警钟长鸣，健康生活和谐温馨，少一份食品隐患，多一份生活平安！

编者按

风险预警与健康教育是风险沟通的一部分。风险预警旨在向目标人群发送特定信息，让其了解、掌握致病因子特征及产生食物中毒的条件，及时消除导致中毒事件发生的风险点，降低食品安全事故发生率，促进食品安全城市建设工作持续前进。

风险预警与健康教育内容通过G市疾控中心公众号发出，快速且经济，适合目标受众人群手机使用率高的特点。

本节在新媒体上发布所用标题为《气温回升，集中供餐单位需注意：供应凉拌菜致进食者上吐下泻，要负法律责任!!》，该题目可有效吸引目标人群主动点击学习。两个实例表明，副溶血性弧菌中毒是经常发生在集中供餐单位的细菌性食物中毒事件，且事件规模不小，给群众健康造成威胁，给供餐企业的正常生产增设障碍。本文继而介绍了副溶血性弧菌生物学、流行病学、临床表现、传播途径、防控措施和临床救治等知识点，重点强调了在集中供餐单位副溶血性弧菌在污染食物中增殖的情形和达到令进食者发病的条件，从而让阅读者清楚掌握防控副溶血性弧菌食物中毒的知识和能力。

本文最后依据《中华人民共和国食品安全法》，对集中供餐单位因提供食物致集体生物性中毒应负的法律责任予以介绍，进一步强调做好食品安全是每个食品从业人员应负的法律责任。

第五节　乱说话，只是没朋友；乱喝酒，可能丢生命：预防甲醇中毒*

本节学习目的

了解常见甲醇中毒风险以及开展风险预警和健康干预的方法。

饮酒人，必须谨防甲醇中毒！

民间有传“中国人喝酒一年能喝干25万个夏雨荷身旁的大明湖”，其实毫不夸张。中国是全球第二爱喝酒的国家。据统计，近年来，国人饮酒人数一直呈上升趋势，目前已超过5亿人。调查数据显示，2015年全国36个城市白酒消费者比例高达22.97%。国人每年能喝掉300亿千克左右的酒，相当于生生喝干25万个夏雨荷身旁的大明湖。

一、新闻链接

（一）四川泸州纳溪区发生一起食物中毒事件致4死

“纳溪发布”微信公众号消息，关于丰乐镇“3・23”事件，经公安机关立案侦查，已确定4名男性系误食醇基燃料致死，现已对犯罪嫌疑人罗某采取刑事强制措施，该案正在进一步侦办中。经纳溪区公安分局调查：3月21日，张某在丰乐镇石通村五社其弟家为其母亲办理丧事，聘请罗某（男，46岁，丰乐镇人）操办“流水席”。3月20日18时许，罗某在丰乐镇购买了五桶醇基燃料，运至张某其弟家厨房中存放，作为燃料备用，未安排人员看管。3月21日午餐前，邻居王某（男，43岁，丰乐镇人）和梁某（男，34岁，丰乐镇人）在张某其弟家厨房中，把存放的醇基燃料误认为是食用白酒，装入容量为10斤和5斤的白色塑料酒壶，中午和晚上分别提供给客人饮用，致使部分食用者甲醇中毒，造成4人死亡，另有13人在医院接受观察治疗，暂无生命危险。

正是因为人们爱喝酒，喝酒人口基数大，导致了不法分子产生从中谋取不当利益的坏心思。此外，“喝酒能抗疫”等谣言也使得部分恐慌的人群大量买酒，导致假酒更易流入市场，对人们的身心造成危害。

（二）新闻两则

（1）2018年4月30日，云南武定县一家庭办丧事时，误将饭店用塑料桶装的醇基燃料当作白酒饮用，截至5月10日下午4时，累计报告中毒患者24例，其中死亡3人，继

* 本节编者为陈建东、刘于飞。

续住院治疗6人，治愈出院15人。根据武定县疾病预防控制中心的检测结果，该事件是一起因误食醇基燃料引起的急性甲醇中毒事件。

名词解释

醇基燃料是以醇类为主体配制的燃料，主要成分为甲醇，具有毒性，通常以液体或固体形式存在。因为醇基燃料经济实用便宜，常用于取代柴油、液化石油气和天然气作为燃料使用，通常用于餐饮行业和“农村坝坝宴”。液体醇基燃料有明显刺激性气味，与白酒一样为无色透明液体，不能饮用，饮用易引起酸中毒导致肾衰竭，甚至死亡。

（2）《误信喝酒能抗疫　伊朗27人甲醇中毒身亡》。2020年3月10日财新网报道，伊朗至少有331人因误饮含甲醇的假酒而酒精中毒。由于误信饮酒可以预防新冠，伊朗在3月9日出现至少331起误饮含甲醇的假酒而酒精中毒的事件，其中至少27人因酒精中毒死亡。

二、假酒与甲醇

到这里大家一定会问，假酒和真酒的差别到底是什么呢？为什么假酒能对人体造成这么大的危害？

我们这里所说的假酒是指用工业酒精勾兑成食用白酒销售的“酒”。工业酒精中含有甲醇，而甲醇是剧毒物质，饮用4～6g就会使人致盲，10g以上就可致死。甲醇的化学性质、物理性质，特别是气味、滋味、比重等和乙醇相似，仅凭感官鉴别难以区分。

甲醇中毒主要由摄入或接触含甲醇的制剂所致，血液检查提示血液中甲醇浓度超标即可证明甲醇中毒。假酒饮用史或工业酒精接触史是甲醇中毒的重要证据。

三、甲醇的主要毒性机理

（1）对神经系统有麻醉作用。

（2）甲醇经脱氢酶作用，代谢转化为甲醛、甲酸，抑制某些氧化酶系统，致需氧代谢障碍，体内乳酸及其他有机酸积聚，引起酸中毒。

（3）由于甲醇及其代谢物甲醛、甲酸在眼房水和眼组织内含量较高，致视网膜代谢障碍，易引起视网膜细胞、视神经损害及视神经脱髓鞘。

四、甲醇中毒的主要临床症状

（1）局部刺激症状：吸入甲醇蒸气可引起眼和呼吸道黏膜刺激症状。

（2）中枢神经症状：患者常有头晕、头痛、眩晕、乏力、步态蹒跚、失眠、表情淡漠、意识混浊等症状。重者出现意识蒙眬、昏迷及癫痫样抽搐等。严重口服中毒者可有锥体外系损害的症状或帕金森综合征。

（3）眼部症状：最初表现眼前黑影、闪光感、视物模糊、眼球疼痛、畏光、复视等。严重者视力急剧下降，可造成持久性双目失明。

（4）酸中毒：二氧化碳结合力降低，严重者出现发绀，呼吸深而快。

（5）消化系统及其他症状：患者有恶心、呕吐、上腹痛等，可并发肝脏损害。口服中毒者可并发急性胰腺炎。

（6）严重急性甲醇中毒出现剧烈头痛、恶心、呕吐、视力急剧下降，甚至双目失明，意识蒙眬、谵妄、抽搐和昏迷。最后可因呼吸衰竭而死亡。

五、处理原则

（1）吸入中毒者立即脱离现场，用清水冲洗污染皮肤；口服者用3%～5%碳酸氢钠溶液充分洗胃。充分饮水。

（2）病室内避免强烈光线，用软纱布遮盖双眼。

（3）10%葡萄糖液500mL加普通胰岛素20U静滴，肌注大剂量维生素B1，适当补充钾、镁及磷酸盐。

（4）50%乙醇水溶液或高浓度白酒30mL内服或胃管给予，3～4小时一次，可抑制甲醇氧化、加速排泄；患者呈明显抑制状态者忌用。

（5）有发绀者吸氧，注射安钠咖。

（6）应及时处理惊厥、休克、脑水肿等，并给保肝药物。严重者可行血液或腹膜透析。

六、那我们要怎么避免买到和喝到假酒呢？

（1）不买来历不明的名牌酒。道理大家都懂：牌子越响，仿冒的就越多。

（2）不买过度包装的酒。酒是农产品，那些披金戴钻的酒瓶酒盒，也是羊毛出在羊身上，千万不要犯买椟还珠的错误。

（3）不买价格过低的进口酒。一瓶国外原产地装瓶的酒，进口商最少需要加上运费、税费、仓储物流费、运营成本和合理的利润才会卖到消费者手中，大家算算这笔账。

（4）学习和积累酒的基础知识，现在这方面的书籍、网站、培训、品酒沙龙都特别多，微信上好的公众号也不少。饮酒爱好者们如果平日里多喝多交流，假以时日，一定也都能成为鉴酒高手。

编者按

本科普推文题目《乱说话，只是没朋友；乱喝酒，可能丢生命：预防甲醇中毒》采用对比方式，突出强调乱喝酒潜在的危险性，能吸引目标喝酒人群主动点击了解文章内容。文章通过中国巨大的酒类消费量说明中国人的爱酒程度，爱喝酒就有可能因为喝酒而致甲醇中毒，说明甲醇中毒的可能性大，然后用两起甲醇中毒所造成的严重后果说明中毒的严重性。接着提出甲醇中毒的毒性机理、临床表现、救治原则和预防措施。

文章结构简单，是常见撰写科普文章的思路：先吸引读者打开链接阅读，再用数据和实例说明甲醇中毒发生的可能性高和危害性大，潜台词就是“有必要关注甲醇中毒”，进而对甲醇中毒进行科普，从而达到科普教育/干预目的。

第六节　喝酒，可醉人；吃鱼，也“醉”人：预防组胺中毒*

本节学习目的

（1）了解食用海产品组胺中毒风险以及开展相关风险预警和健康干预的方法；
（2）熟悉健康教育科普文章撰写格式和方法。

美味的鱼肉常让人垂涎三尺，除了撸串，吃海鲜也成了秋冬季节的标配！例如鱼、虾、贝类等食物……但，吃鱼会“醉”人，是不是让人心里打鼓呢？

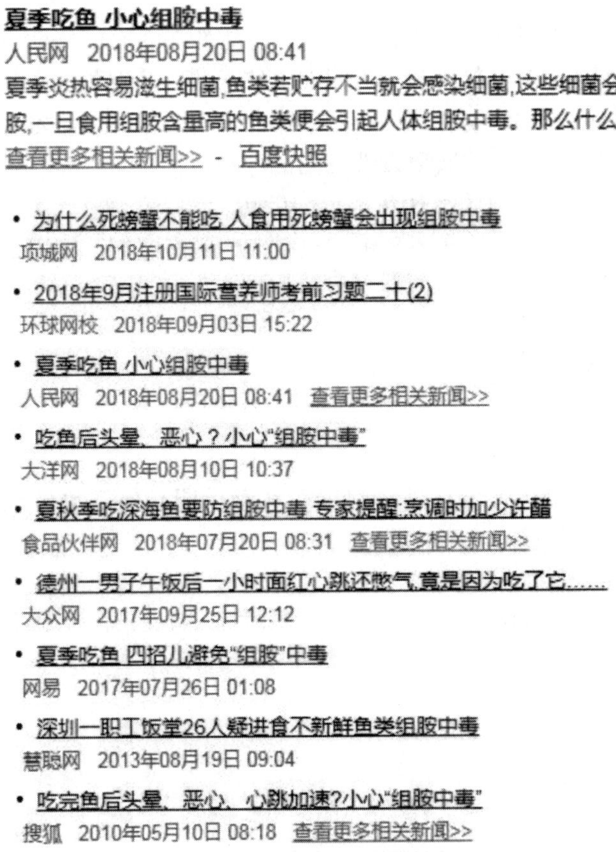

夏季吃鱼 小心组胺中毒
人民网　2018年08月20日 08:41
夏季炎热容易滋生细菌,鱼类若贮存不当就会感染细菌,这些细菌会把鱼肉中的组氨酸转化成组胺,一旦食用组胺含量高的鱼类便会引起人体组胺中毒。那么什么是组胺?该如何避免...
查看更多相关新闻>> - 百度快照

- 为什么死螃蟹不能吃 人食用死螃蟹会出现组胺中毒
  项城网　2018年10月11日 11:00
- 2018年9月注册国际营养师考前习题二十(2)
  环球网校　2018年09月03日 15:22
- 夏季吃鱼 小心组胺中毒
  人民网　2018年08月20日 08:41　查看更多相关新闻>>
- 吃鱼后头晕、恶心？小心“组胺中毒”
  大洋网　2018年08月10日 10:37
- 夏秋季吃深海鱼要防组胺中毒 专家提醒:烹调时加少许醋
  食品伙伴网　2018年07月20日 08:31　查看更多相关新闻>>
- 德州一男子午饭后一小时面红心跳还憋气,竟是因为吃了它……
  大众网　2017年09月25日 12:12
- 夏季吃鱼 四招儿避免“组胺”中毒
  网易　2017年07月26日 01:08
- 深圳一职工饭堂26人疑进食不新鲜鱼类组胺中毒
  慧聪网　2013年08月19日 09:04
- 吃完鱼后头晕、恶心、心跳加速?小心“组胺中毒”
  搜狐　2010年05月10日 08:18　查看更多相关新闻>>

金秋十月，广州某公司员工因食用马鲛鱼导致70多人出现面色潮红、头痛、头晕、腹泻、恶心、呕吐以及发痒等症状。经调查发现，罪魁祸首是马鲛鱼组胺超标引起组胺

* 本节编者为陈建东、陈建千。

中毒！

吃海鲜引起组胺中毒的事件时有发生，但，我们是完全可以预防的！

一、组胺是什么东西

组胺有两种，一种存在于身体内，一种存在于食物中。

（一）体内的组胺

体内的组胺主要以无活性的结合型储存于组织的肥大细胞和嗜碱性粒细胞中，当机体受到理化刺激或发生过敏反应时，可引起这些含组胺的细胞脱颗粒，导致组胺释放，与靶细胞上的组胺受体结合，从而产生生物效应，包括毛细血管扩张、血压下降、支气管痉挛、头痛、腹泻、皮疹等一系列过敏症状。

（二）食物中的组胺最主要来源于鱼类

鱼死亡后，如果保存不好，很容易腐败变质，首先鱼自身组织中含有的酶就会使鱼体发生自溶作用，使组织分解，鱼体逐渐变软。随后，附在鱼体上的一些细菌迅速繁殖，分泌多种酶类，分解鱼肉组织的蛋白质和脂肪，其中某些细菌分泌的脱羧酶可使氨基酸脱羧基而产生生物胺类物质。组胺便是这些生物胺里毒性较强的一种。

食用含组胺高的鱼类主要是青皮红肉的海产鱼类，如鲐鱼、青鱼、沙丁鱼、马鲛鱼、秋刀鱼等。这类鱼含有较高量的组氨酸，当鱼不新鲜或腐败时，经有些细菌作用，在适宜的条件下鱼肉中的组氨酸经脱羧酶作用产生组胺和类组胺物质。

二、吃了含有高组胺的食物会怎么样

组胺中毒与人的过敏体质有关。

中毒表现为局部或全身毛细血管扩张。从进食到发病（潜伏期）仅需数分钟至数小时，特点是发病快，症状轻，恢复快，少有死亡。

主要症状为皮肤潮红，结膜充血，似醉酒样，头晕，剧烈头痛，心悸，有时出现荨麻疹。一般体温正常，大多在1～2日内恢复。

三、中毒了怎么办

如果有组胺中毒治疗常识，最好第一时间自己先做催吐，接着尽快上医院处理。

四、见招解招

（一）怎么挑选新鲜的鱼

1. 看

眼球饱满突出，角膜透明清亮，鳃丝清晰呈鲜红色，黏液透明，鱼体表有透明的黏液，鳞片有光泽且与鱼体贴附紧密、不易脱落。腹部正常、不膨胀，肛孔白色、凹陷。

2. 触

鱼身肌肉坚实有弹性，手指按压后凹陷立即消失，无异味，肌肉切面有光泽。

3. 闻

有经验的“老司机”通过以上两招就能知道鱼是否新鲜，对于“菜鸟”来说，如果没有把握，就只有把鼻子凑过去，狠狠吸一口。如果味道腥臭，令人不快，当然不要。

（二）鱼肉的保鲜

鱼类食品必须在冷冻条件下贮藏和运输，冰鲜鱼类应贮存在4 ℃或以下，冷藏鱼类应在-18 ℃或以下贮存；冷冻鱼的解冻方式一般置于冷藏条件（4 ℃）下缓慢解冻，有利于减少组胺产生，同时可以较好地维持鱼肉组织结构，减少汁液流失，保持良好口感。

（三）鱼肉的烹制

食用鲜、咸的青皮红肉类鱼时，烹调前应去头、去内脏、洗净，切段后用水浸泡几小时，然后红烧或清蒸，酥闷，不宜油煎或油炸，可适量放些雪里蕻或红果，烹调时放醋，可以使组胺含量下降。

（四）吃鱼注意事项

过敏体质或患有过敏性疾病的人应避免进食青皮红肉鱼。

编者按

因辖内工厂发生组胺中毒，为及时控制组胺中毒波及范围（因造成组胺中毒的马鲛鱼销售范围不明确），有必要在全市开展组胺中毒风险预警工作。本风险预警内容通过广州市疾控中心公众号“广州疾控i健康”发出，快速且经济，适合目标受众人群手机使用率高，能阅读，且有文字阅读习惯者。

科普推文题目甚为重要，“新、奇、特”的题目可以吸引读者点击推文链接，便于健康科普宣传和行为干预。用网络报道的多起组胺中毒事件说明组胺中毒是一种常见的化学性食物中毒。接着向读者解释组胺分类及组胺中毒机制，说明组胺中毒与人的过敏体质有关，交代了组胺中毒的临床表现、治疗和预防措施，介绍了预防组胺中毒的方法，最后强调“食鱼要防组胺中毒”，进食不新鲜的海产品可能对食品安全构成威胁，大家应当注意避免。

第七节 “杀不死、煮不灭”的米酵菌酸：预防米酵菌酸中毒*

本节学习目的

（1）了解米酵菌酸中毒风险以及开展相应风险预警和健康干预的方法；
（2）熟悉健康教育科普文章撰写格式和方法。

最近南方由于雨水频繁、高温潮湿，河粉、肠粉、粿条、凉皮等湿米粉以及泡发的银耳、木耳等食品，在高温潮湿天气下容易受椰毒假单胞菌污染而产生米酵菌酸毒素，食用后引发米酵菌酸毒素中毒的风险增大。

大家还记得早前曾上微博热搜的鸡东县的酸汤子中毒事件吗?

2020 年 10 月 5 日，黑龙江鸡东县发生了一起食物中毒事件。一家 9 口人在家中聚餐时因食用自制“酸汤子”引发中毒，经多方抢救，至 10 月 19 日，最终食用者 9 人全部死亡。

调查显示，这起食物中毒的罪魁祸首就是米酵菌酸毒素。

广东也发生过两例因米酵菌酸毒素食物中毒事件。

2020 年 5 月，东莞市发生一例因食用黑木耳中毒身亡的案例，中毒原因也是米酵菌酸毒素。

2020 年 7 月 28 日，揭阳市惠来地区也发生了一起食用河粉（粿条）导致的食物中毒事件，11 人中毒，1 人死亡，导致中毒的也是米酵菌酸毒素。

事件触目惊心，发生米酵菌酸毒素食物中毒者临床症状严重，病死率高。

调查显示，米酵菌酸中毒案例多发生在每年 5—10 月份的夏、秋季，从 2010 年至今，全国已发生此类中毒事件 14 起，造成 84 人中毒，37 人死亡，教训极其深刻。

那么多起事件的“罪魁祸首”米酵菌酸毒素到底是什么东西?来自哪里?怎么产生的?如何预防?怎么治疗?

一、米酵菌酸是什么东西

米酵菌酸毒素是椰毒假单胞菌酵米面亚种产生的，这种细菌在自然界普遍存在。

椰毒假单胞菌酵米面亚种容易在偏酸（pH5 ～ 7）、温度为 25 ～ 37 ℃的环境中滋生，特别是高温、潮湿的夏、秋季非常适宜这类细菌繁殖，那些潮湿不透气的厨房、生产车间都是它繁殖的温床。

---

* 本节编者为陈建东、龙佳丽。

二、米酵菌酸毒素特性

（1）毒性强，致死率高。中毒者的病死率高达40%～100%。进食后即可引起中毒，对肝、肾、心、脑等重要器官均能产生严重损害。

（2）耐热性极强。即使100 ℃加热1小时或用高压锅蒸煮也不能破坏其毒性。

（3）临床上没有特效解毒药。如果中毒剂量大，只能依靠血液透析解毒，医疗花费大。

（4）致病迅速，症状严重。由于中毒是因毒素摄入所致，因此病例潜伏期短（0.5～12小时），进食危险食物者在短时间内集中发病。潜伏期的长短与进食危险食物量有关，吃得越多，症状越严重。

三、引起米酵菌酸中毒的食物有哪些

容易引起米酵菌酸中毒的食品在制作过程中有一个共同点，即都需要经过长时间发酵或泡发。特别是温度、湿度合适的夏秋季，细菌易污染、增殖而导致中毒事件频发。

引起米酵菌酸中毒的食物主要有以下两类。

（1）谷物发酵制品和薯类制品。谷物发酵食品有河粉、肠粉、酸汤子、吊浆粑、年糕、玉米淀粉等。薯类制品有粉条、甘薯面、宽粉、红薯淀粉等。

米、粉类食物在制作过程中，如果环境不卫生，原料变质，存储不当，如泡发过久，存储环境潮湿都有可能被污染。

（2）木耳和银耳。天热的时候，南方的朋友喜欢喝清爽的银耳糖水，北方的朋友喜欢吃爽口的凉拌黑木耳。需要注意的是，这两种食品也容易造成米酵菌酸中毒。因为适宜的温度、充足的水分，泡发后的银耳、木耳若未能及时食用而放置在温湿环境中，长时间细菌严重滋生，导致米酵菌酸食物中毒发生。

四、米酵菌酸中毒的症状

米酵菌酸中毒症状主要为上腹部不适、恶心、呕吐（呕吐物为胃内容物，重者呈咖啡色样物）、轻微腹泻、头晕、全身无力，重者出现黄疸、肝肿大、皮下出血、呕血、血尿、少尿、意识不清、烦躁不安、惊厥、抽搐、休克，一般无发热。

五、救治措施

有进食米酵菌酸高危食物史、怀疑米酵菌酸中毒者，应第一时间用筷子或手指刺激咽喉部催吐，将刚吃进去的食物呕出。用干净容器或薄膜袋装呕吐物或高度怀疑的剩余食物，最好放置有保温功能的带有冰袋的泡沫箱中盖好备查。

及时转至医疗机构就诊，告诉医生有进食米酵菌酸毒素中毒的高危食物史。有条件的医疗机构应及时对患者进行洗胃，同时注意保存洗胃液。

将洗胃液、呕吐物、剩余食物及患者全血送至专业机构，定量检测米酵菌酸含量。明确诊断后，可结合临床症状对患者进行血液透析治疗，并根据病情轻重予以对症治疗。

六、怎么预防米酵菌酸中毒

（1）不要制作、食用酸汤子等发酵米面的高危食品，泡发银耳、木耳应即泡即用，不食用浸泡过久的黑木耳或银耳，保持食物材料新鲜。

（2）从正规渠道购买食物，购买河粉、粿粉后应及时食用，建议当天吃完。

（3）谷物食品储藏于阴凉通风环境，注意防潮、防霉变。

（4）有不适症状要及时停止食用可疑食物，尽快催吐，及时就医，采取洗胃和护肝等临床治疗措施。

国家卫生健康委员会也发布提示：虽然通过挑选新鲜的、无霉变的原料，勤换水，能够减少致病菌污染机会，但为了保证生命安全，最好的预防措施是不制作、不食用发酵米面类食品，比如酸汤子、无明显标识的不新鲜河粉等米制品。

编者按

本作品介绍椰毒假单胞菌酵米面亚种污染米粉类食物致米酵菌酸毒素中毒的相关科普知识，主要介绍米酵菌酸中毒事件的主要诱因、毒素特性、危害预后、中毒机理、中毒表现与相关应急处理举措等知识，旨在提升居民大众对夏日谷薯类、木耳、银耳等食品安全发酵、泡发与食用等日常操作的安全意识，降低米酵菌酸中毒事件发生率，减少病死率，保护人民群众健康。

第八节　吃美味小龙虾或会惹上横纹肌溶解综合征*

本节学习目的

（1）了解横纹肌溶解综合征风险以及如何开展风险预警和健康干预；
（2）熟悉健康教育科普文章撰写格式和方法。

7、8 月份是小龙虾市场需求高峰。这段时间天气炎热，能约上三五好友，点上一盆麻辣小龙虾，再加几扎冰镇啤酒，实乃人生幸事！然而，在舒爽背后却隐藏着一个致病危险——横纹肌溶解综合征。染上此症，轻则全身肌肉酸痛、坐卧不得，要入住重症监护病房（ICU）救治，重者可致死亡。

太吓人了！

一、关于横纹肌溶解综合征

罹患横纹肌溶解综合征是怎样的感觉呢？

据患者自述：先是肚子不舒服，后来左肩开始出现肌肉酸痛。紧接着，从腰部往上，整个上半身都出现肌肉酸痛，坐着不行，趴着也不行，直不起腰。后来开始出现胸闷的状况，很快出现呼吸困难感觉。

那么，什么是横纹肌溶解综合征？

横纹肌溶解综合征是指一系列影响横纹肌细胞膜、膜通道及其能量供应的多种遗传性或获得性疾病导致的横纹肌损伤，细胞膜完整性改变，细胞内容物漏出，多伴有急性肾功能衰竭及代谢紊乱。

横纹肌溶解综合征成因很复杂，国外有人研究指出遗传性相关的病因 40 余种，而获得性病因就有 190 余种。常见的原因有过量运动、肌肉挤压伤、缺血、代谢紊乱、高热、药物、毒物、自身免疫、感染等。

横纹肌溶解综合征临床表现各异，主要为全身或局部肌肉酸痛、无力、尿色改变、胸闷/痛等。从无明显症状到肌肉酸痛，严重者代谢紊乱、急性肾衰竭甚至弥散性血管内凝血（DIC）及多器官功能衰竭（MODS），其中，15%～40% 病人合并急性肾衰竭，病死率可高达 20%，若能及时诊断和正确治疗护理，预后较好。

实验室检测结果显示血肌酸激酶、肌红蛋白、谷草转氨酶水平异常升高的患者比例均超过 90%。横纹肌溶解综合征患者不仅感觉痛苦，相关理化指标说明身体也出现了病理伤害。

---

* 本节编者为陈建东、李泳光。

流行病学特点表现为发病者集中在一年中的7月和8月，其他月份较少发生。

但是，好好的一只“虾”，为何会致病呢?

二、认识小龙虾

小龙虾，学名为克氏原螯虾，长江中下游地区是淡水小龙虾的主产区。小龙虾作为滤食习性的甲壳类动物，对重金属有很强的富集特性。但研究结果表明，重金属不是造成横纹肌溶解综合征的危险因素。依据有两点。

（1）发病者占小龙虾食用者的比例极低。食用小龙虾者甚众，但发病者寥寥无几。

（2）小龙虾所含致病物质不明确。有研究者曾采集发病者的血、尿和进食的小龙虾样品进行900多项已知化学物质的检测，未发现疑致横纹肌溶解综合征的小龙虾中存在与病因相关的化学因素，致病物质尚不能明确。

目前的证据说明，吃小龙虾是导致该综合征的危险因素，至于小龙虾中的什么因素（或许是毒素）致病，科学家还在努力破解中!

吃小龙虾导致横纹肌溶解综合征的危险因素尚未清楚！那么，美食摆在面前，我们应选择什么策略才对呢?

总体而言，美味的小龙虾对于绝大部分人来说还是很安全的。但少部分人吃了，偶尔会发病，因此，享用之前，可要三思!

三、品味小龙虾注意事项

（1）应结合自己的体质选择。曾经有过横纹肌溶解综合征的朋友，不宜再食用小龙虾，以免再次发生不测。

（2）应结合自己身体状况。在食用小龙虾期间，应该注意避免其他可能引起横纹肌溶解综合征的因素，比如酗酒、过量运动、服用敏感药物等。

（3）食用不可过量。量多了，发病的危险因素可能就增加了，一般控制在每人1斤以内为宜。

（4）到能追溯小龙虾来源的供货商购买品相好的小龙虾。要选择性地挑选小龙虾，并注意合理保存和加工处理，避免变质和交叉污染，预防和减少食物中毒。

（5）要及时关注当地媒体信息，对于发病集中发生的区域和时间应该避免进食小龙虾相关产品。

小龙虾虽美味，但可致横纹肌溶解综合征，且致病的危险因素未明，因此，流行季节还是请大家少吃!

编者按

本风险预警内容通过广州市疾控中心公众号“广州疾控 i 健康”发出。

该文从相关报道出发提出进食小龙虾致横纹肌溶解综合征事件的食品安全问题。然后介绍横纹肌溶解综合征患者的自我感受（非常难受!），进一步说明什么是“横纹肌溶解综合征”以及横纹肌溶解综合征的危险因素（成因）、临床表现、实验室检测结果和流行病学分布特点等知识。接着介绍小龙虾的生活习性及可能的致病因素。最后提出进食小龙虾应注意的5个要点，提出预防小龙虾相关横纹肌溶解综合征的根本策略是：“少吃（减少进食小龙虾频率），吃少（减少进食小龙虾数量）!”

第五章 调查问卷设计与调查质量控制技术

食源性疾病病例暴发事件调查问卷（调查表/调查一览表）设计是指针对特定的食源性疾病病例暴发事件，根据调查目的和要求，将需要调查的内容具体化，经过合理设计，转化为可供问答和测量的题目或表格，从而科学快速地获取调查对象的信息资料，以便进行数据的统计分析。食源性疾病病例暴发事件调查问卷的基本结构、题目设置、一般步骤、评价方式等均遵循问卷设计的一般原则。调查问卷设计应以食源性疾病病例暴发事件相关信息为内容，注意因时、因地、因人制宜，既要符合问卷设计的整体框架，又要突出事件的特征信息，保证调查结果的真实性和可靠性，能够帮助解决现场调查过程的病例搜索和流行因素研究。

第一节　食源性疾病病例暴发事件调查问卷设计方法*

本节截取了卫生部门制定的“食源性疾病病例暴发事件个案调查登记表”（见图 1 和图 2），借以展示调查问卷的基本结构。此外，本节重点介绍食源性疾病病例暴发事件调查问卷设计的一般原则和主要步骤，以及在实践过程中需要注意的具体事项。

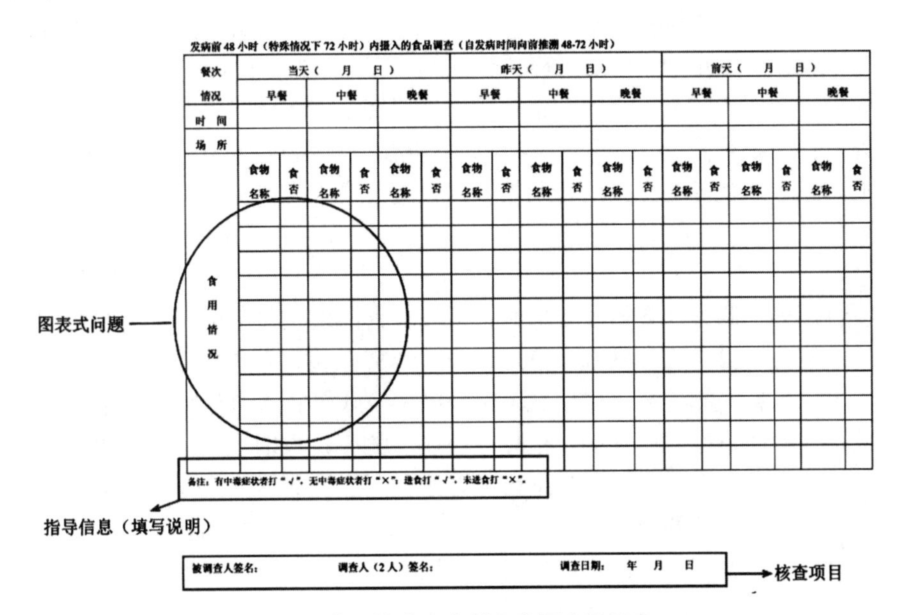

发病前 48 小时（特殊情况下 72 小时）内摄入的食品调查（自发病时间向前推溯 48-72 小时）

餐次情况	当天（　月　日）						昨天（　月　日）						前天（　月　日）					
	早餐		中餐		晚餐		早餐		中餐		晚餐		早餐		中餐		晚餐	
时　间																		
场　所																		
	食物名称	食否	食物名称	食否	食物名称	食否	食物名称	食否	食物名称	食否	食物名称	食否	食物名称	食否	食物名称	食否	食物名称	食否
食用情况																		

备注：有中毒症状者打“√”，无中毒症状者打“×”；进食打“√”，未进食打“×”。

被调查人签名：　　调查人（2 人）签名：　　调查日期：　年　月　日

图 1　食源性疾病病例个案调查登记表

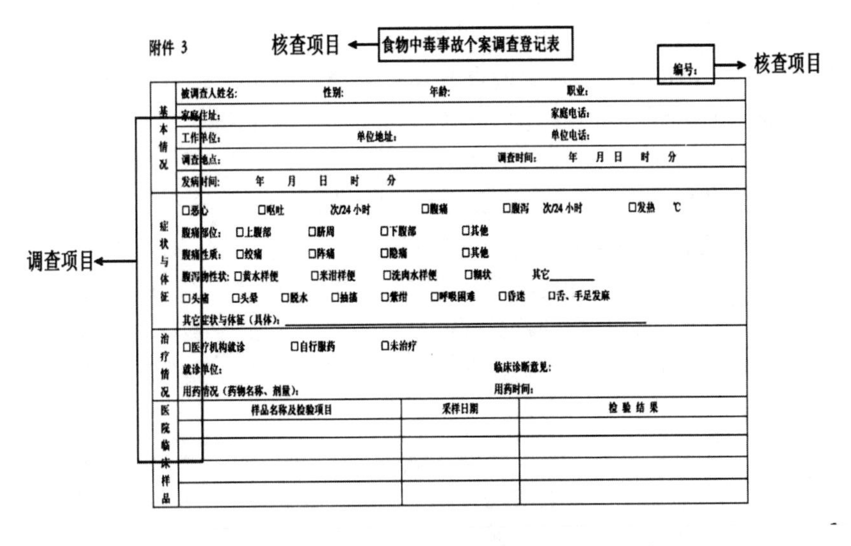

附件 3

食物中毒事故个案调查登记表

编号：

基本情况	被调查人姓名：　性别：　年龄：　职业：		
	家庭住址：　家庭电话：		
	工作单位：　单位地址：　单位电话：		
	调查地点：　调查时间：　年　月　日　时　分		
	发病时间：　年　月　日　时　分		
症状与体征	□恶心　□呕吐　次/24 小时　□腹痛　□腹泻　次/24 小时　□发热　℃		
	腹痛部位：□上腹部　□脐周　□下腹部　□其他		
	腹痛性质：□绞痛　□阵痛　□隐痛　□其他		
	腹泻物性状：□黄水样便　□米泔样便　□洗肉水样便　□糊状　其它＿＿＿＿		
	□头痛　□头晕　□脱水　□抽搐　□紫绀　□呼吸困难　□昏迷　□舌、手足发麻		
	其它症状与体征（具体）：＿＿＿＿		
治疗情况	□医疗机构就诊　□自行服药　□未治疗		
	就诊单位：　临床诊断意见：		
	用药情况（药物名称、剂量）：　用药时间：		
医院临床样品	样品名称及检验项目	采样日期	检验结果

图 2　食源性疾病病例个案调查登记表（续表）

* 本节编者为陈建东、邝浩成。

一、调查问卷的基本结构

一般来说，调查问卷由指导信息、调查项目和核查项目3个部分组成。各问卷部分相互关联，形成一个有机的整体，在实际调查中发挥着不同的作用。

（一）指导信息

指导信息通过对调查问卷的目的、内容和填写方式等进行必要的解释说明，使调查员和被调查者充分理解问卷调查过程，便于后续工作的开展。指导信息可分为引导语（“知情同意书”）和填写说明。引导语一般位于调查问卷的开头，包含一些礼貌用语和文字说明，用以介绍问卷调查的主要目的、重要意义及保密设置等背景信息，并邀请被调查者积极配合调查，提供客观真实的信息。填写说明一般位于调查项目之前，旨在统一应答形式，指导被调查者以规定的方式回答问卷题目，避免产生有歧义的答案，便于统计分析。

（二）调查项目

调查项目是整个调查问卷的核心部分，是获取食品安全事故信息的重要载体，以人群为调查对象的调查项目一般包括基本信息、人口学特征和研究条目。基本信息是指被调查对象的社会定位信息，如姓名、住址、单位、联系方式等；人口学特征是指被调查对象的某些生物或社会特征属性，如性别、年龄、职业、学历、婚姻状况、经济状况等；研究条目是调查项目的中心内容，包括主观条目和客观条目，用以获取与调查目的有关的信息，是调查问卷中必不可少的部分。

主观条目一般无相应的定性或定量指标，往往由被调查者根据主观判断做出应答。例如，当调查患者腹痛程度时，备选答案设置为“轻微疼痛”“中度疼痛”“剧烈疼痛”。客观条目要求被调查者通过定性或定量指标进行应答，所得结果更为客观和准确。例如，调查患者是否食用某类食物时，备选答案设置为“吃过”“没吃”或者“吃了一个”“吃了两个”。在设计调查问卷时，要根据调查背景和调查目的灵活设置条目类型，一般认为客观条目比主观条目，定量指标比定性指标更能够反映真实情况。

食源性疾病病例暴发事件调查问卷框架主要包括：基本信息及发病情况，主要症状、体征及诊疗经过，发病前72小时饮食情况及活动轨迹，实验室检查结果，食品生产加工流程等卫生学方面的信息。初次调查的问卷内容要求全面和完整，以有利于发现病例分布特征、重点场所和可疑食物，方便提出病因假设。缩小调查范围后可设计重点调查问卷，重点问卷内容要深入和细致，尽量使用定量指标，其结果有助于锁定具体致病因子，如某些食物成分、某个加工过程或某种致病微生物等，一般用于流行因素的分析性研究。

（三）核查项目

核查项目是调查问卷中可供核查的特殊条目，记录了问卷主题、问卷编号以及调查的时间、地点、人员等内容，相当于调查问卷的“身份证”。具体条目包括标题、问卷编号、调查地点、调查时间、调查人、核查人等。核查项目可以帮助调查员从问卷库中轻松找出某一份特定的问卷，便于调查问卷的核对、修改和完善。

二、调查问卷的提问方式

总的来说，问卷题目包括封闭式和开放式两种类型，一般以封闭式问题为主、开放式问题为辅，问卷设计时要灵活选用。以食品安全事故调查问卷为例，开放式问题常用于探索未知因素，提供基础性资料，封闭式问题常用于识别可能的危险因素，二者互为补充。一般在调查的早期阶段多使用开放式问题。

（一）封闭式问题

此类问题的备选答案一般是给定的，被调查者只能从中进行选择，适用于答案有明确范围的题目。封闭式问题的优点是统一应答标准，便于数据统计和分析，缺点是难以穷尽所有答案，可能导致信息缺失。例如，在调查食物中毒患者时提问“您是否出现以下症状?”，答案设为“头痛”“乏力”“腹泻”“呕吐”，实际上患者可能具有选项以外的其他症状，比如视力模糊、幻视等。为克服上述问题，封闭式问题的备选项常设一个开放式答案，比如增设最后一个备选答案为“其他：________________”，填写选项中未列出的情况。对较大规模食品安全事故调查，常结合预调查的结果，增设或删减问题答案选项，使备选答案更为全面合理。

（二）开放式问题

此类问题不指定备选答案，任由被调查者自由回答，适用于前期不能确定答案范围或者范围太广的题目，填写时需要被调查者充分发挥主观能动性，列出可能的回答。开放式问题的优点是不限制答案范围，所得信息较为丰富，有利于发现未知因素，缺点是答案不统一，难以统计和相互比较，且容易偏离主题。例如，“您昨天去过哪些地方就餐?”“您早餐吃了什么?”等。

（三）图表式问题

图表式问题在问卷中一般以图表形式展示，在本质上仍属于封闭式或开放式问题类型，主要区别在于答案的记录方式。通常以表格等形式记录被调查者的答案，一般用于答案较为丰富且有一定限制范围的条目，如调查、记录每一个餐次进食的食物种类。

三、问卷设计的一般原则

调查问卷以自填表或问答的形式获取目标信息，避免了无主题式的盲目对话。为了使问卷条目易于理解，提高被调查者应答的质量，问卷在题目设置、提问方式、语句表达方式等方面需遵循一定的准则。

（一）客观性原则

设计的问题条目要符合调查实际情况，不能违背常理和一般事实。比如询问身高范围，答案设有2.5～3m的选项，超过人类身高的极限。

（二）可能性原则

问卷（问题和选项）设置要在调查对象的认知范围内，超出其认知和理解程度的调查问卷难以获得真实有效的应答。

（三）自愿性原则

即必须考虑被调查者是否自愿、真实地回答问题。凡被调查者不可能自愿真实回答的问题，都不应该正面提出。

四、调查问卷的语句表达方式

问卷条目的语句表达要言简意赅，避免拖沓重复和语意模糊，主要讲究简明性、条理性、单一性、准确性、客观性和普适性。

（一）简明性

调查问卷的内容要简洁明了，即用最精简的条目反映最全面真实的信息。问卷包含的题目数量不宜过多，一般只保留必要的条目。此外，问卷题目的句子不宜太长，表述不宜太过复杂。

（二）条理性

题目设置顺序合理，符合认知逻辑。总的来说，一般的、容易回答的、先验的题目位置在前，特殊的、难以回答的、后验的问题位置靠后，敏感问题穿插在中间或者放在最后。

（三）单一性

原则上，每个题目只调查一项具体内容，避免一题两问或一题多问。比如下面题目就不妥当："您喜欢唱歌跳舞吗？""您进行体育锻炼的频率和时长是多少？""您今天中午是否去A餐厅吃了酱板鸭，喝了芒果汁？"此类题目需要调查对象分解信息并提供多个答案。

（四）准确性

题目的语言表达要准确清晰，避免使用"大概""经常""偶尔"等语义模糊的词句，造成结果的偏倚。比如："您大概喝了多少啤酒？""您经常抽烟吗？"如需使用此类题目，应该对模糊词句进行定义，如："您经常喝酒吗？（每周三次及以上）"

（五）客观性

调查内容和题目设置要客观，不能使用诱导性、否定性或倾向性的语言。如不要问"您今天中午没有喝酒吗？"或者"您真的有出现头晕的症状吗？"。

（六）普适性

调查问卷的题目要适合所有调查对象，设计的问题要通俗易懂，避免使用专业术语。例如："您的发病时间是什么时候？"此外，要注意题目与题目之间的逻辑关系，灵活运用跳转等技巧引导调查对象填写与之匹配的问题和内容。例如，在某次调查中，部分被调查者并未饮用酸梅汤，但问卷题目只设有"您喝了几杯酸梅汤？"，导致其无法做出回答。针对此类问题，要考虑人群分类，并优化题目设计，如：先设置问题A"您是否饮用酸梅汤？"，若回答"是"，则继续回答问题B"您喝了几杯酸梅汤？"，若针对问题A回答"否"，则跳转至问题F"您是否食用酱香排骨？"，从而使调查问卷适用于全部调查对象。

五、问卷设计的主要步骤

调查问卷的完整设计过程包括：明确研究目的和内容；确定理论框架、概念的定义和构成；提出具体条目，组成条目池；预调查，筛选条目；编制正式问卷。一般而言，一份专业的、高质量的、认可度高的调查问卷必须经过上述设计步骤。实际设计中，可根据自身工作经验和前期调查信息简化部分流程，在确保条目全面、准确的前提下，快速编制目标问卷。

（一）明确研究目的和内容

成立调查研究工作小组，先要明确调查目的，再转化为具体的调查内容。以食物安全事故调查问卷的设计为例，其目的是查明致病因子，识别危险因素，提出控制措施。围绕调查目的，可将内容具体为被调查者的一般情况、临床资料、流行病学资料、饮食活动情况、食品来源及生产工艺流程等。

（二）确定概念的定义及构成

通过文献查阅和专业经验构建问卷理论框架、划分维度、定义概念并分析其构成要素。概念定义实际上是将调查内容各维度的组成要素具体化。以调查患者流行病学特征为例，其包含三个维度，即疾病的时间、地点和人群分布情况。人群分布包含人口学特征概念，主要由年龄、性别、学历、职业、经济收入、手机号码等要素构成。概念的定义及构成要素要具体明确，方便问卷条目的设计。

（三）提出具体条目，组成条目池

设立议题小组，参考国内外优质调查问卷的条目设置，征询各方面专家和拟调查对象的意见和建议，提出与调查内容相关的问题条目。根据问卷设计的一般原则初步筛选条目，对内容重复、语义模糊的条目进行删减和调整。然后采用德尔菲专家咨询法，召集各方面专家对条目的重要性进行主观评价并以打分的方式记录结果，剔除无关紧要的问题条目。

为了保证条目质量，可利用初级条目池在组内开展小规模调查，根据调查结果进行第二轮或多轮的德尔菲专家咨询，将最终选定的条目纳入条目池。

（四）预调查，筛选条目

为确保问卷题目的重要性、代表性、独立性和区分度，需要对条目池进行筛选。将初始条目池组成测试问卷，对特定范围的调查对象开展预调查，样本量一般设置为问卷条目数的 4 倍或 5 倍，在德尔菲专家咨询法的基础上，结合离散趋势法、相关系数法、因子分析法、克朗巴赫系数法等对预调查结果进行评价和统计学分析，根据结果筛选优质条目。上述方法将在第二节详细介绍。

（五）修改完善，编制正式问卷

将各维度筛选出的优质条目按一定的逻辑顺序汇编为正式问卷，结合预调查结果对问卷的信度和效度等指标做出评价，及时修改完善，在实际调查中利用真实数据结果进一步检验问卷调查的质量。

第二节 食源性疾病病例暴发事件调查问卷的质量控制方法*

为保证问卷的科学性和结果的可靠性，需要对调查问卷的设计和使用过程进行质量控制。问卷设计的质控方法主要有德尔菲专家咨询法、离散程度法、相关系数法、因子分析法、克朗巴赫系数法等。问卷使用的质控方法包括调查员培训、完整性及逻辑性检查等。

一、问卷设计的质量控制

影响问卷调查质量的关键因素是问卷的条目设置，因此对条目进行筛选和评价是必不可少的质量控制环节。质控方法可分为两大类，一是通过调查员或者专家学者的主观评价进行质量把控；二是对预调查结果进行统计分析，转化为可供评价的量化指标，以此来评价问卷条目的质量。

（一）主观评价方法

1. 逻辑条目核查法

通过在调查问卷中加入两个或多个具有强逻辑关系的题目，通过观察调查对象的回答情况判断应答过程是否真实和严谨，一般检查前后题目的答案是否重复，是否有逻辑错误等。比如在调查某科室职工的饮水情况时，设置以下条目：①您是否饮用科室内的桶装水？⑤您是否经常自备饮用水？问题①和⑤是互斥关系，若调查对象的回答均为“否”，则说明逻辑不符，需要重新调查其饮水情况。

2. 专家重要性评分法（德尔菲专家咨询）

从重要性的角度筛选题项，德尔菲法本质上是一种反馈式匿名函询法，其大致流程是在对所要预测的问题征得专家群体的意见之后，进行整理、归纳、统计，再匿名反馈给各专家并征求意见，然后再集中、再反馈，直至得到相对一致的意见。测评组织者和被选出来的专家通过“背对背”而非“面对面”的方式交流，可以充分表达个人观点，克服了常规专家会议法的弊端，即部分专家可能因碍于权威、人情关系、观点冲突等因素而不能充分发表个人意见。

问卷设计中，在综合分析国内外文献的基础上，结合经验，初步确定调查项目和研究条目。首轮德尔菲专家咨询以信函、邮件等方式邀请专家对相关条目设置和条目权重发表具体意见，并根据专家反馈信息及时做出调整。开始第二轮德尔菲专家咨询时，再次邀请专家对调整后的研究条目进行重要性评价，可采用五点等距评分法：把评价人对某个条目的态度分为五个等级，中间为中性态度，两端为极端态度，如将态度分为“非常重要”“重要”“一般”“不重要”“极不重要”，并按“1”“2”“3”“4”“5”予以评分。统计每个条目的平均分，得分高者即为重要性指标。第二轮咨询后可选出得分较高的研究

---

* 本节编者为陈建东、邝浩成。

条目。

使用本方法前注意要对专家信息进行摸底，并以“背对背”的方式开展交流。例如，选择“具有二十年以上工作经历”“副主任医师以上职称”“参与过食品安全事故现场调查”的专家群体开展专家咨询，提高专家意见的专业性和可靠性。此外，若首轮咨询中不同专家意见冲突较大，则可继续进行多轮的专家咨询，直到专家意见较为一致为止。

（二）指标评价方法

指标评价方法是以条目为变量，以选项结果为变量值，对问卷预调查结果进行统计分析，用统计学指标评价各条目的敏感性、代表性、区分度、内部一致性等，以此决定某条目是否应该保留。在选用评价指标时要注意资料的分布特征，不能违背统计分析的一般原则，通常认为 $N>300$ 则近似符合正态分布。

1. 结果描述法

通过描述预调查结果的分布情况和集中、离散趋势对问卷中的条目进行筛选，主要利用集中趋势和离散趋势两种评价指标作为判断依据。

（1）集中趋势。从代表性的角度筛选题项，对一些有关疾病症状或体征的题项，可以统计这些症状出现的频次，保留频次较高的题目。

（2）离散趋势。从敏感性角度筛选题项，用表示数据离散趋势的一些指标对调查问卷的预调查结果进行统计分析，评价问卷整理或某方面的离散程度。题项的离散程度越大，其用于评价时的区别能力就越强。因此，可结合实际工作，保留离散度指标较大的题目，常用的指标有标准差、四分位数间距、变异系数等。

以量纲相同，答案选项为多级有序分类变量的问卷为例，如满意度调查中选项设为“满意”“较满意”“一般”“不太满意”“不满意”或符合程度评价调查中选项设为“没有过”“偶尔”“经常”“总是”，用数字代表调查对象对各选项的评分值。根据调查对象对各题项的评分结果，计算离散程度指标，通常为各题项得分的标准差。最后，根据标准差的大小筛选题目，剔除离散程度过低的题目。

假设结果符合正态分布，预调查共收回 $N=300$ 份有效问卷。其中给题目“X^5”评 1 分的有 100 份、评 2 分的有 100 份，评 3 分的有 50 份，评 4 分的有 50 份，算得“X^5”的标准差（离散程度）为 $\sigma=1.069$，同理，算出所有题目的标准差，根据标准差大小排序后筛选条目。

2. 相关系数法

相关系数法分别从代表性和独立性两方面对题目进行评价和筛选。通常考察条目与条目、条目与问卷某方面、条目与问卷整体之间的相关性，计算各相关系数。

（1）代表性。通过计算预调查中各题项得分与问卷总得分或某维度（方面）得分之间的相关系数，评价题目的代表性。相关系数越大则表明该题目与问卷整体或本维度（方面）的得分关系越密切，具有更好的代表性。在实际工作中，一般只看相关系数绝对值的大小，不考虑正负号，根据调查结果筛选题目，可剔除相关系数太小的题项。

（2）独立性。同理，通过相关系数的大小评价各题项的独立性，一般计算题目与题目之间或题目与其他维度（方面）的相关系数，系数越小表示题目的独立性越好，根据需要予以保留。

3. 区分度分析法

从区分度的角度筛选指标，根据调查结果，按调查对象分为健康组和病例组，利用 t 检验等方法对两组各条目的得分进行统计分析，筛选能区分人群特征或影响因素的条目。常用的还有 Logistic 回归和逐步回归法，使用时要考虑条目之间的相关性对结果的影响。

4. 因子分析法

从代表性角度进行筛选，常用统计学软件进行分析，将问卷分解为若干因子，每个因子包含若干条目，利用条目在公因子上的载荷来确定指标的取舍。选用主成分的方法进行因子分析，并进行最大正交旋转，根据构建量表时的理论结构确定因子个数，选取在相应的公因子上载荷较大的条目。

5. 克朗巴赫系数法

也译作克隆巴赫系数（α 系数）法，常用于评价问卷的信度，主要基于内部一致性指标筛选有效题项，适用于评价连续型变量和有序分类变量的一致性。首先计算出问卷整体或某一方面的 α 系数。比较去除其中某一题目后克朗巴赫系数的变化情况，如果去掉某题目后克朗巴赫系数有较大上升，则说明该条目的存在会降低该方面的内部一致性，应该去掉，反之则保留。一般可进行多轮次删除，直到克朗巴赫系数降低或无明显上升为止。

α 系数的计算公式为：

$$\alpha = \frac{K}{K-1}\left(1 - \frac{\sum Var(x_i)}{Var(Y)}\right)$$

其中 K 为题目数，$Var(x_i)$ 表示所有调查对象在第 i 题得分的方差，$Var(Y)$ 表示所有调查对象 K 个题目总得分的方差，$Y = \sum_{i=0}^{k} x_i$，具体计算可借助 Excel、SPSS 等统计分析软件。

6. 重测信度法

常用于评价问卷信度，基于应答的稳定性角度筛选问卷条目。以特定的人群作为调查对象，进行两次或多次问卷调查，一般间隔时间为一周，通过计算不同时间各调查结果之间的相关系数，评价调查对象对某些条目作答的稳定性，保留稳定性好的题目。由于重测信度法要求重复开展调查，建议控制样本量，并选择依从度较高的调查对象。

二、调查问卷使用过程的质量控制

高质量调查问卷是获取可靠调查结果的条件之一，此外，还需要高素质的调查员和标准化的调查流程。

（一）调查员培训

问卷调查准备阶段，需要对调查员进行统一培训，使其对调查目的、调查方案、问卷条目等具有统一的认识。通过模拟调查，使调查员熟悉调查流程和填写标准，同时对调查过程中出现的问题进行统一解答，避免在调查现场出现应对不当的现象。

（二）问卷调查实施中的偏误控制

在现场调查实施过程中，调查员需要向调查对象宣示调查开展依据的法规并做好调查伦理与知情同意工作，并且做出隐私保密承诺，同时督促调查对象如实填写问卷题目。在问卷填写过程中，及时对调查对象提出的问题进行反馈，纠正调查对象不符合规范的填写。

（三）问卷回收率控制

在调查现场回收问卷时，调查员应督促调查对象按时按量完成问卷所有题目，并做好问卷发放与回收的规范管理，尽量跟进调查对象填写问卷的全过程直到回收问卷并完成归档，以此确保问卷回收率处于可接受区间。

（四）问卷完整性及逻辑性检查

回收问卷后，要第一时间核查问卷填写的完整性，对填写不完整的问卷，及时提醒调查对象进行补充。若问卷填写完整，则对问卷条目中的逻辑性进行检查，看答案的填写是否符合题目逻辑，并找出不合逻辑的回答的产生原因，对于逻辑错误明显的问卷应当视为无效问卷，应重新进行调查或者不予统计。

（五）问卷有效性检查

回收并归档问卷后，可以进行问卷填写质量的初步检查，以此筛选出可供分析的有效问卷。首先检查问卷填写是否有明显的随意倾向，如每一题项都勾选或填写同一答案，以及出现题目中不包含的多余、虚假选项。其次需要检查问卷回答是否涉及不合规的隐私或泄密信息。如果发生上述情况，调查员需要及时报告，经专家或调查工作组讨论后决定是否将相关问题问卷予以作废处理。

第三节　食源性疾病病例暴发事件调查问卷的调查质量评估方法*

完成正式问卷调查后，需要评估问卷质量及其实际功效，即调查质量评估。此过程包含两个方面：其一是评价调查问卷，利用预调查或实际调查产生的数据结果检验问卷的信度和效度；其二评价调查质量，通过问卷回答和回收情况评价调查质量。

一、问卷质量的评价

问卷的评价通常从信度、效度两个方面进行评价，以了解问卷能否准确可靠地获取调查所需信息。

（一）信度评价

信度反映测量结果的稳定性，通常采用信度系数 α 来评价，包括重测信度、分半信度、内部一致性信度等。通常 α 系数的值介于 0 至 1 之间，系数越大，信度越高。若 α 系数不超过 0.6，说明问卷内部一致性不足，0.7 至 0.8 说明信度尚可，0.8 以上表示信度非常好。α 系数的一个特性是会随着条目数的增加而增加，在实际评价中，要排除冗余条目对系数值的影响。

重测信度是采用同一份问卷在不同时间对同一批研究对象进行重复测量，两次测量结果的一致性程度。通常在调查一周或两周内抽取 10% 的调查对象进行重复问卷调查，计算重测信度系数，重测信度系数应达到 0.7 以上。

分半信度是将调查问卷分为奇数条目和偶数条目评分，计算两者的相关系数 r，整个问卷的信度系数为 $2r/(1+r)$。内部一致性信度避免机械地将调查条目奇偶分半，而是考虑到各条目之间的内部结构和联系程度来估计信度，最常用的为克朗巴赫系数。一般常用的统计软件包（如 SPSS、SAS 等）均可计算分半系数和克朗巴赫系数。系数越大，提示信度越好。

（二）效度评价

效度也称准确度，反映调查问卷的有效性和正确性，即问卷测量能否真实反映研究对象的特征信息。常用的效度评价为内部效度与外部效度，其中内部效度又可分为内容效度、结构效度。内容效度指问卷所涉及的条目是否覆盖研究目的要求达到的各个方面和领域，一般用于对非量表（非连续型）问卷题项的效度检验，通常由相关专家对问卷进行内容效度的评价。结构效度是指调查问卷的结构是否符合理论构想和框架，通常采用因子分析法评价问卷的结构效度。分析因子（即量表测度的变量，使用因子分析时称因子）

* 本节编者为邝浩成、陈建东。

与题项的对应关系，二者预期基本一致时，则说明具有良好效度水平。具体的分析指标为：特征根值（通常使用旋转后大于1作为标准），累积方差解释率（通常使用旋转后，以大于50%作为标准），KMO值（大于0.6作为标准），巴特球形值对应的sig值（小于0.01作为标准）。

外部效度是指调查问卷的结果在推广至总体方面的有效性。除了极个别问卷调查只是为了研究特定个案的特征情况外，大部分问卷调查的目的是见微知著，从样本推断总体的特征情况，并识别特定的一般性因果关系。因此，需要十分注意影响调查问卷外部效度的因素，综合控制好诸如调查对象同时参加多项调查产生的交叉影响、调查人员对调查对象施加的影响、调查情景对调查结果的影响等对问卷结果的干扰。同时也可以将调查结果与其他情景下同类型调查结果做比较，以识别和控制调查的偏差，从而保证问卷调查的外部效度。

二、调查质量的快速评价

快速评估法是流行病学调查研究中的一种方法，它只抽取少量的样本就可以达到调查设计的要求，具有简单、易于实施、快速和准确等特点。在调查实施过程中应实行"日事日毕，日清日高"的管理模式，每一小阶段对调查研究中获得的数据进行快速评估是质量控制的重要部分。食品安全事故现场调查要组织做好调查过程并随时进行质量评价，特别是对调查方式进行规范性评价，可对早期完成的调查问卷进行二次调查，计算符合率，针对快速评估的结果指出调查存在的问题，及时更正，保证后续获得资料的完整真实性。要勇于及时中止调查，再次培训调查员，重新选择合适的调查方式、调查工具开展调查。

质量控制在流行病学调查中起着至关重要的作用，而流行病学调查的质量控制就是检查整个调查、研究过程中每一步是否按照实施方案计划执行。质量管理专家戴明曾说过："产品的质量保证是生产出来的，不是检验出来的。"在流行病学调查中亦是如此，调查结果的真实与可靠不是通过调查后的检验、剔除来达到的，而是要通过调查过程中的每一步质量控制来实现的。质量控制是一个方法、一个标准，它是保证调查研究结果有价值的基石；有了质量控制，流行病学调查得到的结果才更可信，更有说服力。

第四节　在线问卷的设计与实现*

在线问卷（网络问卷）与纸质问卷的主要差别是问卷载体不同。在线问卷依托互联网技术进行调查问卷的设计、分发、回收及统计分析，整个问卷调查过程均在线上完成。目前已开发出多种商用问卷设计软件，国内有问卷星、问道、考试酷等工具。本节以问卷星为例，简述在线问卷设计的整体框架和实现方法。

一、在线问卷的主要框架

网络问卷是一般性质的问卷与网站功能的结合体，是将传统问卷以用户界面形式展示给调查对象，其主要框架涵盖五个方面的内容。一是总体组织，包括欢迎页、注册与登录、标题与问卷指导、问卷主题内容、屏幕自动检测、帮助、致谢等；二是版面设计，包括页面布局、滚动显示、逻辑跳转、导航（按钮、链接）等；三是编排格式，包括文本、色彩、图形、表格与框架、动画等；四是回答方式设置，针对封闭式问题，通常使用单选按钮、复选框、下拉菜单和表格式（矩阵式）；五是技术处理，包括隐私保护、媒介选择等。

二、在线问卷的质量控制

（一）设置逻辑检验题目

目前在针对在线调查的质量控制方法中，应用最为普遍的是逻辑关系校验，包含选项间的逻辑和题目间的逻辑。选项间逻辑主要是互斥和包含的关系，题目间逻辑主要存在于一些具有特定关系的指标中。这些题目在问卷中的数量通常不会超过总题量的20%，且多数与甄别部分相关，对主体问卷数据质量的控制作用较弱。

（二）合理设置问卷

问卷调查要选择最真实有效的数据获取方式。问卷调查前应了解不同受调查者的文化水平、答题可接受范围等，根据实际情况修改问卷描述和问题设置风格，以便更准确地获得真实有效的作答。

（三）现场调查与线上调查并行

由于线上调查不能实时了解调查对象的作答情况，对于一些文化水平较低或不能线上填写的调查对象应采取现场与线上相结合的方式调查。一方面可通过工作人员现场辅导解

---

* 本节编者为陈建东、许建雄。

决因被调查者无法通过线上作答而导致的信息缺失；另一方面可实时了解作答情况，提高数据的真实性和有效性。

三、在线问卷的优势和缺点

与传统问卷相比，在线问卷具有周期短、效率高、成本低、区域广、功能强等优势。但是网络问卷也存在一些局限，如调查过程中缺乏调查员的现场指导，容易造成不应答或无效应答；网络问卷还受限于浏览器、宽带速度、传播媒介等客观因素的影响；网络问卷设计不合理或不够直观会导致调查对象放弃回答。现场调查和网络调查均各有利弊，因此，要根据实际调查目的和可操作性选择合适的调查形式。

四、“问卷星”平台操作指引

（一）问卷导入编辑

首先通过问卷星网页或小程序注册、登录；点击进入管理后台创建调查问卷，根据需要选择所需问卷类型并创建新问卷，本例选择“调查”；输入问卷标题，然后从空白创建或导入问卷文本，本例选择“从空白创建”；此后会出现向导页面，根据向导页面的提示完成题目和选项设置，可单条添加或批量添加，编辑过程中可随时预览效果，完成后点击“完成”编辑。

（二）问卷设置

编辑完成后界面跳转进入调整界面，用于设置问卷信息、安全及权限、显示内容，菜单栏包括外观、设置、奖励、质控等部分，同时也可继续编辑问卷；完成问卷调整后选择发布问卷，页面自动生成二维码和问卷链接，有制作海报、微信发送和在线访谈、短信或邮件等形式，同时可对填写媒介和填写次数等参数进行设置。本例选择“微信发送”，功能设置为只允许从微信中填写，并限制每位微信用户只能填写一次，截取二维码进行分享。

在向导页面“分析 & 下载”一栏可实时查看问卷填写情况，完成调查后可将数据以多种文件形式导出进行统计分析；返回主界面后可看到刚刚创建的调查项目，可执行停止、复制、删除等操作。详细的问卷设计步骤可查阅“问卷星”使用指南。

（三）网页版操作步骤图示

（1）在线搜索："问卷星"，注册并登录。

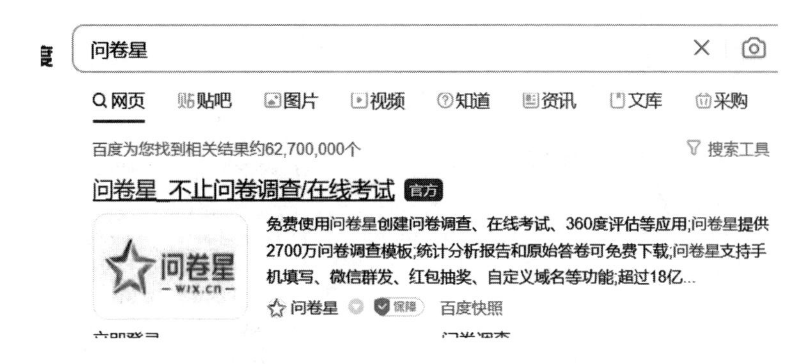

（2）进入登录页面，开始创建问卷。

（3）选择问卷类型，本例选"调查"。

（4）输入问卷标题，创建问卷或导入文本问卷。

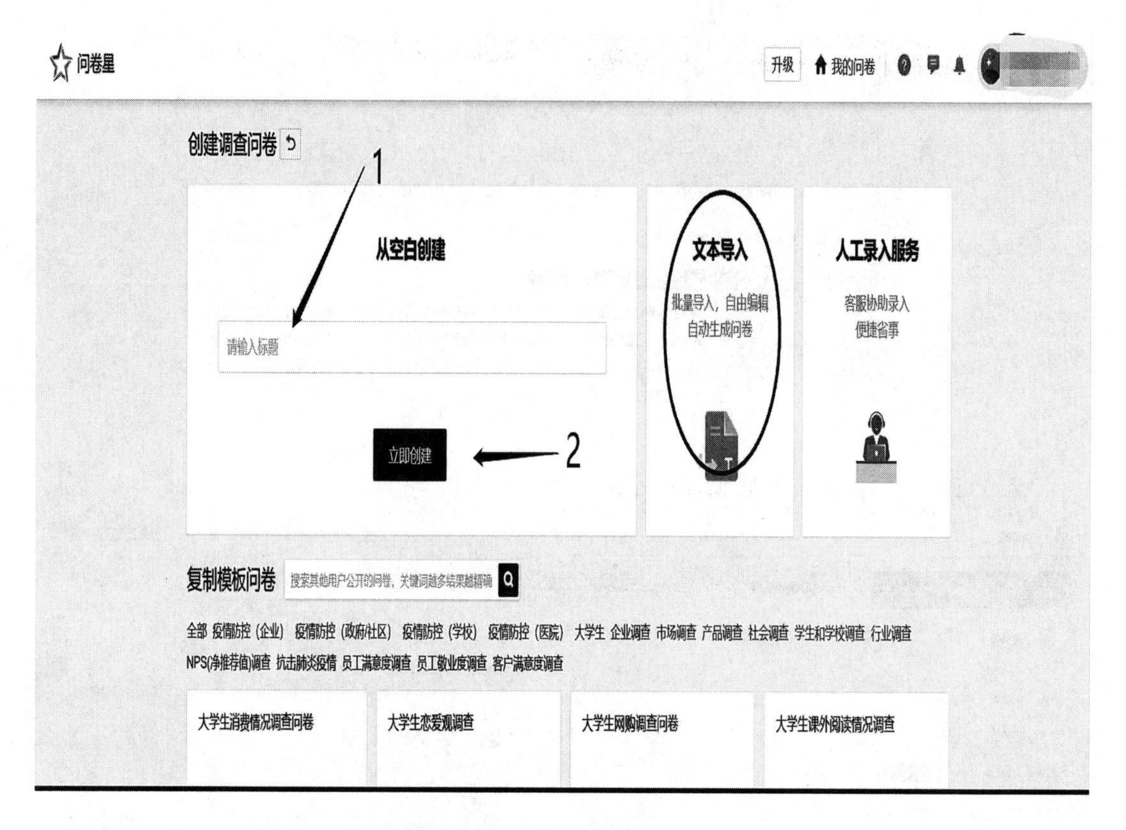

（5）进入题目设置页面，根据指南进行相关操作。

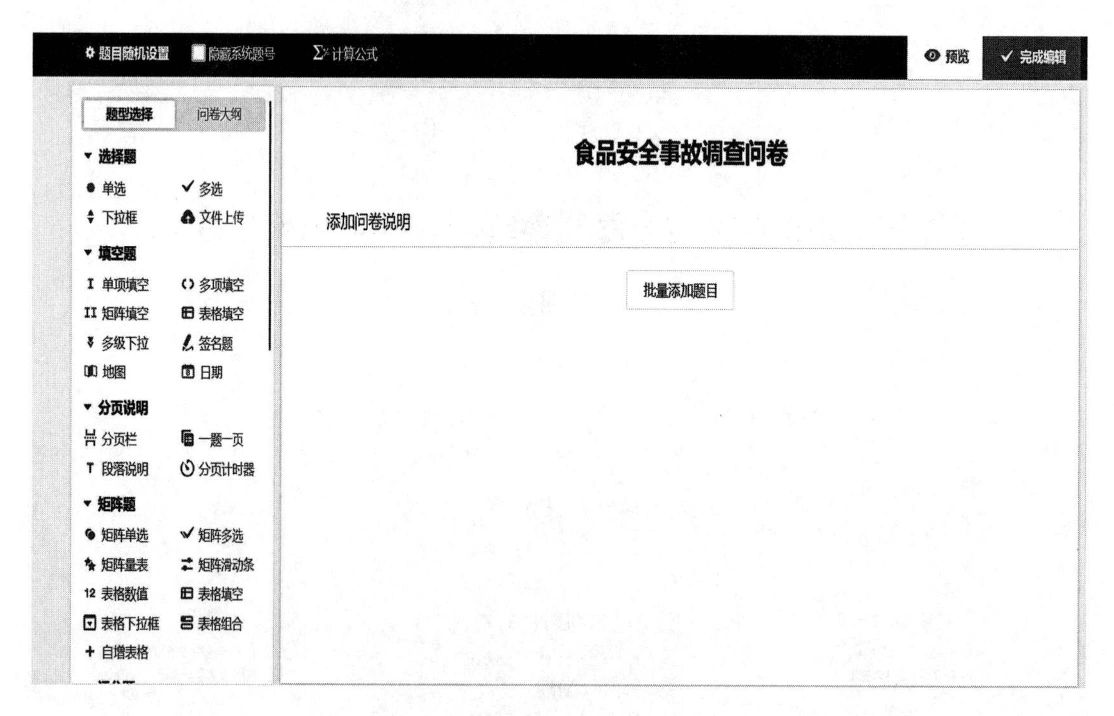

（6）设置单选题的题目和选项内容及控制参数。

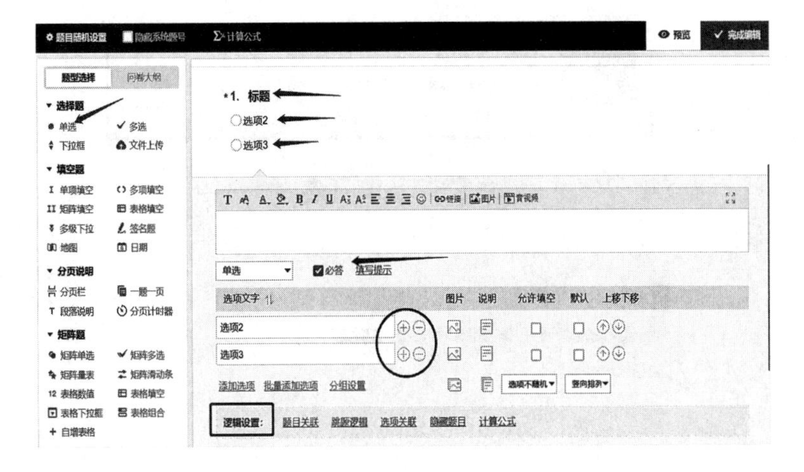

（7）单选题题目和选项编辑示例。

（8）编辑过程中预览问卷或者完成编辑。

（9）完成质控等设置后发布问卷。

（10）选择派发媒介，本例选“微信发送”。

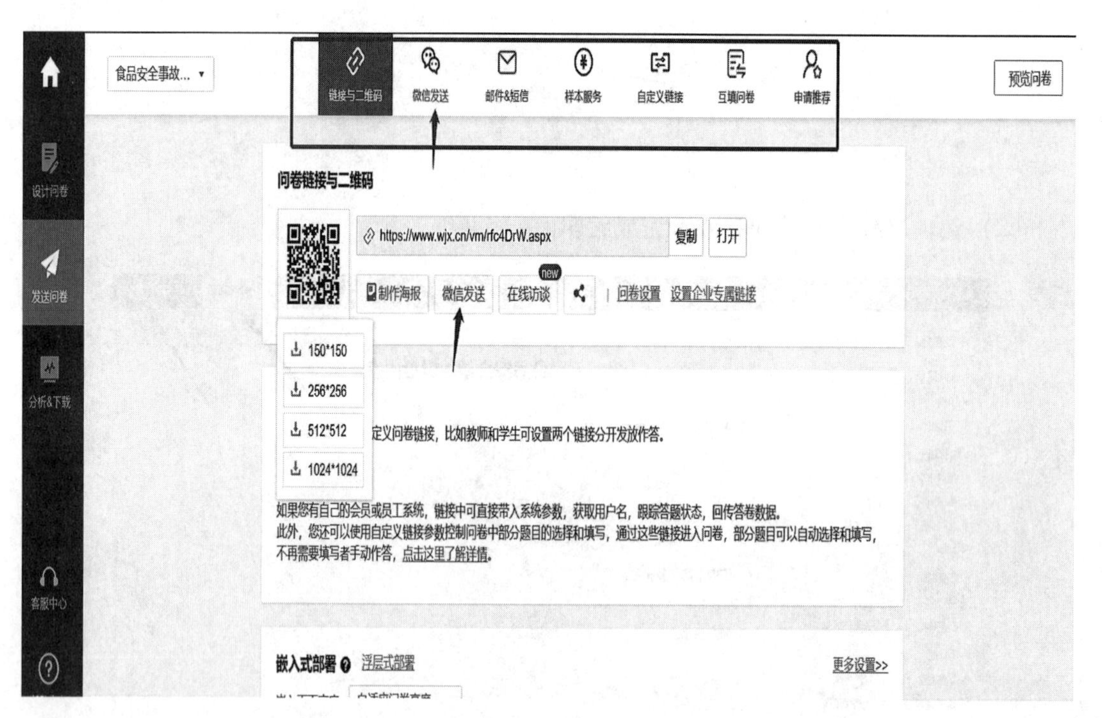

（11）自动生成链接及二维码，进行功能设置。

（12）扫描答题后，可查看问卷应答情况。

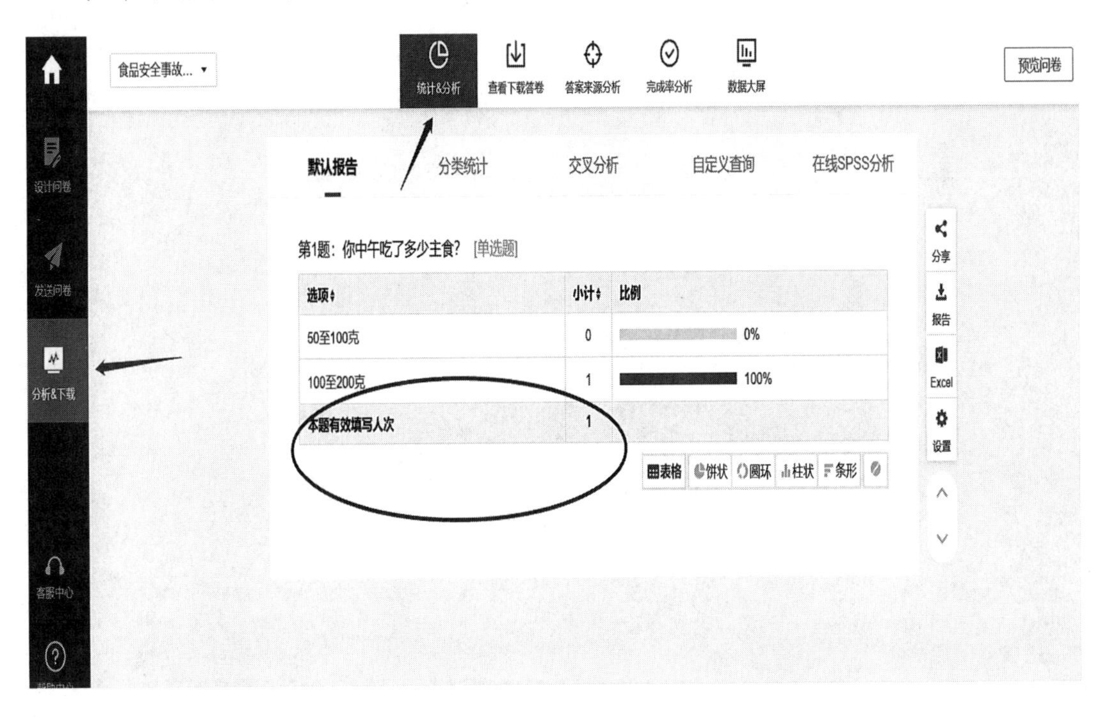

（13）点击“我的主页”，可查看正在调查的问卷，并进行操作。

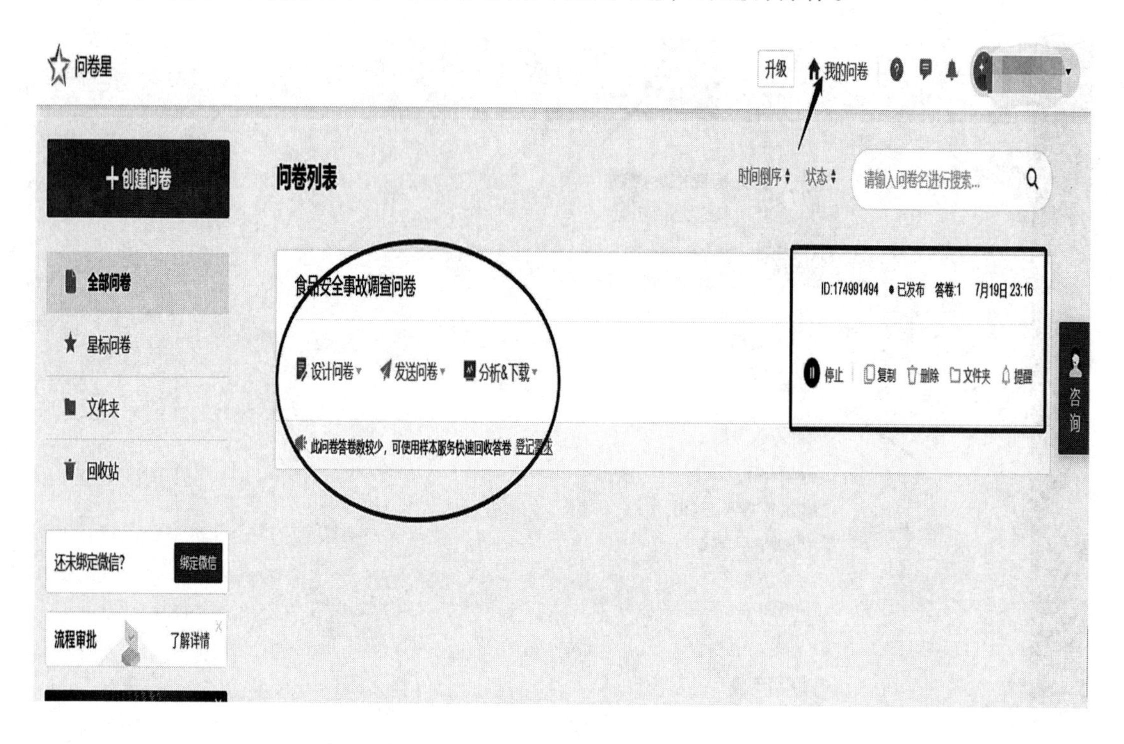

附录

附录一　餐饮服务食品安全操作规范

第一章　总　则

第一条　为加强餐饮服务食品安全管理，规范餐饮服务经营行为，保障消费者饮食安全，根据《食品安全法》《食品安全法实施条例》《餐饮服务许可管理办法》《餐饮服务食品安全监督管理办法》等法律、法规、规章的规定，制定本规范。

第二条　本规范适用于餐饮服务提供者，包括餐馆、小吃店、快餐店、饮品店、食堂、集体用餐配送单位和中央厨房等。

第三条　餐饮服务提供者的法定代表人、负责人或业主是本单位食品安全的第一责任人，对本单位的食品安全负法律责任。

第四条　鼓励餐饮服务提供者建立和实施先进的食品安全管理体系，不断提高餐饮服务食品安全管理水平。

第五条　鼓励餐饮服务提供者为消费者提供分餐等健康饮食的条件。

第六条　本规范下列用语的含义

（一）餐饮服务：指通过即时制作加工、商业销售和服务性劳动等，向消费者提供食品和消费场所及设施的服务活动。

（二）餐饮服务提供者：指从事餐饮服务的单位和个人。

（三）餐馆（含酒家、酒楼、酒店、饭庄等）：指以饭菜（包括中餐、西餐、日餐、韩餐等）为主要经营项目的提供者，包括火锅店、烧烤店等。

特大型餐馆：指加工经营场所使用面积在3000㎡以上（不含3000㎡），或者就餐座位数在1000座以上（不含1000座）的餐馆。

大型餐馆：指加工经营场所使用面积在500～3000㎡（不含500㎡，含3000㎡），或者就餐座位数在250～1000座（不含250座，含1000座）的餐馆。

中型餐馆：指加工经营场所使用面积在150～500㎡（不含150㎡，含500㎡），或者就餐座位数在75～250座（不含75座，含250座）的餐馆。

小型餐馆：指加工经营场所使用面积在150m^2以下（含150m^2），或者就餐座位数在75座以下（含75座）的餐馆。

（四）快餐店：指以集中加工配送、当场分餐食用并快速提供就餐服务为主要加工供应形式的提供者。

（五）小吃店：指以点心、小吃为主要经营项目的提供者。

（六）饮品店：指以供应酒类、咖啡、茶水或者饮料为主的提供者。

甜品站：指餐饮服务提供者在其餐饮主店经营场所内或附近开设，具有固定经营场所，直接销售或经简单加工制作后销售由餐饮主店配送的以冰激凌、饮料、甜品为主的食品的附属店面。

（七）食堂：指设于机关、学校（含托幼机构）、企事业单位、建筑工地等地点（场所），供应内部职工、学生等就餐的提供者。

（八）集体用餐配送单位：指根据集体服务对象订购要求，集中加工、分送食品但不提供就餐场所的提供者。

（九）中央厨房：指由餐饮连锁企业建立的，具有独立场所及设施设备，集中完成食品成品或半成品加工制作，并直接配送给餐饮服务单位的提供者。

（十）食品：指各种供人食用或者饮用的成品和原料以及按照传统既是食品又是药品的物品，但不包括以治疗为目的的物品。

原料：指供加工制作食品所用的一切可食用或者饮用的物质和材料。

半成品：指食品原料经初步或部分加工后，尚需进一步加工制作的食品或原料。

成品：指经过加工制成的或待出售的可直接食用的食品。

（十一）凉菜（包括冷菜、冷荤、熟食、卤味等）：指对经过烹制成熟、腌渍入味或仅经清洗切配等处理后的食品进行简单制作并装盘，一般无需加热即可食用的菜肴。

（十二）生食海产品：指不经过加热处理即供食用的生长于海洋的鱼类、贝壳类、头足类等水产品。

（十三）裱花蛋糕：指以粮、糖、油、蛋为主要原料经焙烤加工而成的糕点胚，在其表面裱以奶油等制成的食品。

（十四）现榨饮料：指以新鲜水果、蔬菜及谷类、豆类等五谷杂粮为原料，通过压榨等方法现场制作的供消费者直接饮用的非定型包装果蔬汁、五谷杂粮等饮品，不包括采用浓浆、浓缩汁、果蔬粉调配而成的饮料。

（十五）加工经营场所：指与食品制作供应直接或间接相关的场所，包括食品处理区、非食品处理区和就餐场所。

1. 食品处理区：指食品的粗加工、切配、烹饪和备餐场所、专间、食品库房、餐用具清洗消毒和保洁场所等区域，分为清洁操作区、准清洁操作区、一般操作区。

（1）清洁操作区：指为防止食品被环境污染，清洁要求较高的操作场所，包括专间、备餐场所。

专间：指处理或短时间存放直接入口食品的专用操作间，包括凉菜间、裱花间、备餐间、分装间等。

备餐场所：指成品的整理、分装、分发、暂时放置的专用场所。

（2）准清洁操作区：指清洁要求次于清洁操作区的操作场所，包括烹饪场所、餐用具保洁场所。

烹饪场所：指对经过粗加工、切配的原料或半成品进行煎、炒、炸、焖、煮、烤、烘、蒸及其他热加工处理的操作场所。

餐用具保洁场所：指对经清洗消毒后的餐饮具和接触直接入口食品的工具、容器进行存放并保持清洁的场所。

（3）一般操作区：指其他处理食品和餐用具的场所，包括粗加工场所、切配场所、餐用具清洗消毒场所和食品库房等。

粗加工场所：指对食品原料进行挑拣、整理、解冻、清洗、剔除不可食用部分等加工处理的操作场所。

切配场所：指把经过粗加工的食品进行清洗、切割、称量、拼配等加工处理成为半成品的操作场所。

餐用具清洗消毒场所：指对餐饮具和接触直接入口食品的工具、容器进行清洗、消毒的操作场所。

2. 非食品处理区：指办公室、更衣场所、门厅、大堂休息厅、歌舞台、非食品库房、卫生间等非直接处理食品的区域。

3. 就餐场所：指供消费者就餐的场所，但不包括供就餐者专用的卫生间、门厅、大堂休息厅、歌舞台等辅助就餐的场所。

（十六）中心温度：指块状或有容器存放的液态食品或食品原料的中心部位的温度。

（十七）冷藏：指将食品或原料置于冰点以上较低温度条件下贮存的过程，冷藏温度的范围应在 0 ～ 10 ℃之间。

（十八）冷冻：指将食品或原料置于冰点温度以下，以保持冰冻状态贮存的过程，冷冻温度的范围

应在 -20 ～ -1 ℃之间。

（十九）清洗：指利用清水清除原料夹带的杂质和原料、餐用具、设备和设施等表面的污物的操作过程。

（二十）消毒：用物理或化学方法破坏、钝化或除去有害微生物的操作过程。

（二十一）交叉污染：指食品、食品加工者、食品加工环境、工具、容器、设备、设施之间生物或化学的污染物相互转移的过程。

（二十二）从业人员：指餐饮服务提供者中从事食品采购、保存、加工、供餐服务以及食品安全管理等工作的人员。

第七条 本规范中“应”的要求是必须执行；“不得”的要求是禁止执行；“宜”的要求是推荐执行。

第二章 机构及人员管理

第八条 食品安全管理机构设置和人员配备要求

（一）大型以上餐馆（含大型餐馆）、学校食堂（含托幼机构食堂）、供餐人数 500 人以上的机关及企事业单位食堂、餐饮连锁企业总部、集体用餐配送单位、中央厨房应设置食品安全管理机构并配备专职食品安全管理人员。

（二）其他餐饮服务提供者应配备专职或兼职食品安全管理人员。

第九条 食品安全管理机构和人员职责要求

（一）建立健全食品安全管理制度，明确食品安全责任，落实岗位责任制。食品安全管理制度主要包括：从业人员健康管理制度和培训管理制度，加 工经营场所及设施设备清洁、消毒和维修保养制度，食品、食品添加剂、食品相关产品采购索证索票、进货查验和台账记录制度，关键环节操作规程，餐厨废弃物处 置管理制度，食品安全突发事件应急处置方案，投诉受理制度以及食品药品监管部门规定的其他制度。

（二）制订从业人员食品安全知识培训计划并加以实施，组织学习食品安全法律、法规、规章、规范、标准、加工操作规程和其他食品安全知识，加强诚信守法经营和职业道德教育。

（三）组织从业人员进行健康检查，依法将患有有碍食品安全疾病的人员调整到不影响食品安全的工作岗位。

（四）制订食品安全检查计划，明确检查项目及考核标准，并做好检查记录。

（五）组织制订食品安全事故处置方案，定期检查食品安全防范措施的落实情况，及时消除食品安全事故隐患。

（六）建立食品安全检查及从业人员健康、培训等管理档案。

（七）承担法律、法规、规章、规范、标准规定的其他职责。

第十条 食品安全管理人员基本要求

（一）身体健康并持有有效健康证明。

（二）具备 2 年以上餐饮服务食品安全工作经历。

（三）持有有效培训合格证明。

（四）食品药品监督管理部门规定的其他条件。

第十一条 从业人员健康管理要求

（一）从业人员（包括新参加和临时参加工作的人员）在上岗前应取得健康证明。

（二）每年进行一次健康检查，必要时进行临时健康检查。

（三）患有《中华人民共和国食品安全法实施条例》第二十三条所列疾病的人员，不得从事接触直接入口食品的工作。

（四）餐饮服务提供者应建立每日晨检制度。有发热、腹泻、皮肤伤口或感染、咽部炎症等有碍食品安全病症的人员，应立即离开工作岗位，待查明原因并将有碍食品安全的病症治愈后，方可重新上岗。

第十二条 从业人员个人卫生要求

（一）应保持良好个人卫生，操作时应穿戴清洁的工作衣帽，头发不得外露，不得留长指甲、涂指甲油、佩戴饰物。专间操作人员应戴口罩。

（二）操作前应洗净手部，操作过程中应保持手部清洁，手部受到污染后应及时洗手。洗手消毒宜符合《推荐的餐饮服务从业人员洗手消毒方法》（见附件5）。

（三）接触直接入口食品的操作人员，有下列情形之一的，应洗手并消毒：

1. 处理食物前；
2. 使用卫生间后；
3. 接触生食物后；
4. 接触受到污染的工具、设备后；
5. 咳嗽、打喷嚏或擤鼻涕后；
6. 处理动物或废弃物后；
7. 触摸耳朵、鼻子、头发、面部、口腔或身体其他部位后；
8. 从事任何可能会污染双手的活动后。

（四）专间操作人员进入专间时，应更换专用工作衣帽并佩戴口罩，操作前应严格进行双手清洗消毒，操作中应适时消毒。不得穿戴专间工作衣帽从事与专间内操作无关的工作。

（五）不得将私人物品带入食品处理区。

（六）不得在食品处理区内吸烟、饮食或从事其他可能污染食品的行为。

（七）进入食品处理区的非操作人员，应符合现场操作人员卫生要求。

第十三条 从业人员工作服管理要求

（一）工作服（包括衣、帽、口罩）宜用白色或浅色布料制作，专间工作服宜从颜色或式样上予以区分。

（二）工作服应定期更换，保持清洁。接触直接入口食品的操作人员的工作服应每天更换。

（三）从业人员上卫生间前应在食品处理区内脱去工作服。

（四）待清洗的工作服应远离食品处理区。

（五）每名从业人员不得少于2套工作服。

第十四条 人员培训要求

（一）从业人员（包括新参加和临时参加工作的人员）应参加食品安全培训，合格后方能上岗。

（二）从业人员应按照培训计划和要求参加培训。

（三）食品安全管理人员原则上每年应接受不少于40小时的餐饮服务食品安全集中培训。

第三章 场所与设施、设备

第十五条 选址要求

（一）应选择地势干燥、有给排水条件和电力供应的地区，不得设在易受到污染的区域。

（二）应距离粪坑、污水池、暴露垃圾场（站）、旱厕等污染源25m以上，并设置在粉尘、有害气体、放射性物质和其他扩散性污染源的影响范围之外。

（三）应同时符合规划、环保和消防等有关要求。

第十六条 建筑结构、布局、场所设置、分隔、面积要求

（一）建筑结构应坚固耐用、易于维修、易于保持清洁，能避免有害动物的侵入和栖息。

（二）食品处理区应设置在室内，按照原料进入、原料加工、半成品加工、成品供应的流程合理布局，并应能防止在存放、操作中产生交叉污染。食 品加工处理流程应为生进熟出的单一流向。原料通道及入口、成品通道及出口、使用后的餐饮具回收通道及入口，宜分开设置；无法分设时，应在不同的时段分别运 送原料、成品、使用后的餐饮具，或者将运送的成品加以无污染覆盖。

（三）食品处理区应设置专用的粗加工（全部使用半成品的可不设置）、烹饪（单纯经营火锅、烧烤的可不设置）、餐用具清洗消毒的场所，并应设 置原料和（或）半成品贮存、切配及备餐（饮品店可不设置）的场所。进行凉菜配制、裱花操作、食品分装操作的，应分别设置相应专间。制作现榨饮料、水果拼盘 及加工生食海产品的，应分别设置相应的专用操作场所。集中备餐的食堂和快餐店应设有备餐专间，或者符合本规范第十七条第二项第五目的要求。中央厨房配制凉 菜以及待配送食品贮存的，应分别设置食品加工专间；食品冷却、包装应设置食品加工专间或专用设施。

（四）食品处理区应符合《餐饮服务提供者场所布局要求》（见附件 1）。

（五）食品处理区的面积应与就餐场所面积、最大供餐人数相适应，各类餐饮服务提供者食品处理区与就餐场所面积之比、切配烹饪场所面积应符合《餐饮服务提供者场所布局要求》。

（六）粗加工场所内应至少分别设置动物性食品和植物性食品的清洗水池，水产品的清洗水池应独立设置，水池数量或容量应与加工食品的数量相适 应。应设专用于清洁工具的清洗水池，其位置应不会污染食品及其加工制作过程。洗手消毒水池、餐用具清洗消毒水池的设置应分别符合本规范第十七条第八项、第 十一项的规定。各类水池应以明显标识标明其用途。

（七）烹饪场所加工食品如使用固体燃料，炉灶应为隔墙烧火的外扒灰式，避免粉尘污染食品。

（八）清洁工具的存放场所应与食品处理区分开，大型以上餐馆（含大型餐馆）、加工经营场所面积 500㎡以上的食堂、集体用餐配送单位和中央厨房宜设置独立存放隔间。

（九）加工经营场所内不得圈养、宰杀活的禽畜类动物。在加工经营场所外设立圈养、宰杀场所的，应距离加工经营场所 25m 以上。

第十七条 设施要求

（一）地面与排水要求

1. 食品处理区地面应用无毒、无异味、不透水、不易积垢、耐腐蚀和防滑的材料铺设，且平整、无裂缝。

2. 粗加工、切配、烹饪和餐用具清洗消毒等需经常冲洗的场所及易潮湿的场所，其地面应易于清洗、防滑，并应有一定的排水坡度及排水系统。排水沟应有坡度、保持通畅、便于清洗，沟内不应设置其他管路，侧面和底面接合处应有一定弧度，并设有可拆卸的盖板。排水的流向应由高清洁操作区流向低清洁操作区，并有防止污水逆流的设计。排水沟出口应有符合本条第十二项要求的防止有害动物侵入的设施。

3. 清洁操作区内不得设置明沟，地漏应能防止废弃物流入及浊气逸出。

4. 废水应排至废水处理系统或经其他适当方式处理。

（二）墙壁与门窗要求

1. 食品处理区墙壁应采用无毒、无异味、不透水、不易积垢、平滑的浅色材料构筑。

2. 粗加工、切配、烹饪和餐用具清洗消毒等需经常冲洗的场所及易潮湿的场所，应有 1.5m 以上、浅色、不吸水、易清洗和耐用的材料制成的墙裙，各类专间的墙裙应铺设到墙顶。

3. 粗加工、切配、烹饪和餐用具清洗消毒等场所及各类专间的门应采用易清洗、不吸水的坚固材料制作。

4. 食品处理区的门、窗应装配严密，与外界直接相通的门和可开启的窗应设有易于拆洗且不生锈的防蝇纱网或设置空气幕，与外界直接相通的门和各类专间的门应能自动关闭。室内窗台下斜 45 度或

采用无窗台结构。

5. 以自助餐形式供餐的餐饮服务提供者或无备餐专间的快餐店和食堂，就餐场所窗户应为封闭式或装有防蝇防尘设施，门应设有防蝇防尘设施，宜设空气幕。

（三）屋顶与天花板要求

1. 加工经营场所天花板的设计应易于清扫，能防止害虫隐匿和灰尘积聚，避免长霉或建筑材料脱落等情形发生。

2. 食品处理区天花板应选用无毒、无异味、不吸水、不易积垢、耐腐蚀、耐温、浅色材料涂覆或装修，天花板与横梁或墙壁结合处有一定弧度；水蒸气较多场所的天花板应有适当坡度，在结构上减少凝结水滴落。清洁操作区、准清洁操作区及其他半成品、成品暴露场所屋顶若为不平整的结构或有管道通过，应加设平整易于清洁的吊顶。

3. 烹饪场所天花板离地面宜2.5m以上，小于2.5m的应采用机械排风系统，有效排出蒸汽、油烟、烟雾等。

（四）卫生间要求

1. 卫生间不得设在食品处理区。

2. 卫生间应采用水冲式，地面、墙壁、便槽等应采用不透水、易清洗、不易积垢的材料。

3. 卫生间内的洗手设施，应符合本条第八项的规定且宜设置在出口附近。

4. 卫生间应设有效排气装置，并有适当照明，与外界相通的门窗应设有易于拆洗不生锈的防蝇纱网。外门应能自动关闭。

5. 卫生间排污管道应与食品处理区的排水管道分设，且应有有效的防臭气水封。

（五）更衣场所要求

1. 更衣场所与加工经营场所应处于同一建筑物内，宜为独立隔间且处于食品处理区入口处。

2. 更衣场所应有足够大小的空间、足够数量的更衣设施和适当的照明设施，在门口处宜设有符合本条第八项规定的洗手设施。

（六）库房要求

1. 食品和非食品（不会导致食品污染的食品容器、包装材料、工具等物品除外）库房应分开设置。

2. 食品库房应根据贮存条件的不同分别设置，必要时设冷冻（藏）库。

3. 同一库房内贮存不同类别食品和物品的应区分存放区域，不同区域应有明显标识。

4. 库房构造应以无毒、坚固的材料建成，且易于维持整洁，并应有防止动物侵入的装置。

5. 库房内应设置足够数量的存放架，其结构及位置应能使贮存的食品和物品距离墙壁、地面均在10cm以上，以利空气流通及物品搬运。

6. 除冷冻（藏）库外的库房应有良好的通风、防潮、防鼠等设施。

7. 冷冻（藏）库应设可正确指示库内温度的温度计，宜设外显式温度（指示）计。

（七）专间设施要求

1. 专间应为独立隔间，专间内应设有专用工具容器清洗消毒设施和空气消毒设施，专间内温度应不高于25 ℃，应设有独立的空调设施。中型以上餐馆（含中型餐馆）、快餐店、学校食堂（含托幼机构食堂）、供餐人数50人以上的机关和企事业单位食堂、集体用餐配送单位、中央厨房的专间入口处应设置有洗手、消毒、更衣设施的通过式预进间。不具备设置预进间条件的其他餐饮服务提供者，应在专间入口处设置洗手、消毒、更衣设施。洗手消毒设施应符合本条第八项规定。

2. 以紫外线灯作为空气消毒设施的，紫外线灯（波长200～275nm）应按功率不小于1.5W/m^{3}设置，紫外线灯应安装反光罩，强度大于70μW/cm^2。专间内紫外线灯应分布均匀，悬挂于距离地面2m以内高度。

3. 凉菜间、裱花间应设有专用冷藏设施。需要直接接触成品的用水，宜通过符合相关规定的水净化设施或设备。中央厨房专间内需要直接接触成品的用水，应加装水净化设施。

4. 专间应设一个门，如有窗户应为封闭式（传递食品用的除外）。专间内外食品传送窗口应可开闭，大小宜以可通过传送食品的容器为准。

5. 专间的面积应与就餐场所面积和供应就餐人数相适应，各类餐饮服务提供者专间面积要求应符合《餐饮服务提供者场所布局要求》。

（八）洗手消毒设施要求

1. 食品处理区内应设置足够数量的洗手设施，其位置应设置在方便员工的区域。

2. 洗手消毒设施附近应设有相应的清洗、消毒用品和干手用品或设施。员工专用洗手消毒设施附近应有洗手消毒方法标识。

3. 洗手设施的排水应具有防止逆流、有害动物侵入及臭味产生的装置。

4. 洗手池的材质应为不透水材料，结构应易于清洗。

5. 水龙头宜采用脚踏式、肘动式或感应式等非手触动式开关，并宜提供温水。中央厨房专间的水龙头应为非手触动式开关。

6. 就餐场所应设有足够数量的供就餐者使用的专用洗手设施，其设置应符合本项第二至第四目的要求。

（九）供水设施要求

1. 供水应能保证加工需要，水质应符合 GB 5749《生活饮用水卫生标准》规定。

2. 不与食品接触的非饮用水（如冷却水、污水或废水等）的管道系统和食品加工用水的管道系统，可见部分应以不同颜色明显区分，并应以完全分离的管路输送，不得有逆流或相互交接现象。

（十）通风排烟设施要求

1. 食品处理区应保持良好通风，及时排除潮湿和污浊的空气。空气流向应由高清洁区流向低清洁区，防止食品、餐用具、加工设备设施受到污染。

2. 烹饪场所应采用机械排风。产生油烟的设备上方应加设附有机械排风及油烟过滤的排气装置，过滤器应便于清洗和更换。

3. 产生大量蒸汽的设备上方应加设机械排风排气装置，宜分隔成小间，防止结露并做好凝结水的引泄。

4. 排气口应装有易清洗、耐腐蚀并符合本条第十二项要求的可防止有害动物侵入的网罩。

（十一）清洗、消毒、保洁设施要求

1. 清洗、消毒、保洁设备设施的大小和数量应能满足需要。

2. 用于清扫、清洗和消毒的设备、用具应放置在专用场所妥善保管。

3. 餐用具清洗消毒水池应专用，与食品原料、清洁用具及接触非直接入口食品的工具、容器清洗水池分开。水池应使用不锈钢或陶瓷等不透水材料制成，不易积垢并易于清洗。采用化学消毒的，至少设有 3 个专用水池。采用人工清洗热力消毒的，至少设有 2 个专用水池。各类水池应以明显标识标明其用途。

4. 采用自动清洗消毒设备的，设备上应有温度显示和清洗消毒剂自动添加装置。

5. 使用的洗涤剂、消毒剂应符合 GB 14930. 1《食品工具、设备用洗涤卫生标准》和 GB 14930. 2《食品工具、设备用洗涤消毒剂卫生标准》等有关食品安全标准和要求。

6. 洗涤剂、消毒剂应存放在专用的设施内。

7. 应设专供存放消毒后餐用具的保洁设施，标识明显，其结构应密闭并易于清洁。

（十二）防尘、防鼠、防虫害设施及其相关物品管理要求

1. 加工经营场所门窗应按本条第二项规定设置防尘防鼠防虫害设施。

2. 加工经营场所可设置灭蝇设施。使用灭蝇灯的，应悬挂于距地面 2m 左右高度，且应与食品加工操作场所保持一定距离。

3. 排水沟出口和排气口应有网眼孔径小于 6mm 的金属隔栅或网罩，以防鼠类侵入。

4. 应定期进行除虫灭害工作，防止害虫孳生。除虫灭害工作不得在食品加工操作时进行，实施时对各种食品应有保护措施。

5. 加工经营场所内如发现有害动物存在，应追查和杜绝其来源，扑灭时应不污染食品、食品接触面及包装材料等。

6. 杀虫剂、杀鼠剂及其他有毒有害物品存放，应有固定的场所（或橱柜）并上锁，有明显的警示标识，并有专人保管。

7. 使用杀虫剂进行除虫灭害，应由专人按照规定的使用方法进行。宜选择具备资质的有害动物防治机构进行除虫灭害。

8. 各种有毒有害物品的采购及使用应有详细记录，包括使用人、使用目的、使用区域、使用量、使用及购买时间、配制浓度等。使用后应进行复核，并按规定进行存放、保管。

（十三）采光照明设施要求

1. 加工经营场所应有充足的自然采光或人工照明，食品处理区工作面不应低于220lux，其他场所不宜低于110lux。光源应不改变所观察食品的天然颜色。

2. 安装在暴露食品正上方的照明设施应使用防护罩，以防止破裂时玻璃碎片污染食品。冷冻（藏）库房应使用防爆灯。

（十四）废弃物暂存设施要求

1. 食品处理区内可能产生废弃物或垃圾的场所均应设有废弃物容器。废弃物容器应与加工用容器有明显的区分标识。

2. 废弃物容器应配有盖子，以坚固及不透水的材料制造，能防止污染食品、食品接触面、水源及地面，防止有害动物的侵入，防止不良气味或污水的溢出，内壁应光滑以便于清洗。专间内的废弃物容器盖子应为非手动开启式。

3. 废弃物应及时清除，清除后的容器应及时清洗，必要时进行消毒。

4. 在加工经营场所外适当地点宜设置结构密闭的废弃物临时集中存放设施。中型以上餐馆（含中型餐馆）、食堂、集体用餐配送单位和中央厨房，宜安装油水隔离池、油水分离器等设施。

（十五）设备、工具和容器要求

1. 接触食品的设备、工具、容器、包装材料等应符合食品安全标准或要求。

2. 接触食品的设备、工具和容器应易于清洗消毒、便于检查，避免因润滑油、金属碎屑、污水或其他可能引起污染。

3. 接触食品的设备、工具和容器与食品的接触面应平滑、无凹陷或裂缝，内部角落部位应避免有尖角，以避免食品碎屑、污垢等的聚积。

4. 设备的摆放位置应便于操作、清洁、维护和减少交叉污染。

5. 用于原料、半成品、成品的工具和容器，应分开摆放和使用并有明显的区分标识；原料加工中切配动物性食品、植物性食品、水产品的工具和容器，应分开摆放和使用并有明显的区分标识。

6. 所有食品设备、工具和容器，不宜使用木质材料，必须使用木质材料时应不会对食品产生污染。

7. 集体用餐配送单位和中央厨房应配备盛装、分送产品的专用密闭容器，运送产品的车辆应为专用封闭式，车辆内部结构应平整、便于清洁，设有温度控制设备。

第十八条 场所及设施设备管理要求

（一）应建立餐饮服务加工经营场所及设施设备清洁、消毒制度，各岗位相关人员宜按照《推荐的餐饮服务场所、设施、设备及工具清洁方法》（见附件3）的要求进行清洁，使场所及其内部各项设施设备随时保持清洁。

（二）应建立餐饮服务加工经营场所及设施设备维修保养制度，并按规定进行维护或检修，以使其保持良好的运行状况。

（三）食品处理区不得存放与食品加工无关的物品，各项设施设备也不得用作与食品加工无关的用途。

第四章 过程控制

第十九条 加工操作规程的制定与执行

（一）餐饮服务提供者应按本规范有关要求，根据《餐饮服务预防食物中毒注意事项》（见附件4）的基本原则，制定相应的加工操作规程。

（二）根据经营的产品类别，加工操作规程应包括采购验收、粗加工、切配、烹饪、备餐、供餐以及凉菜配制、裱花操作、生食海产品加工、饮料现榨、水果拼盘制作、面点制作、烧烤加工、食品再加热、食品添加剂使用、餐用具清洗消毒保洁、集体用餐食品分装及配送、中央厨房食品包装及配送、食品留样、贮存等加工操作工序的具体规定和操作方法的详细要求。

（三）加工操作规程应具体规定加工操作程序、加工操作过程关键项目控制标准和设备操作与维护标准，明确各工序、各岗位人员的要求及职责。

（四）餐饮服务提供者应教育培训员工严格按照加工操作规程进行操作，确保符合食品安全要求。

第二十条 采购验收要求

（一）采购的食品、食品添加剂、食品相关产品等应符合国家有关食品安全标准和规定的要求，不得采购《中华人民共和国食品安全法》第二十八条规定禁止生产经营的食品和《中华人民共和国农产品质量安全法》第三十三条规定不得销售的食用农产品。

（二）采购食品、食品添加剂及食品相关产品的索证索票、进货查验和采购记录行为应符合《餐饮服务食品采购索证索票管理规定》的要求。

（三）采购需冷藏或冷冻的食品时，应冷链运输。

（四）出库时应做好记录。

第二十一条 粗加工与切配要求

（一）加工前应认真检查待加工食品，发现有腐败变质迹象或者其他感官性状异常的，不得加工和使用。

（二）食品原料在使用前应洗净，动物性食品原料、植物性食品原料、水产品原料应分池清洗，禽蛋在使用前应对外壳进行清洗，必要时进行消毒。

（三）易腐烂变质食品应尽量缩短在常温下的存放时间，加工后应及时使用或冷藏。

（四）切配好的半成品应避免受到污染，与原料分开存放，并应根据性质分类存放。

（五）切配好的半成品应按照加工操作规程，在规定时间内使用。

（六）用于盛装食品的容器不得直接放置于地面，以防止食品受到污染。

（七）加工用工具及容器应符合本规范第十七条第十五项规定。生熟食品的加工工具及容器应分开使用并有明显标识。

第二十二条 烹饪要求

（一）烹饪前应认真检查待加工食品，发现有腐败变质或者其他感官性状异常的，不得进行烹饪加工。

（二）不得将回收后的食品经加工后再次销售。

（三）需要熟制加工的食品应烧熟煮透，其加工时食品中心温度应不低于70 ℃。

（四）加工后的成品应与半成品、原料分开存放。

（五）需要冷藏的熟制品，应尽快冷却后再冷藏，冷却应在清洁操作区进行，并标注加工时间等。

（六）用于烹饪的调味料盛放器皿宜每天清洁，使用后随即加盖或苫盖，不得与地面或污垢接触。

（七）菜品用的围边、盘花应保证清洁新鲜、无腐败变质，不得回收后再使用。

第二十三条 备餐及供餐要求

（一）在备餐专间内操作应符合本规范第二十四条第一项至第四项要求。

（二）供应前应认真检查待供应食品，发现有腐败变质或者其他感官性状异常的，不得供应。

（三）操作时应避免食品受到污染。

（四）分派菜肴、整理造型的用具使用前应进行消毒。

（五）用于菜肴装饰的原料使用前应洗净消毒，不得反复使用。

（六）在烹饪后至食用前需要较长时间（超过 2 小时）存放的食品应当在高于 60 ℃或低于 10 ℃的条件下存放。

第二十四条 凉菜配制要求

（一）加工前应认真检查待加工食品，发现有腐败变质或者其他感官性状异常的，不得进行加工。

（二）专间内应当由专人加工制作，非操作人员不得擅自进入专间。专间内操作人员应符合本规范第十二条第四项的要求。

（三）专间每餐（或每次）使用前应进行空气和操作台的消毒。使用紫外线灯消毒的，应在无人工作时开启 30 分钟以上，并做好记录。

（四）专间内应使用专用的设备、工具、容器，用前应消毒，用后应洗净并保持清洁。

（五）供配制凉菜用的蔬菜、水果等食品原料，未经清洗处理干净的，不得带入凉菜间。

（六）制作好的凉菜应尽量当餐用完。剩余尚需使用的应存放于专用冰箱中冷藏或冷冻，食用前要加热的应按照本规范第三十条第三项规定进行再加热。

（七）职业学校、普通中等学校、小学、特殊教育学校、托幼机构的食堂不得制售凉菜。

第二十五条 裱花操作要求

（一）专间内操作应符合本规范第二十四条第一项至第四项规定。

（二）蛋糕胚应在专用冰箱中冷藏。

（三）裱浆和经清洗消毒的新鲜水果应当天加工、当天使用。

（四）植脂奶油裱花蛋糕储藏温度在 3 ℃ ±2 ℃，蛋白裱花蛋糕、奶油裱花蛋糕、人造奶油裱花蛋糕储藏温度不得超过 20 ℃。

第二十六条 生食海产品加工要求

（一）用于加工的生食海产品应符合相关食品安全要求。

（二）加工前应认真检查待加工食品，发现有腐败变质或者其他感官性状异常的，不得进行加工。

（三）从事生食海产品加工的人员操作前应清洗、消毒手部，操作时佩戴口罩。

（四）用于生食海产品加工的工具、容器应专用。用前应消毒，用后应洗净并在专用保洁设施内存放。

（五）加工操作时应避免生食海产品的可食部分受到污染。

（六）加工后的生食海产品应当放置在密闭容器内冷藏保存，或者放置在食用冰中保存并用保鲜膜分隔。

（七）放置在食用冰中保存时，加工后至食用的间隔时间不得超过 1 小时。

第二十七条 饮料现榨及水果拼盘制作要求

（一）从事饮料现榨和水果拼盘制作的人员操作前应清洗、消毒手部，操作时佩戴口罩。

（二）用于饮料现榨及水果拼盘制作的设备、工具、容器应专用。每餐次使用前应消毒，用后应洗净并在专用保洁设施内存放。

（三）用于饮料现榨和水果拼盘制作的蔬菜、水果应新鲜，未经清洗处理干净的不得使用。

（四）用于制作现榨饮料、食用冰等食品的水，应为通过符合相关规定的净水设备处理后或煮沸冷却后的饮用水。

（五）制作现榨饮料不得掺杂、掺假及使用非食用物质。

（六）制作的现榨饮料和水果拼盘当餐不能用完的，应妥善处理，不得重复利用。

第二十八条　面点制作要求

（一）加工前应认真检查待加工食品，发现有腐败变质或者其他感官性状异常的，不得进行加工。

（二）需进行热加工的应按本规范第二十二条第三项要求进行操作。

（三）未用完的点心馅料、半成品，应冷藏或冷冻，并在规定存放期限内使用。

（四）奶油类原料应冷藏存放。水分含量较高的含奶、蛋的点心应在高于 60 ℃或低于 10 ℃的条件下贮存。

第二十九条　烧烤加工要求

（一）加工前应认真检查待加工食品，发现有腐败变质或者其他感官性状异常的，不得进行加工。

（二）原料、半成品应分开放置，成品应有专用存放场所，避免受到污染。

（三）烧烤时应避免食品直接接触火焰。

第三十条　食品再加热要求

（一）保存温度低于 60 ℃或高于 10 ℃、存放时间超过 2 小时的熟食品，需再次利用的应充分加热。加热前应确认食品未变质。

（二）冷冻熟食品应彻底解冻后经充分加热方可食用。

（三）加热时食品中心温度应符合本规范第二十二条第三项规定，不符合加热标准的食品不得食用。

第三十一条　食品添加剂的使用要求

（一）食品添加剂应专人采购、专人保管、专人领用、专人登记、专柜保存。

（二）食品添加剂的存放应有固定的场所（或橱柜），标识“食品添加剂”字样，盛装容器上应标明食品添加剂名称。

（三）食品添加剂的使用应符合国家有关规定，采用精确的计量工具称量，并有详细记录。

第三十二条　餐用具清洗消毒保洁要求

（一）餐用具使用后应及时洗净，定位存放，保持清洁。消毒后的餐用具应贮存在专用保洁设施内备用，保洁设施应有明显标识。餐用具保洁设施应定期清洗，保持洁净。

（二）接触直接入口食品的餐用具宜按照《推荐的餐用具清洗消毒方法》（见附件 2）的规定洗净并消毒。

（三）餐用具宜用热力方法进行消毒，因材质、大小等原因无法采用的除外。

（四）应定期检查消毒设备、设施是否处于良好状态。采用化学消毒的，应定时测量有效消毒浓度。

（五）消毒后的餐饮具应符合 GB 14934《食（饮）具消毒卫生标准》规定。

（六）不得重复使用一次性餐用具。

（七）已消毒和未消毒的餐用具应分开存放，保洁设施内不得存放其他物品。

（八）盛放调味料的器皿应定期清洗消毒。

第三十三条　集体用餐食品分装及配送要求

（一）专间内操作应符合本规范第二十四条第一项至第四项要求。

（二）盛装、分送集体用餐的容器不得直接放置于地面，容器表面应标明加工单位、生产日期及时间、保质期，必要时标注保存条件和食用方法。

（三）集体用餐配送的食品不得在 10 ℃～60 ℃的温度条件下贮存和运输，从烧熟至食用的间隔时间（保质期）应符合以下要求：

烧熟后 2 小时的食品中心温度保持在 60 ℃以上（热藏）的，其保质期为烧熟后 4 小时。

烧熟后 2 小时的食品中心温度保持在 10 ℃以下（冷藏）的，保质期为烧熟后 24 小时，供餐前应按本规范第三十条第三项要求再加热。

（四）运输集体用餐的车辆应配备符合条件的冷藏或加热保温设备或装置，使运输过程中食品的中心温度保持在 10 ℃以下或 60 ℃以上。

（五）运输车辆应保持清洁，每次运输食品前应进行清洗消毒，在运输装卸过程中也应注意保持清洁，运输后进行清洗，防止食品在运输过程中受到污染。

第三十四条 中央厨房食品包装及配送要求

（一）专间内操作应符合本规范第二十四条第一项至第四项要求。

（二）包装材料应符合国家有关食品安全标准和规定的要求。

（三）用于盛装食品的容器不得直接放置于地面。

（四）配送食品的最小使用包装或食品容器包装上的标签应标明加工单位、生产日期及时间、保质期、半成品加工方法，必要时标注保存条件和成品食用方法。

（五）应根据配送食品的产品特性选择适宜的保存条件和保质期，宜冷藏或冷冻保存。冷藏或冷冻的条件应符合第三十三条第三项至第四项的要求。

（六）运输车辆应保持清洁，每次运输食品前应进行清洗消毒，在运输装卸过程中也应注意保持清洁，运输后进行清洗，防止食品在运输过程中受到污染。

第三十五条 甜品站要求

甜品站销售的食品应由餐饮主店配送，并建立配送台账。不得自行采购食品、食品添加剂和食品相关产品。食品配送应使用封闭的恒温或冷冻、冷藏设备设施。

第三十六条 食品留样要求

（一）学校食堂（含托幼机构食堂）、超过 100 人的建筑工地食堂、集体用餐配送单位、中央厨房、重大活动餐饮服务和超过 100 人的一次性聚餐，每餐次的食品成品应留样。

（二）留样食品应按品种分别盛放于清洗消毒后的密闭专用容器内，并放置在专用冷藏设施中，在冷藏条件下存放 48 小时以上，每个品种留样量应满足检验需要，不少于 100g，并记录留样食品名称、留样量、留样时间、留样人员、审核人员等。

第三十七条 贮存要求

（一）贮存场所、设备应保持清洁，无霉斑、鼠迹、苍蝇、蟑螂等，不得存放有毒、有害物品及个人生活用品。

（二）食品应当分类、分架存放，距离墙壁、地面均在 10cm 以上。食品原料、食品添加剂使用应遵循先进先出的原则，及时清理销毁变质和过期的食品原料及食品添加剂。

（三）冷藏、冷冻柜（库）应有明显区分标识。冷藏、冷冻贮存应做到原料、半成品、成品严格分开放置，植物性食品、动物性食品和水产品分类摆放，不得将食品堆积、挤压存放。冷藏、冷冻的温度应分别符合相应的温度范围要求。冷藏、冷冻柜（库）应定期除霜、清洁和维修，校验温度（指示）计。

第三十八条 检验要求

（一）集体用餐配送单位和中央厨房应设置与生产品种和规模相适应的检验室，配备与产品检验项目相适应的检验设备和设施、专用留样容器、冷藏设施。

（二）检验室应配备经专业培训并考核合格的检验人员。

（三）鼓励大型以上餐馆（含大型餐馆）、学校食堂配备相应的检验设备和人员。

第三十九条 餐厨废弃物处置要求

（一）餐饮服务提供者应建立餐厨废弃物处置管理制度，将餐厨废弃物分类放置，做到日产日清。

（二）餐厨废弃物应由经相关部门许可或备案的餐厨废弃物收运、处置单位或个人处理。餐饮服务提供者应与处置单位或个人签订合同，并索取其经营资质证明文件复印件。

（三）餐饮服务提供者应建立餐厨废弃物处置台账，详细记录餐厨废弃物的种类、数量、去向、用途等情况，定期向监管部门报告。

第四十条 记录管理要求

（一）人员健康状况、培训情况、原料采购验收、加工操作过程关键项目、食品安全检查情况、食品留样、检验结果及投诉情况、处理结果、发现问题后采取的措施等均应详细记录。

（二）各项记录均应有执行人员和检查人员的签名。

（三）各岗位负责人应督促相关人员按要求进行记录，并每天检查记录的有关内容。食品安全管理人员应定期或不定期检查相关记录，如发现异常情况，应立即督促有关人员采取整改措施。

（四）有关记录至少应保存2年。

第四十一条 信息报告要求

餐饮服务提供者发生食品安全事故时，应立即采取封存等控制措施，并按《餐饮服务食品安全监督管理办法》有关规定及时报告有关部门。

第四十二条 备案和公示要求

（一）自制火锅底料、饮料、调味料的餐饮服务提供者应向监管部门备案所使用的食品添加剂名称，并在店堂醒目位置或菜单上予以公示。

（二）采取调制、配制等方式自制火锅底料、饮料、调味料等食品的餐饮服务提供者，应在店堂醒目位置或菜单上公示制作方式。

第四十三条 投诉受理要求

（一）餐饮服务提供者应建立投诉受理制度，对消费者提出的投诉，应立即核实，妥善处理，并且留有记录。

（二）餐饮服务提供者接到消费者投诉食品感官异常或可疑变质时，应及时核实该食品，如有异常，应及时撤换，同时告知备餐人员做出相应处理，并对同类食品进行检查。

第五章 附 则

第四十四条 省级食品药品监督管理部门可根据本规范制定具体实施细则，报国家食品药品监督管理局备案。

第四十五条 本规范由国家食品药品监督管理局负责解释。

第四十六条 本规范自发布之日起施行。

附录二　食品安全事故流行病学调查工作规范

卫生部关于印发《食品安全事故流行病学调查工作规范》的通知

卫监督发〔2011〕86号

各省、自治区、直辖市卫生厅局，新疆生产建设兵团卫生局，中国疾病预防控制中心、卫生部卫生监督中心、国家食品安全风险评估中心：

为规范食品安全事故流行病学调查工作，根据《中华人民共和国食品安全法》和《中华人民共和国食品安全法实施条例》等法律法规，我部制定了《食品安全事故流行病学调查工作规范》。现印发给你们，请遵照执行。

二〇一一年十一月二十四日

第一章　总　则

第一条　为规范食品安全事故的流行病学调查工作，制定本规范。

第二条　本规范适用于承担食品安全事故流行病学调查职责的县级以上疾病预防控制机构及相关机构（以下简称调查机构）对发生或可能发生健康损害的食品安全事故（以下简称事故）开展流行病学调查工作。

第三条　事故流行病学调查的任务是利用流行病学方法调查事故有关因素，提出预防和控制事故的建议。

事故流行病学调查包括人群流行病学调查、危害因素调查和实验室检验，具体调查技术应当遵循流行病学调查相关技术指南。

第二章　调查机构管理

第四条　调查机构开展事故流行病学调查应当遵循属地管理、分级负责、依法有序、科学循证、多方协作的原则。

调查机构开展事故流行病学调查应当在同级卫生行政部门的组织下进行，与有关食品安全监管部门（以下简称监管部门）对事故的调查处理工作同步进行、相互配合。

第五条　事故流行病学调查实行调查机构负责制。调查机构应当按照国家有关事故调查处理的分级管辖原则承担事故流行病学调查任务。

调查机构应当做好事故流行病学调查的物资储备，并及时更新，保障调查工作的正常进行。

第六条　事故流行病学调查实行调查员制度。各级调查机构应当根据工作需要配备事故流行病学调查员。

调查员应当由具有1年以上流行病学调查工作经验的卫生相关专业人员担任。经专业培训考核合格后，由同级卫生行政部门聘任。

第七条 卫生行政部门应当为调查机构承担事故流行病学调查的能力建设提供保障。

上级调查机构负责对下级调查机构开展事故流行病学调查提供技术支持。卫生监督等相关机构应当在同级卫生行政部门的组织下，对事故流行病学调查给予支持和协助。

第三章 调查程序和内容

第八条 调查机构接到同级卫生行政部门开展事故流行病学调查的通知后，应当迅速启动调查工作。

第九条 事故流行病学调查由调查机构成立的事故流行病学调查组（以下简称调查组）具体实施。调查组应当由 3 名以上调查员组成，并指定 1 名负责人。

调查员与所调查事故有利害关系的，应当回避。

第十条 调查员根据流行病学调查工作的需要，有权进入医疗机构、事故发生现场、食品生产经营场所等相关场所，根据调查需要和相关规范采集标本和样品，了解有关情况和监管部门意见，有关事故发生单位、监管部门及相关机构应当为调查提供便利并如实提供有关情况。

被调查者应当在其提供的材料上签字确认，拒绝签字的，由调查员会同 1 名以上现场见证人员在相应材料上注明原因并签字。

第十一条 开展人群流行病学调查应当包括以下内容：

（一）制订病例定义，开展病例搜索；

（二）统一个案调查方法，开展个案调查；

（三）采集有关标本和样品；

（四）描述发病人群、发病时间和发病地区分布特征；

（五）初步判断事故可疑致病因素、可疑餐次和可疑食品；

（六）根据调查需要，开展病例对照研究或队列研究。

人群流行病学调查结果可以判定事故有关因素的，应当及时作出事故流行病学调查结论（以下简称调查结论）。

第十二条 开展危害因素调查应当包括以下内容：

（一）访谈相关人员，查阅有关资料，获取就餐环境、可疑食品、配方、加工工艺流程、生产经营过程危害因素控制、生产经营记录、从业人员健康状况等信息；

（二）现场调查可疑食品的原料、生产加工、储存、运输、销售、食用等过程中的相关危害因素；

（三）采集可疑食品、原料、半成品、环境样品等，以及相关从业人员生物标本。

第十三条 送检标本和样品应当由调查员提供检验项目和样品相关信息，由具备检验能力的技术机构检验。标本和样品应当尽可能在采集后 24 小时内进行检验。

实验室应当妥善保存标本和样品，并按照规定期限留样。

第十四条 承担事故标本和样品检验工作的技术机构应当按照相关检验工作规范的规定，及时完成检验，出具检验报告，对检验结果负责。

第十五条 调查组根据健康危害控制需要，应当向同级卫生行政部门提出卫生处理或向公众发出警示信息的建议。

未经同级卫生行政部门同意，任何人不得擅自发布事故流行病学调查信息。

第十六条 调查机构现有技术与资源不能满足事故调查有关要求时，应当报请同级卫生行政部门协调解决。

第十七条 调查组在调查过程中，应当根据同级卫生行政部门的要求，及时提交阶段性调查结果。

第四章 调查结论和报告

第十八条 调查组应当综合分析人群流行病学调查、危害因素调查和实验室检验三方面结果，依据相关诊断原则，作出事故调查结论。

事故调查结论应当包括事故范围、发病人数、致病因素、污染食品及污染原因，不能作出调查结论的事项应当说明原因。

第十九条 对符合病例定义的病人，调查组应当结合其诊疗资料、个案调查表和相关实验室检验结果作出是否与事故相关的判定。

第二十条 调查机构根据调查组调查结论，向同级卫生行政部门提交事故流行病学调查报告。

同级卫生行政部门对事故流行病学调查报告有异议的，可通知调查机构补充调查，或报请上一级卫生行政部门组织专家组对调查结论进行技术鉴定。

第五章 附 则

第二十一条 本规范所称病例定义是确定被调查对象是否纳入病例的依据，在事故流行病学调查中用于统计发病人数，不适用临床治疗。可包括疑似病例、临床诊断病例和确诊病例定义。

第二十二条 事故流行病学调查涉及传染性疾病的，调查机构应当同时按照《中华人民共和国传染病防治法》的有关规定采取相应措施。

国境口岸内的事故流行病学调查依据有关法律法规实施。

第二十三条 本规范自 2012 年 1 月 1 日起施行。

附录三　食品安全事故流行病学调查技术指南

（2012 年版）

前　　言

《中华人民共和国食品安全法》第七十四条规定，县级以上疾病预防控制机构应当协助卫生行政部门和有关部门对事故现场进行卫生处理，并对与食品安全事故有关的因素开展流行病学调查。为规范食品安全事故流行病学调查工作，卫生部于2011 年11 月29 日印发了《食品安全事故流行病学调查工作规范》（卫监督发〔2011〕86 号），规定自2012 年1 月1 日起施行。

食品安全事故流行病学调查结果直接关系到事故因素的及早发现和控制，是责任认定的重要证据之一，是一项程序规范性和科学技术性很强的工作。为提高全国食品安全事故流行病学调查工作技术水平，卫生部食品安全综合协调与卫生监督局组织中国疾病预防控制中心、国家食品安全风险评估中心及部分基层单位的专家编制了《食品安全事故流行病学调查技术指南》（2012 年版）（以下简称《指南》）。《指南》作为开展食品安全事故流行病学调查的参考性技术文件，主要用于相关人员工作培训和开展流行病学调查工作参考使用。由于篇幅所限，《指南》的内容尚不能涵盖实际工作中所有问题，工作中遇到的具体专业问题应借助其他专业书籍，不断扩充知识面，提高调查能力。

由于首次制定，难免存在不妥之处。卫生部已委托中国疾病预防控制中心负责收集各地使用中反馈的意见建议，适时进行补充完善，并修订公布。各地调查机构在使用中遇到的问题和意见建议可及时反馈中国疾病预防控制中心。

1　导言

为指导承担食品安全事故流行病学调查职责的县级及以上疾病预防控制机构及相关机构（以下简称调查机构），对造成或可能造成人体健康损害的食品安全事故开展流行病学调查工作（以下简称事故调查），制定本指南。

调查机构在执行《食品安全事故流行病学调查工作规范》（以下简称《规范》）中，开展相关技术工作应遵循本指南。涉及传染性疾病的，应当同时按照《中华人民共和国传染病防治法》的有关规定采取相应措施。

事故调查的任务是通过开展现场流行病学调查、食品卫生学调查和实验室检验工作，调查事故有关人群的健康损害情况、流行病学特征及其影响因素，调查事故有关的食品及致病因子、污染原因，做出事故调查结论，提出预防和控制事故的建议，并向同级卫生行政部门（或政府确立的承担组织查处事故的部门，以下同）提出事故调查报告，为同级卫生行政部门判定事故性质和事故发生原因提供科学依据。事故调查的基本工作流程参考《食品安全事故流行病学调查工作流程图》（附录1）。

2　调查准备

2.1　机构及人员

2.1.1　事故调查领导小组

调查机构应当设立事故调查领导小组，由调查机构负责人、应急管理部门、食品安全相关部门、流行病学调查部门、实验室检验部门以及有关支持部门的负责人组成，负责事故调查的组织、协调和指导。

调查机构应当设立事故调查协调办公室，承担与事故调查相关的信息管理、事故流行病学调查员（以下简称调查员）组织管理以及协调相关支持部门等工作，建立并完善事故调查相关的工作机制。

2.1.2 调查员

调查机构应当按照《规范》的要求配备调查员。配备调查员应考虑开展现场流行病学和食品卫生学调查、采样及卫生处理等工作的需要，可由调查机构内相关科室具有流行病学、食品卫生学、环境卫生学、实验室检验等专业背景或工作经验者担任。调查员应当认真学习掌握事故调查的相关知识，熟练掌握本指南的技术和方法。

2.1.3 专家组

调查机构应当设立事故调查专家组，可以聘任调查机构、医疗机构、卫生监督机构、实验室检验机构等相关技术人员作为事故调查技术支持专家，必要时也可以聘任国外相关领域专家。专家组人选应当尽量选聘具有副高级以上技术职称的人员。

2.2 物资储备和技术准备

（1）调查机构应当按照《规范》和相关技术要求做好事故调查所需物资储备，由专人负责管理，保持可有效使用状态，并定期向同级卫生行政部门报告事故调查能力建设情况。

调查机构应提供事故调查所需要的交通、通信、办公、会议等条件，保证满足日常和应急工作的需要。

（2）调查机构应当参照《食品安全事故现场流行病学调查物资准备清单》（附录2）做好事故调查现场所需物资准备。消耗性物品应在完成一次调查后及时补充，无菌物品要保证在有效期内，确保随时可投入使用。

（3）各级调查机构应当具备对辖区常见事故致病因子的实验室检验能力；国家级调查机构应当具备检验、鉴定新出现的食品污染物和食源性疾病致病因子的能力。

（4）调查机构在同级卫生行政部门的组织协调下，对相关医疗卫生机构和单位工作人员开展培训和指导，并定期开展工作演练。

2.3 联络沟通机制

调查机构应当收集、汇总事故调查相关人员的联络信息，包括单位办公电话、传真电话、个人手机号码、电子邮件等信息，提供调查机构相关工作人员使用，并及时更新。

事故调查相关人员一般包括以下人员：

（1）调查机构领导小组成员、调查员及相关支持部门负责人，事故调查专家组成员；

（2）同级政府卫生行政部门和食品安全监管部门事故应急处置的联络人；

（3）上、下一级调查机构事故调查联络人；

（4）县区级调查机构应掌握本辖区乡镇、社区以上医疗机构的通讯联系方式。

调查机构领导小组成员、调查员及有关支持部门的负责人应当保持通信联络畅通。

2.4 信息管理

调查机构、调查组和调查员在事故调查期间，不得擅自对外披露调查信息，应在同级卫生行政部门的组织下对外发布调查工作有关信息。

3 工作要求

3.1 属地管理、分级负责

3.1.1 分级管辖

各级调查机构应当按照国家和地方政府规定的分级负责和属地管理规定承担事故调查任务。一般管辖分工为，县级调查机构负责一般食品安全事故的调查，市级调查机构负责较大食品安全事故的调查，省级调查机构负责重大食品安全事故的调查，国家级调查机构负责特别重大食品安全事故的调查。事故分级和管辖权限按照国家和地方政府制定的食品安全事故应急预案的规定执行。

3.1.2 调查启动

调查机构接到同级卫生行政部门开展事故调查的通知后，应当根据事故的危害程度、波及范围，选派一定数量的调查员组成事故调查组，启动事故调查工作。调查组应当由3名以上调查员组成，并指定1名负责人。调查员与所调查的食品安全事故有利害关系的，应当回避。

3.1.3 多辖区联合调查

调查机构在事故调查中发现事故涉及范围跨辖区的，应及时报告同级卫生行政部门，由同级卫生行政部门报请上级卫生行政部门，由上级卫生行政部门指定牵头机构开展多辖区调查。相关辖区调查机构应根据牵头调查机构的要求做好本辖区事故调查工作。调查机构发现以下情况，应提出多辖区联合调查的建议：

（1）可疑进食场所与发病场所不在同一辖区的。如旅行团在旅游景点就餐，返回居住地后发病；

（2）病例分布范围超出本辖区的。例如某次大型聚餐后发生的食源性疾病，病例可能分布于不同辖区；

（3）其他需要联合调查的情况。

3.2 依法有序、协调配合

调查机构开展事故调查工作应当在同级卫生行政部门的领导下进行，与有关食品安全监管部门对食品安全事故的调查处理工作同步进行、相互配合。

承担事故调查任务的调查机构现有技术与资源不能满足事故调查有关要求时，应当报请同级卫生行政部门协调解决。

调查机构专家组成员应当为调查机构提出的有关技术问题提供咨询意见，并给予必要的指导帮助。

上级调查机构也可根据下级调查机构的请求，给予必要的技术支持和指导。

3.3 科学循证、效率优先

事故调查必须坚持实事求是、客观公正和科学循证的原则，调查过程中重视收集现场流行病学调查、食品卫生学调查、实验室检验等相关信息和数据，各项调查结果应当考虑相互联系和佐证。

3.3.1 边调查边分析

现场流行病学调查初步结果可为开展食品卫生学调查、采样和实验室检验提供重要线索。首赴现场人员应根据事故流行病学特点优先考虑采集标本和样品（以下简称样本）。现场流行病学调查、食品卫生学调查、采样和实验室检验均应尽早开展。

调查组在调查中应当及时沟通分析工作进展情况，相互补充验证调查结果。调查员调查中发现新的线索和重要情况，应当及时向调查组负责人报告。调查组应每日汇总调查进展，向调查机构负责人报告，必要时随时报告。

3.3.2 边调查边控制

调查过程中，发现高危人群、致病因子或重要的食品污染信息的，应及时向同级卫生行政部门提出采取控制措施和卫生处理措施的建议。同时视控制措施效果情况，及时调整调查内容和调查重点。

3.3.3 边调查边报告

调查组调查过程中发现以下情况，应及时向同级卫生行政部门报告：

（1）发现病人人数有变化或分类（指疑似、可能、确诊）有变化的；

（2）发现需要多辖区联合调查的；

（3）发现致病因子可能存在人—人传播、水体污染因素、职业接触、投毒、超出管辖范围等需要移交的情况的；

（4）有证据认为需要及时采取防控措施的；

（5）发现可疑食品或原料来自外辖区或流出本辖区的；

（6）调查工作遇到困难和阻挠，不能正常开展调查工作的；

（7）卫生行政部门要求提交阶段性调查结果的；

（8）其他需要及时报告的事项。

4 现场流行病学调查

现场流行病学调查步骤一般包括核实诊断、制定病例定义、病例搜索、个案调查、描述性流行病学分析、分析性流行病学研究等内容。具体调查步骤和顺序由调查组结合实际情况确定。

4.1 核实诊断

调查组到达现场应核实发病情况、访谈患者、采集患者标本和食物样品等。

（1）核实发病情况。通过接诊医生了解患者主要临床特征、诊治情况，查阅患者在接诊医疗机构的病历记录和临床实验室检验报告，摘录和复制相关资料。

（2）开展病例访谈。根据事故情况制定访谈提纲、确定访谈人数并进行病例访谈。访谈对象首选首例、末例等特殊病例；访谈内容主要包括人口统计学信息、发病和就诊情况以及发病前的饮食史等。访谈提纲可参考《食品安全事故病例访谈提纲》（附表3－1）。

（3）采集样本。调查员到达现场后应立即采集病例生物标本、食品和加工场所环境样品以及食品从业人员的生物标本。样本采集、保存和运送方法可参考《食品安全事故标本和样品采集、保存和运送要求》（附录4）和《食品安全事故常见致病因子的临床表现、潜伏期及生物标本采集要求》（附录5）。如未能采集到相关样本的，应做好记录，并在调查报告中说明相关原因。

4.2 制定病例定义

病例定义应当简洁，具有可操作性，可随调查进展进行调整。病例定义可包括以下内容：

（1）时间：限定事故时间范围；

（2）地区：限定事故地区范围；

（3）人群：限定事故人群范围；

（4）症状和体征：通常采用多数病例具有的或事故相关病例特有的症状和体征。症状如头晕、头痛、恶心、呕吐、腹痛、腹泻、里急后重、抽搐等；体征如发热、紫绀、瞳孔缩小、病理反射等。

（5）临床辅助检查阳性结果：包括临床实验室检验、影像学检查、功能学检查等，如嗜酸性粒细胞增多、高铁血红蛋白增高等。

（6）特异性药物治疗有效：该药物仅对特定的致病因子效果明显。如用亚甲蓝治疗有效提示亚硝酸盐中毒，抗肉毒毒素治疗有效提示肉毒毒素中毒等。

（7）致病因子检验阳性结果：病例的生物标本或病例食用过的剩余食物样品检验致病因子有阳性结果。

病例定义可分为疑似病例、可能病例和确诊病例。疑似病例定义通常指有多数病例具有的非特异性症状和体征；可能病例定义通常指有特异性的症状和体征，或疑似病例的临床辅助检查结果阳性，或疑似病例采用特异性药物治疗有效；确诊病例定义通常指符合疑似病例或可能病例定义，且具有致病因子检验阳性结果。

在调查初期，可采用灵敏度高的疑似病例定义开展病例搜索，并将搜索到的所有病例（包括疑似、可能、确诊病例）进行描述性流行病学分析。在进行分析性流行病学研究时，应采用特异性较高的可能病例和确诊病例定义，以分析发病与可疑暴露因素的关联性。

4.3 开展病例搜索

调查组应根据具体情况选用适宜的方法开展病例搜索，可参考以下方法搜索病例：

（1）对可疑餐次明确的事故，如因聚餐引起的食物中毒，可通过收集参加聚餐人员的名单来搜索全部病例；

（2）对发生在工厂、学校、托幼机构或其他集体单位的事故，可要求集体单位负责人或校医（厂医）等通过收集缺勤记录、晨检和校医（厂医）记录，收集可能发病的人员；

（3）事故涉及范围较小或病例居住地相对集中，或有死亡或重症病例发生时，可采用入户搜索的方式；

（4）事故涉及范围较大，或病例人数较多，应建议卫生行政部门组织医疗机构查阅门诊就诊日志、出入院登记、检验报告登记等，搜索并报告符合病例定义者；

（5）事故涉及市场流通食品，且食品销售范围较广或流向不确定，或事故影响较大等，应通过疾病监测报告系统收集分析相关病例报告，或建议卫生行政部门向公众发布预警信息，设立咨询热线，通过督促类似患者就诊来搜索病例。

病例搜索时可采用一览表记录病例发病时间、临床表现等信息。一览表可参考《食品安全事故调查病例临床信息一览表》（附表3－2）制定。

4.4 进行个案调查

4.4.1 调查方法

根据病例的文化水平及配合程度，并结合病例搜索的方法要求，可选择面访调查、电话调查或自填式问卷调查。个案调查可与病例搜索相结合，同时开展。个案调查应使用一览表或个案调查表，采用相同的调查方法进行。个案调查范围应结合事故调查需要和可利用调查资源等确定，避免因完成所有个案调查而延误后续调查的开展。

4.4.2 调查内容

个案调查应收集的信息主要包括：

（1）人口统计学信息：包括姓名、性别、年龄、民族、职业、住址、联系方式等；

（2）发病和诊疗情况：开始发病的症状、体征及发生、持续时间，随后的症状、体征及持续时间，诊疗情况及疾病预后，已进行的实验室检验项目及结果等；

（3）饮食史：进食餐次、各餐次进食食品的品种及进食量、进食时间、进食地点，进食正常餐次之外的所有其他食品，如零食、饮料、水果、饮水等，特殊食品处理和烹调方式等；

（4）其他个人高危因素信息：外出史、与类似病例的接触史、动物接触史、基础疾病史及过敏史等。

4.4.3 设计个案调查表

一览表设计可参考附表3-2和《食品安全事故调查病例食品暴露信息一览表》(附表3-3)。个案调查表可参考以下不同事故特点设计：

(1) 病例发病前仅有一个餐次的共同暴露，可参考《聚餐引起的食品安全事故个案调查表》(附表3-4) 设计调查表。

(2) 病例发病前有多个餐次的共同暴露，可参考《学校等集体单位发生的食品安全事故个案调查表》(附表3-5) 设计调查表。

(3) 病例之间无明显的流行病学联系，如多个社区居民的腹泻暴发，可参考《社区发生的食品安全事故个案调查表》(附表3-6) 设计调查表。

4.5 描述性流行病学分析

个案调查结束后，应根据一览表或个案调查表建立数据库，及时录入收集的信息资料，对录入的数据核对后，按照以下内容进行描述性流行病学分析。

4.5.1 临床特征

临床特征分析应统计病例中出现各种症状、体征等的人数和比例，并按比例的高低进行排序，举例见表1。根据临床分布特征，可参考附录5初步分析致病因子的可能范围。

表1 某起食品安全事故的临床特征分析

症状/体征	人数(n=125)	比例(%)
腹泻	103	82
腹痛	65	52
发热	51	41
头痛	48	38
头昏	29	23
呕吐	25	20
恶心	21	17
抽搐	4	3.2

4.5.2 时间分布

时间分布可采用流行曲线等描述，流行曲线可直观的显示事故发展所处的阶段，并描述疾病的传播方式，推断可能的暴露时间，反映控制措施的效果。流行曲线的应用可参考《描述性流行病学分析中流行曲线的应用》(附录6)。直方图是流行曲线常用形式，绘制直方图的方法如下：

(1) 以发病时间作为横轴 (X轴)、发病人数作为纵轴 (Y轴)，采用直方图绘制；

(2) 横轴的时间可选择天、小时或分钟，间隔要等距，一般选择小于1/4疾病平均潜伏期；如潜伏期未知，可试用多种时间间隔绘制，选择其中最适当的流行曲线；

(3) 首例前、末例后需保留1—2个疾病的平均潜伏期。如调查时发病尚未停止，末例后不保留时间空白；

(4) 在流行曲线上标注某些特殊事件或环境因素，如启动调查、采取控制措施等。举例见图1。

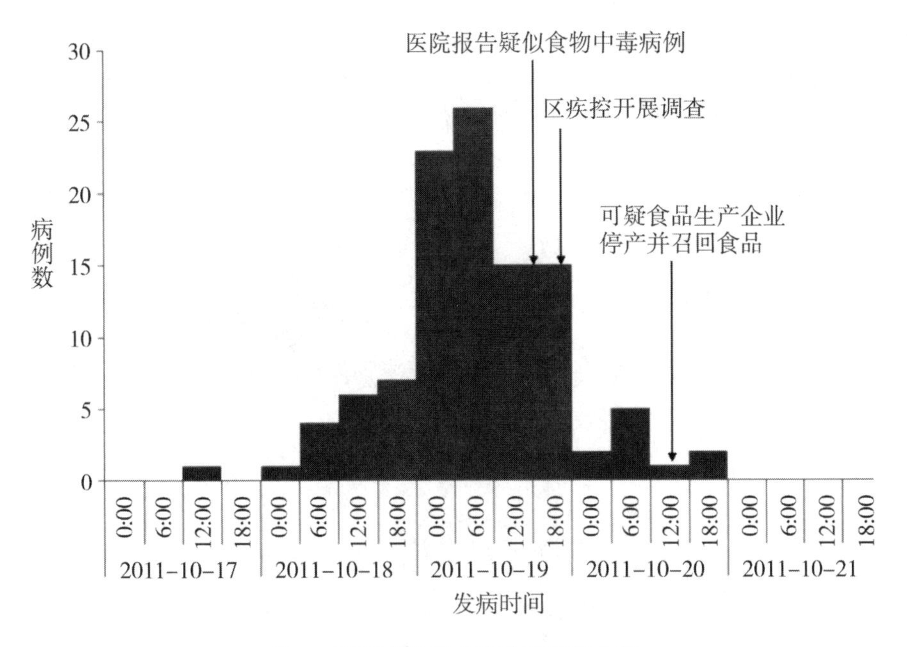

图1　某起食品安全事故的流行曲线

4.5.3　地区分布

通过绘制标点地图或面积地图描述事故发病的地区分布。

（1）标点地图可清晰显示病例的聚集性以及相关因素对疾病分布的影响，适用于病例数较少的事故。将病例（或病例所在家庭、班级、学校）的位置，用点或序号等符号标注在手绘草图、平面地图或电子地图上，并分析病例分布的聚集性与环境因素的关系。如图 2 所示的鼠药中毒病例家庭主要聚集在 A 小卖部周围，提示该事件可能与 A 小卖部销售的食品有关。

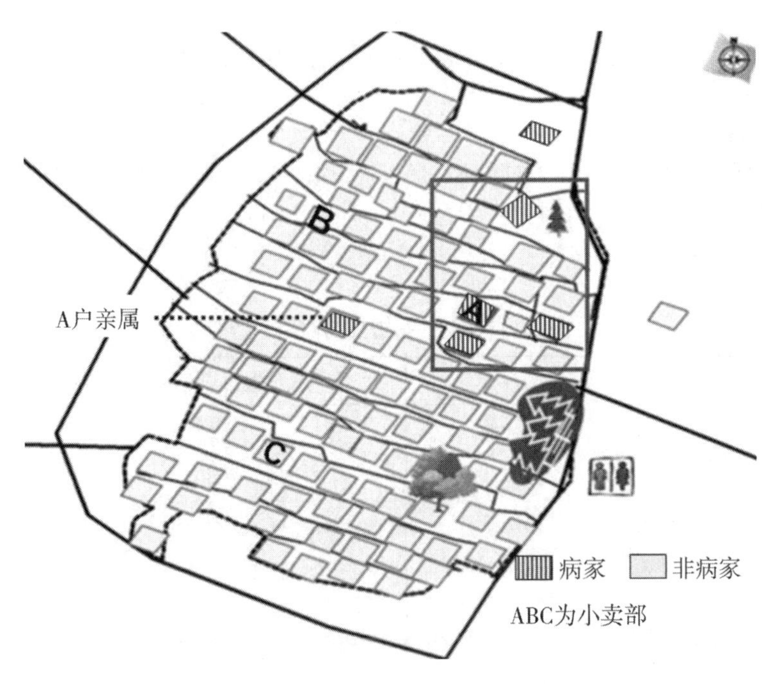

图2　某村抗凝血类杀鼠剂中毒的 6 户家庭分布图

（2）面积地图适用于规模较大、跨区域发生的事故。利用不同区域（省、市、县/区、街道/乡镇、居委会/村）的罹患率，采用 EpiInfo 或 MapInfo 等地图软件进行绘制，并分析罹患率较高地区与较低地区或无病例地区饮食、饮水等因素的差异，举例见图 3。

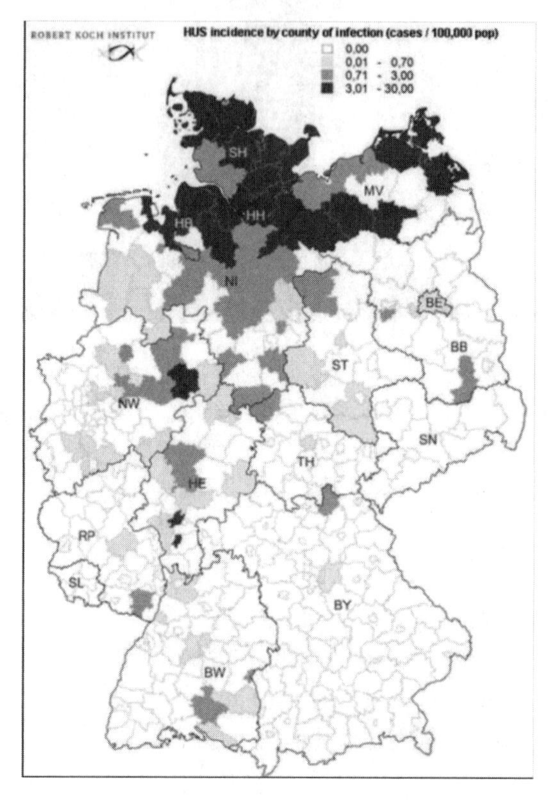

图 3 2011 年德国肠出血性大肠杆菌 O104：H4 暴发中溶血性尿毒综合征（HUS）病例的地区分布图

4.5.4 人群分布

按病例的性别、年龄（学校或托幼机构常用年级代替年龄）、职业等人群特征进行分组，分析各组人群的罹患率是否存在统计学差异，以推断高危人群，并比较有统计学差异的各组人群在饮食暴露方面的异同，以寻找病因线索。举例见表 2。

表 2 某起食品安全事故病例的年龄分布

年龄组（岁）	病例数	总人数	罹患率（%）
0—	33	74	45
5—	15	36	42
10—	10	31	32
20—	18	91	20
30—	6	33	18
40—	13	76	17

续上表

年龄组（岁）	病例数	总人数	罹患率（%）
50—	14	101	14
60—75	9	108	8.3
合计	118	550	21

（$\chi^2=50$，$p<0.005$）

4.5.5 描述性流行病学结果分析

根据访谈病例、临床特征和流行病学分布，应当提出描述性流行病学的结果分析，并由此对引起事故的致病因子范围、可疑餐次和可疑食品做出初步判断，用于指导临床救治、食品卫生学调查和实验室检验，提出预防控制措施建议。

4.6 分析性流行病学研究

分析性流行病学研究用于分析可疑食品或餐次与发病的关联性，常采用病例对照研究和队列研究。

在完成描述性流行病学分析后，存在以下情况的，应当继续进行分析性流行病学研究。

（1）描述性流行病学分析未得到食品卫生学调查和实验室检验结果支持的；

（2）描述性流行病学分析无法判断可疑餐次和可疑食品的；

（3）事故尚未得到有效控制或可能有再次发生风险的；

（4）调查组认为有继续调查必要的。

4.6.1 病例对照研究

在难以调查事故全部病例或事故暴露人群不确定时，适合开展病例对照研究。

（1）调查对象。选取病例组和对照组作为研究对象。病例组应尽可能选择确诊病例或可能病例。病例人数较少（<50例）时可选择全部病例，人数较多时，可随机抽取50～100例。对照组应来自病例所在人群，通常选择同餐者、同班级、同家庭等未发病的健康人群作对照，人数应不少于病例组人数。病例组和对照组的人数比例最多不超过1∶4。

（2）调查方法。根据初步判断的结果，设计可疑餐次或可疑食品的调查问卷（可参考附表3-4、3-5、3-6），采用一致的调查方式对病例组和对照组进行个案调查，收集进食可疑食品或可疑餐次中所有食品的信息以及各种食品的进食量。

（3）计算 *OR* 值。按餐次或食品品种，计算病例组进食和未进食之比与对照组进食和未进食之比的比值（*OR*）及95%可信区间（*CI*）。如 $OR>1$ 且95% *CI* 不包含1时，可认为该餐次或食品与发病的关联性具有统计学意义；如出现2个及以上可疑餐次或食品，可采用分层分析、多因素分析方法控制混杂因素的影响。对确定的可疑食品可参考《分析性流行病学研究的资料分析方法》（附录7）进一步做剂量反应关系的分析。

4.6.2 队列研究

在事故暴露人群已经确定且人群数量较少时，适合开展队列研究。

（1）调查对象。以所有暴露人群作为研究对象，如参加聚餐的所有人员、到某一餐馆用餐的所有顾客、某学校的在校学生、某工厂的工人等。

（2）调查方法。根据初步判断的结果，设计可疑餐次或可疑食品的调查问卷（可参考附表3-4、3-5、3-6），采用一致的调查方式对所有研究对象进行个案调查，收集发病情况、进食可疑食品或可疑餐次中所有食品的信息以及各种食品的进食量。

（3）计算 *RR* 值。按餐次或食品进食情况分为暴露组和未暴露组，计算每个餐次或食品暴露组的罹患率和未暴露组的罹患率之比（RR）及95% CI。如 $RR>1$ 且95% CI 不包含1时，可认为该餐次或食品与发病的关联性具有统计学意义。如出现2个及以上可疑餐次或食品，可采用分层分析、多因素分析方法控制混杂因素的影响。对确定的可疑食品可参考附录7进一步做剂量反应关系的分析。

5 食品卫生学调查

食品卫生学调查不同于日常监督检查，应针对可疑食品污染来源、途径及其影响因素，对相关食品种植、养殖、生产、加工、储存、运输、销售各环节开展卫生学调查，以验证现场流行病学调查结果，为查明事故原因、采取预防控制措施提供依据。食品卫生学调查应在发现可疑食品线索后尽早开展。

5.1 调查方法与内容

调查方法包括访谈相关人员，查阅相关记录，进行现场勘察、样本采集等。

5.1.1 访谈相关人员

访谈对象包括可疑食品生产经营单位负责人、加工制作人员及其他知情人员等。访谈内容包括可疑食品的原料及配方、生产工艺，加工过程的操作情况及是否出现停水、停电、设备故障等异常情况，从业人员中是否有发热、腹泻、皮肤病或化脓性伤口等。

5.1.2 查阅相关记录

查阅可疑食品进货记录、可疑餐次的食谱或可疑食品的配方、生产加工工艺流程图、生产车间平面布局图等资料，生产加工过程关键环节时间、温度等记录，设备维修、清洁、消毒记录，食品加工人员的出勤记录，可疑食品销售和分配记录等。

5.1.3 现场勘查

在访谈和查阅资料基础上，可绘制流程图，标出可能的危害环节和危害因素，初步分析污染原因和途径，便于进行现场勘查和采样。

现场勘查应当重点围绕可疑食品从原材料、生产加工、成品存放等环节存在的问题进行。

（1）原材料：根据食品配方或配料，勘查原料储存场所的卫生状况、原料包装有无破损情况、是否与有毒有害物质混放，测量储存场所内的温度；检查用于食品加工制作前的感官状况是否正常，是否使用高风险食品，是否误用有毒有害物质或者含有有毒有害物质的原料等。

（2）配方：食品配方中是否存在超量、超范围使用食品添加剂、非法添加有毒有害物质的情况，是否使用高风险配料等。

（3）加工用水：供水系统设计布局是否存在隐患；是否使用自备水井及其周围有无污染源。

（4）加工过程：生产加工过程是否满足工艺设计要求。

（5）成品储存：查看成品存放场所的条件和卫生状况，观察有无交叉污染环节，测量存放场所的温度、湿度等。

（6）从业人员健康状况：查看接触可疑食品的工作人员健康状况，是否存在可能污染食品的不良卫生习惯，有无发热、腹泻、皮肤化脓破损等情况。

5.1.4 样本采集

根据病例的临床特征、可疑致病因子或可疑食品等线索，应尽早采集相关原料、半成品、成品及环境样品。对怀疑存在生物性污染的，还应采集相关人员的生物标本。样本采集的方法见《食品安全事故样本采集、保存和运送要求》（附录4）。

如未能采集到相关样本，应做好记录，并在调查报告中说明原因。

5.2 基于致病因子类别的重点调查

初步推断致病因子类型后，应针对生产加工环节有重点地开展食品卫生学调查，参见表3。

表3　不同致病因子类型食品卫生学调查重点环节

环节	致病因子				
	致病微生物	有毒化学物	动植物毒素	真菌毒素	其他
原料	+	+ +	+ +	+ +	+
配方		+ +			+
生产加工人员	+ +				+
工用具、设备	+	+			+
加工过程	+ +	+	+	+	+
成品保存条件	+ +	+			+

注："+ +"指该环节应重点调查，"+"指该环节应开展调查。

6　采样和实验室检验

采样和实验室检验是事故调查的重要工作内容。实验室检验结果有助于确认致病因子、查找污染来源和途径、及时救治病人。

6.1　采样原则

采样应本着及时性、针对性、适量性和不污染的原则进行，以尽可能采集到含有致病因子或其特异性检验指标的样本。

（1）及时性原则：考虑到事故发生后现场有意义的样本有可能不被保留或被人为处理，应尽早采样，提高实验室检出致病因子的机会。

（2）针对性原则：根据病人的临床表现和现场流行病学初步调查结果，采集最可能检出致病因子的样本。

（3）适量性原则：样本采集的份数应尽可能满足事故调查的需要；采样量应尽可能满足实验室检验和留样需求。当可疑食品及致病因子范围无法判断时，应尽可能多地采集样本。

（4）不污染原则：样本的采集和保存过程应避免微生物、化学毒物或其他干扰检验物质的污染，防止样本之间的交叉污染。同时也要防止样本污染环境。

6.2　样本的采集、保存和运送

样本的采集、登记和管理应符合有关采样程序的规定，采样时应填写采样记录，记录采样时间、地点、数量等，由采样人和被采样单位或被采样人签字。采样表参见《食品安全事故流行病学调查采样记录表》（附表3－7），采样、保存和运送的相关技术内容见附录4、附录5。

所有样本必须有牢固的标签，标明样本的名称和编号；每批样本应按批次制作目录，详细注明该批样本的清单、状态和注意事项等。样本的包装、保存和运输，必须符合生物安全管理的相关规定。

6.3　确定检验项目和送检

为提高实验室检验效率，调查组在对已有调查信息认真研究分析基础上，根据流行病学初步判断提出检验项目。在缺乏相关信息支持、难以确定检验项目时，应妥善保存样本，待相关调查提供初步判断信息后再确定检验项目和送检。调查机构应组织有能力的实验室开展检验工作，如有困难，应及时联系其他实验室或报请同级卫生行政部门协调解决。

6.4 实验室检验

6.4.1 实验室应依照相关检验工作规范的规定，及时完成检验任务，出具检验报告，对检验结果负责。

6.4.2 当样本量有限的情况下，要优先考虑对最有可能导致疾病发生的致病因子进行检验。

6.4.3 开始检验前可使用快速检验方法筛选致病因子。

6.4.4 对致病因子的确认和报告应优先选用国家标准方法，在没有国家标准方法时，可参考行业标准方法、国际通用方法。如需采用非标准检测方法，应严格按照实验室质量控制管理要求实施检验。

6.4.5 承担检验任务的实验室应当妥善保存样本，并按相关规定期限留存样本和分离到的菌毒株。

6.5 致病因子检验结果的解释

致病因子检验结果不仅与实验室的条件和技术能力有关，还可能受到样本的采集、保存、送样条件等因素的影响，对致病因子的判断应结合致病因子检验结果与事故病因的关系进行综合分析。

6.5.1 检出致病因子阳性或者多个致病因子阳性时，需判断检出的致病因子与本次事故的关系。事故病因的致病因子应与大多数病人的临床特征、潜伏期相符，调查组应注意排查剔除偶合病例、混杂因素以及与大多数病人的临床特征、潜伏期不符的阳性致病因子。

6.5.2 可疑食品、环境样品与病人生物标本中检验到相同的致病因子，是确认事故食品或污染原因较为可靠的实验室证据。

6.5.3 未检出致病因子阳性结果，亦可能为假阴性，需排除以下原因：

（1）没能采集到含有致病因子的样本或采集到的样本量不足，无法完成有关检验；

（2）采样时病人已用药治疗，原有环境已被处理；

（3）因样本包装和保存条件不当导致致病微生物失活、化学毒物分解等；

（4）实验室检验过程存在干扰因素；

（5）现有的技术、设备和方法不能检出；

（6）存在尚未被认知的新致病因子等。

6.5.4 不同样本或多个实验室检验结果不完全一致时，应分析样本种类、来源、采样条件、样本保存条件、不同实验室采用检验方法、试剂等的差异。

7 资料分析和调查结论

调查结论包括是否定性为食品安全事故，以及事故范围、发病人数、致病因子、污染食品及污染原因。不能做出调查结论的事项应当说明原因。

7.1 做出调查结论的依据

调查组应当在综合分析现场流行病学调查、食品卫生学调查和实验室检验三方面结果基础上做出调查结论。卫生行政部门认为需要开展补充调查时，调查机构应当根据卫生行政部门通知开展补充调查，结合补充调查结果，再做出调查结论。

在确定致病因子、致病食品或污染原因等时，应当参照相关诊断标准或规范，并参考以下推论原则。

（1）现场流行病学调查结果、食品卫生学调查结果和实验室检验结果相互支持的，调查组可以做出调查结论。

（2）现场流行病学调查结果得到食品卫生学调查或实验室检验结果之一支持的，如结果具有合理性且能够解释大部分病例的，调查组可以做出调查结论。

（3）现场流行病学调查结果未得到食品卫生学调查和实验室检验结果支持，但现场流行病学调查结果可以判定致病因子范围、致病餐次或致病食品，经调查机构专家组 3 名以上具有高级职称的专家审定，可以做出调查结论。

（4）现场流行病学调查、食品卫生学调查和实验室检验结果不能支持事故定性的，应当做出相应调查结论并说明原因。

7.2 调查结论中因果推论应当考虑的因素

（1）关联的时间顺序：可疑食品进食在前，发病在后；

（2）关联的特异性：病例均进食过可疑食品，未进食者均未发病；

（3）关联的强度：*OR* 值或 *RR* 值越大，可疑食品与事故的因果关联性越大；

（4）剂量反应关系：进食可疑食品的数量越多，发病的危险性越高；

（5）关联的一致性：病例临床表现与检出的致病因子所致疾病的临床表现一致，或病例生物标本与可疑食品或相关的环境样品中检出的致病因子相同；

（6）终止效应：停止食用可疑食品或采取针对性的控制措施后，经过疾病的一个最长潜伏期后没有新发病例。

7.3 撰写调查报告

调查机构可参考《食品安全事故流行病学调查信息整理表》（附表 3－8）的格式和内容整理资料，按《食品安全事故流行病学调查报告提纲》（附表 3－9）的框架和内容撰写调查报告，向同级卫生行政部门提交对本次事故的流行病学调查报告。撰写调查报告应注意以下事项：

（1）按照先后次序介绍事故调查内容、结果汇总和分析等调查情况，并根据调查情况提出调查结论和建议，事故调查范围之外的事项一般不纳入报告内容。

（2）调查报告的内容必须客观、准确、科学，报告中有关事实的认定和证据要符合有关法律、标准和规范的要求，防止主观臆断。

（3）调查报告要客观反映调查过程中遇到的问题和困难，以及相关部门的支持配合情况和相关改进建议等。

（4）复制用于支持调查结论的分析汇总表格、病例名单、实验室检验报告等作为调查报告的附件。

（5）调查报告内容与初次报告、进程报告不一致的，应当在调查报告中予以说明。

对于符合突发公共卫生事件报告要求的事故，应按相关规定进行网络直报。

7.4 工作总结和评估

事故调查结束后，调查机构应对调查情况进行工作总结和自我评估，总结经验，分析不足，以更好地应对类似事故的调查。总结评估的重点内容包括：

（1）调查实施情况。日常准备是否充分，调查是否及时、全面地开展，调查方法有哪些需要改进，调查资料是否完整，事故结论是否科学、合理。

（2）协调配合情况。调查是否得到有关部门的支持和配合，调查人员之间的沟通是否畅通，信息报告是否及时、准确。

（3）调查中的经验和不足，需要向有关部门反映的问题和意见等。

7.5 案卷归档

调查机构应当将相关的文书、资料和表格原件整理、存档。

8 附录

附录1 食品安全事故流行病学调查工作流程图

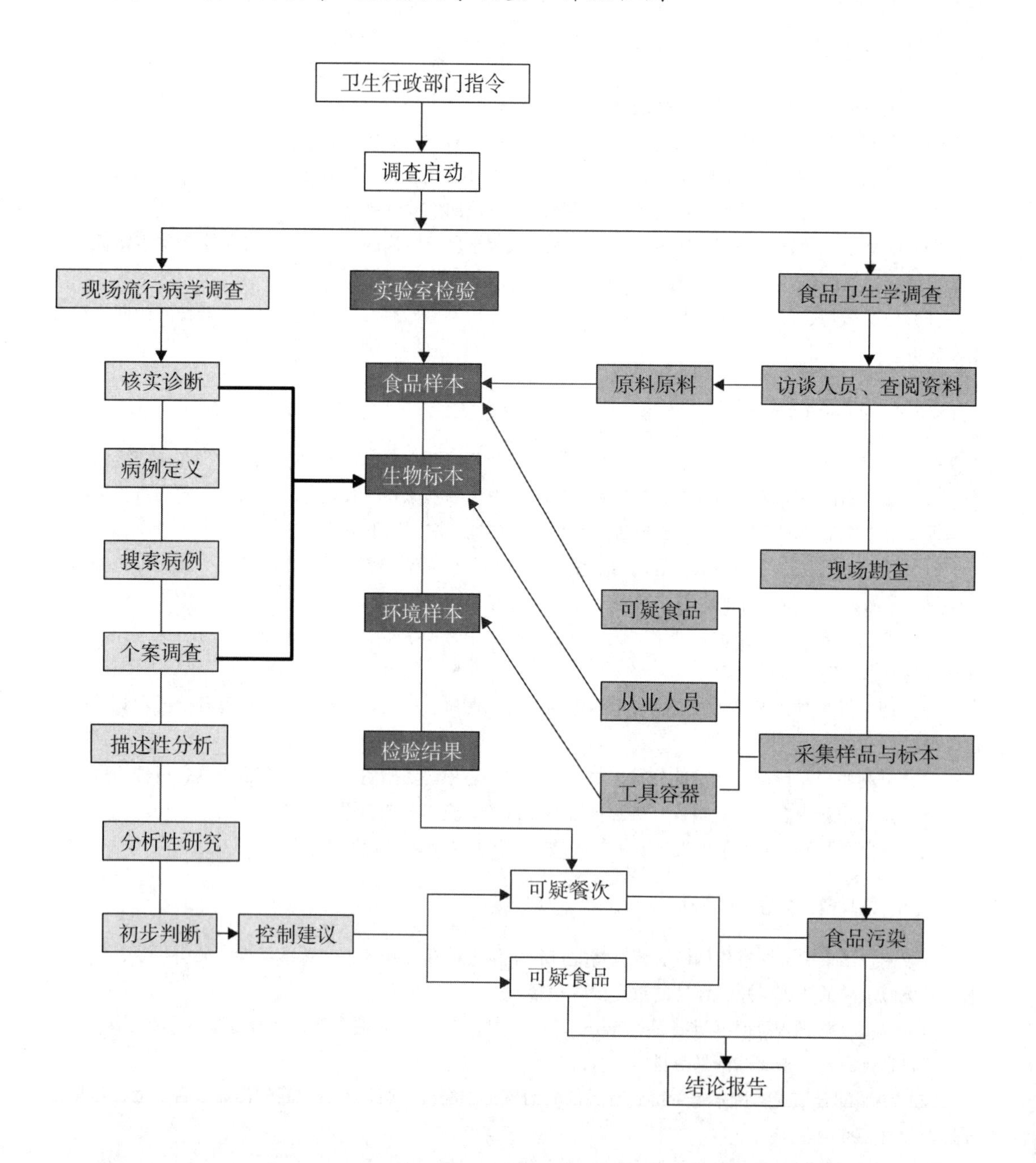

附录2　食品安全事故流行病学调查物资准备清单

一、文件资料

（一）参考资料：相关法律法规、标准及其他有关专业技术参考资料等；

（二）调查表格：标准化的病例调查用表、采样表、实验室检测申请表。

二、取证工具

照相机、摄像机、录音笔等。

三、采样用品

（一）食品（固体和液体食品）采样用品：灭菌塑料袋、广口瓶、吸管、刀、剪、铲、勺、镊子等；

（二）涂抹样本采集：棉拭子、灭菌生理盐水试管（有条件应配备增菌液、选择性培养基）；

（三）粪便采集：便杯、采便管、运送培养基；

（四）呕吐物采集：灭菌塑料袋、采样棉球；

（五）血样采集：一次性注射针、采血管；

（六）其他采样必备物品：75%医用酒精、酒精灯、酒精棉球、油性笔、标签、橡皮筋、打火机（火柴）、制冷剂、样本运输箱、手电筒、一次性橡皮手套、口罩、隔离衣/工作服、胶鞋等。

四、现场快速检测设备

食物中毒快速检测箱（配备能对瘦肉精、灭鼠药、蔬菜中有机磷、有机氯和氨基甲酸酯类农药残留、甲醇、食品中亚硝酸盐、甲醛、砷、汞、食用油中的非食用部分进行快速检测的试剂）、温度计、pH计/试纸、食品水分活度测量仪。

五、工作和通讯设备

电脑、打印机、数据统计分析软件、手机、对讲机、无线网络连接设备、电话会议设备等。

附录3　食品安全事故流行病学调查参考表格

附表3－1　食品安全事故病例访谈提纲

一、基本信息（在横线上填写相关内容，或在相应选项的“□”中划√）

1. 姓名：　2. 性别：□男　□女　3. 出生日期：　年　月（年龄：　岁）

4. 职业：　　　　，如为集体单位，填写具体班级或车间

5. 家庭住址：　　　　联系电话：

6. 监护人（如有）：

二、临床相关信息（如有相应症状或体征在“□”中划√，其他请详细注明）

7. 发病时间：　　年　　月　　日时（如不能确定几时，可注明上午、下午、上半夜、下半夜等）

8. 发病时有哪些临床表现（注明首发症状、各种症状出现的时间和持续时间）？

9. 发病后是否自行服用过抗生素？服药时间？服用过哪些抗生素？

10. 发病后是否就诊？

如就诊，就诊医院的名称？

医院是否采集标本进行检测？粪便、血或尿等临床标本检验结果（可复印验单粘贴）？

医院是否使用那些抗生素？使用过哪些抗生素？

哪些药物或治疗措施的治疗效果明显？

三、流行病学相关信息

11. 病例共同居住的家庭成员中有无类似的症状？

如有，有类似症状者的发病时间、与病例的关系及发病的临床表现？

发病前3天病例在家食用过的所有食物名称？

其中病例和有类似症状的家庭成员均吃或吃得较多的食物有哪些？家庭成员中未发病者没吃或吃的很少的食物有哪些？

12. 发病前3天内有无家庭以外的进餐史？

如有，各餐次的进餐时间？就餐饭店名称和地址？有几人同餐？同餐者中有几人有类似症状？有类似症状者的姓名和联系方式？

如某餐次的同餐者中有类似症状，该餐次的所有食品品种中，病例和有类似症状的同餐者均吃或吃得较多的品种有哪些？无类似症状的同餐者没吃或吃的很少的食物有哪些？

13. 发病前3天内有无进食过市场销售的食品或饮料？

如有，各种食品或饮料的购买时间？购买地点名称和地址？有几人一起食用？其中有几人有类似症状？有类似症状者的姓名和联系方式？

14. 发病前3天有无有外出史？同行的有几人？其中有几人有类似的症状？有类似症状者的姓名和联系方式？

15. 发病前3天有无医疗机构暴露史？

如有，暴露的医疗机构名称、暴露次数，每次的科室及原因

16. 病例认为自己发病的原因

被调查人签名：

调查人员签名：

调查日期：　　年　月　日

附表 3-2　食品安全事故调查病例临床信息一览表

单位名称：　　部门/机构/班级：　　调查日期：

编号	姓名	性别	年龄	进餐时间	发病时间	体温℃※	恶心	呕吐			腹痛部位			腹痛性质			腹泻物性状					里急后重	头痛	头晕	乏力	其他症状		样本名称	临床检验结果	备注
								次数※	胃内容物	带血	上腹	下腹	脐周	绞痛	隐痛	阵发痛	次数※	稀便	水样便	粘液便	脓血便									

注：此表在人数较多时使用，※填写具体数值，有症状在空格内打√或填写具体描述，无症状在空格内打×。

调查人员签名：　　调查日期：　年　月　日

附表3－3　食品安全事故调查病例食品暴露信息一览表

单位名称：　部门/机构/班级：　调查日期：

编号	姓名	年龄	性别	进餐时间	是否发病	是否食用以下食品（进食打√，未进食打×）									
						食品1	食品2	食品3	食品4	食品5	食品6	食品7	食品8	食品9	…

注：应与附表3－2一起使用，并根据3－2的结果按制定的病例定义判定发病情况，如疑似病例填1，可能病例填2，确诊病例填3，非病例填0

调查人员签名：　调查日期：　年　月　日

附表3-4　聚餐引起的食品安全事故个案调查表

2010年10月1日（星期五）参加张某某婚宴的人员请回答以下问题

第一部分　基本信息

1. 被调查对象类别（根据临床信息调查结果进行判定）

疑似病例□　可能病例□　确诊病例□　非病例□

2. 姓名：　　　　3. 性别：男性□ 女性□　4. 出生日期：　年　月（年龄：　岁）

5. 家庭住址：　6. 电话：

第二部分　临床信息

7. 2010年10月1日您参加过张某某婚宴后到同年同月4日（调查之日）是否出现腹泻、腹痛、恶心、呕吐、发热、头痛、头晕等任何不适症状？是□　否□（跳转至问题15）

8. 发病时间：　月　日　时（如不能确定几时，可注明上午、下午、上半夜、下半夜）

9. 首发症状：

10. 是否有以下症状（调查员对以下列出的疾病相关症状进行询问，并在"□"中划√，如果症状仍在持续，编码填写999）

腹泻	有□（　次/天）	无□	不确定□	持续时间　□□□
腹痛	有□（　次/天）	无□	不确定□	持续时间　□□□
恶心	有□（　次/天）	无□	不确定□	持续时间　□□□
呕吐	有□（　次/天）	无□	不确定□	持续时间　□□□
发热	有□（　次/天）	无□	不确定□	持续时间　□□□
头痛	有□（　次/天）	无□	不确定□	持续时间　□□□
其他症状（详细注明）：				

11. 是否就诊：否□　是□（门诊□ 急诊□　住院□，住院天数　　天）

12. 是否采样：否□　是□，采样时间：　　月　日　时

样本名称

检验指标

检验结果

13. 医院诊断

医院用药

药物治疗效果

14. 是否自行服药　　否□　是□，药物名称：

第三部分 饮食暴露信息

15. 根据婚宴的食谱，调查婚宴中所有食品品种及饮料的进食史，并在“□”中划“√”

宫保鸡丁	吃□（夹了筷子）	未吃□	不记得□
鱼香肉丝	吃□（夹了筷子）	未吃□	不记得□
酱肘子	吃□（夹了筷子）	未吃□	不记得□
油炸大虾	吃□（夹了筷子）	未吃□	不记得□
蒸甲鱼	吃□（夹了筷子）	未吃□	不记得□
清蒸海鱼	吃□（夹了筷子）	未吃□	不记得□
西芹炒百合	吃□（夹了筷子）	未吃□	不记得□
清炒四季豆	吃□（夹了筷子）	未吃□	不记得□
肉焖茄子	吃□（夹了筷子）	未吃□	不记得□
凉拌黄瓜	吃□（夹了筷子）	未吃□	不记得□
白切鸡	吃□（夹了筷子）	未吃□	不记得□
鲜榨果汁	喝□（喝了杯※）	未喝□	不记得□
桶装水	喝□（喝了杯※）	未喝□	不记得□

※应按统一的容器询问饮用数量，如一次性纸杯、500mL 矿泉水瓶等

16. 婚宴期间是否喝过生水：否□ 是□，喝了 杯※

被调查人签名：

调查人员签名：

调查日期： 年 月 日

附表3－5 学校等集体单位发生的食品安全事故个案调查表

第一部分 基本信息

1. 被调查对象类别（根据临床信息调查结果进行判定）

疑似病例□ 可能病例□ 确诊病例□ 非病例（同寝室□ 同班级□ 其他）

2. 姓名： 3. 性别：□男 □女 4. 出生日期： 年 月（年龄： 岁）

5. 职业：学生□ 教师□ 食堂工作人员□ 教工□ 其他

6. 班级名称：年班

7. 家庭住址： 联系电话：

8. 监护人姓名（如有）： 监护人联系电话：

第二部分 临床发病及治疗信息

9. 从病例定义中起始时间至调查之日您是否出现腹泻、腹痛、恶心、呕吐、发热、头痛、头晕等任何不适症状？是□ 否□（跳转至问题15）

10. 发病时间： 月 日 时（如不能确定几时，可注明上午、下午、上半夜、下半夜）

11. 首发症状：

12. 是否有以下症状（调查员根据附表1访谈结果设计以下症状，对以下列出的疾病相关症状进行

询问，并在“□”中划√，如果症状仍在持续，编码填写999）

腹泻	有□（ 次/天）	无□	不确定□	持续时间 □□□
腹痛	有□（ 次/天）	无□	不确定□	持续时间 □□□
恶心	有□（ 次/天）	无□	不确定□	持续时间 □□□
呕吐	有□（ 次/天）	无□	不确定□	持续时间 □□□
发热	有□（ 次/天）	无□	不确定□	持续时间 □□□
头痛	有□（ 次/天）	无□	不确定□	持续时间 □□□
其他症状（详细注明）：				

13. 是否就诊：否□ 是□（门诊□ 急诊□ 住院□，住院天数 天）
14. 是否采样：否□ 是□，采样时间 月 日 时

样本名称：

检验指标：

检验结果：

15. 医院诊断：

医院用药：

药物治疗效果：

16. 是否自行服药 否□ 是□，药物名称：

第三部分 饮食和饮水的暴露信息

17. 填写病例发病前天（非病例与匹配病例的时间相同）所有餐次的进餐地点，并在“□”中划√，其他请注明具体名称：

实例：某学校学生发生腹泻暴发，学生在校内进餐地点包括：学校的三个学生食堂（学A、学B和学C）、一个教师食堂，以及校内超市（销售的凉面、凉粉等食物）。

时间	餐次	进餐具体地点或名称（在“□”中划“√”，其他详细注明）
发病前1天 月 日	早餐	学A□ 学B□ 学C□ 教师食堂□ 超市□ 其他
	中餐	学A□ 学B□ 学C□ 教师食堂□ 超市□ 其他
	晚餐	学A□ 学B□ 学C□ 教师食堂□ 超市□ 其他
	其他	学A□ 学B□ 学C□ 教师食堂□ 超市□ 其他
发病前2天 月 日	早餐	学A□ 学B□ 学C□ 教师食堂□ 超市□ 其他
	中餐	学A□ 学B□ 学C□ 教师食堂□ 超市□ 其他
	晚餐	学A□ 学B□ 学C□ 教师食堂□ 超市□ 其他
	其他	学A□ 学B□ 学C□ 教师食堂□ 超市□ 其他

续上表

时间	餐次	进餐具体地点或名称（在“□”中划“√”，其他详细注明）
发病前3天 月　日	早餐	学A□　学B □　学C□　教师食堂□　超市□ 其他
	中餐	学A□　学B □　学C□　教师食堂□　超市□ 其他
	晚餐	学A□　学B □　学C□　教师食堂□　超市□ 其他
	其他	学A□　学B □　学C□　教师食堂□　超市□ 其他

（根据致病因子的潜伏期确定需要调查的饮食史时间范围，如需调查发病前更长时间的饮食史，可直接在该表末进行追加）

18. 学生饮水类型包括：开水、生水、桶装水、瓶装水，填写爆发前（　月　日前）的饮水习惯：

喝开水：总是喝□　经常喝□　偶尔喝□　从不喝□

生　水：总是喝□　经常喝□　偶尔喝□　从不喝□

桶装水：总是喝□　经常喝□　偶尔喝□　从不喝□

瓶装水：总是喝□　经常喝□　偶尔喝□　从不喝□

其　他：

第四部分　其他可疑暴露信息

19. 是否住校：是□　　否□

如是，宿舍名称　　　　　同宿舍有　人

其中，有人发病，发病人的名字

被调查人签名：

调查人员签名：

调查日期：　年　月　日

附表3-6　社区发生的食品安全事故个案调查表

第一部分　基本信息

1. 被调查对象类别（根据临床信息调查结果进行判定）：

疑似病例□　可能病例□　确诊病例□　非病例□

2. 姓名：　　　　3. 性别：男性□　女性□　4. 出生日期：　年　月（年龄：　岁）

5. 职业：　　　　6. 家庭住址：

7. 电话：

第二部分　临床发病及治疗信息*

8. 从病例定义中起始时间至调查之日您是否出现腹泻、腹痛、恶心、呕吐、发热、头痛、头晕等任何不适症状？是□　否□（跳转至问题15）

9. 发病时间：　月　日　时（如不能确定几时，可注明上午、下午、上半夜、下半夜）

10. 首发症状：

11. 是否有以下症状（调查员根据附表1访谈结果设计以下症状，对以下列出的疾病相关症状进行询问，并在“□”中划√，如果症状仍在持续，编码填写999）

腹泻	有□（　次/天）	无□	不确定□	持续时间	□□□
腹痛	有□（　次/天）	无□	不确定□	持续时间	□□□
恶心	有□（　次/天）	无□	不确定□	持续时间	□□□
呕吐	有□（　次/天）	无□	不确定□	持续时间	□□□
发热	有□（　次/天）	无□	不确定□	持续时间	□□□
头痛	有□（　次/天）	无□	不确定□	持续时间	□□□
其他症状（详细注明）：					

12. 是否就诊：否□　是□（门诊□　急诊□　住院□，住院天数天）
13. 是否采样：否□　是□，采样时间　月　日　时

样本名称：

检验指标：

检验结果：

14. 医院诊断：

医院用药：

药物治疗效果：

15. 是否自行服药　　否□　是□，药物名称：

第三部分　饮食暴露信息

16. 发病前天进餐情况及同餐者情况

日期	餐次	进餐地点	食物名称	共同餐者人数	同餐者发病人数
发病前 1 天 月　日	早餐				
	中餐				
	晚餐				

续上表

日期	餐次	进餐地点	食物名称	共同餐者人数	同餐者发病人数
发病前2天 月 日	早餐				
	中餐				
	晚餐				
发病前3天 月 日	早餐				
	中餐				
	晚餐				

（根据致病因子的潜伏期确定需要调查的饮食史时间范围，如需调查发病前更长时间的饮食史，可直接在该表末进行追加）

17. 您认为哪一个餐次或哪一种食品可能造成您这次发病？
餐次（可直接填写序号）：
食品名称：

第四部分　其他可疑暴露信息

18. 发病前与已知病例接触？无□　　有□ 如有则填写：
18.1 姓名：　18.2 地址：　18.3 联系电话：
18.4 接触时间：　年　月　日　时　分
19. 发病前外出史：无□　　有□
19.1 外出时间：　年　月　日
19.2 地点：
20. 发病前是否参加了某项或多项集体活动（集体活动包括婚礼、聚餐或宴会、野餐活动、表演、展览会、商品交易、学校活动等）？否□　是□（如“是”填写下表）

活动名称	活动时间（年/月/日）	活动地点	参加人数	参加者中病例人数	供餐方式 1 围餐 2 自助餐 3 外送 4 自带 5 其他（注明）

21. 发病前特殊机构到访史：无□　　有□（如“有”应注明有关情况）

到访机构	是否有类似疾病暴发		联系人及联系方式
21.1 医疗机构□	是□	否□	不知道□

续上表

到访机构	是否有类似疾病暴发		联系人及 联系方式
21.2 看护机构□	是□	否□	不知道□
21.3 托幼机构□	是□	否□	不知道□
21.4 学校□	是□	否□	不知道□
21.5 食品生产加工机构□	是□	否□	不知道□
21.6 其他□	是□	否□	不知道□

22. 是否饲养宠物和家禽畜：否□　是□，动物名称：
23. 发病前一周饮用水来源：
    23.1 市政供水：否□　是□　处理方式：烧水□　生水□
    23.2 自备井水：否□　是□　处理方式：烧水□　生水□
    23.3 未经处理的河水、池塘水、湖水、山泉水：否□　是□
    23.4 瓶装水：否□　是□　品牌：
24. 近期当地的特殊情况（如集中灭四害、农田喷洒农药等）：
25. 近期免疫接种情况：无□　　有□
26. 是否还有其他经口接触（如成人吸烟，儿童吮指、咬奶嘴等）：无□　　有□

被调查人签名：
调查人员签名：
调查日期：　年　月　日

附表3－7　食品安全事故流行病学调查采样记录表

3－7　A生物标本采样记录（编号：　　　）

编号	采样对象	采样地点	样本名称	数量	样本状态	拟检内容
采样单位				采样人		
采样日期						

3－7　B食品样品采样记录（编号：　　　）

被采样单位						联系人		
采样地点						联系电话		
编号	名称	商标	产地	规格	批号/编号	数量	状态	贮存状况

续上表

拟检内容			
采样单位		采样人	
采样日期		被采样单位确认	

3-7 C 环境样品采样记录（编号：　　　）

编号	样本名称	采样地点	数量	样本状态	拟检内容	备注
采样单位				采样人		
采样日期				被采样单位确认		

附表3-8 食品安全事故流行病学调查信息整理表

编号：

一、事故基本信息

事件性质：食源性疾病暴发□ 食物中毒□ 食品污染□ 其他

发生地区：　　省（市）　　市（地）　　县（区）　　镇（街）

（如多地同时发生则直接往后追加补充）

发生地区：　　省（市）　　市（地）　　县（区）　　镇（街）

发生地	名称/地点	备注
学校（含托幼、看护机构）□		
集体单位 □		
重大活动现场 □		
家庭散发 □		
其他 □		

信息来源	单位名称	联系信息
监管部门□		联系人：　　电　话：
上级机构□		联系人：　　电　话：
下级机构□		联系人：　　电　话：
同级机构□		联系人：　　电　话：
媒体监测□		联系人：　　电　话：
公众　□		联系人：　　电　话：

二、人群疾病信息

人群疾病：	无□	
	有□	接收信息时间：　　　　年　　月　　日　　时　　分
		启动调查时间：　　　　年　　月　　日　　时　　分

（一）疾病情况

实验室确诊病例　例　临床诊断病例　例　疑似病例　例

症状	病例数	比例（%）	备注
症状 1			
症状 2			
症状 3			
症状 4			
症状 5			
症状 n			

并发症：无□　　有□，并发症

住院人数　人　重症人数　人　死亡人数　人　痊愈人数　人

（二）时间分布

发病时间：

1. 最早：　　　　年　　月　　日　　时　　分
2. 最晚：　　　　年　　月　　日　　时　　分
3. 潜伏期：

最短（小时□ 天□），　最长（小时□ 天□）

平均值（小时□ 天□），中位值（小时□ 天□）

4. 流行曲线（绘制流行曲线，分析流行模式）

（三）空间分布

1. 单位区域病例分布情况

区域	总人数	发病人数（人）	罹患率（%）
单位区域 1			
单位区域 2			
单位区域 n			
合计			

按事故发生地的最小地理单位（如省、地市、县区、工厂车间、学校班级等）列表整理

2. 绘制标点地图或面积地图

（四）人群分布（年龄、性别，应根据实际情况划分年龄组）

年龄（岁）	总人数			发病人数			罹患率（%）		
	男性	女性	合计	男性	女性	合计	男性	女性	合计
<1									
1—									
5—									
10—									
15—									
20—									
25—									
30—									
35—									
40—									
45—									
50—									
55—									
60—									
65—									
不详									
合计									
最小年龄：　岁			最大年龄：　岁			平均年龄（中位值）：　　岁			

回顾性队列研究数据分析表（可选）

食品/暴露因素	暴露组			未暴露组			罹患率之比 RR	95% CI
	发病	未发病	罹患率（%）	发病	未发病	罹患率（%）		
食品 1								
食品 2								
食品 3								
食品 4								
……								

病例对照研究数据分析表（可选）

食品/暴露因素	病例			对照			暴露率之比 OR	95% CI
	暴露	非暴露	暴露率（%）	暴露	非暴露	暴露率（%）		
食品 1								
食品 2								
食品 3								
食品 4								
……								

三、事故原因信息

致病因子（选择类别后注明确切的致病因子名称	性质：细菌□　病毒□　寄生虫□ 有毒动物□（如河豚、高组胺含量鱼类、含贝类毒素贝类等） 有毒植物□（毒蘑菇、发芽马铃薯等） 化学物□（杀虫剂、重金属、亚硝酸盐等） 原因不明□	名称：
原因食品（选择类别后注明确切的食品名称）	动物性食品□　植物性食品□　其他食品□ 原因食品不明□ 确认方式： 流行病学调查与实验室检验均支持□ 流行病学调查确认□ 实验室检验确认□	名称：
影响致病因子污染食品并在其中残存（增殖）的因素	原料污染、变质□　误用有毒品种□ 过量使用食品添加剂□ 加工过程污染□　工用具不洁污染□ 生熟交叉污染□　烹调加热不充分□ 熟食储存不当□　重新加热不充分□ 食用方法不当□　其他原因□	备注（可作详细说明）：

报告单位：（公章）　　　报 告 人：　　报告时间：　年　月　日　联系电话：

附表 3－9　食品安全事故流行病学调查报告提纲

（略，详见本书第一章第 6 节附件 1，第 102 页）

附录4 食品安全事故标本和样品采集、保存和运送要求

1 常用采样物品（见附表4－1）

附表4－1 常用采样物品

类别	物品
食品等样品采样器皿	一次性塑料袋、带盖的无菌广口瓶（100—1000mL）、采水样的瓶、箔纸密盖的金属罐。
生物样本采样器皿	无菌粪便盒、血液采集管（抗凝、不抗凝）、1—2 mL血清螺旋管、10—30 mL无菌螺旋管、Cary－Blair运送培养基（适用于肠道样本的保存运送）、Stuart运送培养基（适合于呼吸道样本的保存运送）、2 mL病毒保存液。
采样用灭菌和包裹的器械	勺、匙、压舌板、刀具、镊子、钳子、抹刀、钻头、金属管（直径1.25～2.5cm，长度30～60cm）、吸液管、剪刀、Moore拭子（供下水道、排水沟、管道等处采样用，由120单位x15cm棉纱条中间用双股长线或金属线系紧制成）、纱布
消毒剂	75%乙醇、酒精灯
制冷剂	袋装制冷剂、可盛装水或冻结物的厚实塑料袋或瓶子、装冰用的厚实塑料袋
防腐剂	10%福尔马林或10%聚乙烯醇
食品温度计	探针式温度计（－20～110 ℃），长13～20 cm 球式温度计（－20～110 ℃）
其他常用物品	防水记号笔、胶带、棉球、灭菌蛋白胨或缓冲液（5 mL置于带螺盖的试管中）、电钻（用于冷冻食物采样） 蒸馏水、隔热箱或聚苯乙烯盒、标本运输箱

2 常见的食品安全事故标本和样品类型（见附表4－2）

附表4－2 常见的食品安全事故标本和样品采集类型

样本来源	可采集的标本和样品类型
病人	粪便、尿液、血液、呕吐物、洗胃液、肛拭子、咽拭子；
从业人员	粪便、肛拭子、咽拭子、皮肤化脓性病灶标本；
可疑食品	可疑食品剩余部分及同批次产品、半成品、原料； 加工单位剩余的同批次食品，使用相同加工工具、同期制作的其他食品； 使用相同原料制作的其他食品；
食品制作环境	加工设备、工用具、容器、餐饮具上的残留物或物体表面涂抹样品或冲洗液样品；食品加工用水；
其他	由毒蕈、河豚等有毒动植物造成的中毒，要搜索废弃食品进行形态鉴别；

3 生物标本的采集、保存和运送

3.1 粪便标本

粪便标本是检测细菌、病毒、寄生虫、毒素等的常用标本。应优先采集新鲜粪便 15—20 g。若病人不能自然排出粪便，可采集肛拭子。采集肛拭子标本时，采样拭子应先用无菌生理盐水浸湿后插入肛门内 3 cm ～ 5 cm 处旋转一周后拿出。合格的肛拭子上应有肉眼可见的粪便残渣或粪便的颜色。

3.1.1 用于细菌检验的标本

用于细菌检测的粪便标本需 5 g。肛拭子，需插入 Cary – Blair 运送培养基底部，将顶端折断，并将螺塞盖旋紧。标本应 4 ℃冷藏保存。若疑似弧菌属（霍乱弧菌、副溶血弧菌等）感染，标本应常温运送，不可冷藏。

3.1.2 用于病毒检验的标本

用于病毒学检测的粪便需 10 g。肛拭子需置于 2 mL 病毒保存液中。标本应立即冷冻保存。如采样现场无冷冻条件，标本应 4 ℃冷藏，并尽快送至有冷冻条件的实验室。标本保存和运送过程中，冷藏或冷冻的温度和时间必须记录。

3.1.3 用于寄生虫检验的标本

寄生虫检测需要新鲜大便 5 g，按 1 份粪便对 3 份防腐剂的比例加入防腐剂溶液（10% 福尔马林或 10% 聚乙烯醇）在室温条件下储存和运送。如果暂无防腐剂，可将未处理粪便标本置 4 ℃冷藏（但不能冷冻）48 小时。

3.1.4 当致病原因不明时，每个病例的粪便应分为三份、肛拭子采集 3 个，分别按照细菌、病毒和寄生虫检验要求进行保存。

3.2 血液及血清标本

全血标本通常用于病原的培养及基因检测、毒物检测，一般情况下采集 5 ～ 10 mL。血清标本用于特异抗体、抗原或毒物检测，患者双份血清标本（急性期和恢复期各一份），可用于测定特异抗体水平的变化。急性期血清标本应尽早采集，通常在发病后 1 周内（变形杆菌、副溶血弧菌，急性期血清应在发病 3 天之内采集）。恢复期血清标本应在发病后 3 周采集（变形杆菌感染的恢复期血清应在发病 12 – 15 天）。

3.3 呕吐物标本

呕吐物是病原和毒物检测的重要标本。患者如有呕吐，应尽量采集呕吐物。呕吐物标本应冷藏，24 小时内送至实验室，但不能冷冻。

3.4 皮肤损害（疖、破损、脓肿、分泌物）标本

食品从业人员的皮肤病灶，有可能是食品污染源。采集标本前用生理盐水清洁皮肤，用灭菌纱布按压破损处，用灭菌拭子挂取病灶破损部位的脓血液或渗出液。如果破损处闭合，则消毒皮肤后用灭菌注射器抽吸标本。标本应冷藏，24 小时内运送实验室。

3.5 尿液标本

尿液标本是化学中毒毒物检测的重要标本。留取病人尿液 300 ～ 500 mL，冷藏，若长时间保存或运输应冷冻。

4 食品和环境样品

事故调查时应尽量采集可疑剩余食品。还应尽量采集可疑食品的同批次未开封的食品。如无剩余食品可用灭菌生理盐水洗涤盛装过可疑食品的容器，取其洗液送检。需严格无菌采样，将标本放入无菌广口瓶或塑料袋中，避免交叉污染。食品样品采集量一般在 200 g 或 200 mL 以上。用于微生物检验的食品样品一般应置 4 ℃冷藏待检，若疑似弧菌属（霍乱弧菌、副溶血弧菌等）感染，样品应常温运送，不可冷藏。用于理化检验的食品样品置 4 ℃冷藏保存运送，如长时间运输需冷冻。

4.1 固体食品样品

尽可能采集可能受到污染的部分。一般用无菌刀具或其他器具切取固体食品，多取几个部分。采集

标本需无菌操作，将采集的样品放入无菌塑料袋或广口瓶中。冷冻食品应保持冷冻状态运送至实验室。

有毒动植物中毒时，除采集剩余的可疑食物外，还应尽量采集未经烹调的原材料（如干鲜蘑菇，贝类、河豚、断肠草等）并尽可能保持形态完整。

4.2 液体食品样品

采集液体食品前应搅动或振动，用无菌器具，将大约 200 mL 液体食品转移至塑料袋或广口瓶中，或用无菌移液管将液体食品转移至无菌容器中。

4.3 食品工用具等样品

盆、桶、碗、刀、筷子、砧板、抹布等样品的采集，可用生理盐水或磷酸盐缓冲液浸湿拭子，然后擦拭器具的接触面，再将拭子置于生理盐水或磷酸盐缓冲液中。抹布也可剪下一段置于生理盐水或磷酸盐缓冲液中。如砧板已洗过，也可用刀刮取表面木屑放入生理盐水或磷酸盐缓冲液中。

4.4 水样品

水样品的采集可参照《GB/T 5750.2—2006 生活饮用水标准检验方法 水样的采集与保存》，该标准包括水源水、井水、末梢水、二次供水等水样品的采集、保存和运送方法。

怀疑水被致病微生物污染时，应采集 10 ～ 50 L 水样，用膜过滤法处理后，将滤膜置于增菌培养基中或选择性平板上，可提高阳性检出率。

附录5 食品安全事故常见致病因子的临床表现、潜伏期及生物标本采集要求

潜伏期	主要临床表现	致病因子	生物标本	送样保存条件（24 小时内）
主要或最初症状为上消化道症状（恶心，呕吐）				
一般为 10 ～ 20 分钟 由腌制不当或变质蔬菜引起的中毒一般为 1 ～3 小时，最长可达 20 小时	口唇、耳廓、舌及指（趾）甲、皮肤黏膜等出现不同程度发绀，可伴有头晕、头痛、乏力、恶心、呕吐；中毒明显者可出现心悸、胸闷、呼吸困难、视物模糊等症状；严重者可出现嗜睡、血压下降、心律失常，甚至休克、昏迷、抽搐、呼吸衰竭	亚硝酸盐	血液	必须立即采样，若现场不能检验，可带回实验室测定，采样量约 10 mL，抗凝剂以肝素为佳，禁用草酸盐，应冷藏保存，如长时间运输，可冷冻
			呕吐物 胃内容物	采样量 50 ～ 100 g，使用具塞玻璃瓶或聚乙烯瓶密闭盛放应冷藏保存，保存和运输条件同上
			尿液	采样量 300 ～ 500 mL，使用具塞玻璃瓶或聚乙烯瓶盛放，保存和运输条件同上

续上表

潜伏期	主要临床表现	致病因子	生物标本	送样保存条件（24小时内）
1～6小时（平均2～4小时）	恶心，剧烈地反复呕吐，腹痛，腹泻	金黄色葡萄球菌及其肠毒素	粪便或肛拭子	新鲜粪5 g，置于无菌、干燥、防漏的容器内。或采样拭子沾满粪便插入Cary-Blair运送培养基[1]，冷藏运送至实验室
			呕吐物	采取呕吐物置无菌采样瓶或采样袋密封送检，冷藏运送至实验室
			皮肤病变拭子 鼻拭子	采样拭子插入Cary-Blair运送培养基[1]内保存，冷藏运送至实验室
0.5～5小时	以恶心、呕吐为主，并有头晕、四肢无力	蜡样芽孢杆菌（呕吐型）	粪便或肛拭子	新鲜粪便5 g，置于无菌、干燥、防漏的容器内。或用采样拭子沾满粪便插入Cary-Blair运送培养基[1]内保存，冷藏运送至实验室
4～24小时	恶心、呕吐、轻微腹泻、头晕、全身无力，严重者出现黄疸、肝肿大、皮下出血、血尿、少尿、意识不清、烦躁不安、惊厥、抽搐、休克；一般无发热	椰毒假单胞菌酵米面亚种（米酵菌酸）	粪便或肛拭子	新鲜粪便5 g，置于无菌、干燥、防漏的容器内。或用采样拭子沾满粪便插入Cary-Blair运送培养基[1]内保存，冷藏运送至实验室
			呕吐物	采取呕吐物置无菌采样瓶或采样袋密封送检，冷藏运送至实验室
12～48小时（中位36小时）	恶心，呕吐，水样无血腹泻，脱水	诺如病毒	粪便或肛拭子、呕吐物	新鲜粪便10 g（10 mL）或呕吐物，置于无菌、干燥、防漏的容器内。肛拭子置于2mL病毒保存液中。冷冻或冷藏保存运送至实验室
0.5～12小时	头痛、恶心、呕吐、腹部不适、皮肤潮红、皮屑甚至皮肤脱落等	维生素A（动物肝脏）		
咽喉肿痛和呼吸道症状				
12～72小时	咽喉肿痛，发热，恶心，呕吐，流涕，偶有皮疹	溶血性链球菌	咽喉拭子	采集咽喉拭子，尽快划线接种血平板，或将拭子插入Stuart运送培养基[2]中，冷藏运送至实验室

续上表

潜伏期	主要临床表现	致病因子	生物标本	送样保存条件（24 小时内）
主要或最初症状为下消化道症状（腹痛，腹泻）				
2 ～ 36 小时（平均 6 ～ 12 小时）	腹痛，腹泻，有时伴有恶心和呕吐	产气荚膜梭菌、蜡样芽孢杆菌（腹泻型）	粪便或肛拭子	新鲜粪便 5 g 置于无菌、干燥、防漏的容器内。或用采样拭子沾满粪便插入 Cary-Blair 运送培养基[1] 内保存，冷藏运送至实验室
5 ～ 18 小时	腹痛、急性腹泻，可伴有恶心、呕吐、头痛、发热	变形杆菌	粪便或肛拭子	新鲜粪便 5 g，置于无菌、干燥、防漏的容器内。或用采样拭子沾满粪便插入 Cary-Blair 运送培养基[1] 内保存，冷藏运送至实验室
			呕吐物	取呕吐物置无菌采样瓶或采样袋密封送检，冷藏运送至实验室
			血清	血清 2 ～ 3mL，冷藏或冷冻保存，避免反复冻融
6 ～ 96 小时（通常 1 ～ 3 天）	发热，腹部绞痛，腹泻，呕吐，头痛	沙门菌，志贺氏菌，嗜水气单胞菌，致泻性大肠杆菌	粪便或肛拭子	新鲜粪便 5 g，置于无菌、干燥、防漏的容器内。或用采样拭子沾满粪便插入 Cary-Blair 运送培养基[1] 内保存，冷藏运送至实验室
7 ～ 20 小时	腹痛、恶心、呕吐、水样便、脓血便性腹泻、继发性败血症和脑膜炎	类志贺邻单胞菌		
6 小时～ 5 天	腹痛，腹泻，呕吐，发热，乏力，恶心，头痛，脱水，有时有带血或黏液样腹泻，带有创伤弧菌的皮肤病灶	创伤弧菌，河弧菌，副溶血性弧菌等弧菌属细菌	粪便或肛拭子	新鲜粪便 5 g，置于无菌、干燥、防漏的容器内。或用采样拭子沾满粪便插入 Cary-Blair 运送培养基[1] 内保存，冷藏运送至实验室
1 ～ 10 天（中位数 3 ～ 4 天）	腹泻（通常带血），腹痛，恶心，呕吐，乏力，发热	肠出血性大肠杆菌，弯曲菌		
3 ～ 7 天	发热，腹泻，腹痛，伴急性阑尾炎症状	小肠结肠炎耶尔森菌		

续上表

<table>
<tr><th>潜伏期</th><th>主要临床表现</th><th>致病因子</th><th>生物标本</th><th>送样保存条件（24 小时内）</th></tr>
<tr><td>3 ～ 5 天</td><td>发热、恶心、呕吐、腹痛、水样便</td><td>轮状病毒
星状病毒
肠道腺病毒</td><td>粪便或肛试子
呕吐物</td><td>新鲜粪便 10 g（10 mL）或呕吐物，置于无菌、干燥、防漏的容器内。肛拭子置于 2 mL 病毒保存液中。冷冻或冷藏保存运送至实验室</td></tr>
<tr><td>1 ～ 6 周</td><td>黏液性腹泻（脂肪样便），腹痛，腹胀，体重减轻</td><td>蓝氏贾第鞭毛虫</td><td>粪便</td><td>滋养体检验：干燥洁净容器、常温保存，尽快、短程运送样品；包囊检验：干燥洁净容器、4 ℃保存，当天或次日送达</td></tr>
<tr><td rowspan="2">8 ～ 24 小时（腹泻型）
2 ～ 6 周（侵袭型）</td><td rowspan="2">腹泻型：腹泻、腹痛、发热；
侵袭性：初起胃肠炎症状，败血症、脑膜炎、脑脊髓炎、发热等</td><td rowspan="2">单增李斯特菌</td><td>粪便或肛拭子</td><td>新鲜粪便 5 g，置于无菌、干燥、防漏的容器内。或用采样拭子沾满粪便插入 Cary-Blair 运送培养基[1] 内保存，冷藏运送至实验室</td></tr>
<tr><td>脑脊液
血液</td><td>2 ～ 5 mL，床旁接种于血培养瓶</td></tr>
<tr><td>1 ～数周</td><td>腹痛、腹泻、便秘、头痛、嗜睡、溃疡，症状轻重不一，有时无症状</td><td>溶组织阿米巴</td><td>粪便</td><td>新鲜无尿液混杂的粪便，保温保湿，室温下 30 分钟内检查</td></tr>
<tr><td>3 ～ 6 月</td><td>情绪不安，失眠，饥饿，食欲不振，体重减轻，腹痛，可伴有肠胃炎</td><td>牛带绦虫，猪带绦虫</td><td>粪便</td><td>新鲜无尿液混杂的粪便，干燥洁净容器保存，当天送检可常温保存，次日送检需 4 ℃保存，不能冰冻</td></tr>
<tr><td colspan="5">神经系统症状（视觉障碍，眩晕，刺痛，麻痹）</td></tr>
<tr><td rowspan="2">10 分钟～ 2 小时
（一般在 30 分钟内）</td><td rowspan="2">头晕、头痛、乏力、恶心、呕吐、多汗、胸闷、视物模糊、瞳孔缩小等；中毒明显者可出现肌束震颤等烟碱样表现；严重者可表现为肺水肿、昏迷、呼吸衰竭、脑水肿</td><td rowspan="2">有机磷酸酯类杀虫剂</td><td>尿液</td><td>采样量 300 ～ 500 mL，使用具塞玻璃瓶或聚乙烯瓶盛放</td></tr>
<tr><td>血液</td><td>5 ～ 10 mL，使用具塞的肝素抗凝试管盛放，干燥洁净容器、冷藏保存，如长时间运输，可冷冻（保持样品不变质）</td></tr>
</table>

续上表

潜伏期	主要临床表现	致病因子	生物标本	送样保存条件（24 小时内）
10 分钟～6 小时（神经精神型、胃肠炎型） 6～24 小时（肝脏损害型，少数在 0.5 小时内发病）	神经精神型：恶心、呕吐、腹痛、腹泻；瞳孔缩小、多汗、流涎、流泪，兴奋、幻觉、步态蹒跚、心动过缓等；严重者可出现呼吸困难、昏迷等，并可伴有谵妄、被害妄想、攻击行为等精神症状 胃肠炎型：无力、恶心、呕吐、腹痛、水样泻等 肝脏损害型：早期可有恶心、呕吐、腹泻等。多数中毒者经 1～2 天的“假愈期”后，谷丙转氨酶升高，再次出现恶心、呕吐、腹部不适、纳差，并有肝区疼痛、肝脏肿大、黄疸、出血倾向等。少数可出现肝性脑病、呼吸衰竭、循环衰竭。少数病例可有心律失常、少尿、尿闭等	鹅膏属的有毒蘑菇	呕吐物、洗胃液	干燥洁净容器、冷藏保存，如长时间运输，可冷冻

续上表

潜伏期	主要临床表现	致病因子	生物标本	送样保存条件（24小时内）
10分钟～3小时	早期表现为手指和脚趾刺痛或麻痛，口唇、舌尖以及肢端感觉麻木，继而全身麻木，严重时出现运动神经麻痹，四肢瘫痪，共济失调，言语不清、失声、呼吸困难、循环衰竭、呼吸麻痹；还可有恶心、呕吐、腹痛、腹泻、血压下降、心律失常等	河豚毒素		
30分钟～3小时	表现为副交感神经抑制和中枢神经兴奋症状，如口干、吞咽困难、声音嘶哑、皮肤干燥、潮红、发热，心动过速、呼吸加深、血压升高、头痛、头晕、烦躁不安、谵妄、幻听、幻视、神志模糊、哭笑无常、便秘、瞳孔散大、肌肉抽搐、共济失调或出现阵发性抽搐等，严重患者可昏迷，甚至死亡	曼陀罗（莨菪碱）		

续上表

潜伏期	主要临床表现	致病因子	生物标本	送样保存条件（24 小时内）
初期： 30 分钟～数小时 后期（病重期）：1 ～ 2 周	初期：恶心、呕吐、腹痛、腹泻、食欲不振、流涎、口内金属味，头痛、头晕、失眠、乏力、多汗 后期（病重期）：厌食、口渴、消瘦、全身乏力，可发热；四肢发麻、持物不稳、行走困难，下运动神经元障碍（软瘫），或上运动神经元障碍（硬瘫）；多语、遗忘、幻觉等精神症状；不同程度意识障碍、抽搐。还可出现共济失调等小脑症状；以及视神经萎缩、向心性视野缩小、咀嚼无力、张口困难多发性脑神经障碍等。同时还可伴有不同程度的肾脏、心脏、肝脏及皮肤损害等	有机汞化合物	尿液 血液 头发	干燥洁净容器（PVC 塑料容器）、冷藏保存，如长时间运输，可冷冻（保持样品不变质）
1 ～ 6 小时	刺痛和麻木，肠胃炎，温度感觉异常，头晕，口干，肌肉痛，瞳孔散大，视物模糊，手足麻木，口周感觉异常，冷热感觉倒错	雪卡毒素		

续上表

潜伏期	主要临床表现	致病因子	生物标本	送样保存条件（24小时内）
12～24小时（少数长达48～72小时） 口服纯甲醇中毒最短仅40分钟，同时饮酒或摄入乙醇潜伏期可延长	轻者可出现头痛、头晕、乏力、视物模糊等症状；较重者可表现为轻至中度意识障碍，或视乳头充血、视乳头视网膜水肿或视野检查有中心或旁中心暗点，或轻度代谢性酸中毒；严重者则出现重度意识障碍，或视力急剧下降，甚至失明或视神经萎缩，或严重代谢性酸中毒	甲醇	血液	采样量≥10 mL，使用具塞的抗凝试管盛放，干燥洁净容器、冷藏保存，如长时间运输，可冷冻（保持样品不变质）
			尿液	采样量≥50 mL，使用具塞或加盖的塑料瓶，保存和运输条件同上
1～7天	头晕、乏力、视物模糊、眼睑下垂、复视、咀嚼无力、张口困难、伸舌困难、咽喉阻塞感、饮水呛咳、吞咽困难、头颈无力	肉毒梭菌及其毒素	血清	采样量10 mL，冷藏保存运送，如长时间运输，可冷冻
			粪便	采样量25 g，或使用无菌水灌肠后收集15 mL排泄物，冷藏保存运送
			呕吐物	采样量25 g，冷藏保存运送
1～4天	主要侵犯中枢神经系统。急性中毒早期可仅有轻度神经系统症状或过度兴奋表现。不同的有机锡化合物还可引起不同的局部症状。如可引起眼、鼻、咽喉刺激症状，接触性皮炎，三丁基锡化合物可引起灼伤等 三甲基锡中毒主要表现为记忆障碍、焦虑、忧郁、易激惹、定向障碍、食欲亢进、癫痫样发作等，以及眼球震颤、共济失调等，还可伴有耳鸣、听力减退	有机锡化合物	胃内容物 血 尿液	干燥洁净容器（最好用玻璃容器）、冷藏保存，如长时间运输，可冷冻（保持样品不变质）

续上表

<table>
<tr><th>潜伏期</th><th>主要临床表现</th><th>致病因子</th><th>生物标本</th><th>送样保存条件（24 小时内）</th></tr>
<tr><td>1～4 天</td><td>三乙基锡、四乙基锡中毒，早期主要表现为头痛、头晕、乏力、出汗、恶心、呕吐、食欲减退、心动过缓。头痛早期呈阵发性，后期为持续性，可十分剧烈。部分病例伴有精神障碍。较重时可表现为心率明显减慢（<50 次/分）、频繁呕吐、剧烈头痛、血压迅速升高等。严重者可突然昏迷、抽搐、呼吸停止</td><td>有机锡化合物</td><td>胃内容物
血
尿液</td><td>干燥洁净容器（最好用玻璃容器）、冷藏保存，如长时间运输，可冷冻（保持样品不变质）</td></tr>
<tr><td colspan="5">过敏症状（面部红痒）</td></tr>
<tr><td>10 分钟～3 小时</td><td>头痛，头晕，恶心，呕吐，口干，皮肤潮红，可有恶心、呕吐、腹痛、腹泻，荨麻疹、四肢麻木等</td><td>组胺（鲭亚目鱼）</td><td>呕吐物</td><td>干燥洁净容器、冷藏保存，如长时间运输，可冷冻（保持样品不变质）</td></tr>
<tr><td>15 分钟～2 小时</td><td>口唇麻木，刺痛感，面红，头晕，头痛，恶心</td><td>谷氨酸钠（味精）</td><td></td><td></td></tr>
<tr><td colspan="5">出现全身感染的症状（发热，发冷，疲倦，虚脱，疼痛，肿胀，淋巴结）</td></tr>
<tr><td>4～28 天（平均 9 天）</td><td>肠胃炎，发热，眼睛周围水肿，出汗，肌肉痛，寒战，大汗，乏力，呼吸困难，心力衰竭</td><td>旋毛虫</td><td>血清或肌肉组织（活检）</td><td rowspan="2">干燥洁净容器保存，当天送检可常温保存，次日送检需 4 ℃保存，不能冰冻</td></tr>
<tr><td>10～13 天</td><td>发热，头痛，肌肉痛，皮疹</td><td>弓形虫</td><td>淋巴结活检术
血液</td></tr>
</table>

续上表

<table>
<tr><th>潜伏期</th><th>主要临床表现</th><th>致病因子</th><th>生物标本</th><th>送样保存条件（24 小时内）</th></tr>
<tr><td colspan="5">胃肠道和/或神经系统症状</td></tr>
<tr><td>数分钟～20 分钟</td><td>唇、舌、指尖、腿、颈麻木，运动失调、头痛、呕吐、呼吸困难，重症者呼吸肌麻痹死亡</td><td>麻痹性贝类中毒（PSP）</td><td rowspan="4">呕吐物
胃内容物</td><td rowspan="4">干燥洁净容器、冷藏保存，如长时间运输，可冷冻（保持样品不变质）</td></tr>
<tr><td>数分钟～数小时</td><td>唇、舌、喉咙和手指麻木，肌肉痛，头痛；冷热感觉倒错，腹泻，呕吐</td><td>神经毒性贝
类中毒
（NSP）</td></tr>
<tr><td>30 分钟～3 小时</td><td>恶心，呕吐，腹泻，腹痛，寒战，头痛，发热</td><td>腹泻性贝类中毒（DSP）</td></tr>
<tr><td>24 小时～48 小时</td><td>呕吐，腹泻，腹痛，神志不清，失忆，失去方向感，惊厥，昏迷</td><td>失忆性贝类中毒（ASP）</td></tr>
<tr><td>10～30 分钟</td><td>头晕、头痛、乏力、视物模糊、恶心、流涎、多汗、瞳孔缩小等，少部分患者可出现面色苍白、上腹部不适、呕吐和胸闷，以及肌束颤动等。严重者可出现肺水肿、脑水肿等</td><td>氨基甲酸酯类杀虫剂</td><td>血液
呕吐物</td><td>干燥洁净容器、冷藏保存，如长时间运输，可冷冻（保持样品不变质）</td></tr>
<tr><td>最短 15 分钟，平均 1～2 小时，最长 4～5 小时</td><td>咽喉及食管烧灼感、腹痛、恶心、呕吐、腹泻呈米汤样或血样。严重者可致脱水、电解质紊乱、休克

重度中毒者可有急性中毒性脑病表现，严重者尚可因中毒性心肌损害引起猝死，并可出现中毒性肝病</td><td>砷的化合物</td><td>血液
尿液
呕吐物</td><td>干燥洁净容器、冷藏保存，如长时间运输，可冷冻（保持样品不变质）</td></tr>
</table>

续上表

潜伏期	主要临床表现	致病因子	生物标本	送样保存条件（24小时内）
最短15分钟，平均1～2小时，最长4～5小时	中毒后1～3周可发生迟发性神经病，表现为肢体麻木或针刺样感觉异常、肌力减弱等，之后尚可出现感觉减退、腓肠肌痉挛疼痛、手足多汗、踝部水肿等 急性中毒一周后可出现糠秕样脱屑、色素沉着等皮肤改变。40～60天后指趾甲可出现Mees纹等	砷的化合物	血液 尿液 呕吐物	干燥洁净容器、冷藏保存，如长时间运输，可冷冻（保持样品不变质）
最短15～30分钟，一般为1～3小时	氟化钠：迅速出现剧烈恶心、呕吐、腹痛、腹泻等急性胃肠炎症状，吐泻物常为血性。严重者可发生脑、心、肾、肺等多脏器功能衰竭，甚至可在2～4小时内死亡 氟硅酸钠：恶心、呕吐、胃部烧灼感、腹痛、腹泻等症状，继而发生不同程度的胸闷、心悸、眩晕、气促等；中毒明显者口唇发绀、血压下降、抽搐、上消化道出血；严重者可有肺、肝、肾脏器的损害，并可引起休克、多脏器功能衰竭和猝死	氟的无机化合物	尿液 血液 呕吐物	干燥洁净容器、冷藏保存，如长时间运输，可冷冻（保持样品不变质）
最短10～15分钟，一般30分钟～2小时，最长4～7小时	恶心、呕吐、头痛、头晕、腹痛、腹泻、无力、口干、流涎，可有发热、颜面潮红	霉变谷物中呕吐毒素		

续上表

潜伏期	主要临床表现	致病因子	生物标本	送样保存条件（24 小时内）
多数 < 30 分钟（毒鼠强、毒鼠硅等） 30 分钟～ 2 小时（氟乙酰胺、氟乙酸钠及甘氟等）	头痛、头晕、恶心、呕吐、四肢无力等症状，可有局灶性癫痫样发作；重者癫痫样大发作，或精神病样症状，如幻觉、妄想等；严重者癫痫持续状态，或合并其他脏器功能衰竭	致痉挛杀鼠剂（毒鼠强、氟乙酰胺、氟乙酸钠、毒鼠硅、甘氟等）	呕吐物 胃内容物	采样量 50 ～ 100 g，使用具塞玻璃瓶或聚乙烯瓶密闭盛放，加少量 100 g/L 氢氧化钠将氰化物加以固定，干燥洁净容器、冷藏保存，如长时间运输，可冷冻（保持样品不变质）
			血液	采样量≥10 mL，使用具塞或加盖的塑料瓶；测定血浆中的毒鼠强，血液样品采集后立即用 3000 rpm/分钟离心，移取上层血浆，保存和运输条件同上
30 分钟～ 2 小时	轻度：头晕、眼花、恶心、呕吐、腹痛、腹泻、疲乏无力、发热 重度：昏迷、嗜睡、眼球肿胀、震颤、痉挛，可因中枢神经麻痹而死亡	毒麦		
30 分钟～ 4 小时	一般出现恶心、呕吐、腹泻、腹痛等，常伴有出汗、口干、手足麻木、全身乏力、抽搐，部分有发热 轻度：胸闷、头晕 重度：肝、肾、肺、心等脏器损害，可出现蛋白尿、血尿、血便；肝、肺功能异常；间质性肺水肿，血气分析异常；心慌、心肌酶升高、心电图异常，可因心脏停搏而死亡	桐油		

续上表

潜伏期	主要临床表现	致病因子	生物标本	送样保存条件（24 小时内）
30 分钟～ 12 小时（一般 1 ～ 2 小时）	一般在食后 1 ～ 2 小时内出现症状，初觉苦涩，有流涎、恶心、呕吐、腹痛、腹泻、头痛、头晕、全身无力、呼吸困难、烦躁不安和恐惧感、心悸，严重者昏迷、意识丧失、紫绀、瞳孔散大、惊厥，可因呼吸衰竭致死。部分患者还可出现多发性神经病，主要为双下肢肌肉弛缓无力、肢端麻木、触觉痛觉迟钝等症状	氰甙（苦杏仁、木薯、桃仁）	呕吐物 胃内容物	采样量 50 ～ 100 g，使用具塞玻璃瓶或聚乙烯瓶密闭盛放，加少量 100 g/L 氢氧化钠将氰化物加以固定，干燥洁净容器、冷藏保存，如长时间运输，可冷冻（保持样品不变质）
			尿液	采样量≥50 mL，使用具塞或加盖的塑料瓶保存和运输条件同上
1 ～ 4 小时，最长 8 ～ 12 小时	轻度：头晕、口渴、咽干、口麻 中度：多言、哭笑无常、恶心、呕吐、幻觉、嗜睡、步态蹒跚、四肢麻木、心率加快、视物不清、复视、瞳孔略大 重度：昏睡，瞳孔明显散大，可出现精神失常	大麻油		
1 ～ 12 小时（一般为 2 ～ 4 小时）	咽喉部瘙痒和烧灼感、头晕、乏力、恶心、呕吐、上腹部疼痛、腹泻等，严重者有耳鸣、脱水、体温升高、烦躁不安、谵妄、昏迷、瞳孔散大、脉搏细弱、全身抽搐，可因呼吸麻痹致死	发芽马铃薯（龙葵素）	呕吐物 胃内容物	干燥洁净容器、冷藏保存，如长时间运输，可冷冻（保持样品不变质）

续上表

潜伏期	主要临床表现	致病因子	生物标本	送样保存条件（24 小时内）
2～4 小时	恶心、呕吐、腹痛、腹泻；部分可有头晕、头痛、胸闷、心悸、乏力、四肢麻木，甚至电解质紊乱等	菜豆（皂苷，植物凝集素）		
2～8 小时	呕吐、头昏、视力障碍、眼球偏侧凝视、阵发性抽搐（表现为四肢强直、屈曲、内旋、手呈鸡爪状）、昏迷	变质甘蔗（节菱孢及 3 - 硝基丙酸）	变质甘蔗	燥洁净容器、冷藏保存，
24 小时内（多数 1～3 小时），偶有 2～3 天	中枢神经系统障碍为主要表现，有头痛、头晕、乏力、失眠、精神不振、烦躁、复视、共济失调，可有恐惧表现，严重者意识障碍、昏迷、抽搐等 鼻咽部发干、咽部充血、咳嗽、气短、胸闷、发绀，以及发热、畏寒等，严重者出现肺水肿 恶心、频繁呕吐，呕吐物有特殊电石气臭味，食欲不振，上腹部烧灼痛，腹胀；少数病例有腹泻、黄疸及肝功能异常 早期出现血压降低、休克，可见心肌损害及心律不齐 少数病人有血尿、蛋白尿，个别严重者出现少尿、急性肾功能衰竭	磷的无机化合物	呕吐物 血液 尿液	干燥洁净容器、冷藏保存，如长时间运输，可冷冻（保持样品不变质）

续上表

潜伏期	主要临床表现	致病因子	生物标本	送样保存条件（24 小时内）
一般为 1 ～ 3 天	鼻衄、牙龈出血、皮肤瘀斑及紫癜等症状；中毒明显者可进一步出现血尿、或便血、或阴道出血、或球结膜出血等；严重者可出现消化道大出血、或颅内出血、或咯血等	抗凝血类杀鼠剂（溴敌隆，杀鼠灵，杀鼠醚，杀它仗以及敌鼠、氯敌鼠，杀鼠酮等）	呕吐物 胃内容物	采样量 50 ～ 100 g，使用具塞玻璃瓶或聚乙烯瓶密闭盛放，应冷藏保存，如长时间运输，可冷冻
			血液	采样量应 10 mL 以上，使用具塞的抗凝试管盛放，保存和运输条件同上

注：1. Cary－Blair 运送培养基适合于肠道样本的保存运送。采集肛拭子标本时，必须使用运送培养基，采样拭子必须插入运送培养基半固体层内，以防干燥。2. Stuart 运送培养基（或 Amies 亦可）能保持需要复杂营养的菌群的活性。采集鼻拭子标本时，必须使用运送培养基。采样拭子必须插入运送培养基半固体层内，以防干燥。

附录 6　描述性流行病学分析中流行曲线的应用

流行曲线用于描述事故发展所处的阶段，分析疾病的传播方式，推断可能的暴露时间，提供病因假设线索，反映控制措施的效果。

一、描述暴露模式类型

根据绘制的流行曲线形状特点，分析事故的暴露模式特点，分析疾病的传播方式。暴露模式分为：点源暴露、持续同源暴露、间歇同源暴露及人—人接触传播等。

（1）点源暴露流行曲线表现为发病时间高度集中，曲线快速上升后快速下降（或拖尾状缓慢下降），高峰持续时间较短。首例与末例间隔的时间间隔小于疾病的最长潜伏期与最短潜伏期之差的 1.5 倍（约 <1.5 倍平均潜伏期）。举例见图 1。

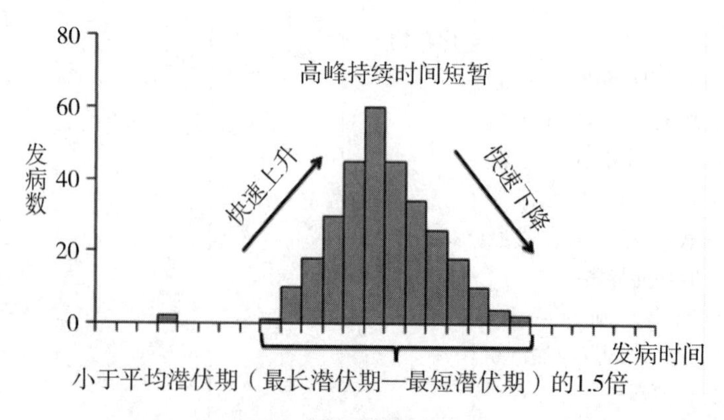

图 1　点源暴露流行曲线

（2）持续同源暴露流行曲线也显示曲线快速上升，但高峰后伴随的是高峰平台，且高峰平台期的持续时间取决于暴露的持续时间，首例与末例间隔的时间超过疾病的最长潜伏期与最短潜伏期之差的 1.5

倍（约 >1.5 倍平均潜伏期）。举例见图 2。

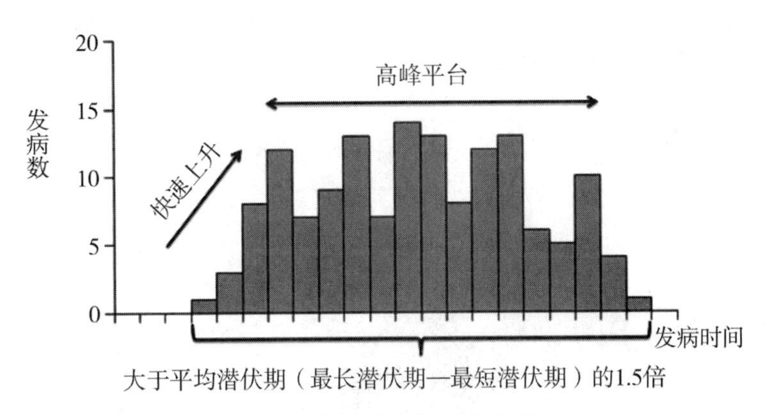

图 2　持续同源暴露流行曲线

（3）间歇同源暴露流行曲线与持续同源暴露相似，但可能因暴露的暂时性消除而下降，随暴露再度出现而上升，高峰间隔时间取决于暴露出现的时间间隔。举例见图 3。

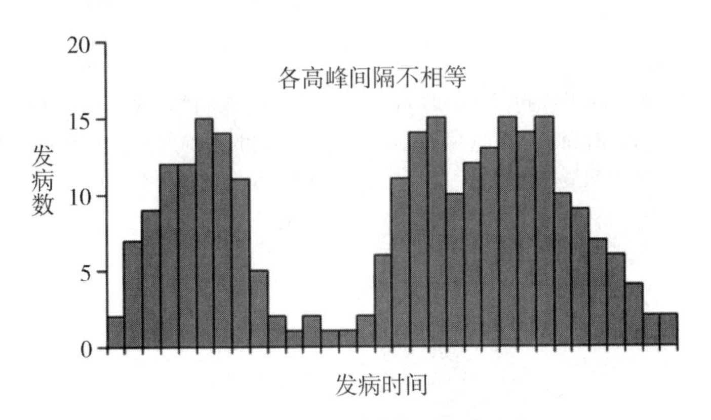

图 3　间歇同源暴露流行曲线

（4）人—人接触传播指病原体在易感者之间传播，往往也表现为连续传播，流行曲线显示缓慢上升，可出现一系列不规则的峰，提示传播的代数，前几代病例两峰之间的时间间隔均相等，约等于疾病的平均潜伏期。举例见图 4。

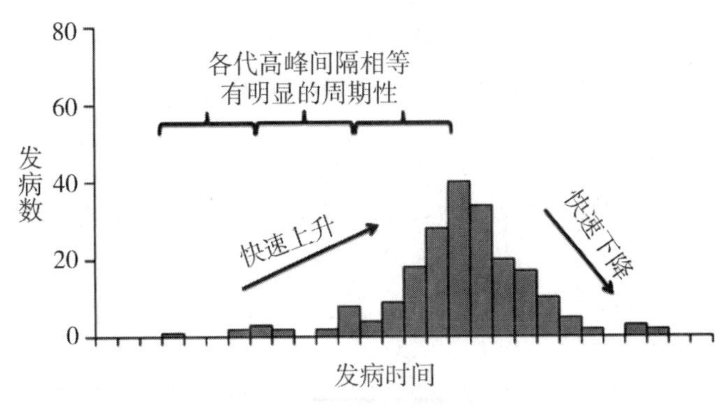

图 4　人—人接触传播流行曲线

（5）除上述四种暴露以外，还可能存在包含上述多种暴露的混合暴露。如点源暴露后，病例通过人—人接触引起二代病人发病，流行曲线表现为在点源暴露或持续同源暴露的高峰出现后，间隔大约一个平均潜伏期后，出现另一个发病小高峰。举例见图5。

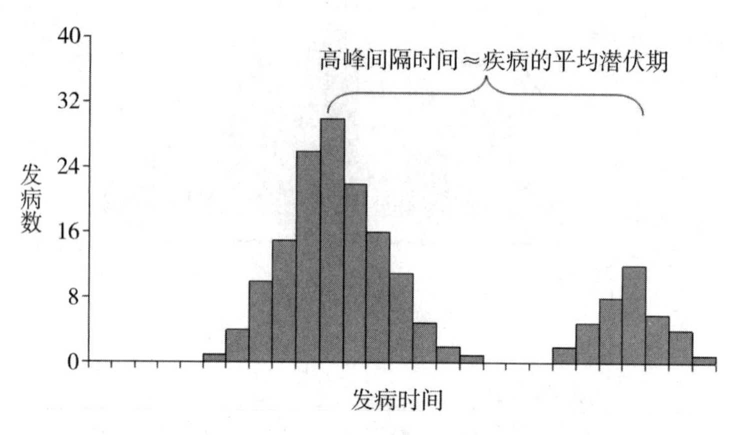

图5 混合暴露流行曲线

二、计算潜伏期

在致病因子未知，而暴露于致病因子的时间（暴露时间）和病例首次出现症状或体征的时间（发病时间）明确时，可根据暴露时间和发病时间直接计算每个病例的潜伏期，在所有病例潜伏期基础上，计算疾病的潜伏期范围（最短和最长潜伏期）及平均潜伏期（中位数）。举例见图6，最短潜伏期为3小时，最长潜伏期为7小时，平均潜伏期（中位数）为4小时。

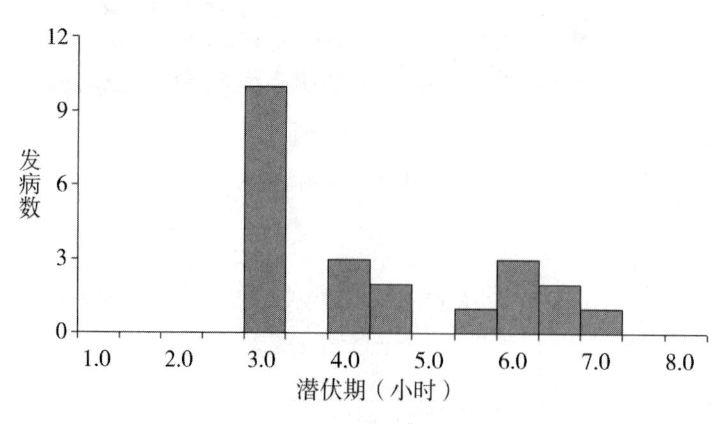

图6 疾病的潜伏期计算

三、推算可能暴露时间

致病因子已知而流行曲线提示点源暴露时，可根据疾病的最短、最长和平均潜伏期，分别推算可能暴露时间，举例见图7－1。

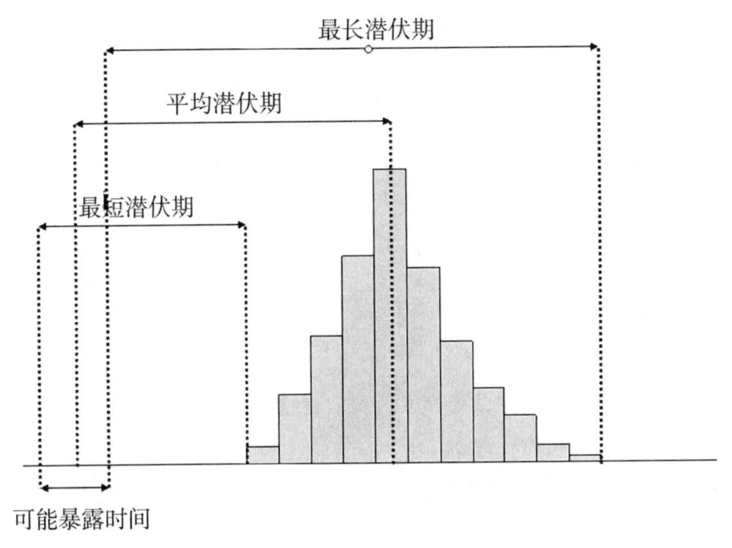

图7－1　致病因子已知的点源暴露推算可能暴露时间

在致病因子未知而流行曲线提示为点源暴露时，可根据发病时间的中位数向前推首末例的发病时间间隔（约为一个平均潜伏期），估算可能暴露时间，举例见图7－2。

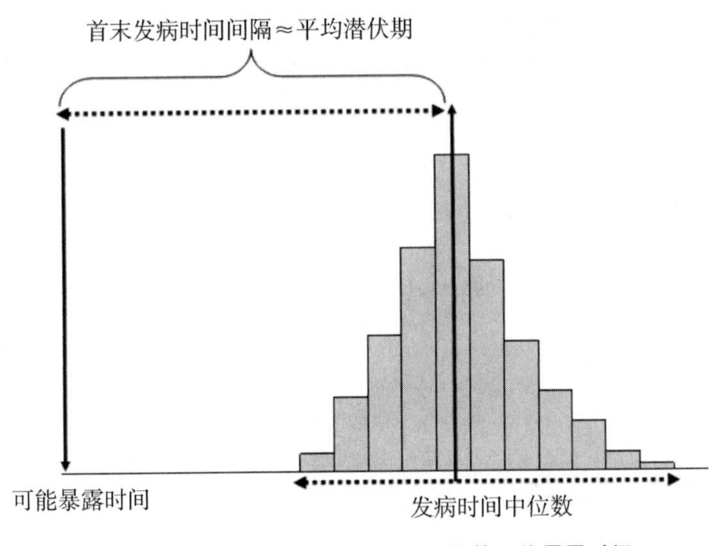

图7－2　致病因子未知的点源暴露估算可能暴露时间

附录7　分析性流行病学研究的资料分析方法

一、*RR* 值计算

假设某村80人参加聚餐后发生食物中毒，对其中的75人进行个案调查，收集发病和聚餐时各种食物的进食情况。采用四格表计算每种食物的 *RR* 值和95%的可信区间（*CI*）。进食香草冰淇淋的罹患率与未进食者的罹患率存在统计学差异，计算结果及方法见表1。

表 1 食用香草冰淇淋的 2×2 表（队列研究）

香草冰淇淋	发病	未发病	合计	罹患率（%）
食用	43	11	54	79.6
未食用	3	18	21	14.3
合计	46	29	75	61.3

（$RR = 79.6/14.3 = 5.6$，95% $CI = 1.9 \sim 16$）

二、OR 值计算

假设某中学发生一起金黄色葡萄球菌肠毒素所致的食物中毒。该校 1300 名学生食用早餐后，陆续出现呕吐、腹痛等症状，早餐食谱为牛奶、蛋糕、煎鸡蛋、大米粥、油条、凉拌大头菜。经病例搜索共有 248 名学生符合病例定义（疑似病例 80 例，可能病例 148 例，确诊病例 20 例）。

为进一步明确可疑食品，在进食早餐的可能和确诊病例中随机选择 100 例作为病例组，在进食过早餐的健康学生中随机选择 100 名学生作为对照组。采用四格表计算各种食品的 *OR* 值和 95% *CI*。病例组与对照组进食牛奶或蛋糕的比例，均存在统计学差异，计算结果及方法参见表 2－1 和 2－2。

表 2－1 食用牛奶的 2×2 表（病例对照研究）

牛奶	病例组	对照组	合计
食用	74	42	116
未食用	26	58	84
合计	100	100	200

（$OR = 74 \times 58/26 \times 42 = 3.9$，95% $CI = 2.1 \sim 7.5$）

表 2－2 食用蛋糕的 2×2 表（病例对照研究）

蛋糕	病例组	对照组	合计
食用	80	40	120
未食用	20	60	80
合计	100	100	200

（$OR = 80 \times 60/20 \times 40 = 6.0$，95% $CI = 3.1 \sim 12$）

三、分层分析

分层分析是探讨两种不同的暴露因素与疾病联系的有效方法，分析 2 个以上暴露因素与疾病联系时，多采用多因素分析方法。在上述病例对照研究的实例中，单因素分析显示牛奶和蛋糕 2 种食物均为可疑食品，可采用 2×4 表的分层分析，参见表 3；或采用 Mantel-Haenszel 分层分析，参见表 4－1 和表 4－2。

2×4 表的分层分析结果显示，单独食用蛋糕有统计学意义，单独食用牛奶无统计学意义，食用蛋糕是发病的危险因素。

表 3　进食牛奶和蛋糕的 2 ×4 表分层分析的结果

牛奶	蛋糕	病例组	对照组	*OR*	95% *CI*
食用	食用	72	36	6.0	2.9 ～ 12
食用	未食用	2	6	1.0	0.09 ～ 6.3
未食用	食用	8	4	6.0	1.4 ～ 27
未食用	未食用	18	54	参照组	

Mantel-Haenszel 分层分析结果显示，无论是否是否食用牛奶，食用蛋糕均有统计学意义，且调整后的 *OR* 值有统计学意义；无论是否食用蛋糕，食用牛奶均无统计学意义，且调整后的 *OR* 值无统计学意义，食用蛋糕是发病的危险因素。

表 4 –1　按是否食用牛奶进行分层分析的结果

蛋糕	食用牛奶				未食牛奶			
	病例	对照	*OR*	95% *CI*	病例	对照	*OR*	95% *CI*
食用	72	36	6.0	0.99 ～ 63	8	4	6.0	1.4 ～ 30
未食用	2	6			18	54		
合计	74	42			26	58		

（调整 *OR* =6.0，95% *CI* =2.0 –19）

附表 4 –2　按是否食用蛋糕进行分层分析的结果

牛奶	食用蛋糕				未食蛋糕			
	病例	对照	*OR*	95% *CI*	病例	对照	*OR*	95% *CI*
食用	72	36	1.0	0.21 ～ 4.0	2	6	1.0	0.09 ～ 6.3
未食用	8	4			18	54		
合计	80	40			20	60		

（调整 *OR* =1.0，95% *CI* =0.32 ～ 3.0）

四、剂量反应关系

病例对照研究或队列研究中，*OR* 值或 *RR* 值随着可疑食品进食数量的增加而增大，且趋势卡方检验有统计学意义，则认为食用可疑食品与发病之间存在剂量反应关系。在剂量反应关系分析时，可疑食品的进食数量应设定 3 组及以上，且不包括未进食组。

假设某餐馆发生了因进食生蚝引起的副溶性弧菌食物中毒，对病例食用生蚝的数量与发病的关联性进行了剂量反应关系的分析，结果显示，随着进食生蚝的数量增加，病例发病的可能性增大，且趋势卡方检验有统计学意义，参见表 5。

表5 剂量反应关系分析结果

食用生蚝数（只）	人数		暴露率（%）		*OR*	95% *CI*
	病例（n=51）	对照（n=33）	病例	对照		
>12	25	4	49	12	19	3.9～99
7～12	20	11	39	33	5.5	1.5～21
1～6	6	18	12	55	参照组	

（趋势 $x^2=20$，$p<0.001$）

附录四　学校食品安全与营养健康管理规定

第一章　总　则

第一条　为保障学生和教职工在校集中用餐的食品安全与营养健康，加强监督管理，根据《中华人民共和国食品安全法》（以下简称食品安全法）、《中华人民共和国教育法》《中华人民共和国食品安全法实施条例》等法律法规，制定本规定。

第二条　实施学历教育的各级各类学校、幼儿园（以下统称学校）集中用餐的食品安全与营养健康管理，适用本规定。

本规定所称集中用餐是指学校通过食堂供餐或者外购食品（包括从供餐单位订餐）等形式，集中向学生和教职工提供食品的行为。

第三条　学校集中用餐实行预防为主、全程监控、属地管理、学校落实的原则，建立教育、食品安全监督管理、卫生健康等部门分工负责的工作机制。

第四条　学校集中用餐应当坚持公益便利的原则，围绕采购、贮存、加工、配送、供餐等关键环节，健全学校食品安全风险防控体系，保障食品安全，促进营养健康。

第五条　学校应当按照食品安全法律法规规定和健康中国战略要求，建立健全相关制度，落实校园食品安全责任，开展食品安全与营养健康的宣传教育。

第二章　管理体制

第六条　县级以上地方人民政府依法统一领导、组织、协调学校食品安全监督管理工作以及食品安全突发事故应对工作，将学校食品安全纳入本地区食品安全事故应急预案和学校安全风险防控体系建设。

第七条　教育部门应当指导和督促学校建立健全食品安全与营养健康相关管理制度，将学校食品安全与营养健康管理工作作为学校落实安全风险防控职责、推进健康教育的重要内容，加强评价考核；指导、监督学校加强食品安全教育和日常管理，降低食品安全风险，及时消除食品安全隐患，提升营养健康水平，积极协助相关部门开展工作。

第八条　食品安全监督管理部门应当加强学校集中用餐食品安全监督管理，依法查处涉及学校的食品安全违法行为；建立学校食堂食品安全信用档案，及时向教育部门通报学校食品安全相关信息；对学校食堂食品安全管理人员进行抽查考核，指导学校做好食品安全管理和宣传教育；依法会同有关部门开展学校食品安全事故调查处理。

第九条　卫生健康主管部门应当组织开展校园食品安全风险和营养健康监测，对学校提供营养指导，倡导健康饮食理念，开展适应学校需求的营养健康专业人员培训；指导学校开展食源性疾病预防和营养健康的知识教育，依法开展相关疫情防控处置工作；组织医疗机构救治因学校食品安全事故导致人身伤害的人员。

第十条　区域性的中小学卫生保健机构、妇幼保健机构、疾病预防控制机构，根据职责或者相关主管部门要求，组织开展区域内学校食品安全与营养健康的监测、技术培训和业务指导等工作。

鼓励有条件的地区成立学生营养健康专业指导机构，根据不同年龄阶段学生的膳食营养指南和健康教育的相关规定，指导学校开展学生营养健康相关活动，引导合理搭配饮食。

第十一条 食品安全监督管理部门应当将学校校园及周边地区作为监督检查的重点，定期对学校食堂、供餐单位和校园内以及周边食品经营者开展检查；每学期应当会同教育部门对本行政区域内学校开展食品安全专项检查，督促指导学校落实食品安全责任。

第三章 学校职责

第十二条 学校食品安全实行校长（园长）负责制。

学校应当将食品安全作为学校安全工作的重要内容，建立健全并落实有关食品安全管理制度和工作要求，定期组织开展食品安全隐患排查。

第十三条 中小学、幼儿园应当建立集中用餐陪餐制度，每餐均应当有学校相关负责人与学生共同用餐，做好陪餐记录，及时发现和解决集中用餐过程中存在的问题。

有条件的中小学、幼儿园应当建立家长陪餐制度，健全相应工作机制，对陪餐家长在学校食品安全与营养健康等方面提出的意见建议及时进行研究反馈。

第十四条 学校应当配备专（兼）职食品安全管理人员和营养健康管理人员，建立并落实集中用餐岗位责任制度，明确食品安全与营养健康管理相关责任。

有条件的地方应当为中小学、幼儿园配备营养专业人员或者支持学校聘请营养专业人员，对膳食营养均衡等进行咨询指导，推广科学配餐、膳食营养等理念。

第十五条 学校食品安全与营养健康管理相关工作人员应当按照有关要求，定期接受培训与考核，学习食品安全与营养健康相关法律、法规、规章、标准和其他相关专业知识。

第十六条 学校应当建立集中用餐信息公开制度，利用公共信息平台等方式及时向师生家长公开食品进货来源、供餐单位等信息，组织师生家长代表参与食品安全与营养健康的管理和监督。

第十七条 学校应当根据卫生健康主管部门发布的学生餐营养指南等标准，针对不同年龄段在校学生营养健康需求，因地制宜引导学生科学营养用餐。

有条件的中小学、幼儿园应当每周公布学生餐带量食谱和营养素供给量。

第十八条 学校应当加强食品安全与营养健康的宣传教育，在全国食品安全宣传周、全民营养周、中国学生营养日、全国碘缺乏病防治日等重要时间节点，开展相关科学知识普及和宣传教育活动。

学校应当将食品安全与营养健康相关知识纳入健康教育教学内容，通过主题班会、课外实践等形式开展经常性宣传教育活动。

第十九条 中小学、幼儿园应当培养学生健康的饮食习惯，加强对学生营养不良与超重、肥胖的监测、评价和干预，利用家长学校等方式对学生家长进行食品安全与营养健康相关知识的宣传教育。

第二十条 中小学、幼儿园一般不得在校内设置小卖部、超市等食品经营场所，确有需要设置的，应当依法取得许可，并避免售卖高盐、高糖及高脂食品。

第二十一条 学校在食品采购、食堂管理、供餐单位选择等涉及学校集中用餐的重大事项上，应当以适当方式听取家长委员会或者学生代表大会、教职工代表大会意见，保障师生家长的知情权、参与权、选择权、监督权。

学校应当畅通食品安全投诉渠道，听取师生家长对食堂、外购食品以及其他有关食品安全的意见、建议。

第二十二条 鼓励学校参加食品安全责任保险。

第四章 食堂管理

第二十三条 有条件的学校应当根据需要设置食堂，为学生和教职工提供服务。

学校自主经营的食堂应当坚持公益性原则，不以营利为目的。实施营养改善计划的农村义务教育学校食堂不得对外承包或者委托经营。

引入社会力量承包或者委托经营学校食堂的，应当以招投标等方式公开选择依法取得食品经营许可、能承担食品安全责任、社会信誉良好的餐饮服务单位或者符合条件的餐饮管理单位。

学校应当与承包方或者受委托经营方依法签订合同，明确双方在食品安全与营养健康方面的权利和义务，承担管理责任，督促其落实食品安全管理制度、履行食品安全与营养健康责任。承包方或者受委托经营方应当依照法律、法规、规章、食品安全标准以及合同约定进行经营，对食品安全负责，并接受委托方的监督。

第二十四条 学校食堂应当依法取得食品经营许可证，严格按照食品经营许可证载明的经营项目进行经营，并在食堂显著位置悬挂或者摆放许可证。

第二十五条 学校食堂应当建立食品安全与营养健康状况自查制度。经营条件发生变化，不再符合食品安全要求的，学校食堂应当立即整改；有发生食品安全事故潜在风险的，应当立即停止食品经营活动，并及时向所在地食品安全监督管理部门和教育部门报告。

第二十六条 学校食堂应当建立健全并落实食品安全管理制度，按照规定制定并执行场所及设施设备清洗消毒、维修保养校验、原料采购至供餐全过程控制管理、餐具饮具清洗消毒、食品添加剂使用管理等食品安全管理制度。

第二十七条 学校食堂应当建立并执行从业人员健康管理制度和培训制度。患有国家卫生健康委规定的有碍食品安全疾病的人员，不得从事接触直接入口食品的工作。从事接触直接入口食品工作的从业人员应当每年进行健康检查，取得健康证明后方可上岗工作，必要时应当进行临时健康检查。

学校食堂从业人员的健康证明应当在学校食堂显著位置进行统一公示。

学校食堂从业人员应当养成良好的个人卫生习惯，加工操作直接入口食品前应当洗手消毒，进入工作岗位前应当穿戴清洁的工作衣帽。

学校食堂从业人员不得有在食堂内吸烟等行为。

第二十八条 学校食堂应当建立食品安全追溯体系，如实、准确、完整记录并保存食品进货查验等信息，保证食品可追溯。鼓励食堂采用信息化手段采集、留存食品经营信息。

第二十九条 学校食堂应当具有与所经营的食品品种、数量、供餐人数相适应的场所并保持环境整洁，与有毒、有害场所以及其他污染源保持规定的距离。

第三十条 学校食堂应当根据所经营的食品品种、数量、供餐人数，配备相应的设施设备，并配备消毒、更衣、盥洗、采光、照明、通风、防腐、防尘、防蝇、防鼠、防虫、洗涤以及处理废水、存放垃圾和废弃物的设备或者设施。就餐区或者就餐区附近应当设置供用餐者清洗手部以及餐具、饮具的用水设施。

食品加工、贮存、陈列、转运等设施设备应当定期维护、清洗、消毒；保温设施及冷藏冷冻设施应当定期清洗、校验。

第三十一条 学校食堂应当具有合理的设备布局和工艺流程，防止待加工食品与直接入口食品、原料与成品或者半成品交叉污染，避免食品接触有毒物、不洁物。制售冷食类食品、生食类食品、裱花蛋糕、现榨果蔬汁等，应当按照有关要求设置专间或者专用操作区，专间应当在加工制作前进行消毒，并由专人加工操作。

第三十二条 学校食堂采购食品及原料应当遵循安全、健康、符合营养需要的原则。有条件的地方或者学校应当实行大宗食品公开招标、集中定点采购制度，签订采购合同时应当明确供货者食品安全责任和义务，保证食品安全。

第三十三条 学校食堂应当建立食品、食品添加剂和食品相关产品进货查验记录制度，如实准确记录名称、规格、数量、生产日期或者生产批号、保质期、进货日期以及供货者名称、地址、联系方式等内容，并保留载有上述信息的相关凭证。

进货查验记录和相关凭证保存期限不得少于产品保质期满后六个月；没有明确保质期的，保存期限不得少于二年。食用农产品的记录和凭证保存期限不得少于六个月。

第三十四条 学校食堂采购食品及原料，应当按照下列要求查验许可相关文件，并留存加盖公章（或者签字）的复印件或者其他凭证：

（一）从食品生产者采购食品的，应当查验其食品生产许可证和产品合格证明文件等；

（二）从食品经营者（商场、超市、便利店等）采购食品的，应当查验其食品经营许可证等；

（三）从食用农产品生产者直接采购的，应当查验并留存其社会信用代码或者身份证复印件；

（四）从集中交易市场采购食用农产品的，应当索取并留存由市场开办者或者经营者加盖公章（或者负责人签字）的购货凭证；

（五）采购肉类的应当查验肉类产品的检疫合格证明，采购肉类制品的应当查验肉类制品的检验合格证明。

第三十五条 学校食堂禁止采购、使用下列食品、食品添加剂、食品相关产品：

（一）超过保质期的食品、食品添加剂；

（二）腐败变质、油脂酸败、霉变生虫、污秽不洁、混有异物、掺假掺杂或者感官性状异常的食品、食品添加剂；

（三）未按规定进行检疫或者检疫不合格的肉类，或者未经检验或者检验不合格的肉类制品；

（四）不符合食品安全标准的食品原料、食品添加剂以及消毒剂、洗涤剂等食品相关产品；

（五）法律、法规、规章规定的其他禁止生产经营或者不符合食品安全标准的食品、食品添加剂、食品相关产品。

学校食堂在加工前应当检查待加工的食品及原料，发现有前款规定情形的，不得加工或者使用。

第三十六条 学校食堂提供蔬菜、水果以及按照国际惯例或者民族习惯需要提供的食品应当符合食品安全要求。

学校食堂不得采购、贮存、使用亚硝酸盐（包括亚硝酸钠、亚硝酸钾）。

中小学、幼儿园食堂不得制售冷荤类食品、生食类食品、裱花蛋糕，不得加工制作四季豆、鲜黄花菜、野生蘑菇、发芽土豆等高风险食品。省、自治区、直辖市食品安全监督管理部门可以结合实际制定本地区中小学、幼儿园集中用餐不得制售的高风险食品目录。

第三十七条 学校食堂应当按照保证食品安全的要求贮存食品，做到通风换气、分区分架分类、离墙离地存放、防蝇防鼠防虫设施完好，并定期检查库存，及时清理变质或者超过保质期的食品。

贮存散装食品，应当在贮存位置标明食品的名称、生产日期或者生产批号、保质期、生产者名称以及联系方式等内容。用于保存食品的冷藏冷冻设备，应当贴有标识，原料、半成品和成品应当分柜存放。

食品库房不得存放有毒、有害物品。

第三十八条 学校食堂应当设置专用的备餐间或者专用操作区，制定并在显著位置公示人员操作规范；备餐操作时应当避免食品受到污染。食品添加剂应当专人专柜（位）保管，按照有关规定做到标识清晰、计量使用、专册记录。

学校食堂制作的食品在烹饪后应当尽量当餐用完，需要熟制的食品应当烧熟煮透。需要再次利用的，应当按照相关规范采取热藏或者冷藏方式存放，并在确认没有腐败变质的情况下，对需要加热的食品经高温彻底加热后食用。

第三十九条 学校食堂用于加工动物性食品原料、植物性食品原料、水产品原料、半成品或者成品等的容器、工具应当从形状、材质、颜色、标识上明显区分，做到分开使用，固定存放，用后洗净并保持清洁。

学校食堂的餐具、饮具和盛放或者接触直接入口食品的容器、工具，使用前应当洗净、消毒。

第四十条 中小学、幼儿园食堂应当对每餐次加工制作的每种食品成品进行留样，每个品种留样量应当满足检验需要，不得少于125克，并记录留样食品名称、留样量、留样时间、留样人员等。留样食品应当由专柜冷藏保存48小时以上。

高等学校食堂加工制作的大型活动集体用餐，批量制售的热食、非即做即售的热食、冷食类食品、生食类食品、裱花蛋糕应当按照前款规定留样，其他加工食品根据相关规定留样。

第四十一条 学校食堂用水应当符合国家规定的生活饮用水卫生标准。

第四十二条 学校食堂产生的餐厨废弃物应当在餐后及时清除，并按照环保要求分类处理。

食堂应当设置专门的餐厨废弃物收集设施并明显标识，按照规定收集、存放餐厨废弃物，建立相关制度及台账，按照规定交由符合要求的生活垃圾运输单位或者餐厨垃圾处理单位处理。

第四十三条 学校食堂应当建立安全保卫制度，采取措施，禁止非食堂从业人员未经允许进入食品处理区。

学校在校园安全信息化建设中，应当优先在食堂食品库房、烹饪间、备餐间、专间、留样间、餐具饮具清洗消毒间等重点场所实现视频监控全覆盖。

第四十四条 有条件的学校食堂应当做到明厨亮灶，通过视频或者透明玻璃窗、玻璃墙等方式，公开食品加工过程。鼓励运用互联网等信息化手段，加强对食品来源、采购、加工制作全过程的监督。

第五章 外购食品管理

第四十五条 学校从供餐单位订餐的，应当建立健全校外供餐管理制度，选择取得食品经营许可、能承担食品安全责任、社会信誉良好的供餐单位。

学校应当与供餐单位签订供餐合同（或者协议），明确双方食品安全与营养健康的权利和义务，存档备查。

第四十六条 供餐单位应当严格遵守法律、法规和食品安全标准，当餐加工，并遵守本规定的要求，确保食品安全。

第四十七条 学校应当对供餐单位提供的食品随机进行外观查验和必要检验，并在供餐合同（或者协议）中明确约定不合格食品的处理方式。

第四十八条 学校需要现场分餐的，应当建立分餐管理制度。在教室分餐的，应当保障分餐环境卫生整洁。

第四十九条 学校外购食品的，应当索取相关凭证，查验产品包装标签，查看生产日期、保质期和保存条件。不能即时分发的，应当按照保证食品安全的要求贮存。

第六章 食品安全事故调查与应急处置

第五十条 学校应当建立集中用餐食品安全应急管理和突发事故报告制度，制定食品安全事故处置方案。发生集中用餐食品安全事故或者疑似食品安全事故时，应当立即采取下列措施：

（一）积极协助医疗机构进行救治；

（二）停止供餐，并按照规定向所在地教育、食品安全监督管理、卫生健康等部门报告；

（三）封存导致或者可能导致食品安全事故的食品及其原料、工具、用具、设备设施和现场，并按照食品安全监督管理部门要求采取控制措施；

（四）配合食品安全监管部门进行现场调查处理；

（五）配合相关部门对用餐师生进行调查，加强与师生家长联系，通报情况，做好沟通引导工作。

第五十一条 教育部门接到学校食品安全事故报告后，应当立即赶往现场协助相关部门进行调查处理，督促学校采取有效措施，防止事故扩大，并向上级人民政府教育部门报告。

学校发生食品安全事故需要启动应急预案的，教育部门应当立即向同级人民政府以及上一级教育部门报告，按照规定进行处置。

第五十二条 食品安全监督管理部门会同卫生健康、教育等部门依法对食品安全事故进行调查处理。

县级以上疾病预防控制机构接到报告后应当对事故现场进行卫生处理，并对与事故有关的因素开展流行病学调查，及时向同级食品安全监督管理、卫生健康等部门提交流行病学调查报告。

学校食品安全事故的性质、后果及其调查处理情况由食品安全监督管理部门会同卫生健康、教育等部门依法发布和解释。

第五十三条 教育部门和学校应当按照国家食品安全信息统一公布制度的规定建立健全学校食品安全信息公布机制，主动关注涉及本地本校食品安全舆情，除由相关部门统一公布的食品安全信息外，应当准确、及时、客观地向社会发布相关工作信息，回应社会关切。

第七章 责任追究

第五十四条 违反本规定第二十五条、第二十六条、第二十七条第一款、第三十三条，以及第三十四条第（一）项、第（二）项、第（五）项，学校食堂（或者供餐单位）未按规定建立食品安全管理制度，或者未按规定制定、实施餐饮服务经营过程控制要求的，由县级以上人民政府食品安全监督管理部门依照食品安全法第一百二十六条第一款的规定处罚。

违反本规定第三十四条第（三）项、第（四）项，学校食堂（或者供餐单位）未查验或者留存食用农产品生产者、集中交易市场开办者或者经营者的社会信用代码或者身份证复印件或者购货凭证、合格证明文件的，由县级以上人民政府食品安全监督管理部门责令改正；拒不改正的，给予警告，并处5000元以上3万元以下罚款。

第五十五条 违反本规定第三十六条第二款，学校食堂（或者供餐单位）采购、贮存亚硝酸盐（包括亚硝酸钠、亚硝酸钾）的，由县级以上人民政府食品安全监督管理部门责令改正，给予警告，并处5000元以上3万元以下罚款。

违反本规定第三十六条第三款，中小学、幼儿园食堂（或者供餐单位）制售冷荤类食品、生食类食品、裱花蛋糕，或者加工制作四季豆、鲜黄花菜、野生蘑菇、发芽土豆等高风险食品的，由县级以上人民政府食品安全监督管理部门责令改正；拒不改正的，给予警告，并处5000元以上3万元以下罚款。

第五十六条 违反本规定第四十条，学校食堂（或者供餐单位）未按要求留样的，由县级以上人民政府食品安全监督管理部门责令改正，给予警告；拒不改正的，处5000元以上3万元以下罚款。

第五十七条 有食品安全法以及本规定的违法情形，学校未履行食品安全管理责任，由县级以上人民政府食品安全管理部门会同教育部门对学校主要负责人进行约谈，由学校主管教育部门视情节对学校直接负责的主管人员和其他直接责任人员给予相应的处分。

实施营养改善计划的学校违反食品安全法律法规以及本规定的，应当从重处理。

第五十八条 学校食品安全的相关工作人员、相关负责人有下列行为之一的，由学校主管教育部门给予警告或者记过处分；情节较重的，应当给予降低岗位等级或者撤职处分；情节严重的，应当给予开除处分；构成犯罪的，依法移送司法机关处理：

（一）知道或者应当知道食品、食品原料劣质或者不合格而采购的，或者利用工作之便以其他方式谋取不正当利益的；

（二）在招投标和物资采购工作中违反有关规定，造成不良影响或者损失的；

（三）怠于履行职责或者工作不负责任、态度恶劣，造成不良影响的；

（四）违规操作致使师生人身遭受损害的；

（五）发生食品安全事故，擅离职守或者不按规定报告、不采取措施处置或者处置不力的；

（六）其他违反本规定要求的行为。

第五十九条 学校食品安全管理直接负责的主管人员和其他直接责任人员有下列情形之一的，由学校主管教育部门会同有关部门视情节给予相应的处分；构成犯罪的，依法移送司法机关处理：

（一）隐瞒、谎报、缓报食品安全事故的；

（二）隐匿、伪造、毁灭、转移不合格食品或者有关证据，逃避检查、使调查难以进行或者责任难以追究的；

（三）发生食品安全事故，未采取有效控制措施、组织抢救工作致使食物中毒事态扩大，或者未配合有关部门进行食物中毒调查、保留现场的；

（四）其他违反食品安全相关法律法规规定的行为。

第六十条 对于出现重大以上学校食品安全事故的地区，由国务院教育督导机构或者省级人民政府教育督导机构对县级以上地方人民政府相关负责人进行约谈，并依法提请有关部门予以追责。

第六十一条 县级以上人民政府食品安全监督管理、卫生健康、教育等部门未按照食品安全法等法律法规以及本规定要求履行监督管理职责，造成所辖区域内学校集中用餐发生食品安全事故的，应当依据食品安全法和相关规定，对直接负责的主管人员和其他直接责任人员，给予相应的处分；构成犯罪的，依法移送司法机关处理。

第八章　附　则

第六十二条 本规定下列用语的含义：

学校食堂，指学校为学生和教职工提供就餐服务，具有相对独立的原料存放、食品加工制作、食品供应及就餐空间的餐饮服务提供者。

供餐单位，指根据服务对象订购要求，集中加工、分送食品但不提供就餐场所的食品经营者。

学校食堂从业人员，指食堂中从事食品采购、加工制作、供餐、餐饮具清洗消毒等与餐饮服务有关的工作人员。

现榨果蔬汁，指以新鲜水果、蔬菜为主要原料，经压榨、粉碎等方法现场加工制作的供消费者直接饮用的果蔬汁饮品，不包括采用浓浆、浓缩汁、果蔬粉调配成的饮料。

冷食类食品、生食类食品、裱花蛋糕的定义适用《食品经营许可管理办法》的有关规定。

第六十三条 供餐人数较少，难以建立食堂的学校，以及以简单加工学生自带粮食、蔬菜或者以为学生热饭为主的小规模农村学校的食品安全，可以参照食品安全法第三十六条的规定实施管理。

对提供用餐服务的教育培训机构，可以参照本规定管理。

第六十四条 本规定自 2019 年 4 月 1 日起施行，2002 年 9 月 20 日教育部、原卫生部发布的《学校食堂与学生集体用餐卫生管理规定》同时废止。

附录五　食品补充检验方法工作规定

第一章　总　则

第一条　为保证食品补充检验方法科学实用、技术先进，加强食品补充检验方法规范化管理，根据《食品安全抽样检验管理办法》（国家食品药品监督管理总局令第11号）、《食品药品行政执法与刑事司法衔接工作办法》有关规定，制定本规定。

第二条　食品补充检验方法是指在食品（含保健食品）安全风险监测、案件稽查、事故调查、应急处置等工作中采用的非食品安全标准检验方法。

食品检验机构可以采用食品补充检验方法对涉案食品进行检验，检验结果可以作为定罪量刑的参考。

第三条　国家食品药品监督管理总局负责食品补充检验方法的批准和发布。

第四条　国家食品药品监督管理总局组织成立食品补充检验方法审评委员会（以下简称审评委员会），主要负责审查食品补充检验方法草案。审评委员会设专家组和秘书处。

专家组由食品检验领域专家和食品药品监管部门代表组成。秘书处设在中国食品药品检定研究院，主要负责审评委员会日常事务性工作。

第五条　省级及省级以上食品药品监督管理部门负责提出食品补充检验方法的立项需求、组织实施和跟踪评价。

第二章　立项和起草

第六条　食品检验机构或科研院所等单位在食品检验中发现可能有食品安全问题，且没有食品安全检验标准的，可以向所在地省级食品药品监管部门提出食品补充检验方法立项建议。省级食品药品监管部门综合分析辖区内各级食品药品监管部门食品安全监管工作需要，向国家食品药品监督管理总局提出食品补充检验方法立项需求。

国家食品药品监督管理总局按照轻重缓急、科学可行的原则，确定食品补充检验方法立项目录，通过公开征集或遴选确定起草单位，研制食品补充检验方法。

第七条　起草单位应当在深入调查研究、充分论证技术指标的基础上按要求研制食品补充检验方法，保证其科学性、先进性、实用性和规范性。鼓励科研院所、大专院校或社会团体等研究、检验机构联合起草。

第八条　起草单位应根据所起草方法的技术特点，原则上选择不少于5家食品检验机构进行实验室间验证。验证实验室的选择应具有代表性和公信力。

实验室间验证对于定性方法至少需要验证方法的检出限和特异性；对于定量方法至少需要验证方法的线性范围、定量限、准确度、精密度。

第九条　起草单位应参考检验方法编写规则起草食品补充检验方法草案文本，包括适用范围、方法原理、试剂仪器、分析步骤、计算结果等，同时还应编制起草说明，包括相关背景、研制过程、各项技术参数的依据、实验室内和实验室间验证情况和数据等。

第十条　食品安全案件稽查、应急处置等工作中，可根据情况简化立项、遴选起草单位、实验室间验证等要求。

第三章　审查和发布

第十一条　起草单位应通过食品补充检验方法管理系统直接向审评委员会秘书处提交电子化方法草案和起草说明等材料，并同时报送内容一致的纸质材料。

起草单位对所报送材料的真实性负责。

第十二条　食品补充检验方法草案按照以下程序审查：

（一）秘书处形式审查；

（二）专家组会议审查或函审。

第十三条　秘书处在收到食品补充检验方法草案及相关资料的5个工作日内完成完整性和规范性等形式审查。

第十四条　秘书处原则上应在15个工作日内将草案及相关资料提请专家组审查。专家组对草案及相关资料的科学性、实用性和适用性等进行审查。审查采取会议审查或函审，以会议审查为主。

（一）会议审查。原则上应采取协商一致的方式。在无法达成一致的情况下，应当在充分讨论的基础上进行表决。出席专家四分之三以上（含四分之三）同意为通过。秘书处形成会议纪要和审查结论，并经参会专家同意。

（二）函审。根据审核工作需要，也可采取函审。回函专家四分之三以上（含四分之三）同意为通过。秘书处汇总形成审查结论，并附每位专家函审意见。

第十五条　特殊情况下，秘书处应按要求加快形式审查和及时组织会议审查。

第十六条　秘书处应在审查结束后的5个工作日内书面回复起草单位审查结论，审查结论分为三种情况：

（一）通过；

（二）原则通过但需要修改，起草单位应根据审查意见进行修改并再次报秘书处，秘书处视情况再次组织审查；

（三）未通过，应说明未予通过的理由。

第十七条　审查通过的食品补充检验方法草案，秘书处应当在10个工作日内按要求将食品补充检验方法报批稿、审查结论、会议纪要等材料加盖中国食品药品检定研究院公章后报送国家食品药品监督管理总局。

第十八条　国家食品药品监督管理总局批准并以公告形式发布食品补充检验方法。食品补充检验方法（缩写为BJS）按照“BJS＋年代号＋序号”规则进行编号，除方法文本外，同时公布主要起草单位和主要起草人信息。

第十九条　食品补充检验方法自发布之日起20个工作日内在国家食品药品监督管理总局网站上公布。

第二十条　省级食品药品监管部门应根据工作需要，组织食品检验机构采用食品补充检验方法，并对实施情况进行跟踪评价，及时报告国家食品药品监管总局。

第二十一条　食品检验机构依据食品补充检验方法出具检验报告时，应符合国家认证认可和检验规范有关规定。

第四章　附　则

第二十二条　对适用于地方特色食品的补充检验方法，省级食品药品监管部门可以参照本规定批准、发布，并报国家食品药品监管总局备案。

第二十三条 已批准的食品补充检验方法属于科技成果，可作为相关人员申请科研奖励和参加专业技术资格评审的依据。

第二十四条 本规定由国家食品药品监督管理总局负责解释。

第二十五条 本规定自2017年2月1日起实施。

附录六　中国蘑菇中毒诊治临床专家共识*

Chinese clinical guideline for the diagnosis and treatment of mushroom poisoning

中国医师协会急诊医师分会
中国急诊专科医联体
中国医师协会急救复苏和灾难医学专业委员会
北京急诊医学学会
执笔人：卢中秋　洪广亮　孙承业　陈潇荣　李海蛟
通信作者：卢中秋　孙承业　于学忠

1　概述

毒蘑菇又称为毒菌或毒蕈，属大型真菌类。误采、误食毒蘑菇可引起急性中毒，呈现地域性、季节性发病，常有家庭聚集和群体性发病的特点，社会危害大。部分品种中毒病死率高，其中具有肝毒性的鹅膏菌属品种中毒病死率高达80%[1]，蘑菇中毒已成为我国食源性疾病中病死率最高的一类急症。其临床表现复杂多样，多数患者以恶心、呕吐、腹痛、腹泻等胃肠道症状为中毒始发表现，随后可因摄入毒蘑菇所含毒素不同，产生不同的靶器官损害，甚至衰竭而死亡。因此，如何早期识别致死性蘑菇中毒并及时规范救治是当前医护人员面临的巨大挑战[2]。

目前，科学界对毒蘑菇种类及其毒素认知尚不完全，缺乏快速区分有毒与可食用蘑菇的有效办法，对蘑菇毒素的认识及检测方法都存在一定问题。此外，目前还没有蘑菇中毒诊治的相关共识或指南，各级医院医护人员对蘑菇中毒诊治缺乏统一认识和应有的规范。为此，中国医师协会急诊医师分会、中国急诊专科医联体、中国医师协会急救复苏和灾难医学专业委员会、北京急诊医学学会组织专家在复习大量相关文献基础上，依据他们的学术和临床经验起草，并提交共识委员会讨论通过，就蘑菇中毒的临床诊治规范达成共识，旨在帮助临床医护人员对蘑菇中毒患者做出审慎与适时的评估与治疗。

2　共识的制定方法学

中国医师协会急诊医师分会、中国急诊专科医联体、中国医师协会急救复苏和灾难医学专业委员会、北京急诊医学学会组织来自全国各地有着扎实理论知识和丰富临床经验的多位专家共同组成了中国蘑菇中毒诊治临床专家共识制定小组，检索了Pubmed、Emabase、Springer、Interscience Wiley及万方数据库、维普数据库及中国学术期刊网络出版总库中发表的文献，在专家组成员审阅文献的基础上，结合自身临床经验，制定本共识，并经过反复讨论修改，最终制定本共识。

3　流行病学

迄今，全球有大型真菌约14万种，每年有(5～10)/10万人因蘑菇中毒而死亡，主要集中在欧洲、美国、日本、中国、伊朗等地区或国家[3-4]。常见毒蘑菇种类多分布在鹅膏菌属、环柄菇属、盔孢伞属、牛肝菌科、红菇属、青褶伞属、类脐菇属、粉褶菌属、裸盖菇属、鹿花菌属等[5-6]。北美真菌协会(NAMA)蘑菇中毒年度报告显示，2007－2014年间共有690例蘑菇中毒，病死率为2.17%[7]。日本2001—2010年间共有1920例蘑菇中毒，病死率为0.52%[8]。目前，我国已知有毒蘑菇435种，分布广泛，引发的中毒事件呈现季节性和地域性分布特点[9]。6－9月是蘑菇中毒高发期，以云南、贵州、四川、湖北、湖南、广西、广东为中毒高发地域。误将有毒蘑菇当作食用蘑菇是引发中毒的主要原因[1]。其中灰花纹鹅膏、致命鹅膏、裂皮鹅膏、淡红鹅膏、假淡红鹅膏、条盖盔孢伞、肉褐鳞环柄菇和亚稀褶红菇等是我国最常见导致患者死亡的蘑菇种类，95%以上的死亡病例为含鹅膏毒肽蘑菇中

通信作者：卢中秋，温州医科大学附属第一医院，E-mail：lzq640815@163.com
孙承业，中国疾病预防控制中心，E-mail：suncy@chinacdc.cn
于学忠，北京协和医院，E-mail：yxz@medmail.com.cn

* 本文发表于《临床急诊杂志》2019年第20卷第8期，第583－598页。

毒[10]。据报道,我国蘑菇中毒总体病死率为11.69%～42.30%,明显高于欧美及日本等[1,7]。

4 毒素分类及毒理机制

毒蘑菇种类繁多,所含毒素复杂。一种毒蘑菇多含有多种毒素,同一种毒素也可出现在不同种、属蘑菇中。目前,已知毒素种类有限,根据毒素结构和毒性可分为环肽类(cyclopeptides)、奥来毒素(orellanine)、毒蕈碱类(muscarine)、裸盖菇素(psilocybin)、异噁唑衍生物(isoxazoles)、鹿花菌素(gyromitrin)、鬼伞素(coprine)等[11]。

4.1 环肽类及其机制

环肽类为最主要致死毒素,常存在于鹅膏属、环柄菇属、盔孢伞属的部分品种中,主要包括鹅膏毒肽(amatoxins)、鬼笔毒肽(phallotoxins)及毒伞肽(virotoxins)等。①鹅膏毒肽,分子量约900道尔顿,水溶性,热稳定、耐酸碱。小鼠半数致死量(LD50)为0.2～0.5 mg/kg[12-13]。可经胃肠道快速吸收,2 h血中浓度即可达峰,48 h内经OATP1B3转运体或牛磺胆酸钠协同转运蛋白多肽快速分布到肝脏,毒素不能经过胎盘[14-16]。毒素经过肾脏排泄。肝肾为主要靶器官,鹅膏毒肽主要通过抑制RNA聚合酶II活性,阻止mRNA转录和蛋白质合成[5,17],造成细胞损伤,也可通过氧化应激,产生内源性因子,造成细胞凋亡[18-19]。②鬼笔毒肽,为速效毒素,动物腹腔注射2～5 h可致死,小鼠LD 50为1.5～2.0 mg/kg[20],主要机制为干扰丝状肌动蛋白与球状肌动蛋白转化平衡,阻止细胞骨架形成[21]。③毒伞肽与鬼笔毒肽中毒机理相似[21]。

4.2 奥来毒素及其机制

奥来毒素为致死毒素,存在于有丝膜菌属。毒素能抑制DNA、RNA、蛋白质大分子合成,造成细胞氧化应激损伤[22]。肾脏为主要靶器官,急性肾功能衰竭可出现在摄入后3～14 d,病死率达11%[23-25]。

4.3 2-氨基-4,5-己二烯酸

2-氨基-4,5-己二烯酸(2-amino-4,5-hexadienoic acid)为致死毒素,存在于造成急性肾衰竭型的鹅膏属中。有关中毒机制尚不清楚[7]。

4.4 环丙-2-烯羧酸

环丙-2-烯羧酸(cycloprop-2-ene carboxylic acid)为致死毒素,存在于造成横纹肌溶解型的亚稀褶红菇中。有关中毒机制尚不清楚[7]。

4.5 鹿花菌素及其机制

鹿花菌素见于鹿花菌及马鞍菌,其水解产物甲基肼(MMH)可抑制谷氨酸脱羧酶的辅助因子吡哆醛,减少γ氨基丁酸合成而产生毒性[26-27],同时诱导溶血。中毒表现为呕吐、腹泻、眩晕、谵妄、共济失调、眼球震颤、抽搐、溶血、肾功能衰竭,严重导致患者死亡等[28]。

4.6 其他毒素及其机制

其他毒素多为非致死毒素:①毒蕈碱类,主要发现于丝盖伞属(*Inocybe*)和杯伞属(*Clitocybe*)中,粉褶菌(*Entoloma*)和小菇属(*Mycena*)也有少数品种包含该类毒素,具有胆碱能促进作用,不能通过血脑屏障,中毒后可表现为副交感神经兴奋症状[29];②裸盖菇素,存在于裸盖菇属(*Psilocybe*)、斑褶伞属(*Panaeolus*)、裸伞属(*Gymnopilus*)、锥盖伞属(*Conocybe*)、丝盖伞属(*Inocybe*)以及光柄菇属(*Pluteus*)中的一些种类,为一类色胺衍生物,激动5羟色胺受体,可产生精神错乱、幻视、烦躁、意识障碍等中毒症状;③异噁唑衍生物,见于鹅膏属鹅膏组(*Amanita* sect.*Amanita*)的一些种类和毒蝇口蘑(*Tricholoma muscarium*),可刺激NMDA受体和γ氨基丁酸产生神经精神症状;④鬼伞素,见于墨汁鬼伞,可诱发机体双硫仑样反应[30-31]。

5 临床表现及分型

蘑菇中毒临床表现复杂多样,与摄入蘑菇类型及所含毒素密切相关。超过90%的蘑菇中毒首先出现恶心、呕吐、腹痛、腹泻等胃肠道表现,继而根据蘑菇种类不同可累及不同器官及系统,可分为以下临床类型:急性肝损型、急性肾衰竭型、溶血型、横纹肌溶解型、胃肠炎型、神经精神型、光过敏皮炎型,其他损伤类型[4,32-37],见表1。以上7种临床型仅为临床观察病例较多、能够形成共识的分类,但蘑菇所含毒素复杂,几乎可对所有组织器官造成伤害,器官损伤常交叉存在,有待不断总结与补充。如平菇、毒沟褶菌等有报道具有心脏毒性,可导致猝死,但其毒性尚需进一步证实[34-35];部分马勃菌可导致过敏性肺炎[36];杯伞菌中毒可引起红斑性肢痛[37]等。

推荐意见1:蘑菇中毒临床表现多样,缺乏特异性,应避免仅依据患者中毒始发表现判断临床类型和预后。对蘑菇种类不明确尤其是潜伏期超过6 h的中毒患者应警惕致死性蘑菇中毒可能。

6 实验室及辅助检查

6.1 一般检查

蘑菇中毒缺乏特异性效应标志物,实验室一般检查可反映毒素损害的靶器官和受累程度。轻度中毒患者实验室检查可正常,重度中毒常逐渐出现多器官功能损害,需要严密监测。肝功能损害包括

表 1　蘑菇中毒临床分型

临床分型	种类	临床特点	预后
急性肝损型	鹅膏菌属、盔孢菌属、环柄菇属等	潜伏期通常大于 6 h，一般 10～14 h，初期表现为胃肠道症状，消化道症状可一过性缓解消失，即假愈期，36～48 h 后出现黄疸，出血，凝血酶原时间延长，胆酶分离，急性肝衰竭，多脏器功能衰竭，甚至死亡	高致死
急性肾衰竭型	鹅膏菌属、丝膜菌属等	潜伏期通常大于 6 h，表现少尿，血肌酐、尿素氮升高，急性肾功能衰竭	可致死
溶血型	桩菇属、红角肉棒菌等	潜伏期 0.5～3.0 h，表现为少尿、无尿、血红蛋白尿、贫血、急性肾功能衰竭，休克、弥散性血管内凝血，严重时导致死亡	可致死
横纹肌溶解型	亚稀褶红菇、油黄口蘑等	潜伏期 10 min～2 h，表现为乏力，四肢酸痛，恶心呕吐，色深尿，胸闷等，后期可致急性肾功能衰竭，因呼吸循环衰竭而死亡	高致死
胃肠炎型	青褶伞属、乳菇属、红菇属、牛肝菌科等	潜伏期绝大多数小于 2 h，表现为胃肠道症状，重度可出现电解质紊乱，休克	良好
神经精神型	鹅膏菌属、丝盖伞属、小菇属、裸盖菇属、裸伞属等	潜伏期小于 2 h，表现为出汗、流涎、流泪、谵妄、幻觉、共济失调，癫痫、妄想等	良好
光过敏性皮炎型	污胶鼓菌，叶状耳盘菌等	潜伏期最短 3 h，通常为 1～2 d，表现为日晒后在颜面，四肢出现突发皮疹，自觉瘙痒	良好

胆红素、ALT、AST 升高，凝血功能异常，甚至胆酶分离等[38]；肾功能损害，包括血肌酐、血尿素氮升高；凝血功能改变，包括 PT、APTT 延长，纤维蛋白原下降，甚至 DIC 等；心脏功能损害，包括 CK、CK-MB 及肌钙蛋白升高等。超声检查可见肝脏在中毒早期增大、回声不均匀，后期可缩小；脾脏增大；肾脏增大、肾皮质增厚；肝周、胸腔、腹腔、盆腔积液等[39]。心电图可见窦性心动过速、ST-T 倒置、QT 延长、室性心动过速等[40]。超声心动图可见左室功能收缩功能降低等[41]。

6.2　毒物检测

留取患者呕吐物、血液、尿液或蘑菇等样本尽早进行毒物检测。目前，国内外对蘑菇毒素的检测技术主要有化学显色检测法、薄层层析法、放射免疫法、酶联免疫法、高效液相色谱法及液相色谱-质谱法等。其中应用高效液相色谱法及液相色谱-质谱法检测鹅膏毒肽的方法较为成熟[42-43]。奥来毒素可用 2% 三价铁氯化物和盐酸反应显色实验进行定性检测[44]。毒物检测为蘑菇中毒的诊断及预后评估提供重要信息。需要注意的是，鹅膏毒肽在血液里存留时间一般不超过 24～48 h，而尿液持续阳性的时间可达 96 h[27,45]。

6.3　蘑菇形态学分类鉴定

是最常用的毒蘑菇鉴别方法，通过对蘑菇子实体宏观和微观特征点的观察、测量、比对来进行鉴定。中毒现场可通过对蘑菇照片的识别作出初步判断。

6.4　蘑菇分子鉴定

近年，随着基因测序技术的发展和真菌分子鉴定数据库的完善，应用内转录间隔区（internal transcribed spacer，ITS）片段测序与比对，为毒蘑菇鉴定提供可靠手段[46-47]。

推荐意见 2：蘑菇中毒患者应动态监测肝、肾功能及出凝血变化，有条件应尽早进行蘑菇物种鉴定和毒素检测。

7　诊断与鉴别诊断

一般依据蘑菇的摄入史、临床表现及其靶器官损害证据，可作出蘑菇中毒的临床诊断。时间窗内的血、尿、呕吐物、体液等样本中检测到相应的蘑菇毒素可确立诊断。

7.1　诊断

①病史：明确的蘑菇食用史，最好能提供蘑菇实物或照片等直接证据；②同食者出现相似症状；③临床表现：依据蘑菇种类，蘑菇中毒潜伏期从数分钟到十余天，初始表现可以是恶心、呕吐、腹痛、腹泻等消化道症状，也可以是幻听等精神症状，以及肝、肾、凝血等器官功能损害的表现；④辅助检查：提示肝、肾、凝血等器官功能损害。血、尿、呕吐物、体液标本中检测到蘑菇毒素可确诊。

7.2　鉴别诊断

蘑菇中毒需与急性胃肠炎、细菌性痢疾、霍乱等鉴别。出现毒蕈碱样症状需与有机磷中毒鉴别。意识障碍需与脑血管疾病、低血糖、糖尿病高渗性昏迷、肝性脑病、肺性脑病、一氧化碳中毒、酒精中毒等鉴别。以肝损为突出表现的蘑菇中毒应与引起急性肝功能衰竭的其他常见病因如病毒性肝炎、药物性肝炎、热射病等相鉴别。以肾损害为突出表现的蘑菇中毒应常规排查引起肾功能损害的肾前、肾后性等病因。

8 病情分级

蘑菇中毒患者早期病情的评估关系到患者能否得以正确地处置。尽管现有的临床分型对患者预后判断具有一定的指导意义，但并不适用于蘑菇中毒的早期诊治。本共识在参考国内外文献基础上，结合专家临床经验，总结 HOPE6 评分(表 2)和 TALK 评分(表 3)对拟诊蘑菇中毒患者进行初步评估和再评估，将蘑菇中毒病情分为致死性和非致死性两类。

表 2 蘑菇中毒初次评估——HOPE6 评分表

项目	描述	得分
病史(history，H)	明确有蘑菇食用史	1
器官功能损害(organ damage，O)	生命体征不稳定或出现肝、肾、凝血等器官功能损害中的一项或多项	1
识图及形态辨别(picture identification，P)	实物或图片对比，鉴定为致死性蘑菇种类	1
症状出现时间(eruption of symptom>6 h，E6)	进食蘑菇后发病潜伏期超过 6 h	1

表 3 蘑菇中毒再评估——TALK 评分表

项目	描述	得分
毒物检测(toxicant identification，T)	毒物检测明确为致死性毒素类型，如鹅膏毒肽	1
出凝血障碍(apTT extension，A)	出凝血障碍，尤其 APTT、PT、TT 延长	1
肝功能损害(liver dysfunction，L)	肝功能损害，AST、ALT 升高，PTA 下降	1
肾功能损害(kdiney dysfunction，K)	血肌酐、尿素氮进行性升高	1

8.1 致死性蘑菇中毒

存在下列情形，应考虑致死性蘑菇中毒：①初次评估 HOPE6 评分≥2 分；②初次评估 HOPE6 评分<2 分，而后续再评估 TALK 评分≥1 分；③蘑菇样本经实验室鉴定明确为致死性蘑菇种类，或送检样本中检测到鹅膏毒肽等致死性毒素。

8.2 非致死性蘑菇中毒

若初次评估 HOPE6 评分<2 分且后续再评估 TALK 评分持续<1 分，考虑非致死性蘑菇中毒。

推荐意见 3：推荐对蘑菇中毒患者进行病情分级，可采用 HOPE6 评分和 TALK 评分识别致死性蘑菇中毒。

9 诊治流程

早期识别致死性蘑菇中毒患者，并及早开展集束化治疗。蘑菇中毒诊治流程见图 1。

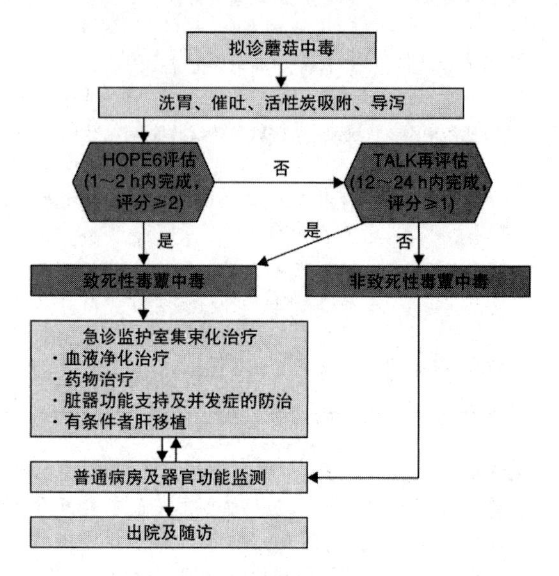

图 1 蘑菇中毒诊治流程

9.1 阻止毒物吸收

应第一时间对蘑菇中毒患者采取胃肠道净化治疗，阻止毒物吸收。①洗胃：尽早、彻底洗胃是减少毒物吸收的关键措施。国外文献报道，中毒暴露后 1 h 内洗胃最为有效[48-49]。目前没有针对蘑菇中毒洗胃疗效的临床研究。基于我国中毒现状及专家组经验，对于暴露后 6 h 内的蘑菇中毒患者应常规洗胃，而暴露时间超过 6 h 可酌情考虑洗胃。②活性炭：可吸附胃肠道内鹅膏毒肽。推荐第一个 24 h 内以 20～50 g 的活性炭灌胃治疗，可根据病情重复应用[50-52]。③导泻：对于腹泻不明显的患者，可以予硫酸镁、甘露醇等药物导泻，促进毒素排出。④胆汁引流：基于鹅膏毒肽代谢肠肝循环理论，有学者提出胆汁引流减少鹅膏毒肽的再吸收，包括胆囊穿刺引流、ERCP 置管引流、经鼻空肠管引流等，但其临床疗效有待确认。近期动物实验研究发现，口服染毒后鹅膏毒肽经胆汁排泄比例约占 20%，胆汁引流可以明显减少肠道鹅膏毒肽的吸收[53]。

推荐意见 4：对于时间窗内的蘑菇中毒患者应常规进行彻底洗胃，并给予吸附导泻治疗。

9.2 初次评估

蘑菇中毒患者绝大多数以恶心、呕吐、腹痛、腹泻等胃肠道症状起病。轻症中毒仅表现为胃肠道症状，而致死性蘑菇中毒除胃肠道症状外，可逐渐出现多器官功能不全。临床上常因病史采集不全，误诊为急性胃肠炎或其他食物中毒。因此，对拟诊为蘑菇中毒的患者，接诊医师在患者入院后 1～2 h 内完成 HOPE6 评分，做好初次评估。

HOPE6 评分内容包含：①病史（history，H）：明确有蘑菇食用史。接诊医师应快速明确有无食用蘑菇史；共同进食者是否发病；起病症状及进食至发病时间；食用一种还是多种蘑菇；有无留存蘑菇实物或照片；有无饮酒等。②器官功能损害（organ damage，O）：中毒患者存在呼吸、血压、意识等生命体征不稳定，或出现下列器官功能损害的一种或多种：包括肝、肾、凝血功能[54-55]。③识图及形态辨认（picture identification，P）：根据图片或实物对比识别鉴定为致死性蘑菇种类。接诊医师应让患者提供采食蘑菇照片或实物，进行初步形态学识别，或者让患者以识图方式辨认食用的蘑菇种类（我国各地区常见毒蘑菇图片见附件 1），判断是否为致死性蘑菇中毒。需要注意的是，临床医生往往难以正确识别患者提供的蘑菇实物、图片，常常需要咨询蘑菇分类专家或其他有经验的专家[5,56-57]。④症状出现时间（eruption of symptom>6 h，E6）：食用蘑菇后发病潜伏期超过 6 h[36,58]。以上 4 项内容，每项赋值为 1 分，见表 2。若 HOPE6 评分≥2 分，则考虑致死性蘑菇中毒，患者需立即转入急诊监护室启动集束化治疗；若 HOPE6 评分<2 分，则需要对患者进行是否为致死性蘑菇中毒的再评估。

9.3 再评估

临床上常存在病史不清、无法提供或提供的蘑菇实物或照片难以辨别等情况，因此有相当一部分患者经 HOPE6 评分初次评估，难以判定是否为致死性蘑菇中毒（HOPE6 评分<2 分）。对这些患者应在首诊后 12～24 h 内尽早完成 TALK 评估，根据评估结果判断是否为致死性蘑菇中毒，一旦判定为致死性蘑菇中毒，也应立即启动集束化救治。

TALK 评分内容包括：①毒物检测（toxicant identification，T）：留取样本尽早进行毒物检测，识别是否存在致死性蘑菇毒素，例如鹅膏毒肽等[5,59]。②凝血功能障碍（APTT extension，A），表现为 PT、TT、APTT 延长，PTA 下降[38,60]。③肝功能损害（liver dysfunction，L）：出现 AST、ALT 增高，胆红素升高，胆酶分离等表现。④肾功能损害（kidney dysfunction，K）：血肌酐、血尿素氮升高。再评估过程中，应注意动态观察患者总体病情变化，是否符合致死性蘑菇中毒病情变化特点，即胃肠道症状起病，消化道症状可一过性的缓解，即假愈期，暴露后 36～48 h 进展为肝肾及其他多个脏器功能损害表现[50,54,60-62]。以上 4 项内容，每项赋值为 1 分，见表 3。若患者摄入蘑菇病史明确，且 TALK 评分≥1 分，则考虑致死性蘑菇中毒，应立即转入急诊监护室启动集束化治疗；若 TALK 评分持续<1 分，考虑非致死性蘑菇中毒，可转入留观病区，并动态评估肝、肾功能及凝血变化，持续 48～72 h。

推荐意见 5：蘑菇中毒患者应常规予以留院治疗，并快速完成 HOPE6 初次评估和 TALK 再评估，期间根据需要咨询蘑菇分类专家，尽早识别致死性蘑菇中毒。

9.4 集束化治疗

对判定为致死性蘑菇中毒患者，需立即转入 EICU，生命监护，集束化治疗。致死性蘑菇中毒无特效解毒剂，95％致死性蘑菇中毒源于鹅膏毒肽。集束化治疗包括血液净化治疗、药物应用、全身及脏器功能支持治疗，有条件者进行肝脏移植。

9.4.1 血液净化治疗　血液净化治疗可以增加毒物清除，同时也起到脏器功能支持的作用，已在蘑菇中毒救治中广泛应用。常用的血液净化治疗技术主要包括传统血液净化技术（血浆置换、血液灌流、血液透析）和人工肝技术（分子吸附循环系统 MARS、普罗米修斯人工肝 Prometheus TM）[63-64]。尽管目前缺乏血液净化治疗蘑菇中毒的前瞻性随机对照临床研究[64-65]，但一些临床观察显示血液净化治疗可提高蘑菇中毒患者生存率[65-68]。刘海光等[69]报道早期血液灌流能减少蘑菇中毒肝炎患者多器官功能障碍的发生，降低病死率。甘卫敏等[70]研究发现中毒后 72 h 内开展血浆置换能明显改善重度肝损型毒蕈中毒患者总胆红素、凝血酶原时间、INR 等指标，提高患者存活率。贾乐文等[71]报道对 22 例急性毒蕈中毒患者应用血液透析联合血液灌流治疗，改善患者器官功能，降低病死率，疗效优于单一血液净化方式。张聪等[72]应用 MARS 单独或者联合血浆置换对 33 例急性重度肝炎型毒蕈中毒患者的救治，显示应用 MARS 其疗效优于单独血浆置换及常规药物治疗。国外也有一些临床案例报道各种血液净化治疗方式均可改善蘑菇中毒患者预后。由于鹅膏毒肽分子量小，蛋白结合率低，在血浆中的存留时间短，通常在暴露后24～48 h后难以检测到。因此，专家组认为以清除毒素为目的的血液净化治疗应尽早进行，推荐对致死性蘑菇中毒患者尽早行血浆置换或血液灌流治疗，血浆置换应作为首选治疗方式。当患者合并肝肾功能损害或多脏器功能不全，应联合应用血浆置换、血液灌流、血液透析及CRRT等技术，进行毒物及代谢产物清除和器官功能支持，并充分根据患者脏器功能情况实施个体化治疗。分子吸附循环系统MARS及普罗米修斯人工肝技术可有良好效果，但尚需更多研究支持。

推荐意见6：对致死性蘑菇中毒患者应尽早行血液净化治疗，优选血浆置换治疗，不具备条件者可选择血液灌流治疗；对合并存在肝肾功能损害或多器官功能不全患者，建议尽早联合应用多种血液净化方式并实施个体化治疗。

9.4.2 解毒药物应用　蘑菇中毒患者，尤其是鹅膏毒肽相关的蘑菇中毒，应尽早选择应用青霉素G、水飞蓟素、N-乙酰半胱氨(NAC)、灵芝煎剂、巯基化合物等解毒药物，见表4。

大剂量青霉素G：青霉素G可通过抑制OATP1B3受体，阻止毒素转运。青霉素G还可与血浆蛋白结合，置换已结合的毒素，加速毒素排出。虽然有文献指出单用青霉素G对鹅膏毒肽类中毒患者没有作用[73]，但更多文献报道应用青霉素G对中毒患者有一定益处[74-75]。推荐用法：青霉素G 30～100万 $U \cdot kg^{-1} \cdot d^{-1}$，连续应用2～3 d，应综合病情轻重及个体化，应用过程中密切监测患者有无过敏反应、肝肾功能与电解质变化，警惕青霉素脑病的发生。

水飞蓟素：水飞蓟提取物，可与肝细胞运输蛋白结合，阻断毒素经肝细胞再摄取，降低肝肠循环，拮抗鹅膏毒肽对RNA聚合酶II的抑制作用，还有抗炎、抗氧化及抗凋亡作用[76]。虽然有研究显示应用水飞蓟素没有明确降低中毒病死率及肝移植需求率[77-78]，但对于出现肝功能损害的蘑菇中毒，特别是鹅膏毒肽相关中毒患者，应用水飞蓟素十分必要[79-80]。推荐用法：水飞蓟素注射液20～50 $mg \cdot kg^{-1} \cdot d^{-1}$，连续应用2～4 d。水飞蓟素胶囊：35 $mg \cdot kg^{-1} \cdot d^{-1}$，分3次口服。

N-乙酰半胱氨酸(NAC)：能降低α鹅膏毒肽诱导的人肝脏细胞氧化应激和细胞凋亡水平，并能清除活性氧及恢复肝内谷胱甘肽(GSH)活性[73,81-82]。推荐用法：先以150 mg/kg剂量NAC加入5%葡萄糖200 mL，静脉滴注大于15 min。随后，50 mg/kg剂量NAC加入5%葡萄糖500 mL，静脉滴注大于4 h。然后，100 mg/kg剂量NAC加入5%葡萄糖1000 mL，静脉滴注大于16 h[83]。亦可应用口服制剂：2 g/次，每8 h口服1次，直至症状消失。注意观察过敏反应及凝血功能异常。

灵芝煎剂(GGD)：灵芝中含有三萜类化合物，有护肝、减轻氧化应激及细胞凋亡作用[84]。国内有报道应用灵芝煎剂治疗鹅膏菌中毒取得显著疗效[85]。推荐用法：200 g灵芝加水煎至600 mL，200 mL/次，3次/d，连续7～14 d。

巯基类药物：可与某些毒素结合，降低毒素毒力。推荐用法：①二巯丙磺钠注射液0.125～0.25 g肌肉注射，每6 h一次，症状缓解后改为每12 h注射一次，5～7 d为一疗程。②二巯丁二钠注射液0.125～0.250 g肌肉注射，3～4次/d，连续5～7 d。

推荐意见7：急性鹅膏毒肽相关中毒患者可尽早选用青霉素G、水飞蓟素、N-乙酰半胱氨酸、灵芝煎剂及二巯基类等药物治疗，根据病情需要合理联合应用。

表4　急性鹅膏肽相关中毒救治药物推荐表

药物	推荐剂量
青霉素G	30～100万 $U \cdot kg^{-1} \cdot d^{-1}$，连续应用2～3 d
水飞蓟素	20～50 $mg \cdot kg^{-1} \cdot d^{-1}$，连续应用2～4 d
N-乙酰半胱氨酸	静脉制剂：先以150 mg/kg剂量NAC加入5%葡萄糖200 mL，静脉滴注大于15 min，随后以50 mg/kg剂量NAC加入5%葡萄糖500 mL，静脉滴注大于4 h，然后以100 mg/kg剂量NAC加入5%葡萄糖1000 mL，静脉滴注大于16 h。 口服制剂：2 g/次，每8小时口服1次，直至症状消失。
灵芝煎剂	200 g灵芝加水煎至600 mL，200 mL/次，3次/d，连续7～14 d
巯基类药物	二巯丙磺钠注射液0.125～0.250 g肌肉注射，每6小时1次，症状缓解后改为每12小时注射1次，至5～7 d为一疗程。 二巯丁二钠注射液0.125～0.250 g肌肉注射，3～4次/d，连续5～7 d。

9.4.3 脏器功能支持治疗　积极补液,维持循环稳定,呼吸支持、护胃、保肝、护肾,防治脑水肿及DIC,预防感染,营养支持,维持水电解质和酸解平衡,其他对症支持治疗。避免肝肾毒性药物的使用。

9.4.4 肝移植　肝移植是蘑菇中毒致肝功能衰竭的最后治疗手段,但目前尚无统一标准。国内有关报道很少,国外文献报道肝移植标准主要有Ganzert标准、Clichy标准、Escudie标准及国王学院标准[86-89]。其中,国王学院标准应用最为广泛,主要包括以下5项中的3项:凝血酶原时间>100 s,年龄<11岁或>40岁,血肌酐>300 μmol/L,黄疸开始至出现昏迷时间>7 d,INR>3.5。

推荐意见8:蘑菇中毒患者并发严重肝功能衰竭,在条件允许的情况下可进行肝移植治疗。

9.5 非致死性蘑菇中毒治疗

非致死性蘑菇中毒患者以支持对症治疗为主,动态监测器官功能。胃肠炎症状者予补液对症,维持内环境等治疗;胆碱能亢进表现中毒者应用阿托品,神经精神症状可应用东莨菪碱,适当镇静对症处理等。

推荐意见9:非致死性蘑菇中毒予以支持对症治疗为主,并注意监测病情变化。

10 预后

明确种类为致死性蘑菇中毒(表5)或毒素检测为致死性毒素,胃肠道症状出现潜伏期长(>6 h),早期表现为肝肾功能不全,如转氨酶升高,胆红素,凝血功能异常增高,合并多个脏器功能不全往往提示患者预后差[50,60-62]。

11 预防

由于毒蘑菇外貌难以与食用菌鉴别,加强宣传教育对预防蘑菇中毒尤为重要。普及毒蘑菇典型图谱(附件1),让民众识别有毒野生蘑菇常有特点:菌盖呈扁半球形到扁平,菌柄近端附白色菌环,根部有球形菌托,通俗判别为头上戴帽,腰间系裙,脚上穿鞋。避免蘑菇中毒的最有效方法是不采摘食用野生蘑菇[90]。

本共识主要基于大量文献复习及各专家临床实践经验,并经过反复讨论与修改后制定,旨在为我国蘑菇中毒的诊治提供一个可遵循的初步规范。由于蘑菇种类繁多,对蘑菇毒素及毒理机制认识尚不够深入,有关蘑菇中毒诊治研究的临床证据也明显不足,因此,本共识难免存在不足,有待后续更新与完善。

表5　我国致死性毒蘑菇

种类	中文名称	拉丁名
鹅膏菌	致命鹅膏	*Amanita exitialis*
	灰花纹鹅膏	*Amanita fuliginea*
	拟灰花纹鹅膏	*Amanita fuligineoides*
	灰盖粉褶鹅膏	*Amanita griseorosea*
	淡红鹅膏	*Amanita pallidorosea*
	裂皮鹅膏	*Amanita rimosa*
	黄盖鹅膏原变种	*Amanita subjunquillea*
	黄盖鹅膏白色变种	*Amanita subjunquillea var*
	假淡红鹅膏	*Amanita subpallidorosea*
	鳞柄白鹅膏	*Amanita virosa*
	软托鹅膏	*Amanita molliuscula*
	小致命鹅膏	*Amanita parviexitialis*
盔孢菌	沟条盔孢菌	*Galerina vittiformis*
	丛生盔孢菌	*Galerina fasciculata*
	细条盔孢菌	*Galerina filiformis*
	黄盖盔孢菌	*Galerina helvoliceps*
	异囊盔孢菌	*Galerina heterocystis*
	苔藓盔孢菌	*Galerina hypnorum*
	纹缘盔孢菌	*Galerina marginata*
	俄勒冈盔孢菌	*Galerina oregonensis*
	条盖盔孢菌	*Galerina sulciceps*
环柄菇	褐鳞环柄菇	*Lepiota helveola*
	肉褐鳞环柄菇	*Lepiota brunneo-incarnata*
	毒环柄菇	*Lepiota venenata*
	亚毒环柄菇	*Lepiota subvenenata*
红菇属	亚稀褶红菇	*Russula subnigricans*
丝膜菌	毒丝膜菌	*Cortinarius orellanus*
	尖顶丝膜菌	*Cortinarius gentilis*
其他	毒沟褶菌	*Trogia venenata*

专家组(按姓氏拼音排序):
蔡卫东(山东省千佛山医院)
曹小平(川北医学院附属医院)
曹　钰(四川大学华西医院)
柴艳芬(天津医科大学总医院)
陈凤英(内蒙古医科大学附属医院)
陈晓辉(广州医科大学附属第二医院)
褚　沛(兰州大学第一医院)
邓　扬(吉林省人民医院)
邓　颖(哈尔滨医科大学附属第二医院)
董士民(河北医科大学第三医院)
樊毫军(天津大学灾难医学研究院)
方邦江(上海中医药大学附属龙华医院)

黄　亮（南昌大学第一附属医院）
黄子通（中山大学孙逸仙纪念医院）
康　健（大连医科大学附属第一医院）
兰　超（郑州大学第一附属医院）
李彩霞（山西省人民医院）
李超乾（广西医科大学附属第一医院）
李培武（兰州大学第二医院）
李湘民（中南大学湘雅医院）
李小刚（中南大学湘雅医院）
李　毅（北京协和医院）
刘　净（大庆油田总医院）
刘　志（中国医科大学附属第一医院）
卢中秋（温州医科大学附属第一医院）
孟新科（深圳市第二人民医院）
聂时南（中国人民解放军东部战区总医院）
欧阳军（石河子大学医学院第一附属医院）
裴红红（西安交通大学第二附属医院）
钱传云（昆明医科大学第一附属医院）
曲爱君（聊城市人民医院）
沈开金（新疆军区总医院）
宋德彪（吉林大学第二医院）
宋　维（海南省人民医院）
孙承业（中国疾病预防控制中心）
孙明伟（四川省人民医院）
田英平（河北医科大学第二医院）
王伯良（空军军医大学第二附属医院）
王瑞兰（上海市第一人民医院）
王维展（河北医科大学哈励逊国际和平医院）
王旭东（航天中心医院）
魏　捷（武汉大学人民医院）
吴彩军（北京中医药大学东直门医院）
吴利东（南昌大学第二附属医院）
邢吉红（吉林大学第一医院）
许硕贵（上海长海医院）
杨立山（宁夏医科大学总医院）
杨蓉佳（甘肃省人民医院）
尹　文（空军军医大学第一附属医院）
于学忠（北京协和医院）
余成敏（云南省楚雄彝族自治州人民医院）
曾红科（广东省人民医院）
张　斌（青海省人民医院）
张国秀（河南科技大学第一附属医院）
张　泓（安徽医科大学第一附属医院）
张　慧（天津市儿童医院）
张剑锋（广西医科大学第二附属医院）
张劲松（南京医科大学第一附属医院）
张文武（深圳市宝安区人民医院）
张锡刚（中国人民解放军总医院第四医学中心）
赵　斌（北京积水潭医院）
赵　敏（中国医科大学附属盛京医院）
赵晓东（中国人民解放军总医院第四医学中心）
钟　武（西南医科大学附属医院）
周发春（重庆医科大学附属第一医院）
周人杰（陆军军医大学新桥医院急诊部）
周荣斌（中国人民解放军总医院第七医学中心）
朱长举（郑州大学第一附属医院）
朱华栋（北京协和医院）

参考文献(略)

附录七 中国含鹅膏毒肽蘑菇中毒临床诊断治疗专家共识*

中华医学会急诊医学分会中毒学组 中国医师协会急诊医师分会
中国毒理学会中毒与救治专业委员会
执笔:余成敏 李海蛟**

蘑菇中毒是影响公众健康最突出的公共卫生问题之一[1]。在中国,含鹅膏毒肽蘑菇中毒死亡人数超过蘑菇中毒总死亡人数的90%[2-3]。含鹅膏毒肽蘑菇中毒是指因食用含有鹅膏毒肽的蘑菇所引起的以急性肝损伤为主要特征的一种疾病[4]。该疾病进展快、病情复杂、病死率高。为此,来自临床医学、公共卫生学、生物分类学、毒理学等领域的专家,通过文献复习和对诊治实践总结,经反复交流磋商,形成此专家共识,供临床医生和相关专业人员参考。在研究过程中认识到,此领域存在高质量研究报告较少,临床实践积累不规范,系统规范研究时间短等问题,故本共识为中国专家对含鹅膏毒肽蘑菇中毒诊治阶段性的认识。

1 毒物学

1.1 含鹅膏毒肽蘑菇

中国已发现含鹅膏毒肽的蘑菇有数十种,主要有鹅膏菌属(*Amanita*)的致命鹅膏(*A. exitialis*)、灰花纹鹅膏(*A. fuliginea*)、淡红鹅膏(*A. pallidorosea*)、假淡红鹅膏(*A. subpallidorosea*)、裂皮鹅膏(*A. rimosa*)、黄盖鹅膏(*A. subjunquillea*)、鳞柄白鹅膏(*A. virosa*)等,盔孢菌属(*Galerina*)的纹缘盔孢菌(*Galerina marginata*)、条盖盔孢菌(*G. sulciceps*)、毒盔孢菌(*G. venenata*)、单色盔孢菌(*G. unicolor*)和丛生盔孢菌(*G. fasciculata*)等和环柄菇属(*Lepiota*)的褐鳞环柄菇(*Lepiota helveola*)、肉褐鳞环柄菇(*L. brunneoincarnata*)、近肉红环柄菇(*L. subincarnata*)、毒环柄菇(*L. venenata*)和亚毒环柄菇(*L. subvenenata*)等(图1)。此外,丝盖伞属、离褶伞属、杯伞属和小菇属的部分种中也含有鹅膏毒肽[3,5-12]。

注:a:致命鹅膏(*Amanita exitialis*);b:灰花纹鹅膏(*A. fuliginea*);c:黄盖鹅膏(*A. subjunquillea*);d:裂皮鹅膏(*A. rimosa*);e:淡红鹅膏(*A. pallidorosea*);f:假淡红鹅膏(*A. subpallidorosea*);g:鳞柄白鹅膏(*A. virosa*);h:纹缘盔孢菌(*Galerina marginata*);i:条盖盔孢菌(*G. sulciceps*);j:肉褐鳞环柄菇(*Lepiota brunneoincarnata*);k:亚毒环柄菇(*L. subvenenata*);l:毒环柄菇(*L. venenata*)

图1 12种含鹅膏肽蘑菇

推荐意见1:含鹅膏毒肽蘑菇主要来自鹅膏菌属、盔孢菌属、环柄菇属,其中致命鹅膏、灰花纹鹅

* 本文发表于《中华危重症医学杂志(电子版)》2020年第13卷第1期,第20-28页。本文为云南省重大科技专项计划项目(2018ZF009)研究成果。

** 余成敏,云南楚雄彝族自治州人民医院。李海蛟,中国疾病预防控制中心职业卫生与中毒控制所。通信作者:孙承业,Email:suncy@chinacdc.cn;余成敏,Email:ynycm123@qq.com;邱泽武,Email:qiuzw828@163.com。

膏、黄盖鹅膏、裂皮鹅膏、淡红鹅膏、假淡红鹅膏、鳞柄白鹅膏、纹缘盔孢菌、条盖盔孢菌、肉褐鳞环柄菇、亚毒环柄菇和毒环柄菇是中国有病例报道的含鹅膏毒肽蘑菇中毒的物种。

1.2 鹅膏肽类毒素

鹅膏肽类毒素是由 7 ~ 8 个氨基酸组成的环肽化合物。根据其结构类型分为鹅膏毒肽（*amatoxin*）、鬼笔毒肽（*phallotixin*）和毒伞肽（*virotixin*）三类。毒伞肽无对人体有害的证据，鬼笔毒肽为速发毒性，而鹅膏毒肽为迟发毒性[13]。

鹅膏毒肽为双环八肽结构，相对分子质量 973 000 ~ 990 000。根据侧链取代基团的不同分为 α-鹅膏毒肽（*α-amanitin*）、β-鹅膏毒肽（*β-amanitin*）、γ-鹅膏毒肽（*γ-amanitin*）、ε-鹅膏毒肽（*ε-amanitin*）、鹅膏酸（*amanin*）、鹅膏酰胺（*amaninamide*）、鹅膏蕈（*amanullin*）、鹅膏蕈酸（*amanullinic acid*）和普罗马琳（*proamanullin*）等[14-16]，研究较为集中的为 α-鹅膏毒肽、β-鹅膏毒肽和 γ-鹅膏毒肽。鹅膏毒肽化学性质稳定，易溶于水、甲醇、乙醇、液氨、吡啶等，耐高温、低温、日晒，进食后不被胃酸和酶降解，含鹅膏毒肽的蘑菇经冷冻、干制、以及煎炒煮炖等加工都不能消除其毒性。

1.3 毒代动力学

鹅膏毒肽可经人胃肠道吸收进入血液[16]，未被吸收的鹅膏毒肽通过粪便排泄[17]。鹅膏毒肽分布容积低（0.3 L / kg），蛋白结合率极低[18]，在体内不发生代谢转化。血中鹅膏毒肽主要通过肾脏以原形排出。比格犬喂饲鹅膏毒肽的胃肠道吸收率为 29.4% ~ 41.54%，粪便排泄量为 58.46% ~ 70.6%。经口摄入鹅膏毒肽血液中的达峰时间 Tmax 在 1.25 ~ 2.08 h 之间，消除半衰期 T1 / 2 为 0.54 ~ 1.94 h，血浆清除率在 0.12 ~ 0.54 $L \cdot h^{-1} \cdot kg^{-1}$ 之间[19-20]，比格犬血液中鹅膏毒肽的 80%以上经肾脏排泄，经胆汁排泄少于 20%。胆汁在鹅膏毒肽的肠道吸收中起到促进作用[21]，鹅膏毒肽不能通过胎盘屏障[13]。研究显示，食入含鹅膏毒肽蘑菇 48 h 后，中毒患者血液中无法检测到鹅膏毒肽[22]；食入含鹅膏毒肽蘑菇 72 h，仅少部分中毒患者尿液中可检测到鹅膏肽类毒素[16]。血液中的鹅膏毒肽通过肝窦细胞膜上有机阴离子转运多肽（organic anion transporting polypeptide，OATP）1B3 [23]及肝细胞膜上 48 000 和 53 000 的两个载体蛋白系统介导进入肝细胞内[24]。

推荐意见 2：鹅膏毒肽经胃肠道吸收率为 **35%**，未被吸收的鹅膏毒肽（约占总摄入量 **65%**）通过粪便排泄。进入血液中鹅膏毒肽最终有超过 **80%**通过肾脏以原形清出，**20%**以下经肝脏通过胆汁排泄。

1.4 中毒机制

鹅膏毒肽进入细胞后，非共价结合并抑制核内 RNA 聚合酶Ⅱ的活性，促使信使 RNA（messenger RNA，mRNA）水平下降并阻断蛋白质的合成，造成细胞坏死[25]。但近年有研究发现，即使利用 α-鹅膏毒肽结构抑制剂避免 RNA 聚合酶Ⅱ失活，也不能缓解存活动物的晚期死亡情况，提示 α-鹅膏毒肽对 RNA 聚合酶Ⅱ的占位性抑制并不是其所致肝损伤的唯一路径[26]。

另有研究表明，凋亡在 α-鹅膏毒肽所致肝损伤中也起重要作用，具体表现在染毒细胞 / 动物 p53 的降解受到抑制，p53 向线粒体的转移促进细胞色素 C 的释放，从而引发抗凋亡因子 Bcl-2 水平降低、促凋亡因子 BAX 水平升高，以及 Caspase 家族相关因子的改变[27]。除 p53 依赖性凋亡外，肿瘤坏死因子 α 和脂质过氧化也可能参与了 α-鹅膏毒肽介导的凋亡[28]。其中由于 α-鹅膏毒肽自身可在体内形成自由基，所以其进入机体后引起的氧化[超氧化物歧化酶（superoxide dismutase，SOD）活性升高] / 抗氧化系统[过氧化氢酶（catalase，CAT）活性降低]的失衡也是它引起肝细胞早期损伤的重要靶点[29-30]。

2 病理和病理生理

鹅膏毒肽的主要靶器官是肝脏，主要病理组织学特征是弥漫性肝细胞坏死、肝脏正常细胞结构消失、肝小叶范围不清、门静脉扩张，可见大量红细胞和炎性细胞浸润。通常于进食含鹅膏毒肽蘑菇后 2 ~ 3 d 出现急性中毒性肝炎，严重者出现急性肝衰竭。肝功能衰竭后，由于清除活化凝血因子能力降低、受损肝细胞释放促凝物质和合成凝血抑制物质的减少，可导致弥散性血管内凝血（disseminated intravascular coagulation，DIC），进一步发展为多器官功能不全综合征（multiple organ dysfunction syndrome，MODS）。凝血因子和血小板的进一步消耗和衰竭可导致严重出血。鹅膏毒肽蘑菇中毒患者可发生急性肾脏损伤，严重时可出现急性肾功能衰竭。神经系统的表现主要是由于肝细胞功能丧失，影响氨等物质的代谢，致使氨等物质血中浓度升高，导致肝性脑病。表现为定向障碍、意识混乱、嗜睡、昏睡、昏迷和抽搐等[31-32]。

推荐意见 3：鹅膏毒肽的主要靶器官是肝脏。进食含鹅膏毒肽蘑菇后 **2 ~ 3 d** 出现进行性肝细胞坏死、肝功能不全。

3 临床表现

含鹅膏毒肽蘑菇中毒病程分4个阶段，分别是潜伏期、急性胃肠炎期、假愈期、爆发性肝功能衰竭期[2,33-35]。

潜伏期：一般在进食后6~12 h出现消化道症状，也有进食20 h后才出现中毒症状者。由于致病蘑菇除含有鹅膏毒肽外，还含有其他毒素，以及患者可能同时进食了多种有毒蘑菇，故6 h之内出现中毒表现者也不能完全排除含鹅膏毒肽蘑菇中毒。

急性胃肠炎期：通常在6~12 h后出现上腹疼痛、恶心、呕吐和严重腹泻，多为水样便，部分患者可以出现黏液血便。严重者可导致脱水、电解质紊乱、低钾血症，代谢性酸中毒，以及低容量性休克和急性肾功能衰竭等。此阶段丙氨酸转氨酶（alanine aminotransferase，ALT）、天冬氨酸氨基转移酶（aspartate aminotransferase，AST）及血清胆红素水平通常在正常范围。

假愈期：经对症治疗消化道症状一般在24~36 h之间明显改善。但患者ALT和AST在此期可持续升高，60~72 h达到峰值。对摄入量较小或虽摄入量较大但经恰当处理的患者，部分患者可在一周内逐渐恢复正常。也有部分摄入量大者可从急性肠胃炎期直接进入爆发性肝功能衰竭期。

爆发性肝功能衰竭期：在摄入含鹅膏毒肽蘑菇第2~4日，患者出现进行性肝损伤，表现为食欲不振、恶心、上腹部隐痛等，体格检查可发现皮肤巩膜黄染，上腹部轻压痛，肝肿大、肝区压痛叩击痛，严重者发展为肝功能衰竭，表现为皮肤黏膜和消化道出血，腹水、肝大或肝脏萎缩。严重者数日内出现精神萎靡、烦躁不安、嗜睡乃至昏迷。实验室检测ALT、AST、乳酸脱氢酶（lactate dehydrogenase，LDH）、肌酸激酶（creatine kinase，CK）异常升高，ALT可超过1 000~2 000 U / L，甚至更高。血清胆红素进行性升高，血清白蛋白显著降低。高胆红素血症、凝血酶原时间（prothrombin time，PT）延长、活化部分凝血活酶时间（activated partial thromboplastin time，APTT）延长是评估中毒严重程度的重要指标。一旦出现血清胆红素进行性升高而ALT明显下降的“胆-酶分离”现象，提示患者病情危重，预后极差。肝功能障碍还会导致低血糖、高乳酸血症、代谢性酸中毒、凝血功能障碍、代谢性脑病、肝昏迷，可进展至多器官功能衰竭（multiple organ failure，MOF）。进入此阶段的患者病死率30%~60%。

推荐意见4：含鹅膏毒肽蘑菇中毒表现多出现在进食蘑菇**6 h**后，首发症状多为胃肠道症状或/和肝功能异常。含鹅膏毒肽蘑菇中毒多有典型的自然病程，潜伏期、急性胃肠炎期、假愈期、肝功能衰竭期依次出现，摄入量影响各期的时长和病情严重程度，部分重症患者假愈期不明显。

4 诊断与病情评估

含鹅膏毒肽蘑菇中毒的快速诊断依赖于患者或患者家属提供的病史、临床表现和摄入蘑菇物种鉴定[36-41]。

4.1 病史

详细的病史询问有助于确定患者是否进食毒蘑菇和蘑菇种类。病史询问的重点包括：

4.1.1 进食史 对怀疑中毒或以恶心呕吐、急性肝功能异常为主要表现的患者应询问发病前3 d详细进食情况，特别是蘑菇进食史，包括鲜蘑菇、干蘑菇和含蘑菇的加工品。

4.1.2 蘑菇特征描述 对有明确蘑菇进食史的患者应了解蘑菇来源、具体采摘（或购买）地点、食用的蘑菇种类（或俗称）、进食是单一种类还是多个种类，以及每一种蘑菇的形态特征和采集的数量等。

4.1.3 进食量估算 通过实物比对等方式尽可能准确估算蘑菇进食量，此信息对评估中毒发生风险及病情严重程度有重要意义。

4.1.4 初始表现和潜伏期 发病时间和最初表现及变化对判断是否为含鹅膏毒肽蘑菇中毒及病情评估具有重要意义，要尽量准确估算初始症状出现时间，潜伏期长短与蘑菇种类有关，含鹅膏毒肽蘑菇引起中毒首发症状多在进食6 h以后出现，以恶心、呕吐、上腹疼痛和腹泻为初始表现，易于被误认为其他疾病。

4.1.5 共同进食者情况 有多人同时进食时，要了解其他人有无相近的表现，必要时应联系与患者一起食用者，了解相关情况，并进行医学评估。此工作对确定蘑菇中毒诊断、评估危害风险及发现潜在中毒患者具有重要意义。

4.1.6 进食蘑菇的图形资料 实物照片可以提供含鹅膏毒肽蘑菇的重要信息。

4.2 体格检查

不同中毒阶段体格检查的重点不同。在中毒的初期，由于大量呕吐和水样腹泻，患者可能出现脱水、电解质紊乱和代谢性酸中毒，严重者可出现低血容量休克。因此，评估患者的容量状态是初始评估的重要组成部分。在2~3 d后，重要的是要观察肝功能障碍相关表现(如黄疸、皮肤瘀点和瘀斑、精神异常表现等)、肾功能损伤表现,此时要特别关注患者的生命体征,以及皮肤黄染、淤点、瘀斑,还要关注肝脏体积变化、是否有腹水等。

4.3 实验室检查

对于疑似含鹅膏毒肽蘑菇中毒的患者,均需进行相关实验室检查。包括:①血常规、尿常规。②血清电解质。③肝功能检查:ALT、AST、总蛋白、白蛋白、总胆红素、直接胆红素、间接胆红素、LDH、胆碱酯酶、脂肪酶和血氨。④PT、APTT 和国际标准化比值(international normalized ratio,INR)、D-二聚体水平。⑤血清尿素氮和肌酐。⑥血清葡萄糖、乳酸。

肝衰竭患者应动态监测血糖、血氨及血乳酸。

4.4 含鹅膏毒肽蘑菇的识别与鉴定

毒蘑菇识别主要是通过对其形态分类鉴定和/DNA 基因序列测定完成。图片是识别毒蘑菇最快捷的方式,微信等即时通讯软件是与专家交流的有用工具(如:毒蘑菇鉴定群等)。有关鉴定可通过中国疾病预防控制中心中毒热线咨询,电话:010-83132660。

4.4.1 形态学特征 含鹅膏毒肽蘑菇主要是鹅膏菌属、盔孢菌属和环柄菇属中的一些物种(图 1)[42-52]。物种分类鉴定需要有专业人员在进行宏观和微观结构观察、测量和对比后完成。

4.4.2 生态学特征 每种蘑菇生长和特定气候、生境有关,所以具有较强的地域性,如致命鹅膏往往生长于黧蒴树下,灰花纹鹅膏通常生长在壳斗科植物等混交林下[7-8]。纹缘盔孢菌生长于腐木上或腐殖质上,条盖盔孢菌生长于腐木上、倒木上或者锯末堆上[10]。

4.4.3 分子生物学鉴定 剩余蘑菇样品或相同采集地点存留的同种蘑菇样品(无论完整或不完整、新鲜的或干燥的)均可进行分子鉴定。如果没有,可尝试采用煮熟的蘑菇、呕吐物或洗胃获取的蘑菇样本进行分子鉴定。DNA 分子标记中的内转录间隔区(internal transcribed spacer,ITS)、核糖体大亚基(nuclear ribosome large subunit,nLSU)等序列已广泛应用于毒蘑菇的种类鉴定[53-57]。国家和多数省级疾病预防控制机构、部分科研院所和大学的实验室可提供毒蘑菇分子生物学鉴定。

4.5 鹅膏毒肽检测

高效液相色谱和液质联用技术是常用的检测方法[58],可以检测标本包括可疑蘑菇、患者尿液、血浆、胆汁。首选可疑蘑菇标本检测,争取开展动态人体生物标本毒素监测,血液、尿液检测时间窗分别为进食后 48 h、96 h。因毒素检测时间窗短暂,首诊医院要及时留取患者血液、尿液标本。

推荐意见 5:进食蘑菇的形态学鉴定和分子鉴定结果是诊断含鹅膏毒肽蘑菇中毒最重要的证据。含鹅膏毒肽蘑菇中毒患者应动态监测 **AST、ALT、PT、APTT、INR** 和二聚体等变化,**1** 次/**d**。血液、尿液等体液内检测到鹅膏毒肽是诊断的重要参考,但因血、尿毒素可检测窗短,以及检测方法的局限性,阴性结果不能排除诊断。临床上对可疑中毒者要边处理边开展物种鉴定和毒素检测。

4.6 诊断

依据蘑菇进食史、临床表现、蘑菇形态学分类和分子鉴定结果,参考毒素检测数据,按以下标准进行诊断[59]。

4.6.1 疑似诊断 诊断依据:同时具备以下 3 项。①进食野生蘑菇史。②进食蘑菇约 6 h 后出现症状。③基本排除其他食源性疾病。

4.6.2 临床诊断 诊断依据:在疑似病例的基础上有以下证据。①有急性胃肠炎、假愈期和肝损伤等临床表现特征。②血清 AST、ALT、胆红素进行性升高。③患者或其家属指认患者进食了含鹅膏毒肽蘑菇,或进食蘑菇图片经专家辨认考虑为含鹅膏毒肽蘑菇。④排除其他食源性疾病、病毒性肝炎、药物性肝损伤。

4.6.3 确诊 诊断依据:在临床诊断病例的基础上有下列其中一条可以确诊。①经专业人员通过形态学和(或)分子生物学鉴定,确认进食蘑菇为含鹅膏毒肽蘑菇。②生物样本(血液、尿液和胃液等)中检出鹅膏毒肽。

推荐意见 6:含鹅膏毒肽蘑菇中毒的诊断根据获得的证据和证据强度,分为疑似病例、临床诊断病例、确诊病例,随证据变化随时调整诊断。

4.7 病情评估

含鹅膏毒肽蘑菇中毒的疾病严重程度与进食蘑菇种类、蘑菇量、就诊时间和机体对毒素反应等因素有关[59],还随临床干预而变化。确立病情评估指标和方法用于确定患者疾病状态、判断预后和评价治疗效果。根据临床实践总结把含鹅膏毒肽蘑菇中毒病情分为 4 级,临床上要结合疾病阶段综合应用。

4.7.1 Ⅰ级 恶心、呕吐、腹痛和腹泻等胃肠道症状,肝功能、血清胆红素、凝血功能正常。

4.7.2 Ⅱ级 胃肠道症状,经对症处理后减轻,ALT 正常或小于 500 U/L,胆红素正常,凝血功能正常。

4.7.3 Ⅲ级（重症病例） 出现以下情况之一者：①呕吐、腹泻、脱水，并有低血容量休克者。②进食后2～3 d，出现皮肤黄染、皮肤黏膜出血、肝肿大等表现者。③血清ALT和AST升高，ALT＞500 U/L。胆红素明显升高，凝血功能轻度异常。

4.7.4 Ⅳ级（危重病例） 出现以下情况之一者为危重病例：①肝功能衰竭。②肝性脑病。③DIC。④MODS。⑤胆红素进行性升高，血清ALT和AST下降，胆-酶分离现象。

含鹅膏毒肽蘑菇中毒病情分级见表1。

推荐意见7：按疾病严重程度，将含鹅膏毒肽蘑菇中毒分为轻症病例、重症病例、危重病例。需根据患者表现和临床辅助检查进行动态病情分级。

5 含鹅膏毒肽蘑菇中毒的治疗

5.1 治疗原则

5.1.1 早识别、早诊断、早治疗。

5.1.2 对疑似病例、临床诊断病例、确诊病例均应收住院治疗。

5.1.3 到目前为止，对重症患者尚无确实有效的治疗方法，也无特效的解毒剂[60]。现治疗主要依据发病机制、毒素代谢规律和已有研究的结果，结合患者病情对其进行采取的医学干预[61]。

5.2 首诊医师责任

5.2.1 村医或乡镇（社区）医疗机构医师 ①对进食蘑菇后就诊，或怀疑蘑菇中毒者应询问并记录蘑菇进食情况，包括进食时间、蘑菇种类和进食量；初始症状和发生时间；是否有共同进食者，如有，共同进食者是否有异常。②收集进食蘑菇信息及实物，包括是否有剩余食物，特别是剩余蘑菇（加工或未加工）；收集所进食蘑菇图片；记录采集蘑菇地点，了解所食蘑菇人员名单及联系电话，争取到现场采集进食的蘑菇；将采集蘑菇送当地疾控中心制作标本。③采集患者的样本，包括肝素抗凝血5 mL，低温保存；尿10 mL，低温保存；呕吐物或洗胃残留物（如有）。④开展基线检查，包括血常规检查，血清ALT、AST检查，以及腹部超声等影像学检查等。⑤如诊断为疑似病例，应立即电话通知当地疾控中心请求开展现场调查和蘑菇鉴定，联络具有含鹅膏毒肽蘑菇中毒救治经验医疗机构请求帮助，将患者转诊上级医院。

5.2.2 二级及以上医院急诊医师 ①采集进食蘑菇信息及标本。②向当地疾控报告，并要求得到现场情况和蘑菇鉴定结果的报告。③开展基线检查。④如无含鹅膏毒肽蘑菇中毒救治经验或救治条件，立即将患者转诊。⑤如具备含鹅膏毒肽蘑菇中毒救治基础，立即按本共识开展救治。

5.3 治疗

5.3.1 胃肠道毒物清除 ①洗胃 早期洗胃是有效去除毒物的方法，对进食6 h内的患者应进行洗胃，对进食超过6 h可酌情考虑洗胃。②导泻药物和胃肠动力药物应用 基于对鹅膏毒肽代谢特点的认识，保持适度胃肠蠕动，促使胃、肠内容物排出，对毒物清除具有一定意义。但是，在中毒第一阶段，由于存在呕吐、腹泻和容量不足等不良反应，不推荐使用导泻药物。③活性炭应用 首剂：成人50 g，儿童按1.0 g/kg，后续成年人和儿童均按0.25 g/kg，1次/4 h，持续应用至进食后第4天[33,38]。

用法：用活性炭粉加水配成15%混悬液口服或通过胃管灌服。对于无腹泻的患者可与缓泻药物合并使用；使用时应观察胃肠动力情况，对肠鸣音明显减弱者停止使用。

5.3.2 急性胃肠炎期的治疗 ①充分液体复苏，维持组织灌注 纠正电解质紊乱，维持酸碱平衡。对重度呕吐和腹泻所致低血容量休克给予强化液体复苏，保持肾脏充分的灌流，维持尿量在30 mL/h以上，促进鹅膏毒肽排泄。可使病死率下降。②对症治疗。

5.3.3 药物应用

（1）鹅膏毒肽摄取抑制剂：研究表明，多种化合物能减少动物和人类的肝细胞摄取鹅膏毒肽[22]。其中水飞蓟宾和青霉素G用于治疗人类鹅膏毒肽中毒。

水飞蓟宾可抑制位于肝细胞膜的OATP 1B3和牛磺胆酸钠共转运多肽（sodium taurocholate cotransporting polypeptide，NTCP）对鹅膏毒素的摄

表1 含鹅膏毒肽蘑菇中毒临床病情分级

病情分级	GIT	ALT	血清胆红素（μmol）	PT	MODS	危险度
Ⅰ级	+	正常	正常	正常	－	低危
Ⅱ级	+	异常且＜500 U/L	正常或升高＜34	正常或延长＜6 s	－	中危
Ⅲ级	+	＞500 U/L	持续升高	延长＞6 s	±	高危
Ⅳ级	+	ALT急剧上升或出现胆酶分离	急剧上升	延长＞6 s	+	极高危

注：ALT. 丙氨酸转氨酶；PT. 凝血酶原时间；MODS. 多器官功能不全综合征

取，同时具有抗氧化活性[62-63]。

给药方法为：初始静脉给予负荷剂量 5 mg / kg，随后以 20 mg·kg^{-1}·d^{-1} 持续静脉输注 6 d 或直到患者临床症状缓解。

静脉用水飞蓟宾还没有在中国上市，如果没有静脉用水飞蓟宾，则在静脉用青霉素和 N-乙酰半胱氨酸的基础上加用口服水飞蓟素胶囊或水飞蓟宾胶囊。

水飞蓟素胶囊：50 ~ 100 mg / kg（单次最大剂量：2 g）口服，1 次 / 8 h。如果患者能够耐受，则增至最高剂量，即一次 200 mg / kg（单次最大剂量为 3 g），持续 6 d 或直到患者有临床改善的征象。部分患者大剂量的水飞蓟素可引起严重腹泻。

水飞蓟宾胶囊：35 mg·kg^{-1}·d^{-1}，分 3 次口服，持续 6 d 或直到患者有临床改善的征象。

青霉素 G：如果有静脉用水飞蓟宾，则不给予青霉素 G[64]。每日 30 万 U / kg，最大剂量不超过 2 500 万 U[33]。青霉素过敏者禁用。大剂量青霉素 G 输注可能会引起昏迷、癫痫发作、电解质紊乱（高钾血症或高钠血症，取决于赋形剂）、严重的粒细胞减少、急性间质性肾炎和（或）肾小管损伤。

⑵ 抗氧化治疗：已知鹅膏毒肽能增强脂质过氧化反应，促发膜不稳定和细胞死亡。已有多种抗氧化剂用于治疗鹅膏毒肽中毒，包括 N-乙酰半胱氨酸、维生素 C、西咪替丁[65]。

N-乙酰半胱氨酸（N-acetylcysteine，NAC） Poucheret 等[61]的研究表明，不管是单独使用，还是与水飞蓟宾联合使用，NAC 均可降低含鹅膏毒肽蘑菇中毒的病死率。系统回顾了 2 100 例含鹅膏毒肽蘑菇中毒患者接受的治疗中，有 192 例接受 NAC 治疗，病死率为 6.8%，显著低于所有患者中的平均病死率 11.6%。

使用方法：初始负荷剂量 150 mg / kg（计算剂量的最大体质量为 100 kg），静脉输注 60 min，不要超过 10 g，随后，以 12.5 mg·kg^{-1}·h^{-1} 的速率静脉输注 4 h，最后，以 6.25 mg·kg^{-1}·h^{-1} 的速率静脉输注 16 h。如果严重肝功能障碍持续存在，可重复给予上述 16 h 剂量。对于体质量 < 40 kg 的儿童，应根据体质量酌减。

尽管动物实验中维生素 C、西咪替丁具有抗氧化和细胞保护作用，但尚未确定其能改善人类中毒的结局。由于没有严重不良反应，可以与水飞蓟宾和 NAC 联用。

5.3.4 急性肝损伤及肝衰竭的治疗 ①保肝药物的应用。②纠正凝血功能障碍：口服或静脉推注维生素 K1，必要时输冰冻血浆或冷沉淀。③预防肝性脑病：口服乳果糖和新霉素。④预防脑水肿：可用白蛋白、高渗葡萄糖等，必要时可应用 25%甘露醇 125 mL / 次，静脉输注，2 ~ 3 次 / d。⑤其他治疗：治疗急性肾功能衰竭、肝性脑病、MODS 等。

5.3.5 排毒和清除代谢产物 ①活性炭应用 口服活性炭可吸附消化道未吸收的鹅膏毒肽，减少肠道再次吸收。连续鼻胃管滴注或每 4 小时给予 20 ~ 50 g 脉冲给药。②胆汁引流 胆汁引流提出是基于阻断鹅膏毒肽代谢肠肝循环的理论，包括胆囊穿刺引流、内镜下逆行胰胆管造影（endoscopic retrograde cholangiopancreatography，ERCP）置管引流、经鼻空肠置管引流。现有证据显示经胆汁鹅膏毒肽排泄所占比份小，也无有关胆汁引流有效的证据，不推荐有创胆汁引流。③血液净化疗法 鹅膏毒肽分子量较小，蛋白结合率低，易通过透析滤膜，同时鹅膏毒肽与灌流器内的活性炭或树脂有很高的亲合力，血液中的鹅膏毒肽易于被清除。然而，由于鹅膏毒肽的代谢特征，进食含鹅膏毒肽蘑菇后，鹅膏毒肽的吸收经肝脏首过效应后，部分鹅膏毒肽进入体循环，鹅膏毒肽在血液中的半衰期很短，进食 48 h 后就难以检测得到。因此，如果要用血液净化的方法清除血循环中的鹅膏毒肽，就必须尽早进行。血液净化及人工肝技术可以清除鹅膏毒肽中毒所产生的过多代谢产物（如胆红素、细胞因子等），从而起到治疗的效果。④血液灌流技术 灌流时机：进食后 48 h 内，首选活性炭罐，其次选择树脂罐，血流速成人 100 ~ 200 mL / min，儿童 3 ~ 5 mL·kg^{-1}·min^{-1}，持续 2 ~ 3 h。每 8 小时一次，持续 48 h。⑤血液透析技术 较少单独应用，一般与血液灌流联合应用。⑥持续性血液净化技术 合并肾功能不全及代谢紊乱和酸碱失衡，选择连续性肾脏替代治疗（continuous renal replacement therapy，CRRT）是适宜的。⑦血浆置换技术 血浆置换可以去除血液中的毒素和代谢废物，还可以提供白蛋白、免疫球蛋白、凝血因子、纤维蛋白溶解蛋白和矿物盐，以维持肝细胞再生的内部环境。这项解毒技术与支持疗法相结合，在最初的 36 ~ 48 h 内应用，一些研究中将病死率降至 10%以下。⑧分级血浆分离与吸附（fractionated plasma separation and adsorption，FPSA）系统 一项小型试验纳入 20 例因摄入含鹅膏毒肽蘑菇而出现急性肝衰竭的患者，对 9 例患者采用 FPSA，将尿中鹅膏毒肽水平从约 43 μg / L 降至约 1 μg / L，所有患者无需肝移植并存活，相比之下对照组有1例患者死亡和1例患者需要长期透析 [66]。⑨分子吸附再循环系统（molecular absorbent recirculating system，MARS） 病例报道和病例系列研究显示，MARS可使患者从含鹅膏毒肽蘑菇中毒后的急性肝衰竭中恢复[67]。

5.3.6 肝移植

肝移植是治疗鹅膏毒肽中毒导致肝衰竭的有效方法，存活率60%～80%[16,68]。

由于尚无特效的药物来治疗鹅膏毒肽中毒，肝移植可以作为有指征的鹅膏毒肽中毒患者的最佳选择[33]。在治疗疑似含鹅膏毒肽蘑菇中毒且有症状患者的过程中，在有条件的情况下，医生应尽早与肝移植中心联系。如果肝损伤的临床征象为中至重度，应将患者转至有能力实施肝移植或其他肝衰竭过渡性治疗（如MARS、FPSA系统和肾脏替代治疗）的三级医疗中心。

推荐意见**8**：强化首诊医师责任，所有疑似病例留院观察和强化对症支持治疗。进食**6 h**内洗胃，早期活性炭应用，注意缓泻剂（如：聚乙二醇电解质溶液）和消化道动力药物规范联合应用。推荐静脉用水飞蓟宾、静脉用乙酰半胱氨酸联合治疗方案。血液净化治疗方法选择及使用频率依据病程和患者器官受累情况确定。对于鹅膏毒肽中毒病情评估为**4**级的病例，在技术和经济条件允许的情况下，争取实施肝移植手术。

专家组成员（按姓氏汉语笔画排序）：马沛滨（中国疾控中心职业卫生与中毒控制所）；马岳峰（浙江大学医学院附属第二医院）；王景林（军事医学研究院微生物流行病研究所）；王瑞兰（上海市第一人民医院急诊科）；邓跃林（中南大学附属湘雅医院急诊科）；卢中秋（温州医科大学第一附属医院）；田英平（河北医科大学第二医院急诊科）；邢吉红（吉林大学第一医院急诊科）；孙承业（中国疾控中心职业卫生与中毒控制所）；孙健 （宁夏医科大学公共卫生与管理学院）；吕传柱（海南医学院）；李红波（云南省第二人民医院急诊科）；李泰辉（广东省微生物研究所）；李海蛟（中国疾控中心职业卫生与中毒控制所）；李毅（北京协和医院急诊科）；杨立山（宁夏医科大学总院急诊科）；杨亚非（云南省第二人民医院急诊科）；杨秀林（贵州省人民医院急诊科）；杨祝良（中国科学院昆明植物研究所）；肖曙芳（昆明市儿童医院）；邱泽武（解放军总医院第五医学中心中毒救治科）；余成敏（云南省楚雄彝族自治州人民医院急诊科）；宋维（海南省人民医院急诊科）；张劲松（江苏省人民医院急诊科）；张烁（国家食品安全风险评估中心）；张新超（北京医院急诊科）；陈安宝（昆明医科大学第二附属医院急诊科）；陈作红（湖南师范大学生命科学学院）；图力古尔（吉林农业大学）；周亚娟（贵州省疾控中心）；周荣斌（解放军总医院第七医学中心）；孟庆义（解放军总医院第一医学中心急诊科）；赵敏（中国医科大学附属盛京医院急诊科）；姚群梅（云南省楚雄彝族自治州人民医院急诊科）；聂时南（南京军区南京总医院急救医学科）；钱传云（昆明医科大学第一附属医院急诊科）；菅向东（山东大学齐鲁医院急诊科中毒与职业病科）；曹钰（四川大学华西医院急诊科）；韩小彤（湖南省人民医院急诊科）；谢万里（香港医院管理局中毒咨询中心，香港基督教联合医院）；谢剑炜（军事医学科学院毒物药物研究所）；魏蔚 （昆明医科大学第一附属医院急诊科）

参考文献（略）